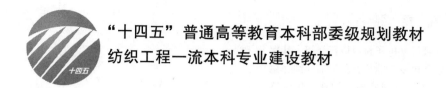

"十四五"普通高等教育本科部委级规划教材

纺织工程一流本科专业建设教材

纤维基电子材料与器件

王栋　李沐芳　主编

U0216323

中国纺织出版社有限公司

内 容 提 要

本书首先对纤维材料和纤维基电子材料进行介绍，其次介绍了纤维材料的加工方法和电子功能化；分章节详细介绍了纤维基电子材料在能量供给、能量存储、物理生化传感器、执行与显示器件中的应用，最后介绍了纤维基电子器件的可穿戴集成。

本书理论知识深入，内容系统连贯，案例充实易懂，可作为高等院校材料、纺织、化学、化工等相关专业的研究生、本科生的教材，也可供从事纤维基电子材料等相关领域的专业技术人员参考。

图书在版编目（CIP）数据

纤维基电子材料与器件 / 王栋，李沐芳主编. --北京：中国纺织出版社有限公司，2024.4

"十四五"普通高等教育本科部委级规划教材. 纺织工程一流本科专业建设教材

ISBN 978-7-5229-1273-8

Ⅰ.①纤… Ⅱ.①王… ②李… Ⅲ.①纤维—电子材料—高等学校—教材②电子器件—高等学校—教材 Ⅳ.①TN04②TN6

中国国家版本馆 CIP 数据核字（2023）第 246729 号

责任编辑：孔会云 特约编辑：蒋慧敏 责任校对：高 涵
责任印制：王艳丽

中国纺织出版社有限公司出版发行
地址：北京市朝阳区百子湾东里 A407 号楼 邮政编码：100124
销售电话：010—67004422 传真：010—87155801
http://www.c-textilep.com
中国纺织出版社天猫旗舰店
官方微博 http://weibo.com/2119887771
三河市宏盛印务有限公司印刷 各地新华书店经销
2024 年 4 月第 1 版第 1 次印刷
开本：787×1092 1/16 印张：21.75
字数：508 千字 定价：58.00 元

　　纤维基电子材料具有纤维材料柔性可弯曲的特点，同时具有电子传输功能，依据纤维及其所负载的功能材料的其他优势，如纤维可拉伸、功能材料可离子掺杂或具有光电效应等，纤维基电子材料在诸多电子电器领域有着非常大的应用潜力。本书从纤维材料入手介绍，扩展到纤维基电子材料，并对多种常见电子器件以及纤维基电子材料在这些电子器件中的应用进行了介绍。

　　本书共分8章，首先对纤维材料、纤维基电子材料与器件的发展进行了介绍，其次阐述了纤维材料的加工方法及电子功能化，然后详细介绍了纤维基电子材料在能量供给、能量存储等器件中的应用。第1章为绪论，简单介绍了常见的纤维材料、纤维基电子材料及器件；第2章介绍了纤维材料的加工方法以及导电化处理方式；第3章介绍了能量供给器件（太阳能电池、压电器件、热电器件、微生物燃料电池、摩擦纳米发电机）的工作原理及纤维基电子材料在能量供给器件中的应用；第4章着重介绍了超级电容器、二次电池、新型电池以及纤维基电子材料在其中的应用；第5章对不同形式和组织结构的纤维材料在应变传感器中的应用进行了介绍，此外还对温度传感器、湿度传感器、非接触式传感材料进行了介绍；第6章对纤维基电子材料在生物传感器和化学传感器中的应用进行了介绍，具体涉及对生物酶、抗体、核酸、气体、pH等的检测；第7章介绍了纤维基人工肌肉、纤维基电致变色和电致发光器件；第8章介绍了可穿戴器件的集成，例如将能源器件、传感器、电路、蓝牙、手机软件等集成一体化。

　　本书编写人员及分工如下：

　　第1章由王博编写；

　　第2章由柯弈名、明晓娟编写；

　　第3章由杨丽燕、李沐芳、王博、韦炜编写；

　　第4章由朱婷、谈紫琪、刘学编写；

　　第5章由明晓娟、刘美亚、陆莹、王文、刘琼珍、沈发、宋梦雅、钟卫兵、刘昱彤编写；

　　第6章由罗梦颖、宋引男、魏琬茹编写；

　　第7章由向晨雪、王文、王跃丹、柯弈名编写；

　　第8章由卿星、钟卫兵、朱婷、刘学、肖晴、陈斌编写。

　　全书由王栋、李沐芳担任主编，王栋、李沐芳、卢静、王博负责统稿。感谢在本书编写过程中提供帮助的教育工作者和科研人员。

　　由于编者水平有限，书中难免存在疏漏，敬请广大读者批评、指正。

王栋

2023年7月

目　录

第1章　绪　论 ……………………………………………………………………………………… 1

　1.1　纤维材料的定义和分类 ……………………………………………………………………… 1

　　1.1.1　纤维材料的定义 ……………………………………………………………………… 1

　　1.1.2　纤维材料的分类 ……………………………………………………………………… 1

　1.2　纤维基电子材料与器件的发展 …………………………………………………………… 11

　　1.2.1　基于金属及其化合物的纤维基电子材料 ……………………………………… 12

　　1.2.2　基于碳材料的纤维基电子材料 …………………………………………………… 12

　　1.2.3　基于导电高分子的纤维基电子材料 …………………………………………… 13

　1.3　纤维基电子材料与器件面临的挑战 ……………………………………………………… 13

　1.4　本章小结 …………………………………………………………………………………… 14

　　思考题 ………………………………………………………………………………………… 15

　　参考文献 ……………………………………………………………………………………… 15

第2章　纤维材料电子功能化 …………………………………………………………………… 17

　2.1　纤维材料的加工方法 ……………………………………………………………………… 17

　　2.1.1　纤维的加工方法 …………………………………………………………………… 17

　　2.1.2　纱线的加工方法 …………………………………………………………………… 18

　　2.1.3　织物的加工方法 …………………………………………………………………… 20

　2.2　纤维材料的电子功能化 …………………………………………………………………… 25

　　2.2.1　导电纤维的纺丝成型 ……………………………………………………………… 25

　　2.2.2　纤维材料的导电化处理 …………………………………………………………… 34

　2.3　本章小结 …………………………………………………………………………………… 37

　　思考题 ………………………………………………………………………………………… 38

　　参考文献 ……………………………………………………………………………………… 38

第3章　纤维基能量供给材料与器件 …………………………………………………………… 45

　3.1　纤维基太阳能电池 ………………………………………………………………………… 45

　　3.1.1　染料敏化太阳能电池 ……………………………………………………………… 45

　　3.1.2　钙钛矿太阳能电池 ………………………………………………………………… 48

　　3.1.3　聚合物太阳能电池 ………………………………………………………………… 51

3.2　纤维基压电材料与器件 ··· 52

　3.2.1　压电纤维及其复合材料 ··· 52

　3.2.2　压电纤维膜的制备方法 ··· 56

　3.2.3　纤维基柔性压电器件的设计 ····································· 57

3.3　纤维基热电材料与器件 ··· 63

　3.3.1　热电材料简介 ··· 63

　3.3.2　纤维基无机热电材料 ··· 66

　3.3.3　纤维基有机热电材料 ··· 67

　3.3.4　纤维基无机/有机复合热电材料 ································· 72

　3.3.5　纤维基热电器件的设计 ··· 74

3.4　纤维基微生物燃料电池 ··· 75

　3.4.1　微生物燃料电池概述 ··· 75

　3.4.2　微生物燃料电池的产电原理与结构 ····························· 76

　3.4.3　微生物燃料电池的重要参数与计算 ····························· 83

　3.4.4　纤维基微生物燃料电池的性能测试与材料表征 ················ 88

　3.4.5　纤维基微生物燃料电池的应用 ··································· 90

3.5　纤维基摩擦电材料与器件 ··· 91

　3.5.1　摩擦纳米发电机的四种模型及原理 ····························· 91

　3.5.2　摩擦纳米发电机的结构组成 ····································· 95

　3.5.3　纤维基摩擦纳米发电机的结构设计 ····························· 97

　3.5.4　纤维基摩擦纳米发电机的制备方法 ···························· 100

　3.5.5　纤维基摩擦纳米发电机的应用 ·································· 102

3.6　本章小结 ··· 103

　思考题 ··· 104

　参考文献 ··· 104

第4章　纤维基能量存储材料与器件 ······································· 118

4.1　纤维基超级电容器材料与器件 ··· 118

　4.1.1　双电层超级电容器 ··· 119

　4.1.2　赝电容器 ··· 120

　4.1.3　混合超级电容器 ··· 123

4.2　纤维基二次电池储能材料与器件 ······································· 125

　4.2.1　金属离子电池（Li/Na/K 离子电池） ·························· 125

　4.2.2　金属—空气电池（Li—空气、Zn—空气电池） ················ 134

4.3　纤维基新型电池储能材料与器件 ······································· 135

　4.3.1　纤维基二价离子电池 ··· 136

4.3.2 纤维基三价离子电池（铝离子电池） ………………………………… 143

4.3.3 其他类型纤维基电池（铵离子电池与质子电池） ……………… 145

4.4 本章小结 ……………………………………………………………………… 148

思考题 …………………………………………………………………………… 149

参考文献 ………………………………………………………………………… 149

第 5 章　纤维基物理信号传感器 …………………………………………… 160

5.1 纤维基应变传感器 ………………………………………………………… 160

5.1.1 纤维基压力传感器 ………………………………………………… 160

5.1.2 纤维基拉伸应变传感器 …………………………………………… 168

5.2 纤维基温度传感器 ………………………………………………………… 176

5.2.1 概述 …………………………………………………………………… 176

5.2.2 纤维基温度传感材料的分类 ……………………………………… 178

5.2.3 纤维基温度传感材料的制备 ……………………………………… 180

5.2.4 纤维基温度传感材料的性能指标 ………………………………… 182

5.2.5 纤维基温度传感器的应用 ………………………………………… 184

5.3 纤维基湿度传感器 ………………………………………………………… 185

5.3.1 研究背景与意义 …………………………………………………… 185

5.3.2 国内外研究现状 …………………………………………………… 187

5.3.3 湿度传感器的分类 ………………………………………………… 188

5.3.4 湿度传感器的工作原理 …………………………………………… 190

5.3.5 湿度传感器的性能 ………………………………………………… 191

5.3.6 湿度传感器的应用 ………………………………………………… 191

5.4 纤维基非接触传感材料 …………………………………………………… 194

5.4.1 纤维基非接触红外传感材料及器件 ……………………………… 194

5.4.2 纤维基非接触声学传感材料及器件 ……………………………… 196

5.4.3 纤维基非接触磁场传感材料及器件 ……………………………… 205

5.4.4 纤维基非接触电磁波传感材料及器件 …………………………… 207

5.4.5 纤维基非接触电容式传感材料及器件 …………………………… 209

5.5 本章小结 ……………………………………………………………………… 211

思考题 …………………………………………………………………………… 212

参考文献 ………………………………………………………………………… 212

第 6 章　纤维基生化传感器 ………………………………………………… 222

6.1 纤维基生物传感器 ………………………………………………………… 222

6.1.1 概述 …………………………………………………………………… 222

6.1.2 纤维基生物传感器的组成 ···································· 223

6.1.3 纤维基生物传感器的检测方法 ······························ 231

6.2 纤维基化学传感器 ·· 233

6.2.1 概述 ·· 233

6.2.2 气体传感器 ·· 233

6.2.3 离子传感器 ·· 237

6.3 本章小结 ·· 239

思考题 ·· 240

参考文献 ·· 240

第7章 纤维基执行与显示器件 ·· 247

7.1 纤维基人工肌肉 ·· 247

7.1.1 人工肌肉的发展与背景 ······································ 247

7.1.2 纤维基人工肌肉的分类 ······································ 248

7.1.3 纤维基人工肌肉的驱动原理 ·································· 254

7.1.4 纤维基人工肌肉的螺旋结构 ·································· 254

7.1.5 纤维基人工肌肉的动力学模型 ································ 255

7.1.6 纤维基人工肌肉的驱动方式 ·································· 256

7.1.7 纤维基人工肌肉的性能 ······································ 259

7.1.8 纤维基人工肌肉的应用 ······································ 259

7.2 纤维基电致变色器件 ·· 262

7.2.1 概述 ·· 262

7.2.2 电致变色原理 ·· 263

7.2.3 电致变色性能参数 ·· 263

7.2.4 电致变色材料 ·· 265

7.2.5 电致变色器件 ·· 267

7.2.6 电致变色的应用 ·· 270

7.2.7 展望 ·· 271

7.3 纤维基电致发光器件 ·· 271

7.3.1 器件性能参数 ·· 272

7.3.2 发光器件 ·· 274

7.3.3 交流电致发光器件 ·· 278

7.4 本章小结 ·· 280

思考题 ·· 280

参考文献 ·· 281

第8章　纤维基电子器件的可穿戴集成 ·· 289

　8.1　器件集成原理 ··· 289

　　8.1.1　硬件系统集成 ··· 289

　　8.1.2　硬件控制电路 ··· 291

　　8.1.3　软件设计 ··· 296

　　8.1.4　外设驱动开发 ··· 300

　　8.1.5　滤波算法设计与实现 ··· 304

　　8.1.6　手机 App 开发 ··· 309

　8.2　二元器件集成 ··· 311

　　8.2.1　供能与储能集成 ··· 311

　　8.2.2　供能与传感集成 ··· 316

　8.3　多元器件集成 ··· 327

　　8.3.1　印刷集成电子织物 ··· 328

　　8.3.2　转印集成电子织物 ··· 328

　　8.3.3　刺绣集成电子织物 ··· 328

　　8.3.4　织造集成电子织物 ··· 330

　8.4　本章小结 ··· 331

　思考题 ··· 333

　参考文献 ··· 333

第1章 绪 论

1.1 纤维材料的定义和分类

1.1.1 纤维材料的定义

纤维是纺织材料的基本单元,它的组成、制备方法、形态和性能直接影响其构成物——纤维集合体的性质及其实用价值和商业价值。纤维通常是指长宽比在 10^3 数量级以上、粗细为几微米到上百微米的柔软细长体,有连续长丝和短纤之分。纤维大多用于制造纺织品,如纱线、织物,也可直接形成多孔材料以及组合构成刚性或柔性复合材料,这些以纤维为主体的材料称为纤维材料。另外,纤维也可作为填充料、增强基体等。

1.1.2 纤维材料的分类

纤维材料有多种分类方式,根据纤维来源可分为天然纤维材料和化学纤维材料;根据集合体种类可分为纤维、纱线、织物、气凝胶等;还可根据纤维特性分为差别化纤维材料、功能纤维材料、高性能纤维材料等。

1.1.2.1 根据纤维来源分类

1.1.2.1.1 天然纤维

凡是自然界中原有的动植矿物或从人工种植的植物、人工饲养的动物中直接获取的纤维,统称为天然纤维。植物纤维取自植物种子、茎韧皮、叶或果实,其主要组成物质为纤维素;动物纤维取自动物的毛发或分泌液,主要组成物质为蛋白质,但蛋白质的化学组成有较大差异;矿物纤维从纤维状结构的矿物岩石中获得。

天然纤维素纤维有棉纤维、麻纤维和竹纤维。棉纤维细长,柔软,吸湿,耐强碱、有机溶剂、漂白剂,隔热耐热,但弹性和弹性恢复性较差,不耐强无机酸,易发霉。麻纤维比棉纤维粗硬,但吸湿性好、强度高、变形能力小。竹纤维的性能与麻纤维接近,有较好的吸湿导湿和防臭的性能,多用于建筑材料、汽车制造、污水处理等行业,但也有个别品种用于纺织行业。

天然蛋白质纤维有毛发类纤维(绵羊毛、山羊绒、兔毛、牦牛毛等)和腺分泌类纤维(桑蚕丝、蜘蛛丝等)。其中绵羊毛因 α 螺旋角蛋白分子和纤维的天然卷曲而具有高弹性,角蛋白分子的侧基多样性使其吸湿性好、易染色、不易沾污、耐酸不耐碱。蜘蛛丝具有耐紫外线、耐热、高强高韧、轻质、断裂能高的特点。

1.1.2.1.2　化学纤维

凡用天然或合成的高聚物以及无机物为原料，经人工加工制成的纤维状物体，统称为化学纤维，其主要的特征是在人工条件下完成溶液或熔体→纺丝→纤维的过程。按原料、加工方法和组成成分的不同，化学纤维可分为再生纤维、合成纤维和无机纤维。

（1）再生纤维

再生纤维又称"人造纤维"，它是以天然高聚物为原料制成的化学组成基本不变的浆液经高纯净化后制成的纤维；常见的再生纤维有再生纤维素纤维（用木材、棉短绒、蔗渣、麻、竹类等天然纤维素物质制成的纤维，如黏胶纤维、铜氨纤维、醋酯纤维、竹浆纤维、莱赛尔纤维等），再生蛋白质纤维（用络素、大豆、花生、毛发类丝、素丝胶等天然蛋白质制成的绝大部分组成仍为蛋白质的纤维），再生淀粉纤维（用玉米、谷类淀粉物质制成的纤维，如聚乳酸纤维），再生合成纤维（用废弃的合成纤维原料熔融或溶解再加工成的纤维）等。

普通黏胶纤维是再生纤维素纤维的主要品种。从不能直接用于纺织加工的纤维素原料如木材、芦苇、竹、海藻等中提取纯净的纤维素制成黏胶液，再经纺丝可得普通黏胶纤维。黏胶纤维的化学组成与棉纤维相同，聚合度比棉低得多（300~400），结晶度较小（40%~50%），取向度、初始模量、湿强度低，弹性恢复性差，织物易变形起皱；截面呈不规则的锯齿形，有明显的皮芯结构，因而吸湿性好、易染色，色谱全、色泽艳，染色牢度好；对酸与氧化剂比棉纤维敏感，对碱的稳定性不及棉纤维。

普通黏胶纤维在湿态时被水溶胀，强度明显下降，织物洗涤搓揉时易于变形（湿模量低），干燥后容易收缩，使用中又逐渐伸长，因而尺寸稳定性差。为了克服普通黏胶纤维的上述缺点，科学家们研制出高湿强度和高湿模量黏胶纤维。高湿强度黏胶纤维的制备是以提高黏胶纤维的结晶度为主要方式，形成全芯层结构的黏胶纤维。高湿模量黏胶纤维的制备是以加强溶剂缓冲析出和凝固作用来增加纤维的芯层结构和分子间的微晶物理交联作用。强力黏胶纤维的制备是以提高分子的取向度和改善结晶颗粒尺寸与分布的方式形成全皮层结构。

再生蛋白纤维的定义要求其蛋白质含量至少在80%以上。在制备纤维状物质时因分子量偏低，分子不易伸直取向排列，从而纤维强度低，耐热性差。另外，其自身带色发黄，染色后色泽不好，原料成本高，因此竞争力不强，发展受限。

（2）合成纤维

合成纤维是以石油、煤、天然气及一些农副产品为原料制成的单体，再经化学合成高聚物而纺制的纤维。普通合成纤维主要是指传统的六大纶纤维，即涤纶、丙纶、锦纶、腈纶、维纶和氯纶纤维，以产量排序为：涤纶>丙纶>锦纶>腈纶。

①涤纶。由对苯二甲酸或对苯二甲酸二甲酯与乙二醇进行缩聚生成的聚对苯二甲酸乙二酯，是合成纤维的最大类属。涤纶采用熔体纺丝，断裂强度和弹性模量高，回弹性适中，热定形性能优异，耐热性高，耐光性好。织物具有优秀的抗有机溶剂、肥皂、洗涤剂、漂白液、氧化剂等性能，较好的耐腐蚀性，对弱酸、碱等稳定。但是染色性差，吸湿性差，易燃烧，

织物易起球。通过改性可得到亲水性涤纶和易染色涤纶。同族纤维有聚对苯二甲酸丁二酯纤维、聚对苯二甲酸丙二酯纤维、聚对苯二甲酸环己基-1，4 二甲酯纤维等。

②丙纶。丙纶是等规聚丙烯类纤维的中国商品名。丙纶的品种较多，有长丝、短纤维、膜裂纤维、鬃丝和扁丝等。丙纶是目前所有合成纤维中最轻的纤维，密度仅为 $0.91g/cm^3$。丙纶强度较高，耐化学腐蚀性较好，但耐热性、耐光性、染色性较差。高强度（7.25～7.6cN/dtex）的丙纶复丝和鬃丝是制造绳索、渔网、缆绳的理想材料，并较多地用于产业用纺织品；低强度（1.8～2.5cN/dtex）的丙纶丝容易切断，可作为卷烟滤嘴的替代材料；普通丙纶作为服用纤维，保暖性好，导湿性好，作内衣穿着无冷感，大多作为内衣和一次性卫生产品。

③锦纶。锦纶是我国聚酰胺纤维的商品名，又称尼龙，它是以酰胺键（—CONH—）与若干亚甲基连接而成的线型结构高聚物。锦纶制备一般可分为两大类：一类是通过二元胺与二元酸缩聚制得，如 1935 年杜邦公司合成的尼龙 66；另一类是通过 ω-氨基酸缩聚或由内酰胺开环聚合制得，如德国化学家施拉克（P. Schlack）制成的尼龙 6。锦纶具有一系列优良性能，其耐磨性非常好，断裂强度高，伸展大，回弹性和耐疲劳性优良，吸湿性、染色性在合成纤维中较好的，但是锦纶的耐光性和耐热性较差，初始模量低，在使用过程中容易变形，限制了其在服装面料领域的应用。

④腈纶。腈纶是聚丙烯腈纤维的中国商品名，它是由 85% 以上的丙烯腈和其他第二、第三单体共聚的高分子聚合物纺制的合成纤维。腈纶的手感柔软，弹性好，耐日光和耐气候性特别好。但是腈纶易起球、吸湿性较差，回潮率仅 1.2%～2%，对热较敏感，耐酸碱性较差。腈纶可通过共混、接枝等手段制备改性纤维，是目前改性纤维中较为活跃的一支。

⑤维纶。维纶是聚乙烯醇纤维的中国商品名，又称维尼纶。未经处理的聚乙烯醇纤维溶于水，用甲醛或硫酸钛缩醛化处理可提高其耐热水性。维纶吸湿性相对较好，化学稳定性、耐腐蚀和耐光性好，耐碱性能强，但维纶的耐热水性、弹性、染色性较差，易起毛、起球。具有良好可溶性和纤维成型性的维纶是作为其他原料共混或混合的重要基本材料，如大豆蛋白改性纤维、丝素蛋白改性纤维大都用其作为载体，混合纺丝中维纶原液的用量达 50% 甚至 80%。

⑥氯纶。氯纶是聚氯乙烯纤维的中国商品名，包括氯乙烯和偏氯乙烯。由于氯纶分子中含有大量的氯原子，而氯原子在一般条件下极难被氧化，所以氯纶织物具有很好的阻燃性。氯纶的强度与棉纤维相接近，耐磨性、保暖性、耐日光性比棉、毛好，氯纶抗无机化学试剂的稳定性好，耐强酸强碱，隔音性也好，但染色性能和对有机溶剂的稳定性较差。由于氯纶的保暖性较好，织物经摩擦后容易产生静电，用其做成内衣对患有风湿性关节炎的人有一定的辅助治疗作用。

其他还有乙纶、氨纶、乙氯纶以及混合高聚物纤维等。表 1-1 列出了一些常用的合成纤维。

表1-1 常用合成纤维的名称及代号

类别		化学名称	代号	国内商品名	常见国外商品名	单体
聚酯类纤维		聚对苯二甲酸乙二酯	PET 或 PES	涤纶	Dacron, Telon, Terlon, Teriber, Lavsan, Terital	对苯二甲酸或对苯二甲酸二甲酯，乙二醇或环氧乙烷
		聚对苯二甲酸环乙基-1，4甲二酯			Kodel, Vestan	对苯二甲酸或对苯二甲酸二甲酯，环乙烷二甲醇
		聚对羟基苯甲酸乙二酯	PEE	荣辉，A-Tell		对羟基苯甲酸，环氧乙烷
		聚对苯二甲酸丁二醇酯	PBT	PBT纤维	Finecell, Sumola, Artlon, Wonderon, Celanex	对苯二甲酸或对苯二甲酸二甲酯，丁二醇
		聚对苯二甲酸丙二醇酯	PTT	PTT纤维	Corterra	对苯二甲酸，丙二醇
聚酰胺类纤维	脂肪族	聚酰胺6	PA6	锦纶6	Nylon 6, Capron, Chemlon, Perlon, Chadolan	己内酰胺
		聚酰胺66	PA66	锦纶66	Nylon 66, Arid, Wellon, Hilon	己二酸，己二胺
		聚酰胺1010		锦纶1010	Nylon 1010	癸二胺，癸二酸
		聚酰胺4	PA4	锦纶4	Nylon 4	丁内酰胺
	脂环族	脂环族聚酰胺	PACM	锦环纶	Alicyclic nylon, Kynel	双-（对氨基环己基）甲烷，12烷二酸
聚烯烃类纤维		聚丙烯纤维	PP	丙纶	Meraklon, Polycaissis, Prolene, Pylon	丙烯
		聚丙烯腈纤维（丙烯腈与15%以下的其他单体的共聚物纤维）	PAN	腈纶	Orlon, Acrilan, Creslan, Chemilon, Krylion, Panakryl, Vonnel, Courtell	丙烯腈及丙烯酸甲酯或醋酸乙烯，苯乙烯磺酸钠，甲基丙烯磺酸钠
		改性聚丙烯腈纤维（指丙烯腈与多量第二单体的共聚物纤维）	MAC	腈氯纶	Kanekalon, Vinyon N	丙烯腈，氯乙烯
					Saniv, Verel	丙烯腈，偏二氯乙烯
		聚乙烯纤维	PE	乙纶	Vectra, Pylen, Platilon, Vestolan, Polyathylen	乙烯
		聚乙烯醇缩甲醛纤维	PVAL	维纶	Vinylon, Kuralon, Vinal, Vinol	醋酸乙烯酯

类别	化学名称	代号	国内商品名	常见国外商品名	单体
聚烯烃类纤维	聚乙烯醇—氯乙烯接枝共聚纤维	PVAC	维氯纶	Polychlal, Cordelan, Vinyon	氯乙烯, 醋酸乙烯酯
	聚氯乙烯纤维	PVC	氯纶	Leavil, Valren, Voplex, PCU	氯乙烯
	氯化聚氯乙烯（过氯乙烯）纤维	CPVC	过氯纶	Pe Ce	氯乙烯
	氯乙烯与偏二氯乙烯共聚纤维	PVDC	偏氯纶	Saran, Permalon, Krehalon	氯乙烯, 偏二氯乙烯
	聚四氟乙烯纤维	PTFE	氟纶	Teflon	四氟乙烯

（3）无机纤维

无机纤维是以天然无机物或含碳高聚物纤维为原料，经人工抽丝或直接碳化制成的无机纤维，主要有以下几种。

①玻璃纤维。以玻璃为原料，拉丝形成的纤维。

②金属纤维。以金属物质制成的纤维，包括涂覆塑料的金属纤维、外涂金属的高聚物纤维以及包覆金属的芯线。

③陶瓷纤维。以陶瓷类物质制得的纤维，如氧化铝纤维、碳化硅纤维、多晶氧化物纤维。

④碳纤维。指以高聚物合成纤维为原料经碳化加工制取的，纤维化学组成中碳元素占总质量90%以上的纤维，是无机化的高聚物纤维。

1.1.2.2 根据集合体种类分类

1.1.2.2.1 纤维

（1）纤维的形态结构

纤维具有一定的长径比（10^3数量级以上），是柔软细长物，其微细结构的基本组成单元大多为细长纤维状的物质，统称为原纤。原纤是大分子有序排列的结构，或称结晶结构，严格意义上是带有缺陷并为多层次堆砌的结构。原纤在纤维中的排列大多为同向平行排列，为纤维提供良好的力学性能和弯曲能力。原纤也有呈网状交叉排列，大多发生在天然纤维中，此排列结构为纤维提供侧向的保护及结构稳定性。化学纤维由于结晶机理和生长方向不同，会产生片晶，如折叠链片晶和伸展链片晶，导致纤维原纤结构的淡化或模糊化，甚至产生点状或微晶粒"交联"联结的网状结构，如弹性纤维类。但绝大多数高强高模化学纤维为原纤化结构。纤维的原纤按其尺度大小和堆砌顺序可分为基原纤→微原纤→原纤→巨原纤→细胞，并非所有纤维都有如此清晰的结构层次或划分。

①基原纤。基原纤是原纤中最小、最基本的结构单元，亦称晶须，无缺陷。一般它是由

几根或十几根长链分子互相平行或按一定距离、相位螺旋状稳定地结合在一起的大分子束，直径为 1~3nm（10~30Å），并具有一定的柔曲性。

②微原纤。微原纤是由若干根基原纤平行排列组合在一起的大分子束，亦称微晶须，带有在分子头端不连续的结晶缺陷，是结晶结构。在微原纤内，基原纤一方面依赖于基原纤分子间力的作用，另一方面则借助于贯穿两个以上基原纤大分子链的纵向连接。微原纤的直径是 4~8nm（40~80A°），也有个别高达 100nm，可用电子显微镜观察。

③原纤。原纤是一个统称，有时代表由若干根基原纤或含若干根微原纤大致平行组合在一起的更为粗大的大分子束，存在比微原纤更大的缝隙和空洞，还可能代表有序态较差的非晶态部分。天然纤维中还可能夹杂一些其他成分的化合物。原纤依赖分子间力和大分子链的纵向连接，将多个基原纤或微原纤组合排列在一起。原纤的直径为 10~30nm（100~300A°），原纤结构往往是结晶区和非晶区不规则交替的状态，分子排列密度低，孔隙相对较大。

④巨原纤。巨原纤是由多个微原纤或原纤堆砌而成的结构体，具有无序过渡区和微小间隙，横向尺寸一般为 0.1~0.6μm，借助于普通光学显微镜就可看到。

⑤细胞。细胞是由巨原纤或微原纤直接堆砌成的，并有明显的细胞边界（细胞间质）。多细胞结构的纤维再由细胞组成纤维，尺寸大小和排列状态也不尽相同，细胞间由细胞间质黏合而成，联结物质和结构较为疏松，有微纳米尺度的缝隙和孔洞。

（2）纤维的聚集态结构

纤维的聚集态结构指构成该纤维的大分子链之间的作用形式与堆砌方式，又称为"超分子结构"或"分子间结构"，包括结晶与非晶结构、取向与非取向结构、通过某些分子间共混方法形成的"织态结构"等。

①纤维的结晶结构。将纤维大分子以三维有序方式排列成的稳定且具有较大内聚能和密度以及明显转变温度的点阵结构，称为结晶结构。将具有结晶结构的区域称作结晶区。纤维甚至原纤往往是结晶区与非晶区的混合体，以及与某些结构缺陷区或其他掺杂成分组合的结构。20 世纪 40 年代出现了关于纤维聚集态的"两相结构"模型，即认为纤维中存在明显边界的结晶区与非晶区，结晶区的尺寸很小，为 10nm 数量级，分子链在结晶区规则排列，在非晶区完全无序堆砌。这种模型称为缨状微胞模型，其中缨状是指分子排列的无序状态，微胞是指分子有序排列的结构块。凯勒（Kellel）等 1957 年用透射电镜观察得到聚乙烯高分子单晶薄片的厚度约为 12nm，其厚度与分子量无关，分子链垂直于晶片平面，依此提出了著名的折叠链片晶结构假说。他认为线型高分子链长可达几百到几千纳米，具有很大的表面能，极易在一定条件下自发地折叠，形成片状晶体（片晶）。根据片晶理论及事实，人们认为片晶就如同缨状微胞结构中的微胞，伸出的分子就像缨状分子，再进入其他片晶的为"缚结分子"，是纤维产生强度的主机制。该结构假说已在化学纤维中得到证实，并被称为"缨状折叠链片晶模型"。折叠链片晶模型也是典型的两相结构模型。

②纤维的非晶结构。纤维大分子高聚物呈不规则聚集排列的区域称为非晶区或无定形区，其结构称为非晶结构或无定形结构。相对于结晶结构而言，人们对非晶结构的表述十分简单，即无规线团或三维无序。但此结构直接影响着纤维的吸湿、染色、热定形、力学弹性及伸长

等。美国高分子科学家弗洛里（Flory）从统计热力学观点出发，提出了非晶态高聚物的"无规线团模型"，认为非晶态高聚物分子链间是无规缠结的。事实上，从三维有序的结晶结构到完全无序的无规线团非晶结构，还存在着序态的过渡，纤维分子的排列会出现二维或一维有序，或部分有序，也可能出现各种缺陷。这种排列有序性的降低取决于排列形式、分子的堆砌密度和各种孔隙或缺陷，是纤维结构的重要内容。

③纤维的取向结构。不管天然纤维还是化学纤维，其大分子的排列都会或多或少地与纤维轴相一致。这种大分子排列方向与纤维轴向吻合的程度称为取向度，一般将这一特征明显的结构称为取向结构。由于纤维的多重原纤结构，或结晶与非晶两相结构，大分子的取向度很大程度上取决于原纤或晶体的取向度。天然纤维中的麻、丝有很高的取向度，不仅大分子相对原纤轴有极高的取向度，而且原纤本身与纤维轴也有很高的取向度；棉的纤维素大分子在原纤中的取向度很高，但原纤与纤维轴的取向度有限，故低于麻、丝纤维。羊毛的微原纤和巨原纤取向度很高，但大分子为螺旋构象，故整体取向度较低。分子在晶体中相对晶轴是完全取向的，但晶体本身与纤维轴不吻合，或混乱排列，同样会使纤维是非取向结构。在化学纤维生产过程中，通过对初生纤维进行机械拉伸，可以使纤维的取向度提高。取向结构增加，从而使力学性能和后续加工性能得到改善。取向结构是一种一维有序结构，是纤维重要结构特征之一。由于大分子伸直取向排列，分子间作用较多、较大，在一定温度条件有利于取向诱导结晶，但取向并不等于结晶。纤维的取向结构使纤维许多性能产生各向异性，如力学性能，强度、模量在纤维轴向上提高，而伸长性降低。在热收缩和湿膨胀性能上，纤维轴向出现热收缩，径向膨胀，而湿膨胀径向大于轴向。纤维的热传导、电学、声学和光学性能上，也会有明显的各向异性。

虽然一些天然纤维（如蜘蛛丝、棉）、熔融挤出或湿法纺丝得到的化学纤维都宏观可见，但是就单根纤维而言，它们的力学强度还不够，难以在实际中得到应用。需要对纤维进行加工，得到纤维集合体如纱线、织物才能充分发挥纤维的性能优势。

1.1.2.2.2 纱、丝、线

纱线主要的分类方法是根据其基本构造要素和构造形式（即纱线的体系）分为纱、丝、线。纱线还可根据纤维组成分为纯纺纱线、混纺纱线、伴纺纱线；根据混合纤维的分布分为均匀混合纱线、变化混合纱线、组合或复合纱线；根据用途分为加工用纱线、成品用纱线等。另外，纺织品中还有带类和绳类。

（1）纱

所谓纱，也称单纱，由短纤维经纺纱加工，使短纤维沿轴向排列并经加捻而成。可以是单轴或多轴，可以引入其他轴系的丝或纱，可以是不同类型的体系构成，并形成不同粗细的纱。纱成形的多样性或多轴性是纱结构变化的基本途径，因此可根据喂入轴系分，如双须条如自捻纺纱、A/B纱、赛络纺纱等，多须条的分束纺纱、多罗拉喂入系统纺纱等。按短纤维的类型可分为棉纱、毛纱、绢纱、麻纱、化纤纱。按纺纱方法可分为环锭纺纱、转杯（气流）纺纱、涡流纺纱、静电纺纱、喷气纺纱、平行纺纱、包缠纺纱、黏合纺纱等。

传统环锭短纤纱的基本结构特征是内紧外松，存在纤维转移，纱中纤维有折勾、弯曲，伸出纱表面。不同纤维混纺时，会产生径向分布的不匀，即某种纤维较多分布在外层，另一种纤维则较多分布在内层。自捻纱的捻度不匀，故纱的结构纵向周期不匀，但由于两束相并，条干均匀度优于环锭单纱但差于股线。自捻纱的结构特征决定了其强力稍低，伸长较大，耐磨性较好，手感柔软、丰满，光泽因捻向交替，而不同于单一捻向的纱。

（2）丝

丝即连续长丝束，也称长丝纱。由于丝已具有纱的连续特征且加捻又不像短纤纱那样必需，故丝主要是仿短纤纱蓬松、卷曲、多毛羽的变形纱；仿天然纤维自然粗细、伸缩和空间构形的异粗细、异截面、异收缩、异卷曲丝。长丝束可以通过加捻增加抱合形成复丝，复丝加捻形成捻丝，捻丝再经一次或多次合并、加捻成为复合捻丝。依据丝的来源还有天然丝（或称真丝）和化纤丝之分。所有长丝束可连续化浸渍、涂覆、氧化、炭化，是功能纤维、高性能纤维的基本或初级体。

无捻长丝纱由几根至几百根长丝组成，各根长丝受力均匀，平行顺直地排列，但横向结构极不稳定，易于拉出、分离，其集合体较为柔软。有捻长丝纱的纵、横向都很稳定，加捻可使纤维各向的不均匀在整根长丝纱中得到均匀，丝集合体表现为较硬挺和圆整。变形纱因其加工方法不同，整纱及其中单丝的卷曲形态不同（有螺旋形、波浪形、锯齿形、环圈形等），堆砌密度与排列及其分布也不同。

（3）线

线是由两根或两根以上的单纱合并加捻制成的股线，股线再合并加捻为复捻股线。由芯纱、饰纱和固纱加捻组合而成，具有特殊结构性能和外观的为花式线（纱），或称花饰线。普通股线或花式线（或纱）可通过纱—纱或纱—丝组合构成复合线，可通过加捻构成，也可经缠、编、织构成，后者称为结构线（或称编结线）。当一次并捻单纱的根数在3根以内时，股线结构稳定，4或5根单纱并捻会不稳定，6根及以上并捻则会回到3根并捻的稳定态。因此，为保证股线结构的稳定性，得到均匀的外观，须采用两两或三三相并再复捻的方式。

1.1.2.2.3 织物

织物，简称布，是纺织材料的组成部分之一，是纤维制品的主要种类，是纺织品的基本形式。织物是以纺织纤维和纱线制成的柔软而具有一定力学性质和厚度的制品，也就是人们通常所说的纺织品。常规概念中的织物是一种柔性平面薄状物质，其大都由纱线织、编、结或纤维成网固着而成，即纱线相互交叉、相互串套和簇绒，或纤维固结而成。

纱线相互交叉形成传统的机织物或编结物；纱线相互串套形成针织物，形成横向线圈的称纬编针织物，多组纵列线圈相互串套而成的则称经编针织物；簇绒是在基布上"栽"上圈状纱线或绒状纤维的织物；由纤维间直接固结而形成的片状纤维集合体称为非织造织物，它是通过机械纠缠抱合、热黏合、化学黏合以及多种固结方式组合制成的柔性、多孔、性状稳定的纺织品；在厚度方向也存在变化的是三维织物。

从20世纪下半叶开始，纺织产业就已跨越穿着类的边界，形成了以纤维及其制品为中心的材料加工产业。纺织品以其应用领域分为三大类：服装用纺织品，包括服装面料、辅料和服饰配件等；家用（装饰用）纺织品，包括床上用品、地面铺设品、挂帷遮饰品、家具覆盖品、衬垫、墙面贴饰品、家居杂饰品和卫生盥洗品等；产业用纺织品，包括农用、工业用、军事用、建筑用、汽车用、医疗卫生用、航空航天用、通信用等纺织品，具体来说有轮胎中加入的帘子布、传送带的骨架材料、食品生产过程中过滤用的纺织品、造纸过程中造纸机用的织物、汽车吸排气的过滤网、电缆（线）的绝缘包布、降落伞、篷盖布、船帆、手术服、防辐射服、绷带、茶袋包装、婴儿尿布、抗静电防紫外线窗帘等。

1.1.2.3 根据纤维特性分类

1.1.2.3.1 差别化纤维

差别化纤维通常是指在原来纤维组成的基础上进行物理或化学改性处理，使性状上获得一定程度改善的纤维。纤维的差别化途径主要有物理改性、化学改性、表面物理化学改性。

物理改性是指采用改变纤维高分子材料的物理结构，使纤维性质发生变化的方法。目前主要包括改进聚合与纺丝条件（如温度、时间、浓度、凝固浴等）使高聚物的聚合度及分布、结晶度、取向度等改变；采用特殊形状的喷丝孔开发不同截面形状的异形纤维；纤维的复合，即将两种或两种以上的高聚物或性能不同的同种聚合物通过同一喷丝孔纺成单根纤维的技术；混合（或共混）纤维，即利用聚合物的可混合性和互溶性，将两种或两种聚合物混合后喷纺成丝。

化学改性是指通过改变纤维原来的化学结构来达到改性目的的方法。改性方法包括共聚、接枝、交联、溶蚀、电镀等。共聚是采用两种或两种以上单体在一定条件下进行聚合；接枝是通过化学方法，使纤维的大分子链上能接上所需要的基团；交联是指控制一定条件使纤维大分子链用化学链联结起来；溶蚀是表面有可控的溶解与腐蚀；电镀是金属物质或电解质在表面沉积。

表面物理化学改性主要是指如采用高能射线（γ 或 β 射线）、强紫外线或激光辐射，或低温等离子体对纤维进行表面蚀刻、活化、接枝、交联、涂覆等改性处理，是典型的清洁化加工方法。

目前常见的差别化纤维有变形丝、异形纤维、复合纤维、超细纤维、高收缩纤维、易染色纤维、吸水吸湿纤维、混纤丝等。

1.1.2.3.2 功能性纤维

功能纤维是满足某种特殊要求和用途的纤维，即纤维具有某种特定的物理和化学性质，不仅可以被动响应和作用，还可以主动响应和记忆，后者被称为智能纤维。常用的功能纤维有抗静电和导电纤维、蓄热纤维和远红外纤维、防紫外线纤维、阻燃纤维、光导纤维、弹性纤维、抗菌防臭纤维、变色纤维、香味纤维、相变纤维等。下面主要介绍抗静电纤维和弹性纤维。

抗静电纤维主要是通过提高纤维表面的吸湿性能来改善其导电性的纤维。纤维制品的抗静电性依赖于使用环境湿度，一般相对湿度大于40%；当环境相对湿度低于40%时，纤维难以把产生的静电迅速逸散。因此一般直接用导电纤维来抗静电。导电纤维包括金属纤维，金属镀层纤维，碳粉、金属氧化、硫化、碘化物掺杂纤维，络合物导电纤维，导电性树脂涂层与复合纤维，本征导电高聚物纤维等。大多数导电纤维还具有防电磁辐射的作用，主要是通过感应电流的快速泄漏耗散和产生反向感应电势或磁场屏蔽，达到电磁屏蔽及防护功效。

弹性纤维是指具有 400%~700% 断裂伸长率，有接近 100% 的弹性恢复能力，初始模量很低的纤维。弹性纤维分为橡胶弹性纤维和聚氨酯弹性纤维。橡胶弹性纤维由橡胶乳液纺丝或橡胶膜切割制得，只有单丝，有极好的弹性恢复能力。聚氨酯弹性纤维是指以聚氨基甲酸酯为主要成分的一种嵌段共聚物制成的纤维，我国简称为氨纶。1958 年，美国杜邦公司研制出这种纤维，并实现了工业化生产，最初的商品名为斯潘德克斯（Spandex），后为莱卡。氨纶丝的收缩力比橡胶丝大 1.8~2 倍，所以只要加入少量氨纶丝就能得到和加入大量橡胶丝同样的效果。

1.1.2.3.3 高性能纤维

高性能纤维（HPF）主要指高强、高模、耐高温和耐化学作用的纤维，是高承载能力和高耐久性的功能纤维。有机高性能纤维大多为刚性链高聚物，即含有苯环或杂环与苯环结合的刚性链，它们按链接键分类有芳族聚醚胺类、芳族聚酯类和芳族杂环类纤维。柔性链高性能纤维有超高分子量聚乙烯（HPPE 或 UHMWPE）纤维、高强高模聚乙烯醇纤维和高强高模聚丙烯腈纤维。相对而言，柔性链纤维的耐高温性较差，而超高分子量聚乙烯纤维的强度和模量均超过芳纶 1414 类纤维。

（1）对位和间位芳纶

对位芳纶的中国学名为芳纶 1414，其分子式为：

$$*{-}[N{-}\phenyl{-}N{-}C(=O){-}\phenyl{-}C(=O){-}]_n{-}*$$

间位芳纶的中国学名为芳纶 1313，其分子式为：

$$*{-}[N{-}\phenyl{-}N{-}C(=O){-}\phenyl{-}C(=O){-}]_n{-}*$$

由于苯环都以醚胺键连接，故得名芳族聚酰胺纤维，统称芳纶。芳纶 1414 强度高、模量高、密度小、化学性能稳定，除了无机强酸强碱外，它能耐多种酸碱及有机溶剂。由于密度小强度高，芳纶 1414 可用于飞机、空间飞行器、宇宙飞船、火箭发动机的表面材料，或者用于螺旋桨、防弹衣等，起到轻质、增强的作用。芳纶 1313 耐热性、阻燃性好，可在 260℃ 高温下持续使用 1000h，或在 300℃ 下连续使用一周，强度保持一半。它能耐大多数酸，对碱也较稳定性，但不宜与强碱长期接触，对漂白剂、还原剂、有机溶剂等非常稳定。它还具有良好的抗辐射性能。它的强度和伸长与普通涤纶相似，便于加工与织造，特别适用于制作防火帘、防燃手套、消防服、高温和腐蚀性气体的过滤介质层，运送高温和腐蚀性物质的输送带和电气绝缘材料等。其他形式的芳纶有泰克诺拉（Technora）对位芳纶共聚物纤维、芳纶 14、芳香族共聚醚胺 X500 纤维等。

（2）碳纤维

碳纤维是指其化学组成中碳元素占总质量 90% 以上的纤维。碳纤维的制备原料有黏胶纤维、石油沥青、聚丙烯腈、木质素等，它们经过预氧化、碳化、石墨化即可得到碳纤维。高性能碳纤维包括高强度碳纤维、高模量碳纤维等。高模量碳纤维尺寸稳定性好，不易发生变形和延伸，质轻（密度为 $1.5 \sim 2.0 \mathrm{g/m^3}$），在无氧气存在的条件下碳纤维能耐 3000℃ 高温，对一般的酸碱有良好的耐腐蚀性。碳纤维主要用作增强复合材料，用于航空航天以及各种产业用材料。

（3）其他高性能纤维

聚-p-亚苯丙二噁唑（PBO），简称聚苯并噁唑，有非常高的耐燃性，热稳定性相比芳纶纤维更高，在 $600 \sim 700$℃ 开始热降解；有非常好的抗蠕变、耐化学和耐磨性能；有很好的耐压缩破坏性能，不会脆性破坏；但 PBO 纤维的耐光或耐光热复合作用的性能较差。PBO 可用于防护手套、热气体过滤介质、高温传送带、增强复合材料、飞机防护壳体及热屏障层等要求耐火耐热、高强高模的柔性材料中。PBO 的分子式如下：

$$\left[\begin{array}{c} N \quad\quad\quad\quad N \\ O \quad\quad\quad\quad O \end{array}\right]_n$$

聚醚酮醚（PEEK），是半结晶的芳香族热塑性聚合物，属聚醚酮类（PEK）。它是芳香族高性能纤维中难得的可以高温熔体纺丝的纤维材料。PEEK 的玻璃化温度为 143℃。它的耐湿热性好，耐化学腐蚀，因此可用于各种腐蚀和热作用场合的传送带、过滤材料、防护带等。PEEK 的分子式如下：

$$*\left[\begin{array}{c} O \quad\quad\quad\quad\quad\quad C \\ \quad\quad\quad\quad\quad\quad O \end{array}\right]_n*$$

聚四氟乙烯（PTFE），是具有稳定的耐热、耐化学作用的纤维材料，可制成长丝、短纤、膜状材料。PTFE 长丝可用于耐高温和耐化学作用的材料，或与其他纱线混合加捻；PTFE 短纤可制作各种防热和化学作用的毡片；PTFE 纤维碎末可与其他材料混合制备耐热、耐化学作用的模具或复合材料。PTFE 的分子式为 $\left[CF_2 - CF_2\right]_n$，相近的氟化纤维还有聚氟乙烯（PVF）、聚偏氟乙烯（PVDF）等。

1.2 纤维基电子材料与器件的发展

纺织品对人类生活不可或缺，由于其质量轻、可变形性高、透气性强以及与其他材料的可集成性，为下一代柔性电子产品的开发提供了最佳平台。除了像金属丝或碳纤维这种直接制备成纤维状的导电材料外，大部分纤维基电子材料都是通过浸渍、涂覆、沉积等方法将纤维材料与导电材料复合得到或将导电物质与纺丝原料混合纺出。常见的导电材料有金属及化合物、碳材料、导电高分子三大类。

1.2.1 基于金属及其化合物的纤维基电子材料

金属具有大量的自由电子，被认为是导电性最好的材料，然而金属丝相对较硬，无法有效地编织到织物中，因此通常是将金属（金、银、铜）的纳米颗粒、纳米线等纳米形态物质制成浆料涂覆在聚合物纤维上或嵌入复合纤维中。张课题组采用静电纺丝技术在各种柔性片材上直接生产大面积金属纳米纤维的连续网络，通过该方法制备的 Ag NF 电极透光率约为90%，方阻约 1.3Ω。某些金属氧化物，如 ITO、WO_3、Al_2O_3、NiO 等，由于其良好的导电性、透光性和催化性，已被广泛用作柔性透明电极领域的薄膜电极原料。翟课题组使用耐高温云母片作为基底材料，并用 ZnO 和 CdO 纳米纤维（NFs）制备了透明度约为 95% 的有序纤维阵列，即使在 200 次弯曲循环（10mm 弯曲半径）后仍保持其光电性能。

尽管金属纳米颗粒具有良好的光电性能，但其拉伸性能较差。为了解决这一缺陷，柳课题组将 Ag NF 转移到预应变形状记忆聚合物（交联多环辛烯）基底上，该基底在加热后恢复，从而引起 Ag NF 的平面内屈曲。这种方法允许 NF 在基板上弯曲到更大的程度，并且根据 NF 拉伸变形机制，电极将具有更大的拉伸极限。结果表明，在 3000 次弯曲试验（弯曲半径 0.45cm）和 900 次拉伸试验（10% 单轴应变）后，电极电阻变化不大。

二维片状材料 MXene 是过渡金属—碳/氮化合物，是从式为 $M_{n+1}AX_n$（MAX）（$n=1$，2，3）的三元层状碳化物中剥离出来的，其中 M 是过渡金属，A 是元素周期表第ⅢA 或第ⅣA 族的元素，X 是 C 和/或 N。MXene 具有独特的结构、高导电性、高比表面积、良好的化学稳定性、表面亲水性等优异性能，它与纤维结合或与其他材料混合可制备出具有良好电化学性能的纤维或纱线超级电容器（YSC）的电极。例如，将 MXene 与聚丙烯腈溶液混合通过静电纺丝技术制备复合膜，再将其碳化得到 MXene/碳纳米纤维膜。MXene 可直接涂覆在纤维/纱线/织物上，但是 MXene 的黏合稳定性不足，导致纤维材料上的负载率有限，并且在弯曲或洗涤之后容易脱落，需要添加黏合剂来提高附着力。

1.2.2 基于碳材料的纤维基电子材料

碳纳米管（CNT）、石墨烯和碳纤维等碳基材料是具有耐腐蚀性、耐高温性以及导电性和导热性的高性能材料。它们被广泛应用于电子领域，尤其是能源电子领域。材料的比表面积随着其尺寸的减小呈指数级增加，表面能和活性也增加。因此，碳纳米纤维凭借量子尺寸效应、表面界面效应、小尺寸效应等表现出优异的物理化学性能。

王课题组报道了一种新型的碳纳米纤维材料，他们使用静电纺丝技术将酚醛清漆（NOC）和聚丙烯腈（PAN）的混合物制成前体 NF，然后高温碳化得到碳纳米纤维，其平均孔径为 2.2nm，比表面积为 $1468m^2/g$，在 1.0A/g 下进行 10000 次充放电循环后，电容几乎保持不变。潘课题组将碳/石墨烯与热塑性聚氨酯（TPU）相结合，用于柔性应变传感器，在

300 次拉伸循环中表现出优异的灵敏度和高稳定性，由其制成的石墨烯纤维可以保持石墨烯本身的性能，并获得纤维的力学弹性。牛等以弹性聚氨酯纱线为基体，制备了石墨烯包覆的纱线应变传感器。CNT 是通过卷起石墨烯片而形成的。根据石墨烯片的层数，CNT 分为单壁 CNT（SWCNT）、双壁 CNT（DWCNT）和多壁 CNT（MWCNT）。巴课题组使用 MWCNT 作为主要导电材料来制造 NF，并将其扭曲成螺旋结构，赋予纤维良好的拉伸性能。郑课题组分别采用静电纺丝、超声波吸附和缠绕技术制备了 MWCNT 和 SWCNT 修饰的 TPU 纤维纱线。纱线表现出良好的导电性（13S/cm）和延展性（100%拉伸应变）。楼课题组采用熔体挤出法制备了涂有聚丙烯和碳纳米管层的聚酯纱线，聚酯纱线作为核心部件具有易于加工的特点，它为最终导电纱线提供了强大的力学性能。另外，也有将碳网、碳布用作微生物燃料电池阳极的报道。

1.2.3 基于导电高分子的纤维基电子材料

导电高分子是一种通过化学或电化学掺杂从而具有共轭 π 键的聚合物，常用的导电高分子包括聚吡咯（PPy）、聚苯胺（PANI）、聚噻吩（PTh）和聚（3,4-亚乙基二氧噻吩）（PE-DOT）。由于具有导电性以及可逆的掺杂反应，导电高分子可用作储能电极材料。另外，PPy 因其良好的热稳定性、生物相容性和生物降解性而在生物医学中得到广泛应用；PANI 表现出较高的环境稳定性，是防腐的较佳选择；PEDOT 具有比 PPy 更高的电导率和热稳定性，当掺杂聚阴离子类聚苯乙烯磺酸盐（PSS）时，形成的 PEDOT：PSS 已被广泛应用。

齐课题组通过在 NF 表面原位聚合 PPy，成功构建了具有高拉伸性的应变传感器，传感器具有 0~500% 的宽监测范围，在拉伸同时具有显著的电阻变化（高达 173.13 倍），该传感器还具有良好的循环耐久性，在拉伸和弯曲 10000 次后仅有较小的灵敏度损失。刘等通过原位化学聚合处理制备了聚吡咯纳米结构层包覆电纺聚丙烯腈纳米纤维纱线，该纱线作为应变传感器即使在氨气氛中也表现出高灵敏度和快速响应。斯里尼瓦桑（Chaudhari）课题组制备了聚苯胺纳米纤维（PANI-NF）网，并用作超级电容器的电极材料，由于互连的纤维形态，PANI-NFs 网显示出非常稳定的性能。

1.3 纤维基电子材料与器件面临的挑战

金属材料的导电性较好，但是价格通常较昂贵，且工业冶炼时会带来环境污染的相关问题。另外，为了获得柔性金属纤维材料，最好的办法是将金属材料与纤维材料复合。但是物理沉积技术的沉积速率以及负载量通常都难以令人满意，而化学沉积技术极易带来重金属离子污染问题。因此对纤维表面进行改性提高其对金属材料或其前驱体的吸附，或者进一步发展物理沉积技术比较关键。

碳材料具有优异的化学和物理性能，制备工艺简单，成本低，但与金属基材料相比，其导电性仍存在差距。此外，碳材料在溶液中的分散效果及其在纤维材料上的附着量都有待提升。

导电高分子不仅具有良好的导电性和光学性能，还有着低成本、原料来源广的优点，在军工和民用领域具有广阔的应用前景。然而，大多数导电高分子的导电性不如金属材料，化学稳定性仍然存在不足，为保证导电性在纤维材料上的负载量较大时容易脱落，这些都是有待解决的问题。

无论是直接在纤维材料上沉积导电物质，还是使纺丝液具有导电性后再纺丝得到导电纤维或膜，然后通过加捻、编织、织造等手段将导电纤维制成导电纤维集合体，都是获得纤维基电子材料的途径。但是在其各种应用中，每一种器件对纤维基电子材料的性能需求都会有所差异。因此要针对器件的性能需求，从基本结构入手进行设计，发展纤维基电子材料。

1.4 本章小结

纤维材料按纤维来源分类有天然纤维、化学纤维和无机纤维，天然纤维包括棉、麻、竹这类纤维素纤维，还有毛发类（如绵羊毛、山羊绒）和腺分泌类（桑蚕丝、蜘蛛丝等）蛋白质纤维；化学纤维有再生纤维和合成纤维，其中合成纤维包括传统的六大纶（涤纶、丙纶、锦纶、腈纶、维纶和氯纶）还有乙纶、氨纶、乙氯纶以及混合高聚物纤维等；无机纤维包括玻璃纤维、金属纤维、陶瓷纤维和碳纤维。

根据集合体种类可将纤维材料分为纤维、纱、丝、线、织物等，其中织物有机织物、针织物、无纺布、三维织物。由于纺丝技术以及制备技术的提高，一些具有独特性质的纤维被开发出来，如经过物理或化学改性得到的差别化纤维，具有某特定物理和化学性质的功能性纤维（导电纤维、蓄热纤维和远红外纤维、防紫外线纤维、阻燃纤维、光导纤维、弹性纤维、抗菌防臭纤维等），具有高强、高模、耐高温和耐化学作用的高性能纤维。

纤维基电子材料的功能特性主要依赖于纤维所负载的金属及化合物、碳材料或导电高分子材料，它们与纤维材料的结合使得纤维基电子材料具有诸多特性，例如透明、形状记忆、柔性可拉伸或可弯曲、导电储能、离子可逆脱嵌等，这些特性使纤维基电子材料在太阳能电池、压电、热电、微生物燃料电池、摩擦电、超级电容器、锂离子电池、钠离子电池、应变传感器、温度传感器、湿度传感器、非接触式传感器、生物传感器、化学传感器、人工肌肉、执行器、电致变色或发光显示设备等方面得到应用，同时这些纤维基电子材料之间能够相互组合集成一体，有望实现多功能可穿戴一体化。

但是目前纤维基电子材料的制备技术还需进一步改善，在环境污染、导电性提高、化学稳定性加强、附着牢固等方面还有很多可研究发展的地方。另外，不同应用器件的工作特点和需求也对纤维基电子材料的性能提出了个性化的要求。因此，纤维基电子材料还有很多值得探索的地方。

思考题

1. 简述纤维的分类。
2. 请举例说明功能性纤维有哪些。
3. 请举例说明高性能纤维有哪些。
4. 请举例说明导电材料有哪些。

思考题答案

参考文献

［1］于伟东. 纺织材料学［M］. 北京：中国纺织出版社, 2006.

［2］WU S M. An overview of hierarchical design of textile-based sensor in wearable electronics［J］. Crystals, 2022, 12(4)：555.

［3］JANG J, HYUN B G, JI S, et al. Rapid production of large-area, transparent and stretchable electrodes using metal nanofibers as wirelessly operated wearable heaters［J］. NPG Asia Materials, 2017, 9(9)：e432.

［4］ZHENG Z, GAN L, LI H Q, et al. A fully transparent and flexible ultraviolet-visible photodetector based on controlled electrospun ZnO-CdO heterojunction nanofiber arrays［J］. Advanced Functional Materials, 2015, 25(37)：5885-5894.

［5］YOON J, AN Y S, HONG S B, et al. Fabrication of a highly stretchable, wrinkle-free electrode with switchable transparency using a free-standing silver nanofiber network and shape memory polymer substrate［J］. Macromolecular Rapid Communications, 2020, 41(13)：e2000129.

［6］LEVITT A S, ALHABEB M, HATTER C B, et al. Electrospun MXene/carbon nanofibers as supercapacitor electrodes［J］. Journal of Materials Chemistry A, 2019, 7(1)：269-277.

［7］ZHANG J, WANG X C, HANG G G, et al. Recent advances in MXene-based fibers, yarns, and fabrics for wearable energy storage devices applications［J］. ACS Applied Electronic Materials, 2023, 5(9)：4704-4725.

［8］WANG H, NIU H T, WANG H J, et al. Micro-meso porous structured carbon nanofibers with ultra-high surface area and large supercapacitor electrode capacitance［J］. Journal of Power Sources, 2021, 482：228986.

［9］YAN T, WANG Z, WANG Y Q, et al. Carbon/graphene composite nanofiber yarns for highly sensitive strain sensors［J］. Materials & Design, 2018, 143：214-223.

［10］NIU B, HUA T, HU H B, et al. A highly durable textile-based sensor as a human-worn material interface for long-term multiple mechanical deformation sensing［J］. Journal of Materials Chemistry C, 2019, 7(46)：14651-14663.

［11］KANYGIN M A, SHAFIEI M, BAHREYNI B. Electrostatic twisting of core-shell nanofibers for strain sensing applications［J］. ACS Applied Polymer Materials, 2020, 2(11)：4472-4480.

［12］LI Y H, ZHOU B, ZHENG G Q, et al. Continuously prepared highly conductive and stretchable SWNT/MWNT synergistically composited electrospun thermoplastic polyurethane yarns for wearable sensing［J］. Journal of Materials Chemistry C, 2018, 6(9)：2258-2269.

［13］LIN J H, LIN Z I, PAN Y J, et al. Manufacturing techniques and property evaluations of conductive composite yarns coated with polypropylene and multi-walled carbon nanotubes［J］. Composites Part A：Applied Science and Manufacturing, 2016, 84：354-363.

［14］LI S, CHENG C, THOMAS A. Carbon-based microbial-fuel-cell electrodes：From conductive supports to active catalysts [J]. Advanced Materials, 2017, 29(8): 1602547.

[15] ZHOU Y M, LIAO H R, QI Q H, et al. Polypyrrole-coated graphene oxide-doped polyacrylonitrile nanofibers for stretchable strain sensors [J]. ACS Applied Nano Materials, 2022, 5(6): 8224-8231.

[16] LIU P H, WU S H, ZHANG Y, et al. A fast response ammonia sensor based on coaxial PP_y-PAN nanofiber yarn [J]. Nanomaterials, 2016, 6(7): 121.

[17] CHAUDHARI S, SHARMA Y, ARCHANA P S, et al. Electrospun polyaniline nanofibers web electrodes for supercapacitors [J]. Journal of Applied Polymer Science, 2013, 129(4): 1660-1668.

第2章　纤维材料电子功能化

纤维材料最关键、最本质的内容是以表面作用及排列组合为主要特征，以纤维为最小个体来构造的柔性材料，其本身作为一种结构元素经历了几千年的发展，已经具备了一系列成熟的加工工艺。而对于纤维基电子材料而言，除了结构的加工工艺，选取何种材料，以何种工艺使其具备一定的电荷传输能力也至关重要。因此，本章首先概述了一系列传统纤维材料的加工方法，而后重点讨论了其电子功能化的成型及处理工艺，比较了各类纤维基导电材料的结构及特性。

2.1　纤维材料的加工方法

2.1.1　纤维的加工方法

天然纤维的成型过程是由自然界生物体自主完成的，无须经过人工干预，因此通常将纤维成型加工这个术语多用于指代化学纤维的制造。化学纤维是一种由人工合成的纤维材料，其开发和发展源于人们从蚕及蜘蛛的吐丝过程中获得的启示。通过对蚕吐丝过程的观察和研究，人类开始模仿蚕丝的形成过程，并利用先进的科学技术开创了化学纤维的纺丝成型技术，该技术的发展使得人类可以根据不同的需求和应用场景，精确地调控纤维的性能和构造。回顾历史，化学纤维的制造过程经历了多个阶段的改进和创新。从最早的合成纤维材料到如今的功能性纤维，人们不断推动着纺丝成型工艺的进步。通过不断探索和研究，能够生产出各种优质、多样化的功能纤维，适用于不同领域的应用需求。化学纤维的制造过程主要分为以下四个部分。

2.1.1.1　高聚物的合成

化学纤维主要由高聚物构成。对于再生纤维来说，高分子原料可以从自然界中获取，但需要进行分离和提纯。对于合成纤维而言，则需要通过聚合反应将化学原料转化为高聚物。这里的化学原料通常是聚合物或聚合物单体。聚合反应可以采用不同的方法，如溶液聚合、悬浮聚合、乳液聚合等，具体的选择取决于原料的特性以及所需纤维的性能。通过选取适当的聚合方法，可以改变最终纤维形态结构和性能参数，确保最终产品具备所需的特性。

2.1.1.2　纺丝熔体或纺丝液的制备

纺丝之前，合成的固态高聚物需要转化为液态形式。这一过程可以采用溶解法或熔融法，具体取决于高聚物的可溶性或熔点。对于熔点低于分解温度的高聚物，通常使用清洁低耗的熔融方法，也可以选择使用溶剂进行溶解，但后者存在着高耗和污染的问题。而对于分解温度低于熔点的高聚物，则必须采用溶剂溶解，或先将聚合物制成可溶性中间体，然后将其溶解为纺丝液。通过选择正确的溶解方法，可以确保高聚物在纺丝过程中的流动性和可操作性，以达到预期的纤维形成效果。

2.1.1.3 化学纤维的纺丝成型

纺丝是将纺丝熔体或纺丝液通过喷丝孔挤出后凝固成丝条的过程。根据不同的原料和工艺，纺丝可以分为熔融纺丝法和溶液纺丝法。熔融纺丝法使用熔化的纺丝液，将其在空气中固化成丝。这种方法的纺丝速度相对较高，一般在 1000~2000m/min，而使用高速纺丝时，可达 3000~6000m/min 甚至更高。熔融纺丝的加工过程干净、无污染，同时成本也较低。一般来说，采用此法纺制的丝的截面形状是圆形的。涤纶、锦纶、丙纶等都采用熔融纺丝法。溶液纺丝法则使用溶解的高聚物溶液作为纺丝液。根据纺出丝的固化方式，溶液纺丝法可以分为湿法和干法两种。湿法纺丝使纺丝液在溶液中固化，因此纺丝速度相对较低，一般为18~380m/min。然而，湿法纺丝容易导致环境污染，并且加工成本较高。纺出的丝的截面形状通常是非圆形的，并具有皮芯结构。再生纤维素类纤维、腈纶、维纶、氯纶等多采用此法，也有一些使用了干法纺丝的。干法纺丝使纺丝液在空气中固化，其纺丝速度一般为 200~500m/min，甚至可以达到 1000~1500m/min。干法纺丝的品质较好，但溶剂挥发极易引起环境污染。因此这种方法适用于制备高质量的纺丝产品。

2.1.1.4 化学纤维的一般后加工

后加工过程的主要工序是牵伸及热定型，其中牵伸是指将纤维在一定条件下拉伸，使其长度增加，同时使纤维的分子排列更加有序。牵伸过程中，纤维的内部结构发生改变，分子链间距增大，这使得纤维具有更好的强度和弹性。常见的牵伸方法根据介质分有干法拉伸，蒸汽拉伸和湿牵伸。一般熔融纺丝的牵伸倍数为 3~7 倍，湿法牵伸倍数为 8~12 倍。热定型是指通过加热使纤维保持其状态并固定在新的形态中。热定型的目的是使纤维分子链重新排列，并通过结晶或玻璃化等过程消除纤维内应力。热定型过程中，纤维通常暴露在高温条件下，这个过程可以在有张力或无张力条件下进行。根据纤维的材料和特性不同，热定型可以采用不同的温度、时间和处理方式，以达到所需的纤维性能和形态。

除了牵伸与热定型，根据所需产品的不同，还会应用其他一些工艺步骤。例如，在生产短纤维时，需要进行卷曲和切断的工艺。这些步骤能够赋予纤维弯曲的特性，并将其截断成所需的长度，使其更贴近于毛、棉等天然纤维。而在生产长丝时，则需要进行络筒和加捻的工艺。通过将细纱线或丝束卷绕于筒子上，然后施加旋转力使其捻合，以增强线材的强度和弹性。在生产变形丝时，需要进行特定的变形加工工艺。这个过程中，纤维被拉伸、扭转或经过其他力学处理，使其形成具有特定特性的丝线。而在生产网络丝时，则需要加装气流喷嘴以形成相互缠结的周期性网络点。通过气流的作用，纤维交错并相互缠结，形成稳定而均匀的网状结构。

2.1.2 纱线的加工方法

以纤维为主体加工而成的单轴向连续细长聚集体称为纱线，其根据结构外观可以分为纱、丝、线三种，如图 2-1 所示。不同种类纤维或不同长度纤维的组合可以形成混合或复合纱线，纤维或纱的多轴系加捻合并又构成了股线及花式纱线，因此纱线的加工方法多种多样，本节将以其结构外观分类分别介绍其加工工艺。

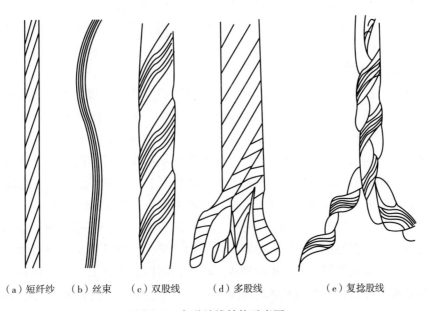

 （a）短纤纱 （b）丝束 （c）双股线 （d）多股线 （e）复捻股线

图 2-1　各种纱线结构示意图

2.1.2.1　纱的加工方式

  纱即单纱，纱的纺制过程实际上是使短纤由杂乱无章的状态变为纵向有序的排列的加工过程，其基本流程有开松、梳理、并条、牵伸、加捻成纱及卷装，其中开松是将纤维团扯散变成小束的过程，目的是去除杂质并使纤维均匀混合方便后道工序；梳理是将纤维小块（束）进一步分解成单纤，目的是使纤维分离并具备一定伸直取向；纤维在成网后汇聚成条称为并条，并条的目的在于使纤维进一步混合均匀，伸直取向，但这时纤维的伸直平行度是远远不够的；牵伸是将梳理后的条子抽长拉细，这个过程中纤维的屈曲逐渐伸直，平行排列；加捻是利用回转运动把牵伸后的须条加以扭转，以使纤维互相抱合形成具有一定强度的细纱。

  纱加工成型的体系种类较多，但多绕不开上述步骤，其中最传统的纺纱方法为走锭纺和环锭纺，在纺纱技术不断革新发展下又出现了一系列纺纱新技术和新型纺纱，前者在传统的环锭纺基础上进行革新，如赛络纺、赛络菲尔纺、统型纺、紧密纺等，它们也可以说是环锭纺纱技术的新发展，后者是成纱原理与环锭纺完全不同的成纱方法，如转杯纺、喷气纺、喷气涡流纺、摩擦纺、涡流纺和自捻纺等，它们按纺纱原理还可进一步分为自由端纺纱、非自由端纺纱、复合纺纱和结构纺纱四类。

  自由端纺纱的原理是在纺纱过程中使连续的须条产生断裂点，形成自由端，并使自由端随加捻器一起回转而达到使纱条获得真捻的目的。自由端纺纱方法有转杯纺、摩擦纺、涡流纺、静电纺、搓捻纺、捏锭纺等，其中转杯纺是最为成熟、应用最广的一种。

  非自由端纺纱与自由端纺纱的主要不同点在于纺纱过程中，喂入须条没有产生断裂点，须条两端被握持，借助假捻、包缠、黏合等方法将纤维抱合到一起，使纱条获得强力。非自由端纺纱方法有喷气纺、自捻纺、包缠纺、轴向纺、无捻纺等。

复合纺纱是指在纺纱机上以 2 轴及以上轴系喂入的纺纱方式，按纤维喂入轴系分又可分为：纤维须条 S+S、S+丝 F、S+纱 Y、Y+F、S+F+Y 等，S、Y、F 可以是单束或单根，也可是多束或多根。

2.1.2.2 丝的加工方式

长丝可分为天然丝与化纤长丝。天然丝大多可以直接使用，因此丝的加工主要针对化纤长丝进行，从多工序、低速纺到加工预取向丝（POY）、全取向丝（FOY）的高速纺和一步成型纺丝，从直、光丝束到采用变形加工赋予纤维卷曲与蓬松性，从单组分丝束到细度、截面、组分和性状不同的多组分丝束，这些工序使化纤丝不仅具有纱的特征（变得像天然纤维纱），还具备多种功能。丝的加工以变形及改性加工为主，其中变形加工是对伸直状化纤长丝进行卷曲、螺旋或环圈等形态的加工，有热机械变形法、空气变形法等。

热机械变形法加工过程分为加捻、热变形、自然退捻三步，假捻器使丝条加捻，加捻丝束被加热变形。形成有捻丝束，出假捻器的丝条捻度退去，但纤维呈螺旋卷曲状，成为弹性蓬松的高弹丝。若丝条出假捻器后继续进入二级烘箱则可消除部分内应力得到弹性稍低、稳定性更好的低弹丝。高弹丝弹性及弹性回复率好，其伸长率可达到 100%，多为锦纶丝。低弹丝弹性适中伸长率一般小于 50%，多为涤纶丝。

空气变形法原理是利用压缩气作动力，使化纤长丝在喷嘴中发生开松、位移、缠结并形成圈结等一系列物理变化，露在丝束表面的圈结酷似短纤纱的毛羽。空气变形主要通过空气变形喷嘴来实现。丝条在喷嘴内受压缩空气气流喷射而被吹开、吹乱，随后在加速送丝管中被加速。离开喷嘴，各根单丝基本保持平行，离开喷嘴室丝条即进行 90° 的转折，生成大小不同且弯曲的弧圈。由于超喂而出现一定长度的自由丝段，丝条在弯折点上方产生网络并发生交缠形成蓬松的"网络丝"结构。

2.1.2.3 线的加工方式

线作为一种多轴复合体加工主要集中在外观与性能的变化、功能的赋予和成品化。通过调控张力、用纱粗细和喂入方式的变化，使线的外观及形状变化，通过引入弹性、导电、导湿、亲油等成分使纱线具备功能；通过采用编织复合工艺直接加工成编织线、复合结构线等。

2.1.3 织物的加工方法

织物是一维纤维、纱线通过编、结、纠缠或黏结等物理、化学方法形成的二维、三维纤维集合体材料，根据加工方法可分为机织物、针织物和非织造材料等。其中编结织物多数可由机织和针织方式制作，但复杂结构和造型编结物仍为手工制作。

2.1.3.1 机织物

机织物是由相互正交的一组经纱和一组纬纱在织机上按照组织规律经纬起伏交叠织成的织物，应用最为广泛。机织物的织造过程由织前准备、织造和织坯整理三个工序组成。织前准备包括络筒、整经、浆纱、穿经、卷纬等工序，织造由开口、送经、引纬、打纬和卷取五大运动构成。经纱由织轴引入，绕过后梁，穿过停经片和综丝眼进入形成区，在提综机构作用下形成梭口，同时引纬机构将纬纱引入梭口，钢筘将纬纱压向织口，并与经纱交织成织物；接着卷取机构把织物卷在卷布辊上。机织物成形如图 2-2 所示，在织物中经纱和纬纱相互交错或彼此沉浮的规律称为织物组织，织物的力学性能影响较大，同时影响织物的外观。在经纬纱相交处，即为组织点，当经纱浮在纬纱上时称经组织点；当纬纱浮在经纱上称纬组织点；当经组织点和纬组织点浮沉规律达到循环时，称为一个组织循环。在织物组织的构成中，常用组织点飞数来表示织物中相应组织点的位置关系。

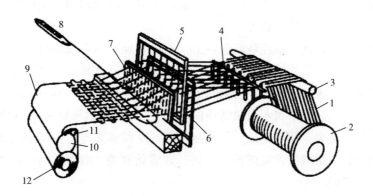

图 2-2　机织物成形示意图

1—经纱　2—织轴　3—后梁　4—分绞棒　5—棕框　6—综丝眼　7—钢筘　8—梭子（根据织机不同分为剑杆、喷气、喷水、片梭）　9—胸梁　10—刺毛辊　11—导布辊　12—卷布辊

根据织物组织特点，机织物可以分为原组织织物、小花纹组织织物、复杂组织织物、大提花组织织物。

（1）原组织织物

原组织包括平纹组织、斜纹组织和缎纹组织三种，是各种织物组织的基础（图 2-3）。

平纹组织　　　　斜纹组织　　　　缎纹组织

图 2-3　机织物三原组织结构示意图

平纹组织是所有织物组织中最简单的一种，该组织的组织循环中共有两根经纱和两根纬纱，四个组织点，用分式可以表示为 $\frac{1}{1}$。在组织循环中经纬组织点数相等，因此平纹组织正反面没有差异，属于同面组织。平纹组织中纱线交织最频繁，屈曲最多，织物挺阔、坚牢、平整。实际应用中可以通过调整织物结构参数或织造工艺参数，制造具有特殊外观效应的平

纹织物，如基于不同纱线捻向对光线反射不同可以形成隐条隐格织物；采用线密度不同的经纬纱织造可以获得凸条效应的平纹织物。

斜纹组织中有经组织点或纬组织点构成的斜线，织物表面有经或纬浮长线构成的斜向织纹。斜纹组织一般以分式表示，分子表示组织循环中每根纱线上的经组织点，分母表示组织循环中每根纱线上的纬组织点，分子分母之和等于组织循环纱线数 R。在原组织的斜纹分式中，分子或分母必有一个等于 1，当分子大于分母时，组织图中经组织点占多数，称为经面斜纹；当分子小于分母时，纬组织点占多数，对应为纬面斜纹。在纱线线密度和织物密度相同时，斜纹织物的坚牢度不如平纹织物，但手感较柔软。斜纹织物应用广泛，一般多为经面斜纹，如牛仔布、里子绸、纱卡其等。

缎纹组织循环中，任何一根经纱或纬纱上仅有一个经组织点或纬组织点，且单独组织点彼此相隔较远，分布均匀。缎纹组织的单独组织点在织物上由其两侧的经（或纬）浮长线所遮盖，在织物表面都呈现经（或纬）浮长线，因此布面平滑匀整、富有光泽、质地柔软。缎纹组织也可用分式表示，分子表示组织循环纱线数 R，分母表示飞数 S。在其他条件不变的情况下，缎纹组织循环越大，浮线越长，织物越柔软、平滑和光亮，但坚牢度则越低。棉织物中常用缎纹组织与其他组织配合织成各种织物，如缎条府绸、缎条手帕；精纺毛织物中有直贡呢；丝织物中有素缎。

（2）小花纹组织织物

小花纹组织织物是将原组织加以变化或配合而成，包括变化组织织物和联合组织织物。

变化组织是以原组织为基础，改变组织点的浮长、飞数等而形成的各种不同组织。根据基础原组织可分为平纹变化组织（重平组织、方平组织等）、斜纹变化组织（加强斜纹、山形斜纹、菱形斜纹等）、缎纹变化组织（加强缎纹、变则缎纹）。

（3）复杂组织织物

在复杂组织的经纬纱中，至少有一种是由两个或两个以上系统的纱线组成。这种组织结构能够增加织物的厚度而使表面细致，或改善织物的透气性而使结构稳定，或提高织物的耐磨性而使质地柔软。

（4）大提花组织织物

大提花织物又称纹织物，是利用提花织机织成的织物，一个组织循环纱线数可达数千根。

2.1.3.2　针织物

针织物可分为纬编针织物和经编针织物（图 2-4）。针织物生产大体上可分为针织前准备工序、针织工序、染整工序和成品缝制工序。纬编准备工序由络筒及对应的辅助加工组成；经编准备工序由络筒、整经和对应的辅助加工组成。针织工序是把纱线按照一定的组织规律织成坯布或半成品的工序，包括织造、验布、修布和打包等工序。针织物是由一组或多组纱线根据针织方法和走纱方向在针织机上按一定规律彼此相互串套成圈连接而成的织物。线圈是针织物的基本结构单元，线圈圈柱覆盖在前一线圈圈弧之上的一面，称为正面线圈；圈弧覆盖在圈柱上的一面，称为反面线圈。

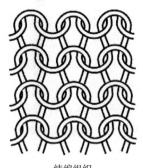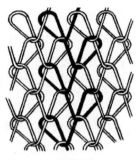

纬编组织　　　　　　　　　　　经编组织

图2-4　针织物组织结构示意图

（1）纬编针织物

纬编针织物是由一根或若干根纱线从纱筒上引出，沿针织物的横向顺序弯曲成圈并依次串套而成的织物。根据采用的针床数量，针织物可以分为单面针织物和双面针织物。单面针织物一面全部为正面线圈，另一面全为反面线圈，两面呈现不同的外观效果；双面针织物为两面均显正面圈柱或均显反面圈弧。纬编针织物的横密是沿线圈横列方向，以单位长度（5cm）内的线圈纵行数表示；纵密为沿线圈纵行方向，以单位长度（5cm）内的线圈横列数表示。纬编针织物柔软、富有弹性、透气性好，纵横向延伸性能差异大。根据组织特点，纬编针织物一般分为基本组织、变化组织和花色组织三类。

纬编基本组织由线圈以最简单的方式组合而成，是针织物其他组织的基础，包括纬平针组织、罗纹组织和双反面组织。

纬平针组织是单面纬编针织物中的基本组织，线圈在配置上具有定向性，导致该针织物两面具有不同几何形态，正面线圈有两根与线圈纵行成一定角度的圈柱，反面线圈有与线圈横列同向的圈弧。圈弧对光线的漫反射作用较大，因而该针织物反面较为阴暗。纬平针组织主要用于产生内衣、袜品、毛衫及服装衬里等。

罗纹组织是双面纬编针织物的基本组织，由正面线圈纵行和反面线圈纵行以一定组合相间配置而成的。罗纹组织种类很多，取决于正反面线圈纵行数不同的配置，通常用数字代表最小循环单元里包含的正反面线圈纵行数的组合，如1+1罗纹、2+2罗纹、5+3罗纹等。罗纹组织因具有较好的横向弹性与延伸度，常用于制作内衣、毛衫、袜品等紧身收口部段，如领口、袖口、袜口等。

双反面组织是双面纬编组织中的一种基本组织，由正面线圈横列和反面线圈横列相互交替配置而成。织物的两面都呈现出线圈的圈弧突出在前和圈柱凹陷在内，当不受外力作用时，织物正反两面都类似纬平针的反面。双反面组织对于织机的要求较为复杂，且生产效率低，应用受限。

变化组织是由两个或两个以上的基本组织复合而成的，在一个基本组织的相邻线圈纵行之间配置另一个或多个基本组织，以改变原来组织的结构与性能。纬编变化组织主要由变化平针组织、双罗纹组织等。

双罗纹组织是由两个罗纹组织彼此复合而成，又称棉毛织物，不管织物是否受到拉伸，在织物两面都只能看到正面线圈，因此也称为双正面组织。该类型织物紧密厚实，是制作冬季棉毛衫裤的面料之一；尺寸稳定性较好，可用于制作休闲服、运动装和外套等。

采用改变或者取消成圈过程中的某些阶段、引入附加纱线或其他纺织原料、对旧线圈和新纱线引入一些附加阶段、将两种或两种以上的组织复合这四种方法，可以形成具有显著花色效应和不同性能的纬编花色组织，常见的有提花组织、毛圈组织等。

（2）经编针织物

经编针织物中线圈的两根延展线在线圈的基部交叉和重叠的线圈称为闭口线圈，没有交叉和重叠的线圈称为开口线圈。与纬编针织物的结构差别在于：纬编针织物中每根纱线上的线圈沿着横向分布，经编针织物中每根纱线上的线圈沿着纵向分布。经编针织物的横密与纵密一般用纵行数/cm 与横列数/cm 来表示。经编针织物一般分为基本组织、变化组织和花色组织三类，并有单面和双面两种，在装饰用和产业用纺织品中占比超过纬编针织物。

经编基本组织是一切经编组织的基础，包括单面编链组织、经平组织、经缎组织等。

编链组织是由一根纱线始终在同一枚针上垫纱成圈所形成的线圈纵行。在编链组织中，各纵行间无联系，是形成孔眼的基本方法，但不能单独使用，一般与其他组织复合形成经编织物。

经平组织是由同一根纱线所形成的线圈轮流排列在相邻两根线圈纵行，可由闭口线圈、开口线圈或开口和闭口线圈相间组成。经平组织中所有线圈都具有单向延展线，即线圈的导入延展线和引出延展线都处于该线圈的一侧。由于弯曲线段的伸直作用，该组织的线圈纵行在针织物中呈现曲折排列。经平经编织物在一个线圈断裂并受到横向拉伸时，则由断纱处开始，线圈沿纵行在逆编织方向相继脱散，使织物沿纵行分成两片。

经缎组织中每根纱线顺序地在三枚或三枚以上相邻的织针上形成线圈，每根纱线先沿一个方向顺序地在一定针数的针上成圈，后又反向顺序地在相同织针上成圈。经缎组织一般在垫纱转向时采用闭口线圈，中间为开口线圈，当有个别线圈断裂时，织物在横向拉伸下会沿纵行在逆编织方向脱散，但不会分成两片。

2.1.3.3 非织造材料

定向或随机排列的纤维通过摩擦、抱合、黏合或几种方法的组合方法相互结合制成的片状物、纤网或絮垫，称为非织造材料，所用纤维可以是天然纤维或化学纤维，也可以是短纤维、长丝或直接形成的纤维状物。制备工艺可分为纤维/原料的选择、成网、纤网加固和后整理四个过程。按照成网工艺可分为干法成网（机械和气流成网）、湿法成网及聚合物挤压成网。

（1）干法成网

在干法成网过程中，天然纤维或化学短纤维网通过机械成网或气流成网制得。

用锯齿开棉机或梳理机梳理纤维，制成一定规格和面密度的薄网，称为机械成网，这种纤网可以直接进入加固工序，也可经过平行铺叠或交叉折叠后再进入加固工序。利用空气动力学原理，让纤维在一定流场中运动，并以一定方式均匀地沉积在连续运动的多孔帘带或尘笼上，形成纤网，这种成网方式称为气流成网。气流成网中纤维长度相对较短，最长为

80mm，纤维的取向随机，具有各向同性。由干法成网得到的纤网密度为 30~3000g/m²。

（2）湿法成网

以水为介质，使短纤维均匀地悬浮在水中，并借水流作用，使纤维沉积在透水的帘带或多孔滚筒上，形成湿态纤网。在湿法成网中，纤维首先与化学物质和水混合得到均一浆液，随后在移动的凝网帘上沉积，多余的水分被吸走，仅剩纤维随机分布形成均一的纤网，后续进行加固与后处理。由湿法成网得到的纤网密度为 10~540g/m²。

（3）聚合物挤压成网

采用高聚物的熔体、浓溶液或溶解液通过喷丝孔形成长丝或短纤维，随后铺放在移动的传送带上形成连续的纤维网，随后经过加固处理。纤网中大多数纤维长度是连续的，纤网密度为 10~1000g/m²。聚合物挤压成网主要包括纺丝成网和熔喷纺丝。

纺丝成网非织造材料结构特点是由连续长丝随机组成纤网，具有很好的力学性能，是短纤维干法成网非织造材料无法相比的，大量用作土工布、医疗用品、过滤材料等。

2.2　纤维材料的电子功能化

基于纤维材料的电子设备对电性能具有高度依赖性，因此为了实现电子纺织品的全部功能，包括导体，半导体及电化学活性材料在内的多种导电材料需要被考虑在内。纤维材料是一种多级结构材料，其电子化过程中用到的这些导电材料可以在任何层级上集成，例如，金属材料本身可制备成丝，也可作为粉末在纤维、纱线乃至织物上沉积。纤维材料电子功能化方法可归纳为两种：一体成型法（导电纤维的纺丝成型）和表面修饰法。一体成型法即导电材料直接成丝或导电材料与绝缘高分子材料共混纺丝，表面修饰法即对原本绝缘的纤维基材进行化学或物理表面涂层改性。

2.2.1　导电纤维的纺丝成型

经过一定处理的绝缘高分子材料与导电材料以各种方式相互混合成型或导电材料单独成型可制备导电纤维，其类型根据导电物质不同大致可分为金属系、碳系、导电聚合物系。

2.2.1.1　金属系

金属材料发展历史悠久，是生活中最常见的导电材料，目前使用最多的金属材料为不锈钢、铜、铝、镍等。早在 20 世纪 60 年代，美国贝卡尔特（Bekaert）公司便生产并商品化了不锈钢纤维"Bekaert"，金属纤维及其制品是新型工业材料和高新技术、高附加值产品，它既具有化学纤维及其制品的部分柔软性，又具有金属本身优良的导热、导电、耐蚀、耐高温等特性。金属纤维的导电性为 10^{-5}~$10^{-4}\Omega\cdot cm$，高电导率对电荷传输、减小内阻和促进电化学动力学反应极其重要，故高电导率的金属材料在纤维基电子材料中多作为电极或导电基板，但其弹性差、伸长小、表面光滑导致抱合力小，高细度纤维制造成本较高等缺陷是阻碍了它们的应用扩展的主要因素。

金属纤维的成型方法可归纳为三种：拉丝法、切削法及熔抽法。

拉丝法又分为单根拉丝和集束拉丝两种。单根拉丝法得到的金属纤维尺寸精确但成本高，主要用于某些特殊领域，高精度筛网等。集束拉丝法是把上万根金属线包在外包材料里，经过多级拉丝模进行连续拉丝，根据需要中间可设置热处理等工艺；集束拉丝法制备工艺复杂，拉丝、热处理过程中的任何参数变化都会对纤维质量产生影响，使其性能发生变化，目前主要用于不锈钢纤维的生产，最小当量直径可达 $4\mu m$。拉丝法生产的不锈钢纤维抗拉强度很高，可达 2000MPa，但延伸率低，拉丝法不适于脆性材料如铸铁等的加工。

切削法是目前使用最广泛的金属纤维制造方法，也是制造金属短纤的主要方法。其制造的金属纤维产品种类齐全，适用面广，设备简单，成本低廉，该方法也可以用于长丝的制造，但相比于拉丝法，要得到较细且断面均匀平滑的长丝相对困难。切削法按照切削方式的不同又可以分为车削法、铣削法及刮削法。车削法包括卷材车削法、旋转切削法和振动切削法等，其中以振动切削法为代表。振动切削法是利用弹性刀具在切削过程中产生自激振动进行切削，激振频率一般为 $500\sim5000Hz$，刀具每一个振动周期形成一根纤维直径为 $20\sim150\mu m$ 的纤维，长度为刀具的有效宽度。振动切削法是制取金属短纤维较有效、较成熟的方法，适用于各种材质。铣削法是用螺旋齿圆柱铣刀铣削低碳钢钢板。刮削法利用具有一定形状的刮刀刮削钢丝形成连续的金属纤维，剪切法是利用动剪刀片和静剪刀片剪切薄钢板而得到异型钢纤维。

熔抽法的基本原理是将金属加热到熔融状态，再通过一定的装置将熔液喷出或甩出而形成金属纤维。熔抽法既可制取短纤维也可制取长纤维，纤维当量直径最小可达 $25\mu m$。熔抽法加工的钢纤维与基体有较好的结合强度，常用于增强混凝土等，但工艺和技术要求高，加工设备较复杂，抗拉强度低，一般只有 380MPa。

金属纤维普遍具有较高的电化学性能，可以直接用作纤维形电池中的纤维电极或用作纤维形太阳能电池中的对电极。例如，铂丝是染料敏化太阳能电池和燃料电池中常用的对电极材料；经过热处理的铜线表面可以均匀生长出氧化铜纳米线，绝缘的氧化铜纳米线进一步负载金/钯和二氧化锰后可以用于超级电容器的纤维电极。除此之外，金属纤维的高电导率也使得其可以很方便地根据功能需求进行电化学修饰，比如通过电化学方法可以在钛丝表面沉积二氧化钛纳米材料而后作为纤维电极应用于染料敏化电池、聚合物太阳能电池、钙钛矿太阳能电池超级电容器等纤维能源器件中；通过多循环电化学合金化/脱合金方法可以制备纳米多孔金（Au）线，然后沉积二氧化锰（MnO_2）纳米花可用于超级电容器，采用类似的方法也可以得纳米多孔镍线。

除固态金属外，液态金属（liquid metals，LMs）由于同时具备固态金属和类似水的流体非晶性特质在纤维电子材料中也占有特殊地位。液态金属可在室温下保持液态，这种材料可以与大多数金属形成合金。迄今为止，处理液态金属的方法有很多，如合金化、氧化、在液态金属合金的基础上添加金属或非金属材料等。通过这些方法，液态金属的形态可以变得相当多样。更重要的是，它们的熔点、导热性、导电性、黏度、流动性和塑性等特性都可以调整，以满足不同的需求。自然界中五种常见的液态金属为：汞（Hg，$-39℃$）、钫（Fr，$-27℃$）、铯（Cs，$28.4℃$）、镓（Ga，$29.8℃$）和铷（Rb，$38.89℃$），这其中汞、铯、铷因其不可避免的毒性或较高的化学活性而不能广泛应用。因此，越来越多的研究集中在镓这一无毒且在空气和水中稳定的材料上。镓金属多分布于地壳中。它不以纯金属的形式存在，而通常被发现在包括铝土矿和闪锌矿在内的矿石中，故而通常被作为副产品在处理其他金属矿石时提取出来。镓基液态金属不仅具有高导电性、优异的导热性和良好的耐腐蚀性等金属属性，且保留了优异的流动性、极好的柔韧性和低黏度等液体特性。例如，当环境条件为20℃时，共晶镓铟（EGaIn）的黏度是水的 2 倍。一般情况下，镓基液态金属包括纯镓、镓铟合金（EGaIn）、镓铟锡三元合金（GaInSn）和镓铟锡锌四元合金（GaInSnZn）。这些材料在纺织电路、高对比度成像、药物输送和 3D 打印等领域中备受关注。例如，通过将镓铟锡合金（galinstan，Ga68.5/In21.5/Sn10）注射到全氟烷氧基烷烃纤维管中，可制备出具有高导电性能和机械性能的纤维。这种纤维进一步通过刺绣加工定制图案，用于制作无线电源的发射器和近场通信接口（图 2-5）。

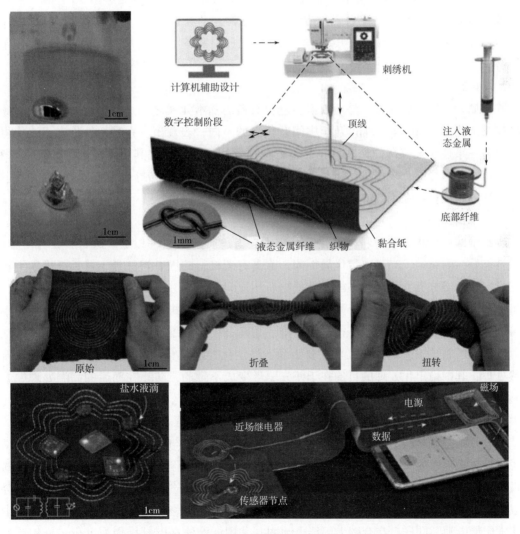

图 2-5　通过刺绣加工液态金属基纱线用作无线电源的发射器和近场通信接口

另外，金属氧化物由于其特殊的性能和结构可以增强材料的可靠性、稳定性和功能性在纤维电子材料中同样具有广泛的应用。例如，二氧化钛 TiO_2 作为本征半导体具有一定的导电能力，且在光催化、太阳能转化、传感器及介孔膜等领域应用广泛；氧化锌（ZnO）独特的物化特性使得其纳米纤维在太阳能电池、压电器件、声光器件等领域表现出广阔的应用前景；二氧化锡（SnO_2）作为一种重要的宽禁带 N 型半导体，将其制成纤维状在光催化、电极及气敏探测等领域被广泛应用；而纳米级二氧化锆（ZrO_2）因具有高氧离子传导和高折射率而被广泛应用于催化剂、氧传感器、燃料电池等方面。因此，制作各种结构的金属氧化物纤维也引起研究工作者的广泛关注。例如，艾哈迈德（Ahmad）等通过静电纺丝技术制备 ZnO 纳米纤维，然后修饰葡萄糖氧化酶，构建了葡萄糖的电化学分析传感器。王等通过静电纺丝法成功制备单一组分 ZnO 纳米纤维和 Ni 掺杂 ZnO 纳米纤维，并且分别对乙炔传感做了研究，结果发现，镍（Ni）掺杂 ZnO 纳米纤维的 Ni 可以形成纤维结构缺陷和影响 ZnO 带宽，并且很大程度地提高 ZnO 纳米纤维对乙炔传感的敏感性。罗德里格斯—米拉索尔（Rodríguez-Mirasol）等以聚乙烯吡咯烷酮（PVP）和乙酸锆为原料制备了 ZrO_2 纳米纤维，并将其用于分解甲醇。

2.2.1.2 碳系

除金属元素外，碳元素也是形成诸多重要材料的基本元素之一。与金属元素不同，碳元素根据其杂化方式 sp、sp^2、sp^3 乃至中间杂化态的不同，表现出一系列拓扑价态，这使得碳材料具备一系列令人惊奇的微观结构、本征特性及使用性能。这其中除了较为传统的材料，如碳纤维、石墨纤维、炭黑等，碳纳米材料如碳纳米管与石墨烯等也更加受到人们的重视。各种各样的碳系材料在不同的领域发挥着重要的作用。

（1）碳纤维

碳纤维即纤维状的碳材料，其化学组成中碳占总质量的 90% 以上。碳材料具有质量轻，机械性能好，耐腐蚀，高导电等优异性能，除具有碳材料的固有特征外，兼具纤维的柔软可加工性。碳纤维分类方法多种多样，其根据所用原料的不同，可分为聚丙烯腈基碳纤维、沥青基碳纤维、纤维素基碳纤维、酚醛基碳纤维、其他有机纤维基碳纤维。根据力学性能不同又可以分为超高模量碳纤维、高模量碳纤维、超高强度碳纤维以及高强度碳纤维等。但绝大部分碳纤维的制造工艺都涉及几个主要步骤：稳定化处理（预氧化处理）、碳化处理及石墨化热处理，其中稳定化处理的目的在于使先驱丝变成不融的，防止在而后的高温处理中熔融或粘连；碳化处理的目的是通过高温除去先驱丝中的非碳元素，石墨化热处理是石墨纤维（即含碳量在 95% 以上的高强高模碳纤维）制备所需要的步骤。

随着纤维电子材料的兴起，高导电性、热稳定性和易于与客体纳米材料修饰的碳纤维引起了人们越来越多的兴趣。与金属纤维类似，碳纤维可以用作纤维染料敏化太阳能电池的对电极，且通过引入其他功能材料可显著提高性能。例如，通过在碳纤维周围涂覆光伏聚合物可以获得一种性能优异的光纤器件柔性电极，氧化锌纳米线修饰的碳纤维阳极已被用于染料敏化太阳能电池。同样，在全碳太阳能电池中，采用浸涂法在碳纤维周围沉积二氧化钛纳米粒子后可用为光纤光阳极。利用各种功能化策略和器件制造技术，由碳纤维支架或碳纤维有源电极制成的柔性线/纤维形能量转换和存储器件已经获得了相当好的性能，在实现轻量化、低成本和小型化的纤维基柔性/可穿戴电源方面呈现出巨大的应用前景。

（2）碳纳米管纤维

碳纳米管（CNT）是一类完全由一个或多个同心碳原子层以蜂窝晶格结构排列而成的空心圆柱体。事实上，管状的碳纳米结构早在 1952 年就被首次观察到。然而，直到近四十年后，《自然》杂志上报道发现碳纳米管时才开始引起全球范围内的关注。作为一种化学衍生的合成纳米材料，碳纳米管具有原子级光滑和清晰的表面，高的电子及空穴迁移率。近年来，研究者们在纳米管的合成、纯化和组装方面取得了显著进展并对其基本性质进行了深入研究；设计开发了新颖的电子器件，将其广泛应用于各种技术应用。

碳纳米管材料的制备方法主要有三种：电弧放电法、激光烧蚀法、化学气相沉积法。电弧放电法是制备碳纳米管简单、常用的方法。在惰性气体如氦气或氩气的环境中，碳材料被直流电弧蒸发，在碳（或石墨）电极上生长出碳纳米管。激光烧蚀法同样需要在惰性气体环境中进行，其是利用激光汽化位于靶材上的碳来合成碳纳米管。在催化剂作用下分解碳氢化合物的方法称为化学气相沉积，在高温气体中碳材料高温气化并在催化剂上组装生长碳纳米管，该种方法并不是一种新方法，早在 1989 年，贝克尔（Baker）便研究了碳丝的催化生长，蒂贝茨（Tibbetts）便发表了一份关于蒸汽生长碳纤维的说明。

尽管生产上的进步使得具有金属或半导体性质的单壁碳纳米管（SWCNT）的分离提纯度达到 90%~95%，但纯碳纳米管的生产成本仍然过高。商业供应的 SWCNT，尽管稠度有所改善，但在长度、直径和手性方面仍然是多分散的。用选择性表面活性剂、共轭聚合物包裹物、密度梯度离心分离法或凝胶层析分离法的分离方法不容易结垢。自下而上的合成方法已经取得了巨大的成就，但还远远没有达到预期。同样，多壁碳纳米管（MWCNT）可以通过大规模化学气相沉积（CVD）大批量生产；然而，它们受到结构偏差和污染的影响，这些缺陷通常需要高昂的成本才能去除。即便认识到碳纳米管的合成复杂性，以及一些化学家甚至称为杂质的东西，这种材料仍然获得如此多的关注，显然一个重要的原因是它们不同寻常的光学、电学、力学和化学性质。为了将这些优异的性能应用到更广阔的领域，研究人员开发出了多种工艺来制备碳纳米管纤维。

碳纳米管纤维制备方法本质上是通过相互作用使得独立分散的碳纳米管形成宏观连续的纤维，目前常用的方法概括为四种。第一种方法是在高分子纤维挤出成型过程中复合混入碳纳米管来制备碳纳米管复合纤维，该方法旨在纺丝熔体或纺丝液的制备阶段引入碳纳米管而后进行混合纺丝。这个过程的关键挑战是碳纳米管在高分子溶液/熔体中的分散问题。碳纳米管在原始状态下是惰性的，由于强烈的范德瓦耳斯力相互作用，碳纳米管倾向于捆绑在一起，这使得它们难以在其他流体中均匀分散。目前主要通过氧化和接枝功能的亲水性基团并添加表面活性剂来使这些问题得到改善。但用于纺丝的传统聚合物通常是绝缘体，最终制备的导电纤维往往电阻较高，因此这种方法得到的复合碳纳米管纤维多用于传感等特定领域。

谢弗（Shaffer）和温德尔（Windle）提出碳纳米管可以被视为类似于高纵横比和刚性棒状聚合物。根据这个类比，CNT 应该适用于两种基于溶液的纺丝方法：混凝纺丝和液晶溶液纺丝。第二种方法［图2-6（a）］是将碳纳米管分散在溶液中，然后将其重新凝聚在另一种混凝剂溶液中，碳纳米管分散溶液可以用表面活性剂、强酸等制备。例如，将单壁碳纳米管首先以十二烷基硫酸钠（SDS）作为表面活性剂分散在水溶液中，然后注入聚乙烯醇（PVA）溶液到旋转浴中作为混凝剂可以制备高负载量（60%）的碳纳米管 CNT 纤维。在此工艺中，PVA 取代了表面活性剂，导致整体纤维坍塌，形成带状弹性凝胶纤维。将这些纤维以约 0.01 m/min 的速率从凝固浴中拉出，形成的固体纤维在连续的水容器中浸泡除多余的 PVA 和表面活性剂残留后干燥可得到最终纱线（图2-6）。

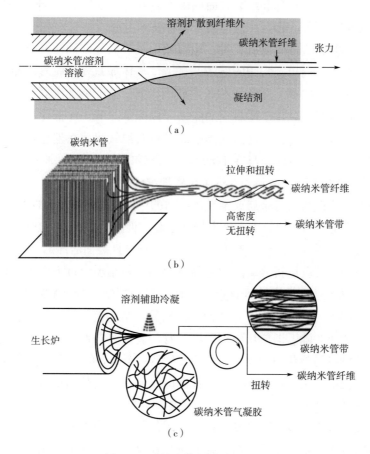

图 2-6　碳纳米管纤维纺丝方法

第三种方法［图2-6（b）］是通过化学气相沉积处理在衬底上生长垂直排列的碳纳米管，而后从碳纳米管团簇中抽出碳纳米管薄片，将薄片扭曲成碳纳米管纤维，或简单地将其致密化成未扭曲的碳纳米管带，这个过程类似蚕茧抽丝加捻，旨在增强纤维间的抱合力，这种方法中连续纱线只能从相互平行排列的碳纳米管阵列中抽出，并通过范德瓦耳斯力的相互作用结合在一起，纱线的粗细大致取决于纱线中的纤维数。理论上，纱线的粗细可以通过调整纱线拾取工具尖端尺寸来控制——尖端越小，纱线越细。

第四种方法［图2-6（c）］是"直接"纺丝，即在生长炉中合成碳纳米管后立即进行卷绕收集。除了将这些碳纳米管作为连续纤维直接收集外，还可以简单地通过改变收集方式将它们组装成不同形状，如窄而薄的带状结构、低质量密度的气凝胶和高密度的薄膜，这种连续纺丝的关键要求在炉热区快速生产高纯度碳纳米管以形成气凝胶，并通过连续上卷将反应产物强行移出。例如，可以选择乙醇作为碳源，溶解在质量分数为 0.23%～2.3% 的二茂铁和 1.0%～4.0% 的噻吩，然后将溶液以 0.08～0.25mL/min 的速度从炉顶注入 400～800mL/min 流速的载氢气体中，炉膛温度设置为 1050～1200℃，热区中的碳纳米管可以形成气凝胶并被机械牵伸收集。

（3）石墨烯纤维

石墨烯是一种二维片状材料，由形成六元环的碳原子层组成。石墨烯可以说是所有石墨形式材料的母体，包括零维富勒烯、一维碳纳米管及三维石墨。虽然碳纳米管可以看作是石墨烯片的卷扎形式，但二者性质却大不相同。因此，碳纳米管和石墨烯的电子和拉曼光谱存在显著差异，电导率和力学性能等其他特性也存在显著差异。根据定义，石墨烯是一种单层二维材料，但两层（双层石墨烯）和两层以上且少于十层（少层石墨烯）的石墨烯样品同样引起很大关注。

目前，合成石墨烯的方法主要有干法剥离法、液相剥离法、热蒸发外延生长法、化学气相沉积法以及化学氧化还原剥离法。干法剥离法即在空气、真空、惰性气体氛围中通过机械、静电或磁力从层状石墨材料中分离出石墨烯。液相剥离法是指在液体环境中利用超声波将石墨剥离成单层石墨烯，液相剥离一般包括三个步骤：石墨块的分散、超声剥离以及提纯净化。热蒸发外延法是通过对单晶碳化硅（SiC）进行超高真空加热，在 SiC 面上制备出石墨烯薄膜。化学气相沉积法在碳纳米管部分有做相关介绍，其一直是制备半导体器件中沉积材料的常用方法，但这种方法大多只适用于大尺寸石墨烯的合成。化学氧化还原剥离法是目前大规模制备石墨烯的主要方法，其原理是通过在强酸性介质中氧化石墨破坏其共轭结构，于石墨层间引入含氧官能团（如羟基、酮基、醚键等）从而削弱层间的范德瓦耳斯力得到氧化石墨，再加入还原剂通过超声进一步分离并还原（也有热还原、微波还原、电化学还原等方法）得到还原氧化石墨烯。

石墨烯材料的名字自发现以来被冠以许多最高级，他是人类已知最薄的物质，也是迄今为止测量到的最坚固的物质。它的理论比表面积极高（2630m³/g）、载流子表现出巨大的固有迁移率［200000cm²/（V·s）］，导热率达到 5000 W/（m·K），透光率达到 97.7%。为了将这些微观层面上展现出的优异性能拓展到宏观层面，各类工艺被提出，组装成纤维是其中一个典型的工艺。与碳纳米管类似，通过引入第二组分进行纺丝可以很方便地制备出高性能石墨烯复合纤维，例如在氧化石墨烯悬浮液中溶解 *N*-异丙基丙烯酰胺颗粒，最终纺丝得到的石墨烯/*N*-异丙基丙烯酰胺复合纤维展示出优异的热敏性。

受碳纳米管在一维宏观材料形成过程中液晶行为的启发，研究者们还发现了氧化石墨烯在水中的液晶行为，当氧化石墨烯浓度增加到 30mg/mL 时，氧化石墨烯片的向列相可以演变成层状相。在此基础上，利用传统的湿纺技术将氧化石墨烯溶液注入混凝浴中制备宏观纤维，然后利用化学还原法可以获得强度约为 140MPa、电导率约为 250S/cm 的石墨烯纤维。近年来，人们探索了各种方法和技术（微流体、电泳法、扭转二维氧化石墨烯薄膜等）来利用具有优异导电性和强度的氧化石墨烯组装宏观纤维。例如，采用微流控技术可以将氧化石墨烯片整齐堆叠，然后进行热还原制备氧化石墨烯。最终得到的石墨烯纤维具有优异的导电性、导热性和力学性能。所得宏观石墨烯带的强度达到（1.9±0.1）Pa，模量达到（309±16）GPa。

（4）MXene 纤维

MXene 是一类新生的二维材料，自尤里·高里奇（Gogotsi）等首次报道 Ti_3C_2 后受到了研究界的极大关注。MXene 是一种金属碳化物和氮化物，其框架包含两层或多层过渡金属原子，这些过渡金属原子被包裹在蜂窝状的二维晶格中，碳层和/或氮层占据相邻过渡金属层之间的八面体位置。MXene 薄片的通式为 $M_{n+1}X_nT_x$（$n=1\sim3$，x 为变量），其中 M 表示过渡金属位，X 表示碳和/或氮位，T 表示外层过渡金属层表面的—O、—OH、—F 和—Cl 等端接官能团。例如，完全端氧的两层过渡金属（$n=1$）碳化钛 MXene 的化学式可写成 Ti_2CO_2。MXene 通常采用自顶向下的方法合成，其中选择蚀刻从 $M_{n+1}AX_n$ 相前驱体中去除 a 层原子（如 Al，Si 和 Ga），该前驱体由一堆层状的六边形结构三元碳化物和氮化物组成，从而形成堆叠的 MXene 层，可以进一步剥离成单层薄片。

由于 MXene 具有可调的表面末端、金属导电性、优异的水溶液分散性、独特的层状结构和大的比表面积，因此在可穿戴电子、储能和生物医学等各个应用领域具有巨大的潜力。另外，MXene 的高导电性（1.5×10^6 S/m）、溶液可加工性和易于制造工艺使其成为将传统纺织品转化为导电纤维的有前途的材料。尽管如此，MXene 的一些缺点，如在氧气环境下稳定性差，机械灵活性低和易重新堆叠，限制了纤维基柔性可穿戴电子产品高度期望的灵活性和耐用性的进一步发展。因此，开发具有极强的灵活性的基于 Mxene 的复合材料对于促进纤维可穿戴设备的发展至关重要。

2.2.1.3 导电聚合物系

大多数人工纤维为聚合物材料，但常见聚合物往往不导电，难以应用在纤维基电子器件中。导电聚合物又称共轭导电聚合物通常指具有共轭 π 键的长链且可经过掺杂使其由绝缘体转变为导电体的一类高分子材料。自从聚乙炔打开"导电聚合物"的大门，其发展势头锐不可当。从单纯利用其材料导电性制备电池并走向产业化，到现在交叉领域的渗透研究，导电聚合物一次次向我们展示其巨大的应用价值。导电聚合物具有导电性高、电容大、柔韧性好、易于加工、对其他材料亲和力好、成本低等优点，已被广泛应用于柔性和可穿戴储能材料的活性材料（图 2-7）。比较有代表性的本征导电高分子有聚乙炔、聚吡咯、聚苯乙烯、聚苯胺、聚噻吩及聚 3,4-乙烯二氧噻吩。

共轭导电聚合物纤维领域的主要研究目标是设计具有高导电性和力学性能的材料。电导率 c 可以通过以下公式表示：

$$c = ne\mu \tag{2-1}$$

式中：μ 为载流子的迁移率，n 为载流子的密度，e 为基本电荷。

为了实现高导电性，通常需要较高的载流子迁移率，这可以通过促进聚合物链内的 π 电

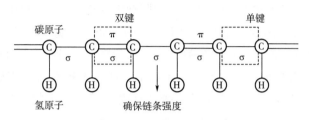

（a）典型导电聚合物的化学结构

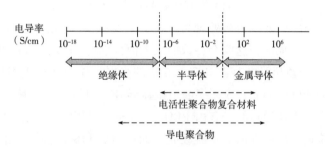

（b）共轭骨架的导电机理示意图

电导率
（S/cm）

| 10^{-18} | 10^{-14} | 10^{-10} | 10^{-6} | 10^{-2} | 10^{2} | 10^{6} |

绝缘体　　　　半导体　　　金属导体

电活性聚合物复合材料

导电聚合物

（c）与其他材料相比，聚合物的电导率范围

图 2-7　导电聚合物及导电机理

子离域和链间的 π 堆积来实现。此外，为了实现高载流子密度，必须引入自由载流子（通常是电子或空穴）到 π⁻电子体系中，而这可以通过与掺杂分子进行氧化还原反应或酸碱反应来实现。掺杂分子可以以阴离子或阳离子的形式存在，如 H^+、ClO_4^-、聚苯乙烯磺酸（PSS），以平衡共轭聚合物上的电荷。由于每个重复单元都代表一个氧化还原位点，因此可以实现相对较高数量的电荷载体。例如，聚吡咯是一种典型的含有正电荷掺杂剂的 P 型导电聚合物，其可以通过与铜酞菁-3，4′，4″，4‴-四磺酸四钠盐（CuPcTs）进行掺杂和交联提高电导率（约 7.8S/cm），比纯的聚吡咯（7×10^{-2}S/cm）提高了两个数量级。在这里，CuPcTs 作为反离子（带负电荷的离子）掺杂在聚合物基质中，增强聚吡咯的链间电荷传输，从而显著提高其导电性。通过引入适当的掺杂剂，聚吡咯的导电性可达到约 7.5×10^3S/cm。但通常情况下引入分子掺杂剂（每个氧化还原位点需要一个分子掺杂剂）会导致体积膨胀并减少聚合物段之间的相互作用。因此，掺杂能提高电导率，但会降低材料的刚度和强度。例如，碘掺杂 PAc 的电导率可达 60000S/cm，但同时其杨氏模量从近 50 GPa 降低到 10 GPa（在拉伸比 15 的条件下）。

为了解决这个问题，人们尝试构筑 3D 交联的聚合物以提高纤维的力学性能，如构筑三维交联 PEDOT∶PSS。PEDOT∶PSS 是一种由疏水性 PEDOT 和亲水性 PSS-壳组成的核壳结构材料。PEDOT∶PSS 中存在三种主要的分子相互作用：PEDOT 与 PSS 链之间的静电吸引、

PEDOT 链之间的 π-π 堆叠以及 PSS 长链之间的链间纠缠。其中 π-π 堆积和疏水吸引负责生成相互连接的 3D 网络，通过控制 PEDOT 和 PSS 的分子相互作用和含量比，可以提高 PEDOT：PSS 纤维电极的柔韧性、电导率和电化学性能并产生具有任意形状的独立结构。例如，使用 4-十二烷基苯磺酸（DBSA）酸性表面活性剂，削弱 PEDOT 与 PSS 之间的静电吸引力，可生产出具有良好导电性的 RT-PEDOT：PSS 水凝胶纤维（电导率约为 10^{-1} S/cm）用于生物电子器件。导电聚合物纤维的大规模生产对纤维器件的发展具有重要意义。例如，可以使用含有 $CaCl_2$ 的混凝浴来制备 PEDOT：PSS 纤维，注入聚合物后，带正电的 PEDOT 与 Cl^- 结合，带负电的 PSS 与 Ca^{2+} 结合形成纤维。最终制备的 PEDOT：PSS 纤维电阻较低（100Ω/cm）。此外，该方法可以制造长度达几米的超长纤维，且由于较低浓度的 PEDOT：PSS 溶液分散性好，制备的纤维可以打结而不开裂。最终得到的 PEDOT：PSS 纤维基固态 YSCs 具有 119mF/cm 的高比面积电容，并且可以在 1000mA/cm（86.9mF/cm）的高电流密度下充放电。湿纺后的 PEDOTS：PSS 纤维经硫酸处理可以提高纤维强度。通过对处理时间的控制，可以调节材料的电导率和抗拉强度，这两个参数的最大值分别为 1771.8S/cm 和 112.7 MPa。对称型 PEDOT-S：PSS 光纤型超级电容器具有 1.6 V 的高电压输出和 8.3μWh/cm 的高面能量密度，最大功率密度为 400μW/cm；应用多通道微流体技术可以制备自旋导电 PEDOT：PSS 微纤维。通过设计多个注射通道连续制备由 PEDOT：PSS 芯和海藻酸盐壳组成的微纤维。该过程中，凝胶反应可快速形成海藻酸盐水凝胶壳，而后将壳和核的前驱体溶液注入通道中，在中空的海藻酸盐水凝胶壳中生成 PEDOT：PSS 核。通过多流微流体策略制备的 PEDOT：PSS 微纤维具有高导电性和高柔韧性，在生物医学工程中具有巨大的应用潜力。

除了直接纺丝法，导电聚合物也可以与其他导电纤维复合制成纤维和纺织电子器件。例如，通过对 PEDOT 渗透的碳纳米管片进行加捻可以得到 PEDOT/CNT 复合纱。这种复合纱线具有优异的纺织加工性，并可进一步用于制作纤维形超级电容器。通过简单的电沉积工艺其他导电聚合物如聚苯胺也可与碳纳米管纤维复合成电极材料。采用不同的原位稀释聚合方式可以在碳纳米管纱线中实现有序的聚苯胺纳米线阵列。通过复合的方法导电聚合物也可以用于制备某些特殊的智能设备，例如通过加入碳纳米管制备聚苯胺复合纤维在施加电流或电压时表现出可逆的颜色变化，并且颜色可以很容易地由电流或电压控制并被肉眼感知，这有助于具有显示功能的智能纤维和纺织电子设备。

2.2.2 纤维材料的导电化处理

纤维材料表面形貌不均匀且结构弯曲多变，因此其与导电材料的良好结合是一个很大的挑战。提供最方便和经济的方法来实现与现有纺织技术的良好兼容性是导电元件大规模应用的关键。制备导电纤维材料的常用技术除开直接纺丝法还包括表面处理、混纺以及混织等。

2.2.2.1 表面处理

表面处理是纤维材料导电化处理最常用的方法之一，该方法通过物理或化学方法在纤维材料表面形成纳米至微米级厚度的导电层。在复合纤维、纱线或者织物中，内部的纤维衬底起到软骨架的支撑作用，提供柔韧性，而外部的导电涂层则起到电子传递途径的作用。重要的是，涂层材料与纤维之间有一定的结合强度是首选，因为它可以通过增加耐久性来适应后续的应用要求。目前主要的表面处理技术有浸渍涂覆、喷涂、丝网印刷、物理气相沉积、真空过滤、化学沉积、化学气相沉积、原位聚合。

浸渍涂覆法是将不导电的基材完全浸入一定浓度的均匀分散的导电材料液体中一段时间，然后洗涤、干燥，最终在基材上形成均匀的导电层。虽然对于吸收性纤维的处理，导电涂层材料的消耗较大，但浸涂可以形成更均匀的导电层。例如以炭黑为主要原料制备导电油墨，并将其涂覆于弹性棉织物上，可制备弹性导电织物。这种导电织物通常被制成电阻式应变传感器和电阻式压力传感器。该方法制备导电纤维材料有着工艺简单、成本低的优点，但在处理时为了增强导电材料的结合力通常需要在导电层外加一层保护层或插入某些黏合剂作为中间层。例如使用可拉伸聚氨酯作为芯纤层，聚甲基丙烯酸酯（PMA）作为中间黏胶改性层，浸渍涂层镓铟合金作为外导电层可以制备高拉伸性镓铟合金纤维。所得纤维在拉伸至500%应变时表现出优异的导电性（超过10^5 S/m）。

喷涂法是使用高压喷枪将液态导电材料雾化，然后均匀分散在基材表面形成导电层的方法。使用喷涂法可以有效提高导电材料的利用率，从而降低成本。例如通过喷涂技术可以制备螺旋分层的碳纳米管—石墨烯/聚氨酯复合纱。这种在一维碳纳米管网络中加入二维还原氧化石墨烯方法可显著提高复合纱的电导率（8S/m），而螺旋分层结构使导电纱工作应变达到620%。

丝网印刷是指通过刮板的挤压，将导电材料通过筛网转移到承印材料表面的方法。丝网印刷为纤维基电子产品的制造提供了一种高效的工艺路线，所有具有不同功能的层都可逐层印刷在织物衬底上。该方法简单，易于操作，印刷工艺适应性强。例如使用静电纺丝技术制备具有优异弹性的聚（苯乙烯块—丁二烯块—苯乙烯）（SBS）纳米纤维基材，而后在拉伸状态下使用丝网印刷的方式将镓铟合金（EGaIn）印刷到可拉伸纤维毡上，可以构筑液态金属纤维毡，液态金属在拉伸过程中形成的网状垂直褶皱结构赋予液态金属纤维毡高渗透性，优越的电稳定性，卓越的导电性（高达1.8×10^6 S/m），良好的生物相容性和智能适应性，其全方位拉伸应变可以达到1800%。

物理气相沉积是指通过将材料从固相转移到气相，从而将涂层材料沉积到纤维材料表面的方法。真空蒸发、离子注入和溅射是物理气相沉积的三种主要技术。其中真空蒸发过程包括两个步骤：功能材料的蒸发和功能材料在基板上的冷凝。例如胶化尼龙进行预处理后可以在250型辉瑞（Pfizer）科技真空系统中用真空蒸发的方法制备金和银涂层。离子注入是将一种材料中的离子注入另一种固体材料中，从而改变材料表面的物理化学性质的表面改性过程。例如通过等离子体离子注入（PBPII）修饰中空聚合物纤维束的内表面可以制备毛细管束导电纤维。溅射是指高能离子轰击靶材，使靶材上的原子或分子脱落的过程。这些喷射出的原子或分子由于它们的动能和取向而聚集在纤维衬底上形成薄膜。例如，将浸涂法制备的涂石墨烯棉织物固定在距离发射源150mm处的固定器上，在发射过程中，固定器与涂石墨烯棉织物围绕其轴线以100 r/min的速度旋转，使银颗粒均匀沉积在其表面，最终得到良好柔韧性和高导电性的镀银/石墨烯棉织物。

真空过滤是利用收集瓶内外真空泵形成的压差，迫使导电材料从液体中分离出来，沉积在基板表面的技术。这种方法通常用于水处理系统，实验室真空过滤装置占地面积小。图 2-8 可以通过两步真空辅助过滤和热压方法制备基于耐热芳纶纳米纤维（ANF）和高导电性银纳米线（AgNW）的导电纳米复合材料。得益于双层结构，制备的纳米复合材料具有低的方块电阻（0.12Ω）和优异的耐热性（热降解温度高于 500℃）。

化学沉积是一种自催化氧化还原反应，在这种反应中，金属盐溶液中的金属阳离子被还原成金属纳米粒子，并被涂覆在基材的催化活性表面位点上。化学沉积不需要复杂的设备和外部电源，在纤维材料导电化处理方面具有很大的吸引力。例如，通过化学沉积技术可以制备镀镍棉纱，这个方法中基于催化剂的 Ni 种子晶体被交联聚丙烯酰胺的形貌结构所束缚，形成了一个高导电性的互联网络（$3\Omega/cm$），并且 Ni 沉积的纱线在重复 1500 次折叠和 5 次洗涤中表现出很高的耐久性。

化学气相沉积（CVD）是一种利用基材附近气体的化学反应沉积各种材料的工艺（图 2-8）。在典型的 CVD 工艺中，衬底暴露于一种或多种挥发性前驱体中，这些前驱体在衬底表面反应或分解形成沉积材料。这种方法被广泛应用于半导体行业，因为它可以在任何衬底上制备高质量的固体涂层。例如，将多根铜线拧成一束用作催化剂，并将这束铜线放入石英玻璃管中。用氢气和氩气的混合物除去铜表面的氧化物质，然后将乙醇蒸气送入反应器一段时间。当反应器冷却到室温时，可以在铜线上生长石墨烯。而后在铜线上生长的石墨烯表面涂覆聚甲基丙烯酸甲酯（PMMA）作为加强石墨烯结构的支撑材料。最终除去铜线和PMMA 后，即可得到导电纤维。除石墨烯纤维外，化学气相沉积法还可制备具有良好柔韧性和耐磨性的 PEDOT 弹性纤维。例如，通过气相聚合 EDOT 单体，将 PEDOT 可以直接沉积在黏胶纤维表面。CVD 是制备有利纤维的通用经济工艺，因为它可用于沉积任何元素或化合物，并同时将它们涂覆在几个不同的部分上。然而，化学气相沉积有时会使用有毒、腐蚀性、易燃、易爆的前体气体，这会造成一定的安全问题。

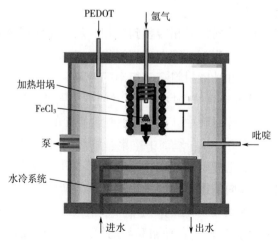

图 2-8 CVD 法制备导电 PEDOT 薄膜的工艺示意图

原位聚合法制备导电纤维材料是一种在纤维基材表面形成聚合物链的工艺，具有两个优点。一是该方法对纤维的力学性能影响不大。聚合后的纤维可以保持透气性和柔韧性，因为聚合过程发生在每根纤维周围。二是纤维与聚合物之间的机械结合很强，使得聚合物在变形时不会与纤维分离。例如，将未经处理的棉织物浸入吡咯水溶液中。然后进行冰浴，在溶液中加入六水氯化铁（$FeCl_3 \cdot 6H_2O$）作为氧化剂，这个过程中棉织物上发生聚合反应生成聚吡咯得到聚吡咯棉织物。类似地，苯胺单体在棉织物上聚合可以制备聚苯胺棉织物。例如，使用苯胺单体和十二烷基苯磺酸（DBSA），通过相同的工艺可以制备聚苯胺/棉导电纤维膜。

2.2.2.2　其他方法

混纺法也可应用于导电纤维的制备，其主要是将金属纤维（或丝）和弹性纤维混合成一束复合纤维，金属纤维或丝被用来实现导电的功能。例如，以不锈钢（SS）纤维和聚酯纤维为主要原料，通过并条机混纺可以制备导电复合纱，在并条机的入口处，将不同的纤维放入不同的罐中，由机器将这些纤维按一定的比例混合成一束并储存在出口罐中，最后由其他机器进行一系列的加工后得到混纺纱。混纺纱的 SS 纤维重量比相同，高线密度混纺纱的电导率低于低线密度混纺纱。产生这种现象的原因可能是纱线内部的一些 SS 纤维在制备高线密度纱线的过程中更容易断裂。但整体来讲该种混纺导电纱具有良好的导电性、耐磨性和吸湿性，是制作柔软、舒适、耐磨织物传感器的理想材料。

另外，在制备得到电子和电化学活性纤维或纱线的基础上，可以进一步制造复杂的电子纺织设备，并且可以通过使用标准纺织技术将不同类型的纱线组合在一起，将不同类型的设备集成到同一织物中。例如，刺绣可用于制造能量收集纺织品，通过在绝缘织物上缝合导电纱线，形成热电装置所需的许多导线。编织可以产生逻辑电路，将原始棉纱与涂有铝和聚乙二醇二甲基丙烯酸酯的纱线结合可以形成编织记忆纺织品，其中涂有铝和聚乙二醇二甲基丙烯酸酯的纱线的每个交叉点形成一个忆阻器。另外针织物是可拉伸的，因为织物中的纱线通过有很大程度自由体积的线圈连接，并且特别适合用于应变传感装置，其中纱线的变形和织物的变形性在拉伸时导致可测量的电阻变化。在此基础上，人们利用机织物和针织物不同的内在力学性能，还可进一步开发出可作为调节应变（针织物）或刚度（机织物）的人造肌肉的纺织品制动器。

2.3　本章小结

通过复合纺丝、表面修饰、导电材料涂层等方法，大可以将电导性、感应性和储能性等功能引入纤维中。这不仅扩展了纤维的应用范围，还为可穿戴技术、智能纺织品和柔性电子器件提供了新的可能性。本章讨论了纤维基材料的电子功能化方法和优势，深入探讨了纤维基材料电子功能化的几个关键方面。首先，介绍了各种纤维基材料的传统制备方式。其次，关注了不同导电材料的特性以及它们在纤维基电子材料中的应用，探讨了不同导电材料应用于纤维加工的方法和效果。最后，详细讨论了纤维材料表面的改性方法，如溶液浸渍涂覆、物理和化学沉积等方法，这些方法通过调整纤维的表面特性以实现特定的电子性能。纤维基导电材料或半导体材料的加工制造是纤维基电子材料的基础。基于导电聚合物、金属和金属氧化物纳米颗粒/纳米线、碳基微米/纳米材料、碳纳米管、碳纤维和石墨烯等多种新型导电纤维材料已被应用和研究，并为多个领域带来了前所未有的机会。

思考题

1. 化学纤维的制造过程分哪几部分？

2. 纱线一般分为哪几类？简述它们各自的加工方式。

3. 解释机织物和针织物的区别，按织物组织如何分类？

4. 自然界中常见的液态金属有哪几种？其中哪些液态金属应用比较广泛？

5. 碳纳米管纤维的制备方法有哪几种？

6. 共轭导电聚合物制备过程中引入掺杂剂的目的是什么？

思考题答案

参考文献

[1] LANING A. Synthetic fibers[J]. Concrete Construction, 1992：87-90.

[2] 尤秀兰, 胡盼盼, 刘兆峰. 高强有机合成纤维的结构形成 [J]. 纺织学报, 2010, 31(5)：146-152.

[3] 孙晋良. 纤维新材料 [M]. 上海：上海大学出版社, 2007.

[4] 马德柱. 聚合物结构与性能：结构篇 [M]. 北京：科学出版社, 2012.

[5] 何平笙. 新编高聚物的结构与性能 [M]. 北京：科学出版社, 2009.

[6] 萨利姆, 大卫 R, SALEM DAVID R. 聚合物纤维结构的形成[M]. 北京：化学工业出版社, 2004.

[7] 西鹏, 高昌, 李文刚. 高技术纤维 [M]. 北京：化学工业出版社, 2004.

[8] G I KUDRYAVTSEV, 吴清基. 高强合成纤维的湿法纺丝 [J]. 国外纺织技术（化纤、染整、环境保护分册）, 1989(3)：10-12.

[9] 汪晓峰, 倪如青, 刘强, 等. 高性能聚丙烯腈基原丝的制备 [J]. 合成纤维, 2000, 29(4)：23-27.

[10] MCINTYRE J E. Synthetic fibres：nylon, polyester, acrylic, polyolefin [M]. Boca Raton：CRC Press, 2005.

[11] 诺索夫, 沃尔洪斯基, 杨美城, 等. 变形丝生产[M]. 北京：纺织工业出版社, 1987.

[12] 狄剑锋. 新型纺纱产品开发 [M]. 北京：中国纺织出版社, 1998.

[13] 郁崇文. 纺纱学 [M]. 2 版. 北京：中国纺织出版社, 2014.

[14] KAJIWARA K, MCINTYRE J E. Introduction [M] //Advanced Fiber Spinning Technology. Amsterdam：Elsevier, 1994：xiii.

[15] XU W L, XIA Z G, WANG X, et al. Embeddable and locatable spinning [J]. Textile Research Journal, 2011, 81(3)：223-229.

[16] 周济恒. 环锭纺花式纱线的开发与纺制 [M]. 北京：中国纺织出版社, 2017.

[17] GOWDA R V M. Advances in yarn spinning and texturising [M] //Technical Textile Yarns. Amsterdam：Elsevier, 2010：56-90.

[18] 瞿才新, 张荣华. 纺织材料基础 [M]. 北京：中国纺织出版社, 2004.

［19］于伟东. 纺织材料学［M］. 北京：中国纺织出版社，2006.

［20］沈青. 高分子表面化学［M］. 北京：科学出版社，2014.

［21］周美凤. 纺织材料［M］. 上海：东华大学出版社，2010.

［22］顾平. 织物组织与结构学［M］. 上海：东华大学出版社，2010.

［23］刘培民，郑秀芝. 机织物结构与设计［M］. 2 版. 北京：中国纺织出版社，2008.

［24］袯川浩一，简仁建，徐采洁，等. 织物结构与性能：中国，201410815484［P］. 2016-07-20.

［25］贺庆玉，刘晓东. 针织工艺学［M］. 北京：中国纺织出版社，2009.

［26］蒋高明. 针织学［M］. 北京：中国纺织出版社，2012.

［27］戴淑清. 纬编针织物设计与生产［M］. 北京：纺织工业出版社，1985.

［28］黄学水. 纬编针织新产品开发［M］. 北京：中国纺织出版社，2010.

［29］蒋高明. 现代经编工艺与设备［M］. 北京：中国纺织出版社，2001.

［30］蒋高明. 现代经编产品设计与工艺［M］. 北京：中国纺织出版社，2002.

［31］沈志明. 新型织造布技术［M］. 北京：中国纺织出版社，1998.

［32］郭秉臣. 非织造布学［M］. 北京：中国纺织出版社，2002.

［33］言宏元. 非织造工艺学［M］. 北京：中国纺织出版社，2000.

［34］李金巧. 金属纤维切削加工方法研究［D］. 昆明：昆明理工大学，2007.

［35］ZHOU J W, LI X L, YANG C, et al. A quasi-solid-state flexible fiber-shaped Li-CO_2 battery with low overpotential and high energy efficiency［J］. Advanced Materials, 2019, 31(3): e1804439.

［36］PAN J, LI H P, SUN H, et al. A lithium-air battery stably working at high temperature with high rate performance［J］. Small, 2018, 14(6): 10.1002/smll.201703454.

［37］PU X, SONG W X, LIU M M, et al. Wearable power-textiles by integrating fabric triboelectric nanogenerators and fiber-shaped dye-sensitized solar cells［J］. Advanced Energy Materials, 2016, 6(20): 1601048.

［38］PAN S W, YANG Z B, LI H P, et al. Efficient dye-sensitized photovoltaic wires based on an organic redox electrolyte［J］. Journal of the American Chemical Society, 2013, 135(29): 10622-10625.

［39］SUN H, JIANG Y S, XIE S L, et al. Integrating photovoltaic conversion and lithium ion storage into a flexible fiber［J］. Journal of Materials Chemistry A, 2016, 4(20): 7601-7605.

［40］XU H H, HU X L, SUN Y M, et al. Flexible fiber-shaped supercapacitors based on hierarchically nanostructured composite electrodes［J］. Nano Research, 2015, 8(4): 1148-1158.

［41］YANG H L, XU H H, LI M, et al. Assembly of NiO/Ni(OH)$_2$/PEDOT nanocomposites on contra wires for fiber-shaped flexible asymmetric supercapacitors［J］. ACS Applied Materials & Interfaces, 2016, 8(3): 1774-1779.

［42］WANG Q, YU Y, LIU J. Preparations, characteristics and applications of the functional liquid metal materials［J］. Advanced Engineering Materials, 2018, 20(5): 1700781.

［43］ZHANG M K, YAO S Y, RAO W, et al. Transformable soft liquid metal micro/nanomaterials［J］. Materials Science and Engineering: R: Reports, 2019, 138: 1-35.

［44］MOSKALYK R R. Gallium: The backbone of the electronics industry［J］. Minerals Engineering, 2003, 16(10): 921-929.

［45］CANFIELD P C, FISK Z. Growth of single crystals from metallic fluxes［J］. Philosophical Magazine B, 1992, 65(6): 1117-1123.

[46] HE J F, LIANG S T, LI F J, et al. Recent development in liquid metal materials [J]. ChemistryOpen, 2021, 10(3): 360-372.

[47] CHEN S, WANG H Z, ZHAO R Q, et al. Liquid metal composites [J]. Matter, 2020, 2(6): 1446-1480.

[48] LIN R Z, KIM H J, ACHAVANANTHADITH S, et al. Digitally-embroidered liquid metal electronic textiles for wearable wireless systems [J]. Nature Communications, 2022, 13: 2190.

[49] AHMAD M, PAN C F, LUO Z X, et al. A single ZnO nanofiber-based highly sensitive amperometric glucose biosensor [J]. The Journal of Physical Chemistry C, 2010, 114(20): 9308-9313.

[50] WANG X C, ZHAO M G, LIU F, et al. C_2H_2 gas sensor based on Ni-doped ZnO electrospun nanofibers [J]. Ceramics International, 2013, 39(3): 2883-2887.

[51] RUIZ-ROSAS R, BEDIA J, ROSAS J M, et al. Methanol decomposition on electrospun zirconia nanofibers [J]. Catalysis Today, 2012, 187(1): 77-87.

[52] LIU Y D, KUMAR S. Recent progress in fabrication, structure, and properties of carbon fibers [J]. Polymer Reviews, 2012, 52(3): 234-258.

[53] FRANK E, HERMANUTZ F, BUCHMEISER M R. Carbon fibers: Precursors, manufacturing, and properties [J]. Macromolecular Materials and Engineering, 2012, 297(6): 493-501.

[54] HOU S C, CAI X, WU H W, et al. Flexible, metal-free composite counter electrodes for efficient fiber-shaped dye-sensitized solar cells [J]. Journal of Power Sources, 2012, 215: 164-169.

[55] ZHANG F, NIU S M, GUO W X, et al. Piezo-phototronic effect enhanced visible/UV photodetector of a carbon-fiber/ZnO-CdS double-shell microwire [J]. ACS Nano, 2013, 7(5): 4537-4544.

[56] CAI X, HOU S C, WU H W, et al. All-carbon electrode-based fiber-shaped dye-sensitized solar cells [J]. Physical Chemistry Chemical Physics: PCCP, 2012, 14(1): 125-130.

[57] YU M F, LOURIE O, DYER M J, et al. Strength and breaking mechanism of multiwalled carbon nanotubes under tensile load [J]. Science, 2000, 287(5453): 637-640.

[58] YU M F, FILES B S, AREPALLI S, et al. Tensile loading of ropes of single wall carbon nanotubes and their mechanical properties [J]. Physical Review Letters, 2000, 84(24): 5552-5555.

[59] DEMCZYK B G, WANG Y M, CUMINGS J, et al. Direct mechanical measurement of the tensile strength and elastic modulus of multiwalled carbon nanotubes [J]. Materials Science and Engineering: A, 2002, 334(1/2): 173-178.

[60] YADAV M D, DASGUPTA K, PATWARDHAN A W, et al. High performance fibers from carbon nanotubes: Synthesis, characterization, and applications in composites—a review [J]. Industrial & Engineering Chemistry Research, 2017, 56(44): 12407-12437.

[61] SUN G Z, LIU S W, HUA K F, et al. Electrochemical chlorine sensor with multi-walled carbon nanotubes as electrocatalysts [J]. Electrochemistry Communications, 2007, 9(9): 2436-2440.

[62] ZHANG Y N, ZHENG L X. Towards chirality-pure carbon nanotubes [J]. Nanoscale, 2010, 2(10): 1919-1929.

[63] XU J B, HUA K F, SUN G Z, et al. Electrooxidation of methanol on carbon nanotubes supported Pt-Fe alloy electrode [J]. Electrochemistry Communications, 2006, 8(6): 982-986.

[64] STAR A, LIU Y, GRANT K, et al. Noncovalent side-wall functionalization of single-walled carbon nanotubes [J]. Macromolecules, 2003, 36(3): 553-560.

［65］ SHAFFER M S P, WINDLE A H. Analogies between polymer solutions and carbon nanotube dispersions ［J］. Macromolecules, 1999, 32(20): 6864-6866.

［66］ VIGOLO B, PÉNICAUD A, COULON C, et al. Macroscopic fibers and ribbons of oriented carbon nanotubes ［J］. Science, 2000, 290(5495): 1331-1334.

［67］ ZHANG X H, LU W B, ZHOU G H, et al. Understanding the mechanical and conductive properties of carbon nanotube fibers for smart electronics ［J］. Advanced Materials, 2020, 32(5): e1902028.

［68］ JIANG K L, LI Q Q, FAN S S. Spinning continuous carbon nanotube yarns ［J］. Nature, 2002, 419 (6909): 801.

［69］ ZHANG M, ATKINSON K R, BAUGHMAN R H. Multifunctional carbon nanotube yarns by downsizing an ancient technology ［J］. Science, 2004, 306(5700): 1358-1361.

［70］ ZHANG X, JIANG K, FENG C, et al. Spinning and processing continuous yarns from 4-inch wafer scale super-aligned carbon nanotube arrays ［J］. Advanced Materials, 2006, 18(12): 1505-1510.

［71］ LI Q, ZHANG X, DEPAULA R, et al. Sustained growth of ultralong carbon nanotube arrays for fiber spinning ［J］. Advanced Materials, 2006, 18(23): 3160-3163.

［72］ KOZIOL K, VILATELA J, MOISALA A, et al. High-performance carbon nanotube fiber ［J］. Science, 2007, 318(5858): 1892-1895.

［73］ LI Y L, KINLOCH I A, WINDLE A H. Direct spinning of carbon nanotube fibers from chemical vapor deposition synthesis ［J］. Science, 2004, 304(5668): 276-278.

［74］ MOTTA M, LI Y L, KINLOCH I, et al. Mechanical properties of continuously spun fibers of carbon nanotubes ［J］. Nano Letters, 2005, 5(8): 1529-1533.

［75］ WANG J N, LUO X G, WU T, et al. High-strength carbon nanotube fibre-like ribbon with high ductility and high electrical conductivity ［J］. Nature Communications, 2014, 5: 3848.

［76］ XU W, CHEN Y, ZHAN H, et al. High-strength carbon nanotube film from improving alignment and densification ［J］. Nano Letters, 2016, 16(2): 946-952.

［77］ WANG H, LU W B, DI J T, et al. Ultra-lightweight and highly adaptive all-carbon elastic conductors with stable electrical resistance ［J］. Advanced Functional Materials, 2017, 27(13): 1606220.

［78］ CHEN H Y, ZENG S, CHEN M H, et al. Fabrication and functionalization of carbon nanotube films for high-performance flexible supercapacitors ［J］. Carbon, 2015, 92: 271-296.

［79］ NOVOSELOV K S, GEIM A K, MOROZOV S V, et al. Electric field effect in atomically thin carbon films ［J］. Science, 2004, 306(5696): 666-669.

［80］ BALANDIN A A, GHOSH S, BAO W Z, et al. Superior thermal conductivity of single-layer graphene ［J］. Nano Letters, 2008, 8(3): 902-907.

［81］ GEIM A K. Graphene: Status and prospects ［J］. Science, 2009, 324(5934): 1530-1534.

［82］ ALLEN M J, TUNG V C, KANER R B. Honeycomb carbon: A review of graphene ［J］. Chemical Reviews, 2010, 110(1): 132-145.

［83］ SUN X M, SUN H, LI H P, et al. Developing polymer composite materials: Carbon nanotubes or graphene? ［J］. Advanced Materials, 2013, 25(37): 5153-5176.

［84］ CONG H P, REN X C, WANG P, et al. Wet-spinning assembly of continuous, neat and macroscopic graphene fibers ［J］. Scientific Reports, 2012, 2: 613.

［85］XU Z, GAO C. Aqueous liquid crystals of graphene oxide ［J］. ACS Nano, 2011, 5(4): 2908-2915.

［86］XU Z, GAO C. Graphene chiral liquid crystals and macroscopic assembled fibres ［J］. Nature Communications, 2011, 2: 571.

［87］XIN G Q, ZHU W G, DENG Y X, et al. Microfluidics-enabled orientation and microstructure control of macroscopic graphene fibres ［J］. Nature Nanotechnology, 2019, 14(2): 168-175.

［88］YIN F, HU J C, HONG Z L, et al. A review on strategies for the fabrication of graphene fibres with graphene oxide ［J］. RSC Advances, 2020, 10(10): 5722-5733.

［89］NAGUIB M, KURTOGLU M, PRESSER V, et al. Two-dimensional nanocrystals produced by exfoliation of Ti3 AlC2 ［J］. Advanced Materials, 2011, 23(37): 4248-4253.

［90］JIN C, BAI Z Q. MXene-based textile sensors for wearable applications ［J］. ACS Sensors, 2022, 7(4): 929-950.

［91］ABBAS A, MILON H M, BAPAN A, et al. Recent advances in 2D MXene integrated smart-textile interfaces for multifunctional applications ［J］. CHEMISTRY OF MATERIALS, 2020, 32(24): 10296-10320.

［92］VAHIDMOHAMMADI A, ROSEN J, GOGOTSI Y. The world of two-dimensional carbides and nitrides (MXenes) ［J］. Science, 2021, 372(6547): eabf1581.

［93］ZHANG J Z, KONG N, UZUN S, et al. MXene films: Scalable manufacturing of free-standing, strong $Ti_3C_2T_x$ MXene films with outstanding conductivity (adv. matcr. 23/2020) ［J］. Advanced Materials, 2020, 32 (23): 2001093.

［94］GRANCARIĆ A M, JERKOVIĆ I, KONCAR V, et al. Conductive polymers for smart textile applications ［J］. Journal of Industrial Textiles, 2018, 48(3): 612-642.

［95］GUO Y H, BAE J, FANG Z W, et al. Hydrogels and hydrogel-derived materials for energy and water sustainability ［J］. Chemical Reviews, 2020, 120(15): 7642-7707.

［96］WANG Y Q, DING Y, GUO X L, et al. Conductive polymers for stretchable supercapacitors ［J］. Nano Research, 2019, 12(9): 1978-1987.

［97］SHI Y, YU G H. Designing hierarchically nanostructured conductive polymer gels for electrochemical energy storage and conversion ［J］. Chemistry of Materials, 2016, 28(8): 2466-2477.

［98］LI X Q, CHEN X J, JIN Z Y, et al. Recent progress in conductive polymers for advanced fiber-shaped electrochemical energy storage devices ［J］. Materials Chemistry Frontiers, 2021, 5(3): 1140-1163.

［99］BALINT R, CASSIDY N J, CARTMELL S H. Conductive polymers: Towards a smart biomaterial for tissue engineering ［J］. Acta Biomaterialia, 2014, 10(6): 2341-2353.

［100］BREDAS J L, STREET G B. Polarons, bipolarons, and solitons in conducting polymers ［J］. Accounts of Chemical Research, 1985, 18(10): 309-315.

［101］WANG Y Q, SHI Y, PAN L J, et al. Dopant-enabled supramolecular approach for controlled synthesis of nanostructured conductive polymer hydrogels ［J］. Nano Letters, 2015, 15(11): 7736-7741.

［102］LI P P, JIN Z Y, QIAN Y M, et al. Supramolecular confinement of single Cu atoms in hydrogel frameworks for oxygen reduction electrocatalysis with high atom utilization ［J］. Materials Today, 2020, 35: 78-86.

［103］MCCULLOUGH R D, LOWE R D. Enhanced electrical conductivity in regioselectively synthesized poly(3-alkylthiophenes) ［J］. Journal of the Chemical Society, Chemical Communications, 1992(1): 70.

［104］ZHANG S M, CHEN Y H, LIU H, et al. Room-temperature-formed PEDOT: PSS hydrogels enable injectable, soft, and healable organic bioelectronics [J]. Advanced Materials, 2020, 32(1): e1904752.

[105] LU B Y, YUK H, LIN S T, et al. Pure PEDOT: PSS hydrogels [J]. Nature Communications, 2019, 10: 1043.

[106] YUAN D M, LI B, CHENG J L, et al. Twisted yarns for fiber-shaped supercapacitors based on wetspun PE-DOT: PSS fibers from aqueous coagulation [J]. Journal of Materials Chemistry A, 2016, 4(30): 11616-11624.

[107] WANG Z P, CHENG J L, GUAN Q, et al. All-in-one fiber for stretchable fiber-shaped tandem supercapacitors [J]. Nano Energy, 2018, 45: 210-219.

[108] GUO J H, YU Y R, WANG H, et al. Conductive polymer hydrogel microfibers from multiflow microfluidics [J]. Small, 2019, 15(15): e1805162.

[109] LEE J A, SHIN M K, KIM S H, et al. Ultrafast charge and discharge biscrolled yarn supercapacitors for textiles and microdevices [J]. Nature Communications, 2013, 4: 1970.

[110] CAI Z B, LI L, REN J, et al. Flexible, weavable and efficient microsupercapacitor wires based on polyaniline composite fibers incorporated with aligned carbon nanotubes [J]. Journal of Materials Chemistry A, 2013, 1(2): 258-261.

[111] WANG K, MENG Q H, ZHANG Y J, et al. High-performance two-ply yarn supercapacitors based on carbon nanotubes and polyaniline nanowire arrays [J]. Advanced Materials, 2013, 25(10): 1494-1498.

[112] WANG L, FU X M, HE J Q, et al. Application challenges in fiber and textile electronics [J]. Advanced Materials, 2020, 32(5): e1901971.

[113] WANG W S, GAN Q, ZHANG Y Q, et al. Polymer-assisted metallization of mammalian cells [J]. Advanced Materials, 2021, 33(34): e2102348.

[114] KIM S Y, GANG H E, PARK G T, et al. Electromagnetic interference shielding and electrothermal performance of MXene-coated cellulose hybrid papers and fabrics manufactured by a facile scalable dip-dry coating process [J]. Advanced Engineering Materials, 2021, 23(12): 2100548.

[115] SRINIVASAN S, CHHATRE S S, MABRY J M, et al. Solution spraying of poly(methyl methacrylate) blends to fabricate microtextured, superoleophobic surfaces [J]. Polymer, 2011, 52(14): 3209-3218.

[116] LI D D, LAI W Y, FENG F, et al. Post-treatment of screen-printed silver nanowire networks for highly conductive flexible transparent films [J]. Advanced Materials Interfaces, 2021, 8(13): 2100548.

[117] PAUDYAL J, WANG P, ZHOU F Y, et al. Platinum-nanoparticle-modified single-walled carbon nanotube-laden paper electrodes for electrocatalytic oxidation of methanol [J]. ACS Applied Nano Materials, 2021, 4(12): 13798-13806.

[118] ZHU C, CHALMERS E, CHEN L M, et al. A nature-inspired, flexible substrate strategy for future wearable electronics [J]. Small, 2019, 15(35): 1902440.

[119] JANG E Y, KANG T J, IM H, et al. Macroscopic single-walled-carbon-nanotube fiber self-assembled by dip-coating method [J]. Advanced Materials, 2009, 21(43): 4357-4361.

[120] CHEN G Z, WANG H M, GUO R, et al. Superelastic EGaIn composite fibers sustaining 500% tensile strain with superior electrical conductivity for wearable electronics [J]. ACS Applied Materials & Interfaces, 2020, 12(5): 6112-6118.

[121] XIANG R, ZENG H Q, SU Y Q, et al. Spray coating as a simple method to prepare catalyst for growth of diam-

eter-tunable single-walled carbon nanotubes [J]. Carbon, 2013, 64: 537-540.

[122] ZHANG Y Z, WANG Y, CHENG T, et al. Printed supercapacitors: Materials, printing and applications [J]. Chemical Society Reviews, 2019, 48(12): 3229-3264.

[123] MA Z J, HUANG Q Y, XU Q, et al. Permeable superelastic liquid-metal fibre mat enables biocompatible and monolithic stretchable electronics [J]. Nature Materials, 2021, 20(6): 859-868.

[124] NEMANI S K, SOJOUDI H. Barrier performance of CVD graphene films using a facile P3HT thin film optical transmission test [J]. Journal of Nanomaterials, 2018, 2018: 9681432.

[125] FOTOVVATI B, NAMDARI N, DEHGHANGHADIKOLAEI A. On coating techniques for surface protection: A review [J]. Journal of Manufacturing and Materials Processing, 2019, 3(1): 28.

[126] SOURI H, BHATTACHARYYA D. Highly stretchable and wearable strain sensors using conductive wool yarns with controllable sensitivity [J]. Sensors and Actuators A: Physical, 2019, 285: 142-148.

[127] ZHANG S Q, ZHAO G Z, RAO M N, et al. A review on modeling techniques of piezoelectric integrated plates and shells [J]. Journal of Intelligent Material Systems and Structures, 2019, 30(8): 1133-1147.

[128] MA Z L, KANG S L, MA J Z, et al. High-performance and rapid-response electrical heaters based on ultra-flexible, heat-resistant, and mechanically strong aramid nanofiber/Ag nanowire nanocomposite papers [J]. ACS Nano, 2019, 13(7): 7578-7590.

[129] LI P, ZHANG Y K, ZHENG Z J. Polymer-assisted metal deposition (PAMD) for flexible and wearable electronics: Principle, materials, printing, and devices [J]. Advanced Materials, 2019, 31(37): e1902987.

[130] CHEN L M, LU M Y, YANG H S, et al. Textile-based capacitive sensor for physical rehabilitation via surface topological modification [J]. ACS Nano, 2020, 14(7): 8191-8201.

[131] LIU C C, LI X L, LI X Q, et al. Preparation of conductive polyester fibers using continuous two-step plating silver [J]. Materials, 2018, 11(10): 2033.

[132] TRAN T Q, LEE J K Y, CHINNAPPAN A, et al. High-performance carbon fiber/gold/copper composite wires for lightweight electrical cables [J]. Journal of Materials Science & Technology, 2020, 42: 46-53.

[133] LAN L Y, ZHAO F N, YAO Y, et al. One-step and spontaneous in situ growth of popcorn-like nanostructures on stretchable double-twisted fiber for ultrasensitive textile pressure sensor [J]. ACS Applied Materials & Interfaces, 2020, 12(9): 10689-10696.

[134] XIE J, PAN W, GUO Z, et al. In situ polymerization of polypyrrole on cotton fabrics as flexible electrothermal materials [J]. Journal of Engineered Fibers and Fabrics, 2019, 14: 155892501982744.

[135] TISSERA N D, WIJESENA R N, RATHNAYAKE S, et al. Heterogeneous in situ polymerization of polyaniline (PANI) nanofibers on cotton textiles: Improved electrical conductivity, electrical switching, and tuning properties [J]. Carbohydrate Polymers, 2018, 186: 35-44.

[136] GAO L B, SURJADI J U, CAO K, et al. Flexible fiber-shaped supercapacitor based on nickel-cobalt double hydroxide and pen ink electrodes on metallized carbon fiber [J]. ACS Applied Materials & Interfaces, 2017, 9(6): 5409-5418.

[137] LAI X X, GUO R H, LAN J W, et al. Flexible reduced graphene oxide/electroless copper plated poly (benzo)-benzimidazole fibers with electrical conductivity and corrosion resistance [J]. Journal of Materials Science: Materials in Electronics, 2019, 30(3): 1984-1992.

第3章　纤维基能量供给材料与器件

3.1　纤维基太阳能电池

世界日益增长的能源消费，不断减少的化石燃料供给推动了太阳能这一可再生能源的发展。太阳能因其环保、清洁、安全、可再生、资源随处可得、能源转换过程简单等优点而备受研究者青睐。直接把太阳能转化为电能的光伏电池就此应运而生。很多国家均积极投身于太阳能光伏电池的研究发展推广，太阳能光伏电池已在航天、民用、商业等领域得到应用。

太阳能电池的工作原理是半导体的光电效应（photovoltaic effect，PV），是 1839 年被发现的。由太阳光的光量子与材料相互作用而产生电势，从而把光能转换成电能，此种进行能量转化的光电元件称为太阳能电池。主要经历了以单晶和多晶硅太阳能电池为代表的第一代硅基太阳能电池，发展历程久、制备工艺成熟、市场份额大、商业前景广。目前，高效单晶硅太阳能电池由美国 NREL 认证的最高光电转换效率（PCE）可达 25% 以上。第二代太阳能电池主要为非晶硅、Ⅲ-Ⅴ族、Ⅱ-Ⅵ族化合物以及铜铟镓硒类（如 CIGS）太阳能电池。目前已认证的 CIGS 电池 PCE 约 23%，CdTe 电池 PCE 约 22%。第三代太阳能电池针对第一和第二代太阳能电池的缺陷，创新发展起来的薄膜太阳能电池，主要有量子点太阳能电池（quantum dot cells，QD），有机太阳能电池（polymer solar cells），染料敏化太阳能电池（dye sensitized solar cells，DSSC）和钙钛矿太阳能电池（perovskite solar cells，PSC）。

3.1.1　染料敏化太阳能电池

1991 年，由奥里甘（O′Regan）和格兰泽尔（Grätzel）提出了基于介孔二氧化钛（mp-TiO$_2$）的染料敏化太阳能电池，其结构为 TiO$_2$ 光电极、透明导电氧化物（FTO）、羧酸联吡啶钌配合物为敏化剂（染料）、液态电解质和金属铂（Pt）对电极，其功率转换效率达到 7% 以上。在 2011 年创新性地采用纳米晶半导体电极将效率提升至 11.4%。2014 年，格兰泽尔等采用改性染料分子和改进氧化还原电解质，将基于"三明治"结构的染料敏化太阳能电池的光伏效率刷新至 13%。

（1）基本结构与工作原理

传统的染料敏化太阳能电池是典型的"三明治"结构，包括透明导电极（如氧化铟锡 ITO 玻璃和掺氟氧化锡 FTO 玻璃）、半导体光阳极（如 TiO$_2$、Al$_2$O$_3$、ZnO、Cu$_2$O、SnO 等）、染料敏化剂、电解质和对电极（如 Pt 等贵金属）。常规的柔性染料敏化太阳能电池则使用电镀氧化铟锡（ITO）的聚合物薄膜基底；纤维结构的染料敏化太阳能电池则使用柔性纤维基电极（如 Ti 丝、银纳米线复合丝等）。

染料敏化太阳能电池的工作原理如图 3-1 所示。首先，敏化剂吸收光子，电子被激发①。将电子从激化的敏化剂注入半导体导带②，从而使敏化剂处于氧化状态。在化学扩散梯度的驱动下，注入的电子通过半导体介孔结构 mp-TiO$_2$ 进行渗透，在导电玻璃 FTO 处被收集，再转移到外部电路③。通过外部电路，电子到达对 Pt 电极，在这里与氧化还原介质相互作用，使其变为还原形式④。氧化还原介质的还原状态最终使氧化敏化剂还原。再生染料并完成循环⑤。在这一过程中还存在以下几种不友好的情况：如注入的电子与氧化敏化剂⑥或氧化还原对应的氧化状态发生复合（⑦即为常说的"暗电流"），无效消耗吸收的光子、降低器件的光伏性能。上述有效和无效的光伏行为的综合作用决定了染料敏化太阳能电池的最终光伏效率。

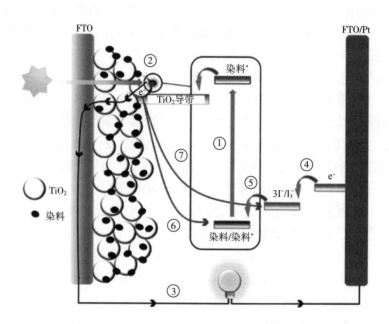

图 3-1　染料敏化太阳能电池的结构和工作原理

（2）关键参数

表征染料敏化太阳能电池性能的一大重要参数是入射单色光子—电子转换效率（IPCE），表示电池在单色光照射下外电路中产生的电子数 N_e 与入射单色光子数 N_p 的比值。

$$IPCE = \frac{N_e}{N_p} = \frac{1240 \times J_{sc}}{\lambda \times P_{in}} \tag{3-1}$$

式中，J_{sc} 为短路电流（$\mu A/cm^2$）；λ 为入射单色光波长（nm）；P_{in} 为入射单色光辐射照度（W/m^2）。

IPCE 直接反映电池对太阳光的利用程度，结合了太阳光的吸收程度和被吸收光的光电转化强度。

电流—电压曲线（J—V 曲线）直接反映染料敏化太阳能电池光电转换能力。短路电流 J_{sc}（单位 mA/cm^2），即电路处于短路时的光电流，光子转换成电子—空穴对的数量，此时电压为 0。开路电压 V_{oc}（单位 V），即电路处于开路时的开路光电压，此时电流为 0。填充因子 FF，即最大输出功率 P_{max} 时电流 J_{opt} 和电压 V_{opt} 的乘积与短路电流和开路电压的乘积的比值。

$$FF = \frac{P_{max}}{J_{sc} \times V_{oc}} = \frac{J_{opt} \times V_{opt}}{J_{sc} \times V_{oc}} \tag{3-2}$$

光电转换效率 PCE，即最大输出功率与输入光的功率的比值。一般测试条件为标准太阳光照射（AM 1.5G）。

$$PCE = \frac{P_{max}}{P_{in}} = \frac{J_{sc} \times V_{oc} \times FF}{P_{in}} \tag{3-3}$$

（3）纤维基染料敏化太阳能电池的设计

聚合物纳米纤维具有柔韧性好、导电性佳、比表面积大、柔性好等优点，有利于与 TiO_2 复合，应用于柔性染料敏化太阳能电池的对电极。M. J. Ko 等采用喷涂辅助静电纺丝法制备了基于聚偏氟乙烯（PVDF）纳米纤维增强 TiO_2 复合电极，应用于柔性染料敏化太阳能电池。PVDF 良好的柔性大幅改善了基于柔性聚酯（PET）的染料敏化太阳能电池的耐弯曲性能，经过 1000 次反复弯曲后，基于纳米纤维增强的 PVDF/TiO_2 复合薄膜的器件的光伏性能均无无明显变化，而无黏合剂薄膜结构（BF 结构）电池经 200 次后电池结构出现明显破坏，电池光伏性能大幅恶化。这是因为反复弯曲下 BF 层容易从透明电极层剥落，并且这种破坏容易发生纵向扩散，进而导致层间分层；而对于复合薄膜结构（CF 结构）的电池，PVDF 纳米纤维的引入增强了其与透明电极之间的有效结合和欧姆接触，进而有效抑制层间分层、界面破裂，以及阻隔裂纹的扩展，确保染料敏化太阳能电池的柔性，推动柔性染料敏化太阳能电池这一领域的发展。

染料敏化太阳能电池中所采用的关键半导体材料 TiO_2 的结构丰富，如 TiO_2 纳米粒子、TiO_2 纳米管、TiO_2 纳米线等。孙等报道了下直上弯的锐钛矿 TiO_2 纳米线（D-TNW），较大的 TiO_2 纳米线的间隙可被较小的 TiO_2 纳米线填充，最终得到的基于 D-TNW 光阳极的染料敏化太阳能电池的光伏效率可达 5.30%，效率的提高主要归功于优越的电荷运输和突出的光散射的协同作用。

同轴结构的纤维状染料敏化有利于电极与电解质间的良好接触，提升氧化还原反应速率，同时解决缠绕结构的器件中存在离子扩散距离大的问题。2014 年，彭等报道了准固态同轴纺结构的染料敏化太阳能电池，在电极 Ti 丝表面生长垂直取向的管状二氧化钛，然后沉积碳纳米管片层和准固态电解质，优化后器件最佳效率达到 2.6%。垂直取向的管状二氧化钛不仅具有良好的柔性和透明性，显著增大的比表面积促进了染料的充分吸附，良好的导电性提升了电荷传输，有利于获得更高的光电流。同时，垂直取向的管状二氧化钛缩短了电子扩散距离，降低电荷的复合，进一步增大短路电流。当然，并非管状二氧化钛越长效率越高，其相对长度为 32μm，这是因为过厚的薄膜厚度会导致光强下降，染料分子无法完全被激发，反而会降低短路电流。此外，相较于液体电解质易挥发和稳定性差问题，同轴纺纤维状染料敏化太阳能电池采用的准固态电解质可以大幅提升热稳定性，50 次热循环下（0~70℃的热循环）器件效率无明显下降，基本保持稳定。

2018 年，邱等报道了基于同轴的碳纳米纤维（HCNF）为对电极的染料敏化太阳能电池，将此类结构的器件效率提升至 6.92%±0.15%。采用静电纺丝技术制备的一维同轴碳纳米纤维（水沥青和聚丙烯腈）作为对电极，具有良好的导电性，具有与 Pt 电极同等级的功效。沿轴向的通道将纤维分离为电荷输运相和电催化相，丰富的电荷供应和快速的电子—空穴复合实现了催化位点的高利用率。同时，静电纺丝方法可以在 DSSCs 中实现低成本、高性能和大规模的生产。

3.1.2　钙钛矿太阳能电池

（1）钙钛矿太阳能电池简介

最初钙钛矿（perovskite）的命名来源于钛酸钙矿（CaTiO$_3$）的发现者列夫·佩罗夫斯基（L. A. Perovski），将 ABX$_3$ 型结构的这类材料统称为钙钛矿材料。从染料敏化太阳能电池发展而来的钙钛矿太阳能电池也为典型的"三明治"结构。2009 年，首次报道的钙钛矿太阳能电池的光电转换效率为 3.8%，截至目前，单结钙钛矿太阳能电池已超过 25%，这类新兴的高效光伏太阳能电池也已产业化。

根据器件结构可将钙钛矿太阳能电池大致可分为叠层钙钛矿太阳能电池和单结钙钛矿太阳能电池，其中单结钙钛矿太阳能电池包括透明电极（FTO 或 ITO）、对电极、钙钛矿活性层、空穴传输层和电子传输层。根据电子传输层有无介孔层又分为介孔结构（常规介孔材料为 mp-TiO$_2$、mp-Al$_2$O$_3$、mp-ZnO 和 mp-SnO$_2$）和平面结构的钙钛矿太阳能电池。根据电荷传输机理又可分为正置结构（N-I-P 型）和反置结构（P-I-N 型）的钙钛矿太阳能电池。另外，还有无电子传输层钙钛矿太阳能电池、无空穴传输层钙钛矿太阳能电池、碳电极钙钛矿太阳能电池。根据钙钛矿材料的维度又可分为低维钙钛矿太阳能电池（零维、一维、二维）、三维钙钛矿太阳能电池和二维/三维混维钙钛矿太阳能电池。目前，钙钛矿光伏技术实现产业化的两大核心问题是光伏效率和器件稳定性。

（2）工作原理

当光照射到钙钛矿太阳能电池时，钙钛矿活性层吸收入射光子，激发电荷产生电子跃迁，留下的空位即空穴，电子从钙钛矿导带经电子传输层传导至阴极，空穴则从钙钛矿价带经空穴传输层传导至阳极，然后分别传输至外电路。电极、电子传输层、空穴传输层与钙钛矿之间匹配的能级，确保电子和空穴高效地传输至两极。此外，钙钛矿活性层结构、传输层的导电性、界面势垒等因素均会影响电子和空穴传输效率。

在持续光照下钙钛矿存在特定的光物理特性：当处于弱光下，光生载流子易被缺陷捕获；当处于强光下，激发大量载流子，缺陷捕获能力弱，诱导俄歇非辐射复合（Auger non-radiative recombination）；长时间光照下，离子迁移诱发非辐射复合，此时荧光猝灭时间长（约540s）。舍布莱金（Scheblykin）等认为荧光猝灭是由电子—空穴的复合、带宽、杂质等因素引起，在钙钛矿中存在较多的杂质和缺陷易导致复合淬灭。此外，研究表明电子—空穴传输和复合影响因素还与钙钛矿的结晶取向、晶体尺寸、晶界、层间界面等因素密切相关。研究发现介孔结构钙钛矿薄膜和平面结构的钙钛矿薄膜之间的载流子传输复合特性差异较大，平面结构的钙钛矿薄膜的晶粒尺寸更大，载流子迁移率更高，缺陷诱导的复合更弱，而介孔结构的钙钛矿太阳能电池可有效地抑制位于透明电极与传输层间的界面复合。

钙钛矿太阳能电池中往往存在滞后现象（hystersis effect）和光浴现象，且这两种现象在正置结构的器件中尤其明显。滞后现象表现为钙钛矿太阳能电池的效率对电池结构和测试条件［涉及扫描方向即正向扫描（forward scan, FS）、反向扫描（reverse scan, RS）、扫描速率和扫描区间等］。滞后现象的存在严重影响了效率的准确表征。引起滞后现象的原因涉及较多，缺陷捕获、离子迁移、瞬态效应、电容效应等。例如，对于钙钛矿活性层，通过增大晶粒尺寸，减少晶界间的缺陷，或者通过对钙钛矿活性层表面缺陷的修饰，都可以有效抑制滞后效应。大部分反置结构的平面异质结钙钛矿太阳能电池通过采用富勒烯及其衍生物作为电子传输层、界面修饰层或晶界修饰钙钛矿，平衡电子和空穴流，大幅抑制滞后现象。麦格希（McGehee）等认为滞后现象归根于缓慢瞬态效应，除了与钙钛矿材料本身（钙钛矿结晶度、晶区尺寸和界面接触）相关，还涉及实验环境，电池制备到测试的延后时间、测试前的光照和电压情况等。滞后程度常采用正反扫描效率差值（$\Delta = |PCE_{RS} - PCE_{FS}|$）或用滞后指数（hysteresis index, HI）表示：

$$HI = \frac{J_{RS}(V_{oc}/2) - J_{FS}(V_{oc}/2)}{J_{FS}(V_{oc}/2)} \tag{3-4}$$

式中，$J_{FS}(V_{oc}/2)$ 和 $J_{RS}(V_{oc}/2)$ 分别表示在 $V_{oc}/2$ 时正/反扫描光电流。当稳态输出功率接近于最大输出功率时，所测 PCE 值更接近实际值。

光浴现象表现为在持续光照条件下测试钙钛矿太阳能电池的光伏性能（J—V 曲线），短路电流 J_{sc} 随光照时间逐渐减小，而 V_{oc} 和 FF 逐渐增大趋势。光浴现象是由于缺陷辅助引起的复合无法得到有效抑制所致。这是因为钙钛矿活性层与传输层界面积聚的电荷易被钙钛矿层的表面缺陷捕获，一旦被捕获后以非辐射复合方式淬灭。一定热能（kT）下电荷脱离静电力束缚的距离即临界距离（critical distance, r_c）：

$$r_c = \frac{q^2}{4\pi\varepsilon_0\varepsilon_r kT} \tag{3-5}$$

式中，q、T、ε_0 和 ε_r 分别是基本电荷、绝对温度、真空下介电常数和材料介电常数。

当两者间的距离小于 r_c 时，受库伦静电场作用向互相指向对方的方向运动，电子和带正电的缺陷态或是空穴易被捕获。一定温度下材料介电常数越大，临界距离越小，越易抑制缺陷辅助复合，此时光浴现象越不明显。

（3）纤维基钙钛矿太阳能电池的设计

宁等采用静电纺丝技术制备全无机钙钛矿/聚合物复合纳米纤维膜。先将聚丙烯腈（PAN）和聚乙烯吡咯烷酮（PVP）溶解在二甲基亚砜（DMSO）中，然后将 $PbBr_2$ 加入聚合物溶液中得到 $PbBr_2$/PVP/PAN 纺丝溶液。通过静电纺丝法在 TiO_2 层表面沉积柔性 $PbBr_2$/PVP/PAN 复合纳米纤维膜，然后在其表面旋涂溴化铯溶液，经热处理获得 $CsPbBr_3$/PVP/PAN 全无机钙钛矿纳米纤维活性层。器件最佳光伏效率为 2.28%（$V_{oc} = 0.82V$，$J_{sc} = 5.99mA/cm^2$，$FF = 46.55\%$）。在潮湿空气（65%±5% 的相对湿度）中放置 400h 和在高温

（85℃）中工作 600h 后，基于全无机钙钛矿/聚合物复合纳米纤维的钙钛矿器件分别保持 82%和 83%的初始效率。尽管光伏效率低于常规结构的钙钛矿太阳能电池，但其湿和热稳定性十分突出。

杨等报道了采用无喷嘴的静电纺丝和低温热处理制备石墨纳米纤维，将其用作钙钛矿太阳能电池的支架。即在石墨纳米纤维支架层上沉积 PbI_2 层，然后将其基底在 CH_3NH_3I 溶液中浸渍 90s，获得钙钛矿活性层。相较于介孔结构（mp-TiO_2）的钙钛矿器件（PCE = 14.96%），基于石墨纳米纤维的钙钛矿器件载流子寿命更长、载流子的复合更弱，器件效率高达 18.23%。同时，在室温环境（相对湿度>60%）下存储，基于石墨纳米纤维的钙钛矿器件的稳定也优于介孔结构（mp-TiO_2）的钙钛矿器件。

熊等报道了基于导电织物状衬底的柔性钙钛矿太阳能电池，工艺简单，可大面积化生产。采用静电纺丝法制备了厚度为 10μm 的 PAN/PU 纳米纤维透明膜，然后采用旋涂法沉积银纳米线获得透明织物状电极，用于替代 ITO 基底制备柔性钙钛矿太阳能电池。基于 ITO/PET 的柔性钙钛矿太阳能电池的光电转换效率为 9.34%，基于导电织物状衬底的柔性钙钛矿太阳能电池的光电转换效率 4.06%（$V_{oc} = 0.8V$，$J_{sc} = 8.86mA/cm^2$，$FF = 0.57$）。虽然基于导电织物状衬底的柔性钙钛矿太阳能电池的光伏性能不如 ITO/PET 基底的器件，但在反复弯曲应力作用下，ITO 易出现褶皱，甚至裂纹，降低 ITO 的导电性，而基于导电织物状衬底的柔性钙钛矿太阳能电池在 6mm 和 3mm 弯曲半径下光电转换效率分别为 3.99%和 3.52%。这归因于导电织物状衬底的优异的柔软性。

2016 年，北京大学的周德春课题组设计报道了一种新型纤维状钙钛矿太阳能电池（fiber-shaped perovskite solar cells，FPSC），其结构为 Ti/c-TiO_2/meso-TiO_2/perovskite/Spiro-OMeTAD/Au。首先通过电加热方法将 Ti 丝与空气中的氧气发生氧化反应，并原位生成致密的 TiO_2 层，再通过浸渍法制备了 TiO_2 介孔层。然后使用溶液法制备 $CH_3NH_3PbI_3-xCl_x$ 钙钛矿吸收层和 Spiro-OMeTAD 空穴传输层，最后将金线缠绕在 Spiro-OMeTAD 表面作为导线电极，其器件最优光电转换效率为 5.35%（$V_{oc} = 0.71V$，$J_{sc} = 12.32mA/cm^2$，$FF = 0.61$）。

同期，复旦大学的彭慧胜课题组通过可控的沉积方法获得了高功率转换效率的纤维钙钛矿型太阳能电池。阵列化的 TiO_2 纳米管比表面积大，有利于获得致密的钙钛矿活性层，电子传输与钙钛矿之间实现良好的欧姆接触，最终获得了 7.1%（$V_{oc} = 0.85V$，$J_{sc} = 14.5mA/cm^2$，$FF = 0.56$）的器件光电转换效率。这得益于良好的柔软性器件在 400 次扭曲循环下其关键光伏参数（光电转换效率、短路电流、开路电压和填充因子）在打结和扭转状态下基本保持不变，且器件结构完好。

近期，杜等提出了一种构建 TiO_2/SnO_2 双层电子传输层的策略来获得高质量的钙钛矿活性层。即采用水热法制备的 TiO_2 前驱体，并在高温下煅烧得到 TiO_2 薄膜，然后在其表面沉积 SnO_2，获得 TiO_2/SnO_2 双电子传输层。TiO_2/SnO_2 双电子传输层的引入了降低钙钛矿活性层中孔洞的产生，从而抑制缺陷；同时，改善钙钛矿的结晶度，增大晶粒尺寸，器件光电转换效率从 2.46%提升至 3.81%。

3.1.3　聚合物太阳能电池

（1）聚合物太阳能电池简介

聚合物太阳能电池是一种新型的太阳能转换技术，使用导电聚合物作为活性层来吸收太阳光转化成电能。材料种类丰富，适用于低温溶液法制备，具有轻薄、柔性等优点。随着大量高效的给体材料、受体材料和界面材料等的开发，界面结构和垂直结构的改良，器件工程（如三元体系构建）使得有机太阳能电池的器件效率从最初的 0.1% 提升到 19% 以上，近几年有机太阳能电池的发展势头尤其猛烈，其中高效率的器件和长时间的工作寿命仍然是现阶段有机太阳能电池研究焦点。

聚合物太阳能电池是将有机半导体材料夹在两电极之间，类似于"三明治"结构，其光电转化过程如下：聚合物太阳能电池受到光照时，光生电子从给体［P 型半导体，如聚-3 己基噻吩（P3HT）］转移至受体［N 型半导体，如富勒烯（PCBM）］产生自由载流子。给体与受体是聚合物太阳能电池的活性层。其工作原理：在光照下，聚合物太阳能电池的给体吸收光子并激发产生激子（即电子—空穴对），激子扩散到给体—受体界面，受电势差作用激子发生分离形成自由载流子（即电子和空穴），电子和空穴分别转移到对应电极。电荷转移最初的驱动源于给体的电离势能和受体电子亲和能间的差值。电子从给体的最高占有轨道（HOMO）被激发到最低未占轨道（LUMO），然后转移到受体的 LUMO，同时空穴在给体材料中传输至电极。

（2）聚合物太阳能电池的器件结构

典型的聚合物太阳能电池（polymer solar cells）的结构由透明电极（ITO 或 FTO）、电子传输层（electron transport layer，ETL）、活性层、空穴传输层（hole transport layer，HITL）和对电极（Ag、Au 或 Al 等）组成。常用的电子传输层材料通常为金属氧化物（包括 ZnO、TiO_2、SnO_2 等）和 N 型共轭聚合物分子，如［9，9-二辛基芴-9，9-双（N，N-二甲基胺丙基）芴］（PFN）及其衍生物；空穴传输层材料有氧化钨（WO_3），氧化钼（MoO_3）及一些 P 型共轭聚合物［常见的如聚（3,4-乙烯二氧噻吩）：聚（苯乙烯磺酸盐）（PEDOT：PSS）］。根据器件结构可以分为正置结构和倒置结构。

（3）纤维基聚合物太阳能电池的设计

目前，已报道的应用于聚合物太阳能电池的聚合物纳米纤维材料主要有聚｛［4，8-二［（2-乙基己基）氧代］苯并［1，2-b：4，5-b′］二噻吩-2，6-二基］［3-氟-2-［（2-乙基己基）羰基］噻吩并［3,4-b］噻吩二基］｝（PTB7）、P3HT、聚苯胺（PANI）和聚咔唑聚噻吩聚苯并噻二唑交替共聚物（PCDTBT）等。由于纳米纤维不耐化学腐蚀性，在常见的有机溶剂中易被溶解，破坏纳米纤维结构，导致器件光伏性能低下。而直接在聚合物纳米纤维表面旋涂富勒烯则易对纳米纤维形貌造成损伤。针对上述问题，浙江理工大学的王新平采用静电纺丝法制备以可交联的 PTB7-Vn 为核、以聚氯化乙烯 PEO 为壳的同轴纳米纤维，即具有结构稳定的纯 $PTB7-V_{0.05}$ 纳米纤维，PTB7-Vn 纳米纤维可稳定存在于常规有机溶剂，为后续与 $PC_{71}BM$ 的混合、制备均匀的活性层薄膜做好铺垫，但最终制备的器件（ITO/PEDOT：

PSS/PTB7-Vn：PC$_{71}$BM/Ca/Al）光伏效率并不高（约为 6.78%）。

贝德（Bedford）等采用同轴静电纺丝法制备了 P3HT：PCBM 纳米纤维活性层。鉴于纤维直径偏大，纤维间的孔隙过大，电荷传输效率低下。使用均质的 P3HT：PCBM 溶液"填充"这些多孔的纤维网，纳米纤维则在此起到"模板"作用。经 P3HT：PCBM 填充的纤维基电池的光电转换效率从 3.2% 提升至 4.0%。这源于纤维基电池中活性层更优的取向性。同时，作为模板的纤维的存在也使得沿聚合物主链方向的面内排列更有序，侧面表现为活性层薄膜更高的光吸收强度。溶液填充纤维基的方法可以一定程度上改善器件的光伏性能，但总体效率并不理想，且其适用性也有一定的限制。

3.2　纤维基压电材料与器件

压电材料是一种能够实现机械能与电能互相转换的材料。由于这种独特的机电耦合特性，压电材料可以实现传感、驱动和控制功能的统一，从而使压电材料被广泛地应用于智能材料与结构中，并与人们的生活息息相关。近年来，柔性可穿戴电子设备作为一项新兴技术，因其广阔的应用前景而受到广泛关注，如人体健康监测、智能假肢、人机界面、智能机器人。

柔性压力传感器面临的主要问题之一是依赖于传统的刚性电源和笨重的电池，这极大地限制了轻质、适形和柔性压力传感器的发展。同时，日常生活中定期对耗尽的电池进行充电或回收非常不方便，很大程度上影响了穿戴式压力传感器的长期独立工作。在这种情况下，解决这一问题的一个有希望的方法是新兴的自供电传感系统，该系统将压力传感功能和能量收集功能集成到一个自供电的电子设备中。随着柔性电子设备的发展，对自供电传感器系统的需求越来越大。基于压电纳米发电机（PENGs）的压力传感器可以直接将机械信号转换为电信号，也是一种新兴的发电终端，受到了广泛关注。

此外，使用轻质、柔软、透气的纤维材料构建可穿戴压力传感器是实现电子设备高柔性的另一种方式。因此，开发纤维基的电子器件是实现可穿戴和柔性压力传感器以保持佩戴舒适性的一种令人信服的方法。当前纤维基的压电器件的不断发展，在人体运动监测、生物医学、能量采集、智能穿戴设备、环境检测等方面具有巨大的应用前景。

3.2.1　压电纤维及其复合材料

3.2.1.1　压电效应

压电柔性压力传感器的物理基础是压电效应。压电效应分为正压电效应和逆压电效应。正压电效应是指某些材料在受到外力作用时发生变形，材料内部发生极化现象，然后在其两个相对表面上产生正负电荷。当外力移除时，压电材料恢复到初始状态，不再带电。逆压电效应是指当压电材料处于电场中时，压电材料会发生变形。当外加电场移除时，压电材料恢复到初始状态。压电式压力传感器大多利用压电材料的正压电效应，无须外部电源即可产生信号。在压电材料中，当施加外力时，在表面的相对两端产生电压。通过这种方式，机械能可以转换为电能。

纤维基的柔性压电传感器通常是夹层结构，由两个柔性电极和夹在电极之间的压电纳米纤维膜组成。夹层结构通常用柔性材料封装，以延长传感器的工作寿命并提高信号传输的稳定性。当柔性压电传感器受到外力的刺激时，压电层内部出现电极化现象，在压电层的上下表面产生相反的电荷，导致压电层输出电压的变化。输出电压与外部张力的程度成正比。图 3-2 显示了当按压和释放时，传感器是如何产生电能的。首先，铁电池在施加电场的方向上排列 [图 3-2（a）]。当阳离子和阴离子经受张力时，阳离子和阴离子的等效电荷中心保持在相同的位置。没有极化发生，也没有电流产生。当外力作用于纳米发电机时，体积减小，产生负应变。因此，阳离子和阴离子的电荷中心发生变化，形成电偶极子，这在两个电极之间产生压电电势并产生新的平衡状态 [图 3-2（b）]。此外，电极可以连接到外部负载，并且可以观察到电流。当输出电压增加时，输出电流随着外部电阻的增加而减少，从而将机械能转化为电能。最大电极化密度出现在两个电极之间的距离最小时 [图 3-2（c）]。这是因为最高压力确保了活性区域和电极之间的充分相互作用。最后，在释放压力时，电子流回到压力之前的状态 [图 3-2（d）]。结果，可以观察到反向的压电电流。

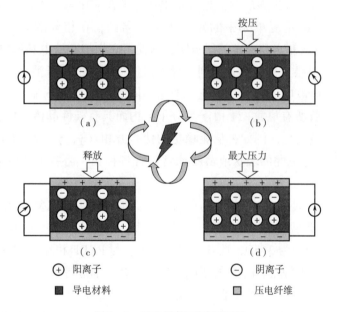

图 3-2　压电器件不同机理图

3.2.1.2　压电材料

传统的压电材料可以分为四类：压电晶体、压电陶瓷、压电聚合物和压电复合材料。压电晶体 [如磷酸二氢铵（ADP）] 通常具有高的机械品质因数 Q_m。典型的无机压电材料——压电陶瓷 [如钛酸钡（$BaTiO_3$）、硫化镉（CdS）、氮化镓（GaN）锆钛酸铅（PZT）] 的特点在于大的压电常数、高的灵敏度以及对酸和碱的耐受性。与此同时，它们也易碎、笨重且坚硬。与压电陶瓷的固有脆性相反，有机柔性压电材料，如聚偏二氟乙烯（PVDF）、聚偏二氟乙烯-三氟乙烯［P（VDF-TrFE）］、聚偏二氟乙烯-六氟丙烯［P（VDF-HFP）］、尼龙11，聚丙烯（PP）、聚丙烯腈（PAN），是柔性、轻质、廉价、无毒的，更柔韧、可拉伸、可纺、可用于制造传感器和基于纤维和纱线的发电机。

（1）有机柔性压电材料

聚偏氟乙烯具有较高的压电系数、耐化学性、良好的力学性能和优异的介电性能，是目前最受欢迎的有机压电材料。由于其独特的性能，PVDF及其聚合物是柔性压电织物的有前途的候选材料。卡瓦依（Kawai）于1969年首次发现PVDF薄膜中的压电效应。PVDF是一种半结晶聚合物，包括至少四种不同的结晶相：非极性α相和极性β、δ和γ相，主要包含α相和β相晶体。PVDF的压电性能主要取决于β相的含量。PVDF及其共聚物、三元共聚物，如PVDF-TrFE、PVDF-CTFE、PVDF-HFP、PVDF-TrFE-CTFE等，具有稳定的性能、高的压电、铁电和热电性能。它们也在柔性压电传感器领域得到广泛研究。其中，PVDF和PVDF-TrFE表现出更好的压电性能。从溶液或熔融状态直接结晶的PVDF只能获得非极性α相，通常需要通过热退火、机械拉伸、高压极化处理等将非极性的α相转化为极性的β相，从而提高PVDF的压电性能。

聚酰胺（PA），通常被称为尼龙，是另一类具有潜在应用前景的聚合物。奇数尼龙是以［HN—$(CH_2)_x$—CO］$_n$的重复单元中的碳原子数命名的，在相同的方向上含有对—NH和—C＝O酰胺基团，形成基本和稳定的偶极矩，这使了它们拥有铁电和压电性能。相比之下，偶数尼龙中的这些基团以交替的方式排列，导致沿链偶极子的净抵消。尼龙-11的晶体结构由于其广泛的多态性而被广泛研究。尼龙-11在不同的加工条件下显示出不同的晶体结构。在电学性质方面，尽管所有尼龙-11由于其分子结构而具有极性晶体结构，但电极化可以从特定类型的晶体相中最大化，例如，从亚稳定的伪六方相（γ，γ'，δ，δ'）中观察到最高的电极化。类似于PVDF，尼龙的块状或薄膜通常包含各种相，需要机械或电极化以实现电活性极性相。

聚丙烯腈（PAN）是一种无定形乙烯基聚合物，在每个重复单元中包含一个氰基（—CN）。环境中两种典型的平面之字形（又称锯齿形）和螺旋形。锯齿形结构具有完全跃迁（TTTT）结构，偶极矩为3.5D，比β相PVDF大。与PVDF相比，PAN具有介质损耗小、热稳定性高、性价比高等特点。PAN的压电响应已经在之前进行了研究，通常认为PAN的压电性能比PVDF低，尽管氰基产生的偶极矩更大。近年来，PAN作为PVDF在压电能量收集中的一种替代材料被重新研究。2019年，林等发现PAN纳米纤维薄膜具有非常高的压电性能。该膜可产生2.0V的高电压，甚至高于相同条件下的PVDF纳米纤维膜。这种意想不到的压电性可以归因于纳米纤维中含有的高平面之字形PAN构象。2020年，邵等报道了由两个金属膜电极封装的PAN纳米纤维膜，实现了具有高压电输出的中低频噪声—电转换。该纳米纤维薄膜器件在117dB声音和100~500Hz频率下可产生58V的峰值电压。整流后产生的电能直接用于LED照明。同样，邵等也首次报道了PAN纳米纤维垫声学传感器在人类语音识别方面的优异性能。基于纳米纤维薄膜的器件对70dB的声音具有23401mV/P的高灵敏度，可以分辨出高分辨率的人声，并且具有良好的耐久性。与相同条件下的静电纺PVDF纳米纤维的声传感器相比，PAN 器件具有更宽的传感范围、更高的灵敏度和更高的精度，这表明电纺 PAN 纳米纤维在声检测中发挥了重要作用。王等开发了一种 PAN 薄膜，该薄膜在高达500℃的高温下具有机械到电转换的能力，通过 PAN 薄膜的热稳定制备得到环状结构。最近，胡等开发了同时制备压电聚合物纤维和导电纤维由静电纺丝聚丙烯腈/聚苯胺/聚乙烯吡咯烷酮两性 Janus 纳米纤维制成。基于惠斯通电桥原理，独特的两性 Janus 微结构通过有利的网络收集和发电，避免了传统薄膜电极和电活性聚合物之间的不良接触。除了 PVDF、尼龙和PAN 外，其他聚合物的压电性能也有报道，包括聚乳酸（特别是具有剪切压电性的聚-l-乳酸）、聚脲和纤维素。

（2）无机压电材料

无机压电材料是人类最早发现并应用的压电材料，包括压电晶体和压电陶瓷。压电晶体的晶体结构是不对称的，因此它们具有压电性而没有极化过程。常见的压电晶体有 SiO_2、铌酸锂（$LiNbO_3$）、偏锗酸锂（$LiGeO_3$）等。压电单晶性能相对稳定，但加工成本高，难以大规模制造。因此，它们经常被用来制造选择和控制频率的装置，这些装置广泛应用于手表、电话和计算机中。压电陶瓷是一种小晶体不规则聚集的多晶陶瓷。常见的压电陶瓷主要有$BaTiO_3$、$PbTiO_3$、PZT、钛酸锶（$SrTiO_3$）等。压电陶瓷具有较高的压电常数和介电常数，是目前应用最广泛的压电材料，但它们韧性差。

PZT 作为最常见的无机压电材料之一，具有最佳的压电和机电转换性能，但 PZT 对人体健康和环境具有毒性和危害性，PZT 是一种多晶铁电材料，具有钙钛矿晶体结构，是一种非常接近立方的四方/菱形结构。其通式为 ABO_3，其中 A 为较大的金属离子，通常为铅 Pb 或钡 Ba，B 为较小的金属离子，通常为钛（Ti）或锆（Zr）。与 PVDF（d_{33} 为 30PC/N）和 ZnO（d_{33} 为 12 PC/N）相比，PZT 具有较高的机电耦合系数（d_{33} 为 500~600C/N）。ZnO 是 Ⅱ ~ Ⅵ半导体族中的一种宽带隙半导体，其晶体结构为纤锌矿晶体结构（各种二元化合物的晶体结构），是六方晶体体系的一个例子。纤锌矿结构是非中心对称的，因此具有压电和热释电等特性。

（3）有机无机复合柔性压电材料

压电复合材料由无机压电材料和有机压电材料组成，它们结合了压电聚合物良好的机械柔韧性和无机压电材料优异的压电性能。无须高压电场极化，也能获得压电特性。压电复合材料在任何方向上都表现出相同的压电性。压电填料与非压电聚合物的混合主要包括组合将无机压电纳米材料（如 BTO、PZT 或 KNN）与非压电聚合物（如 PDMS、橡胶或环氧树脂）混合，以降低无机压电材料的脆性。当填料和聚合物基体均为压电时，压电陶瓷填料主要与PVDF（如 PZT、BTO、KNN）结合，通过两种材料的压电协同作用，使混合物具有良好的柔韧性和电输出性能。与压电聚合物结合的非压电填料主要在 PVDF 或 P（VDF—TrFE）等压电聚合物中含有导电材料（RGO、AgNPs、碳纳米管、石墨烯）、金属氧化物［（MgO、TiO_2、Fe_3O_4 和四氯二铁酸钴（$CoFe_2O_4$）］或其他材料［MXene、钙钛矿（$MAPbI_3$）和聚苯胺］，增强聚合物的偶极极化，提高复合材料的电输出性能。

虽然 PVDF 材料是压电聚合物中压电性能最好的，但是与压电陶瓷相比，它们的压电常数仍然很小。近年来，提高聚偏氟乙烯的压电性能成为人们关注的焦点。一些研究人员试图将压电陶瓷添加到压电聚合物中，以创建具有高压电系数和强压电耦合的压电复合材料。添加填料会破坏聚合物的分子链，从而通过增加 β 相的比例来提高压电性。选择合适的陶瓷材料对提高聚合物复合材料的压电性能至关重要。在压电陶瓷中，PZT 的固溶体广泛用于制造 PENGs。但是，在 PZT 中，铅（Pb）等有毒和重金属占总重量的 60% 以上，这导致了环境问题和对人类安全的影响。不过这个问题可以通过使用 ZnO、$ZnSnO_3$、$BaTiO_3$、TeO_2 和铌酸钾钠（KNN）等来解决。特殊的结构设计是获得增强压电传感器性能的有效途径。李等通过在电纺 PVDF—HFP 纳米纤维表面水热外延生长 ZnO 纳米片来制备柔性压力传感器。这种独特的微结构赋予传感器高灵敏度。许等通过压花电纺 PVDF 纳米纤维制备了波状三维装置。3D 结构器件比通常的平面型器件具有更好的纵向和横向压电性能。Hsu 等对 P（VDF-TrFE）纤维微观结构的控制增强了压电纤维的线性和可变形性。

3.2.2　压电纤维膜的制备方法

3.2.2.1　静电纺丝

因为静电纺丝发生在高压电场中，所以纳米纤维在静电纺丝过程中被极化，并且在后处理中不需要额外的极化。静电纺丝技术简化了压电纤维的制备过程。结合电极化和机械拉伸的静电纺丝是制备具有更大压电系数和高能量转换的纳米纤维膜的一种常用方法，也是目前应用较广泛的聚合物纤维成型技术。一般的静电纺丝装置主要由电源、导电喷丝器、注射泵和接地集电极组成。聚合物前驱体溶液首先在泵的辅助下被送入针头。导电针在几十千伏的高压下带电，使形成的聚合物射流受到库仑力与表面电荷之间的静电斥力作用。聚合物溶液中的排斥力会试图超过界面张力，液滴开始变尖并变形成泰勒锥。在这一过程中，外加电压使带电射流变得更薄，这被称为射流起爆。然后流体的表面张力将被克服，并通过电场产生流体射流。溶剂在喷射纺丝过程中最终蒸发，喷射出的纳米纤维向收集器转移，干燥的纳米纤维被收集在接地的收集器上。

静电纺丝有两种方式：远场静电纺丝（FFES）和近场静电纺丝（NFES）。FFES 随机生成纳米纤维，而 NFES 可以通过减少导致弯曲不稳定的因素来制造有序的纳米纤维。FFES 是经常使用的方法，因为它简单，既不需要极化也不需要疏水表面。然而，FFES 的应用范围受到高生产成本、安全问题、所需高电压和低纤维产量的限制。此外，随机取向的纳米纤维限制了其在一些有非常特殊要求的领域中的应用。NFES 可以减少泰勒锥与收集器之间的距离，以获得更高程度的纤维控制。当准确放置在聚合物源和收集器之间时，可沿特定路径直接生成连续纤维。例如，刘等成功使用一种新型中空圆柱形近场静电纺丝工艺（HCNFES）来制造具有精确纤维排列、高压电性和高输出的装置。在 HCNFES 工艺中，PVDF 非织造纤维织物（NFF）是在恒温室的旋转玻璃管上形成的，固化后，织物将很容易从旋转的玻璃上取下，并放置在聚对苯二甲酸乙二醇酯（PET）基底上。金箔被用作两面的电极。HCNFES 提供了一种制备大量 PVDF 纤维的简单方法。虽然这种方法具有直接写入、有序排列和在线极化的优点，但它只适合于小规模制造。此外，喷丝头和收集器之间的短距离可以减少纤维的拉伸和变细，这增加了纤维直径。

3.2.2.2　溶液喷吹纺丝

溶液喷吹纺丝（SBS）是一种很有前途的制造微米级和纳米级聚合物纤维的替代方法。与传统的静电纺丝相比，它具有许多优势，例如生产效率高、易于实施，并且可以在任何收集器上沉积纤维而无须高压。该方法也适用于商业大规模生产。这种方法广泛应用于许多领域，如从水中分离油，保护材料以及制造质子交换膜。

坦登（Tandon）等研究了 PVDF 分子量和纺丝方法对纤维性能的影响。该小组发现，与传统的静电纺丝相比，吹制纺丝溶液能产生更高的纤维产量。然而，他们也发现不同批次之间的纤维差异较大。梅代罗斯（Medeiros）等发现，对于更高的纤维生产率，例如 60μL/min，可以获得更一致的厚度。低于 20μL/min 的注射速率不会产生纳米纤维，因为不可能向喷嘴提供足够的聚合物溶液。苏等试图找到制造 PVDF 纳米纤维的最佳溶剂比例。他们还研究了纺丝溶液黏度和平均直径之间的关系。庄等成功制备了 PVDF 纳米纤维垫。他们对纳米纤维垫使用了额外的热压，以增加其物理完整性和结晶度。刘等采用 SBS 法制备 PVDF 纳米纤维膜（NFMs）和 PENGs。基底和底部电极是铝箔，而 PVA/PEDOT：PSS/CNC 用作顶部电极。这种可穿戴的纳米发电机也用于需要低功率能源的应用。当 PENG 用作电源时，可以为温度和湿度显示器供电。

3.2.2.3　熔融纺丝法

熔融纺丝是一种使用合成聚合材料制造人造纤维/长丝的工艺。熔融纺丝工艺制备的压电纱线可以作为原材料融入我们的日常服装中。这种工艺主要用于不同的合成聚合物，如PVDF、聚酯、尼龙等。在熔融纺丝生产线中，有五个主要部分，即进料、熔融和混合、纺丝、冷却和卷绕区。熔融纺丝是以高生产率和低成本制备压电熔纺长丝的最有前途的方法之一。然而，到目前为止，不同研究小组关于熔纺细丝/纤维基压电纳米发电机的工作报道非常有限。

自从 2013 年首次报道了延续压电聚偏二氟乙烯（PVDF）熔纺压电纤维的制造，基于PVDF 纤维压电性能及各类传感器的开发得到迅速发展。索因等采用熔融纺丝法制备连续PVDF 单丝。在熔融纺丝过程中，聚合物熔体在高速单轴张力作用下诱导聚合物分子链取向，导致结晶性增加，单丝力学性能增强。α 相微晶在拉伸作用下剪切、分离、变形成小微晶，部分微晶转化为 β 相，β 相增多。最后，该方法制备的 PVDF 长丝 β 相含量可达 80%，单丝可用于传统针织。采用 PVDF 压电纱线作为纬编间隔织物的间隔单丝，上下两层分别用导电纱和尼龙纱织造。这种压电织物结构在柔性压力传感器领域具有良好的应用前景。伦德（Lund）等采用熔融纺丝工艺制备了同轴皮芯结构的超细压电纤维。芯层为炭黑/聚乙烯，具有导电性，用作内部电极，护套为 PVDF 传感层。外电极可以镀银或用导电纱编织。内外电极由不导电的 PVDF 隔开，以避免在潮湿条件下短路。PVDF 长丝可以用传统的织造工艺织造，最终的织物具有优异的压电性能，可以用作监测心跳、呼吸、手指关节运动等的传感器。

3.2.3　纤维基柔性压电器件的设计

纤维基柔性压电材料结合了压电材料的功能特性和柔性电子技术，使其能够适应各种应用环境，扩展了压电材料的应用领域。柔性压电纤维具有压电特性，纤维基柔性压电材料在外界刺激下产生电信号，可以单独用作应变压电传感器，不仅可以感知环境变化，实现实时传感，而且可以收集机械能，成为供电的组元，此外，还可以检测人体的多种生理行为，在电子皮肤、人机交互、医疗保健和人体运动检测等领域得到了广泛研究。

3.2.3.1 柔性应力/应变传感器

作为可穿戴应用的医疗和健康传感设备，柔性压电应变传感器可以检测脉搏波、呼吸、声带振动等。脉搏信号是人体重要的生理信号，包含了丰富的心血管系统信息，可用于诊断和预防心律失常、高血压等高危心血管疾病。

压电传感器是自供电的，可以长时间连续监测动态应力/应变信号。近年来，开发了各种高灵敏度的柔性压电传感器来收集高质量的脉搏波。迈蒂（Maity）等使用涂有导电聚苯胺（PANI）的静电纺丝 PVDF 纳米纤维膜作为柔性电极，PVDF 纳米纤维膜作为压电传感层，可制备电子皮肤传感器（POESS）。其结构如图 3-3（a）所示，可用于监测手腕弯曲、颈部伸展、手臂按压、喉咙运动、语音识别和脉搏测量。脉搏仪固定在手腕上，实时记录桡动脉的脉搏。如图 3-3（b）所示，a、b、c 和 d 波是四个收缩波，而 e 波是一个舒张波，c 波高度与 a 波高度的比值可用于分析与年龄相关的心脏健康状况。例如，c/a 比值为 0.1 表明年轻人的心脏是健康的。

王等通过静电纺丝制备了聚偏二氟乙烯—三氟乙烯/多壁碳纳米管［P（VDF-TrFE）/MWCNT］压电复合纳米纤维膜，随后对压电复合膜进行拉伸。聚合物分子链在拉伸过程中沿拉伸方向的重新取向拉伸和 MWCNT 对聚合物链的界面作用促进了 β-极性相含量的增加。复合压电薄膜［图 3-3（c）］表现出优异的压电性能、良好的机械强度和高灵敏度。复合膜的压电系数（d_{33}）约为 50 pm/V，杨氏模量约为 0.986 GPa，灵敏度约为 540mV/N。用作压电压力传感器，它可以监测脉搏、呼吸、吞咽、咀嚼以及手指和手腕运动等微小的生理信号。这种传感器在医疗保健系统、智能可穿戴设备和体外疾病诊断方面具有潜在的应用。呼吸系统是人类健康的另一个重要指标。通过检测呼吸功能，可以反映呼吸道、肺部和心血管系统的潜在疾病。陈等基于 P（VDF-TrFE）纳米纤维膜［图 3-3（d）］创建了一种压电传感器，以识别不同的呼吸状况，如深呼吸或浅呼吸以及快呼吸或慢呼吸［图 3-3（e）］。

陆等使用静电纺丝工艺将 P（VDF-TrFE）直接静电纺丝到柔性导电线上，以制造具有芯鞘结构的微米级压电纤维。结果表明，当导电芯直径为 500μm、压电层厚度为 100μm 时，压电纤维具有最佳的压电性能。利用 COMSOL 软件对压电纤维在正压力和弯曲变形条件下的应力和电势进行了仿真分析，并将仿真数据与实验数据进行了对比。详细研究了不同长度和频率的压电纤维在正压力和弯曲模式下的压电响应，结果表明，满足编织性能要求的压电纤维在正压力下具有 60.82 mV/N 的高灵敏度和 15000 次循环的优异耐久性。特定的功能区域，如人的脚、肘、膝和腕上的区域，可以织在织物上，用于监测相应区域的运动信号［图 3-4（a）（b）］。

研究表明，低居里温度压电材料在较小的外力作用下具有较大的压电响应，非常适合用于检测微小机械外力的传感器。钛锡酸钡（$BaTi_{0.88}Sn_{0.12}O_3$，BTS）陶瓷压电材料具有高压电

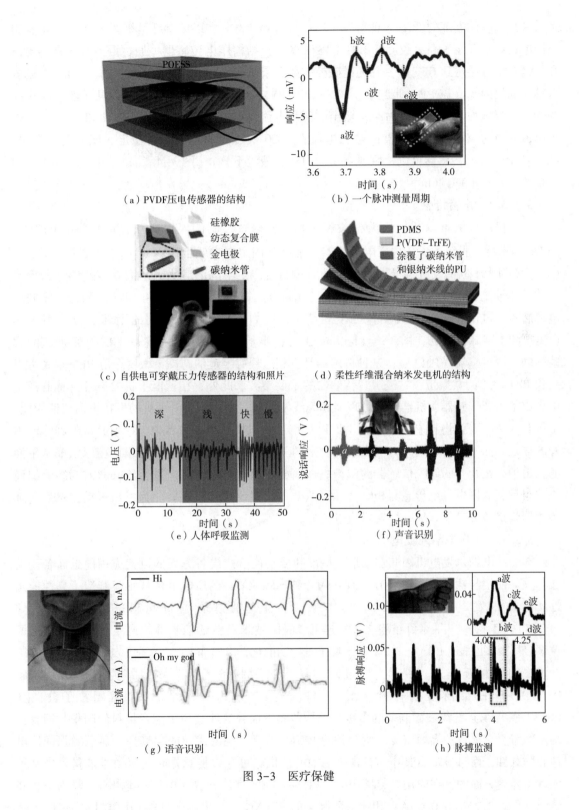

（a）PVDF压电传感器的结构

（b）一个脉冲测量周期

（c）自供电可穿戴压力传感器的结构和照片

（d）柔性纤维混合纳米发电机的结构

（e）人体呼吸监测

（f）声音识别

（g）语音识别

（h）脉搏监测

图3-3　医疗保健

系数和接近人体温度的低 T_c。俞等基于压电聚合物 PVDF 和以玻璃纤维织物为基底的 BTS 陶瓷压电材料，开发了高灵敏度的柔性 BTS/PVDF 膜结构压电传感器。通过浸渍和涂覆将 BTS 和 PVDF 相继层压到 GFF 上，并通过磁控溅射在膜基底上制备正电极和负电极；两个电极被双轴定向聚丙烯（BOPP）带封装。BTS-GFF/PVDF 传感器具有高灵敏度、灵活性和耐久性的优点。当施加 1~9N 的外力时，输出电压和电流灵敏度分别达到 1.23 V/N 和 41.0 nA/N。当机械外力为 40N 时，传感器的输出电流在 5000 次压力循环中保持稳定。模拟实验表明，BTS-GFF/PVDF 传感器可以检测非常小的力（如液滴下落）[图 3-4（e）]和人体运动（如手指弯曲）[图 3-4（f）]。

3.2.3.2 声音传感

声带信号检测可以帮助诊断相关疾病和开发语音控制的人机交互。郭等基于 $BaTiO_3$/PVDF 纳米纤维膜制备了一种压电传感器，可将其固定在喉咙上以识别不同的发音 [图 3-3（g）]，因为不同的发音会导致肌肉运动对传感器产生不同的应力，从而导致传感器产生不同的输出电流。高希（Ghosh）和曼达尔（Mandal）等开发了基于 Pt-PVDF 纳米纤维膜的压电传感器，可用于连续和无创监测生理信号，例如识别喉咙中不同的字母发音 [图 3-3（f）]和手腕脉搏监测 [图 3-3（h）]。王等提出了基于超薄 PET 基底上的 PZT 薄膜的柔性移动声音传感器（PMAS），这种传感器具有超过现有报道的超高灵敏度。薄 PET 基底可以延长 PZT 薄膜的共振带，这是声音传感器的重要参数。此外，在智能手机的声音传感器模块中集成了语音传感器、机器学习处理器和无线发射器，实现了智能手机的生物识别认证功能。韦等利用压电聚合物制造了一种能"听到"声音的织物。在自然界中，纤维通常起到传输声音的作用，而不是消散它。与听觉系统复杂的三维结构不同，所设计的织物在形状上是平面的，由编织在其中的纤维传感器的织物矩阵组成。织物基体由高模量芳纶长丝或棉纱编织而成，与预制的压电纤维传感器相结合，模拟鼓室，有效地将声压转化为机械振动；然后光纤传感器将机械振动像耳蜗一样转换成电信号。

3.2.3.3 压电纳米发电机

柔性压电纳米发电机因其在获取机械能和驱动便携式设备方面的巨大应用前景而备受关注。关等使用与钛酸钡（$BaTiO_3$，BT）陶瓷纳米颗粒复合的压电纳米纤维膜制造了高性能柔性压电纳米发电机（FPENG）。具体来说，首先通过静电纺丝制备聚偏二氟乙烯 [P（VDF-TrFE）]纳米纤维膜，以构建可以吸附纳米颗粒的纳米纤维网络。随后，通过原位聚合用聚多巴胺（PDA）对 BT 纳米粒子进行功能化，以增加 BT 纳米粒子与 P（VDF-TrFE）纤维之间的相互作用。最后，通过超声诱导吸附制备了具有多级结构的 PDA-BT@P（VDF-TrFE）纳米复合材料 [图 3-4（c）]。将 PDA 修饰的 BT 纳米粒子分散在 P（VDF-TrFE）纤维表面制备的多级微结构薄膜不仅有效地避免了纳米填料的团聚，而且提高了纳米复合材料的界面密度。所制备的 PENG 不仅表现出优异的柔韧性、显著增强的压电性和耐久性，而且显示出其作为日常生活中的自供电可穿戴传感器在生物力学能量采集和人体运动监测方面的潜在应用。与使用 P（VDF-TrFE）薄膜作为压电层的 PENG（输出电压和电流分别为 1.25V 和 0.6μA）相比，所制备的 FPENG 显示出压电性能，输出电压为 1.25V，输出电流为 1.5μA，此外，FPENG 的输出电压比纳米纤维中含有相同纳米颗粒的复合膜高40%~68%。PENG 的改进压电输出性能可归因于层状微结构中的高密度界面和相应增强的介电响应。FPENG 可用作自供电传感器，有效地检测人体运动，将 FPENG 集成到鞋垫中，以监控人体运动，如蹲、站、走和跑［图 3-4（d）］。本研究设计的层状纳米复合膜为开发机械能收集器、可穿戴传感器网络和自供电设备提供了一种有效方法。

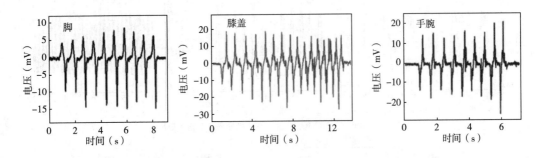

（a）人体脚、膝盖、手腕的运动监测

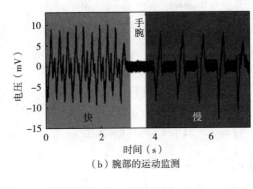

（b）腕部的运动监测

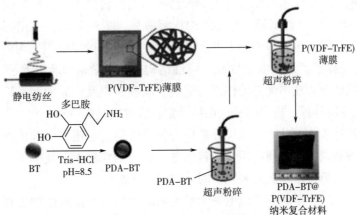

（c）纳米复合材料的制备工艺

图 3-4

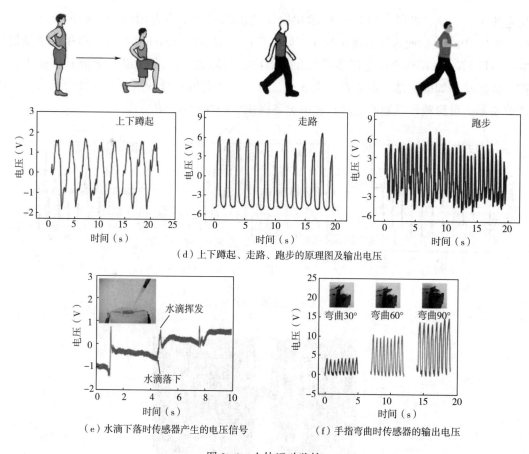

（d）上下蹲起、走路、跑步的原理图及输出电压

（e）水滴下落时传感器产生的电压信号　　　（f）手指弯曲时传感器的输出电压

图 3-4　人体运动监控

3.2.3.4　多功能电子皮肤

朱等基于同轴压电纳米纤维设计了一种具有高度形状自适应特性的电子皮肤（图 3-5）。将 PVDF/GO 溶液装入外注射器，PVDF/BTO 溶液装入内注射器，采用同轴静电纺丝法制备了核壳结构的 BTO-PVDF/GO 同轴压电纳米纤维，以透气的导电织物为电极，弹性透明聚氨酯（PU）膜为支撑基底封装电子皮肤。同轴结构的协同效应极大地增强了传感层的压电响应，使电子皮肤能够表现出优异的传感性能和灵敏度，以及优异的耐久性和稳定性，即使在超过 8500 个工作循环后，输出信号也保持稳定，没有明显的波动。它可以灵敏地监测和区分与关节相关的各种人体运动；如果设计成压力传感阵列，它还可以准确地识别不同物体的不规则形状。这种高灵敏度、高耐用性、自供电、低成本且易于大规模生产的电子皮肤将是智能纺织品的敏感压力检测和实时触觉空间映射的良好选择。

王等报告了一种基于单电极压电纳米发电机的柔性电子皮肤生物传感器，它允许同时进行触觉和温度感测。压电纳米发电机由通过磁控溅射制造的电极阵列和通过静电纺丝制造的 PVDF 生物压电层组成。PVDF 静电纺丝压电纳米纤维为生物传感器提供了良好的柔韧性和自供电能力，有望成为仿生电子皮肤。

赵等使用静电纺丝制造了碳基聚丙烯腈/钛酸钡（PAN—C/BTO）纳米纤维网，可以感知

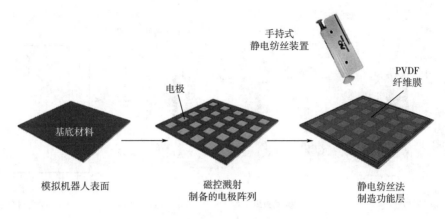

图 3-5　电子皮肤

各种类型的功能。这些传感器表现为压阻、压电和摩擦电效应，它们在传感中起着关键作用。而且发现，即使在 60000 次循环中，它也能在更长的时间内保持稳定。钛酸钡纳米颗粒掺入纳米纤维网后，由于压电效应和摩擦电效应的共同作用，其压力传感能力提高了 2.4 倍。这种设备的广泛应用包括在可穿戴传感设备中吞咽、行走、柔韧性和敲击手指时的人类感觉。

3.3　纤维基热电材料与器件

3.3.1　热电材料简介

随着环保意识的增强，同时为解决未来可能发生的能源危机，人们越发重视寻找更为可靠的供能方式。热电装置、太阳能发电、风力发电以及目前各国大力发展的核电，都是更为绿色、可持续的供能方式。在这些能量转化方式中，热电器件在发电机、冷却装置、传感器等领域的应用具有很大的潜力。热电材料是一种能够实现热能与电能相互转化的新型能源材料。两种能源之间的相互转换是通过载流子在固体中的运输实现。热电发电机可以在宽温度范围内进行废热与电能的转换，同时对环境友好、无须长时间的维护。

热电材料能够实现热能与电能的相互转换，就是通过基于塞贝克（Seebeck）效应、珀尔帖（Peltier）效应和汤姆逊（Thomson）效应的三种热电机制运行。

（1）塞贝克效应

当两个不同导体连接时，连接的结点处在不同的温度下，导体的开路位置会产生电势差，电势差表达式（3-6）。塞贝克效应源于温度梯度下电子的不对称分布，从而产生温差电动能。导体为阻止载流子分布不均进一步扩大，会产生电场，最终载流子达到平衡。当外接电阻与导体形成电路后，会产生电流［图 3-6（a）］。

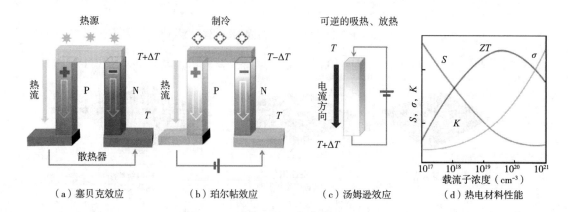

（a）塞贝克效应　　　（b）珀尔帖效应　　　（c）汤姆逊效应　　　（d）热电材料性能

图 3-6　三种热电机制

温差电动势能的计算公式为：

$$V = \int_{T_1}^{T_2} \left[S_B(T) - S_A(T) \right] dT \tag{3-6}$$

式中：S_B 与 S_A 分别是两种半导体材料的塞贝克系数。

当塞贝克系数不随温度的变化而发生改变时，公式可简化如下：

$$V = (S_B - S_A)(T_2 - T_1) \tag{3-7}$$

温差电动势还有如下两个基本性质：中间温度规律，即温差电动势仅与两结点温度有关，与两结点之间导线的温度无关；中间金属规律，即由两半导体接触形成的温差电动势与两结点间是否接入第三种金属无关。只要两结点温度 T_1、T_2 相等，则两结点间的温差电动势也相等。

（2）珀尔帖效应

热电材料的珀尔帖（Peltier）效应通常应用于冷却器系统，可描述为如果电流在由 P 型和 N 型 a、b 两种半导体组成的环路中流动，则可观察到吸热和放热现象，并且此现象是可逆的。吸热或放热现象出现的位置，取决于电流的方向［图 3-6（b）］。

吸放热现象下珀尔帖热的计算公式为：

$$\frac{dQ}{dt} = (\Pi_b - \Pi_a) I = \Pi_{ab} I \tag{3-8}$$

式中：Π_{ab} 为 a、b 两种材料的相对 Peltier 系数（W/A）。

（3）汤姆逊效应

1856 年，W. 汤姆逊（即开尔文）用热力学分析了塞贝克效应和珀尔帖效应后预言还应有第三种温差电现象存在。后有人从实验上发现，如果在存在有温度梯度的单一均匀导体（半导体）中通过电流时，导体中除了产生不可逆的焦耳热外，还要吸收或放出一定的热量，这一现象命名为汤姆逊效应［图 3-6（c）］，汤姆逊系数的计算公式为：

$$\tau = T \cdot \frac{da}{dt} \tag{3-9}$$

汤姆逊效应的可通过公式表达为：

$$\frac{\mathrm{d}Q}{\mathrm{d}t} = \tau \cdot I \cdot \frac{\mathrm{d}T}{\mathrm{d}x} \tag{3-10}$$

式中：Q 为导体（半导体）吸收或放出的热量；τ 为比例常数（即 Tomson 系数）；I 为通过的电流；$\mathrm{d}T/\mathrm{d}x$ 为温度梯度。

当电流流向热端，$\mathrm{d}t>0$，$\tau>0$，$\mathrm{d}Q>0$，表现为吸热。反之，表现为放热。通常情况下，与塞贝克效应和珀尔帖效应相比，汤姆逊效应对热电器件影响较小。当热电器件存在较大温差时，汤姆逊效应对热电器件的输出功率存在不可忽视的影响。

经过多年的研究，学者在利用热电效应创造更多热电装置的同时，也在不断研究、创造性能更加优异的热电材料。热电材料的性能优劣可用无量纲热电优值 ZT 衡量，公式如下：

$$ZT = \frac{S^2 \sigma T}{K} \tag{3-11}$$

$$k = k_1 + k_e \tag{3-12}$$

式中：S，σ，K，T 分别是材料的 Seebeck 系数、电导率、热导率和绝对温度；k 为导热系数；k_1 为晶格导热系数；k_e 为电子导热系数。

$$\sigma = ne\mu_{\mathrm{H}} \tag{3-13}$$

$$S = \frac{8\Pi^2 k_{\mathrm{B}}^2}{3eh^2} m^* T \left(\frac{\Pi}{3n}\right)^{\frac{3}{2}} \tag{3-14}$$

式中：n 为载流子浓度；e 为电荷；μ_{H} 为载流子迁移率；m^* 为载流子有效质量；k_{B} 和 h 分别为玻尔兹曼常数和普朗克常数。

热电材料性能与载流子的散射以及电子结构相关。分析式（3-13）、式（3-14）可知，当载流子浓度增加，电导率及导热率都会提高，Seebeck 系数会随之下降，如图 3-6（d）所示。Seebeck 系数、电导率及导热率三者之间存在强耦合关系，为了获得性能更加优越的热电材料，需要兼顾 Seebeck 系数、电导率、导热率的值。根据图 3-6（d）可得，载流子浓度为 $10^{19} \sim 10^{20}\mathrm{cm}^{-3}$，Seebeck 系数呈下降趋势，但 ZT 曲线出现最优值。因此调控载流子浓度是提高热电材料性能的重要方法之一。

如今，热电材料的研究方向主要集中于材料研发和性能提升两方面。热电材料可分为无机材料与有机材料。传统的无机热电材料，如碲化铋（Bi_2Te_3）、碲化铅（PbTe）和硅锗（SiGe）等，通常具有高于金属的塞贝克系数。同时，通过纳米结构化、能带结构调整以及边界工程等方法可在一定程度上实现其热学性能与电学性能的协同优化，从而获得相对较高的热电优值。但是，这类传统的无机热电材料虽具有较好的热电学性质，其柔韧性和抗拉伸性能较差，在屈折、拉拽等情况下容易破碎，不适宜用于小型化热电器件或人体热电器件。有机热电材料相较于无机热电材料具有较好的力学性能及抗变形能力，拥有更广泛的应用领域，如 PEDOT：PSS、聚噻吩衍生物、聚苯胺（PANI）、聚吡啶（PPy）、聚苯乙烯（PPV）。其中 PEDOT：PSS 具有高柔韧性、轻量化、高导电性以及热稳定性优势，是迄今为止受到关注最多的 p 型有机热电材料。虽然有机热电材料在微传感领域以及可穿戴设备领域具有独特优势，但有机热电材料热电性能往往弱于传统热电材料。随着热电领域研究的不断深入，后处理技术的使用以及复合材料的研发，使得有机热电材料的 ZT 值屡创新高，更多性能优异的热电器件也将在能源以及其他领域发挥更大的作用。

3.3.2 纤维基无机热电材料

无机热电材料因其优异的热电性能和可设计的纳米结构受到广泛关注。初期对无机热电材料的研究多集中于金属材料，但由于其较低的塞贝克系数，呈正相关的电导率和热导率，热电性能很难提升。随后研究开始转向碳基材料和半导体材料，它们具有较高的载流子迁移率，低晶格热导率，并且可以对塞贝克系数进行调节。目前，无机材料中的 Bi_2Te_3、$SnSe$、碳基材料及其合金等在热电纤维领域受到广泛关注。

（1）Bi_2Te_3 基热电纤维

20 世纪 50 年代以来，Bi_2Te_3 基热电材料始终是无机热电材料的研究主流。目前，Bi_2Te_3 及其合金材料是最成熟的商用热电材料之一，已应用于室温制冷等领域。Bi_2Te_3 晶体结构为三方晶系，由于其天然的层间距和较弱的结合力，外来原子更容易渗透，因此具有很强的各向异性，可以形成多样的堆垛结构，这种独特的结构有利于制备具有优异性能的 Bi_2Te_3 基热电材料。但块状的 Bi_2Te_3 材料具有体积大、刚性强等特点，难以应用到柔性可穿戴设备中。研究发现，制备具有低维化和纳米化的纤维状热电材料，可以协同提升无机材料的热电性能和柔韧性。韩等通过固相反应法制备出 Bi_2Te_3 纳米线，室温下塞贝克系数可达 200μV/K。孙等利用光纤模板法制备出 Bi_2Te_3 热电纤维，并通过热拉丝过程中的拉应力作用对热电纤芯进行取向调控，该热电纤维的塞贝克系数可达 125μV/K，室温 ZT 值为 0.76。孙等基于两步热拉法和界面工程制备了直径可控（0.1~5μm）的 Bi_2Te_3 基微纳纤维，该纤芯被调控成具有表面缺陷的定向纳米晶体，显示出增强的导电和降低的导热性能，直径 4μm 的纤维在 300K 时的 ZT 值约为 1.4，可逆弯曲半径为 50μm，接近理论弹性极限。这种制备策略广泛适用于无机热电材料，有利于纤维基微型热电器件的发展。

（2）$SnSe$ 基热电纤维

$SnSe$ 基热电材料具有导热系数较低、组成元素丰富等特点，因此成为无机热电材料研究热点之一。但是其在室温的热电性能较差，一般多应用于高温发电领域。周等报道了提纯试剂和去除锡氧化物的空穴掺杂 $SnSe$ 多晶材料，该材料在 783K 时的 ZT 值约为 3.1，晶格热导约为 0.07W/（m·k），远低于同类材料的热导率。将 $SnSe$ 块体材料纤维化同样可以提高其柔韧性和可加工性。张等通过热拉丝的方法将玻璃包层与 $SnSe$ 纤芯拉制成直径从微米到纳米级的超长多晶纤维，具有优异的力学稳定性。而后通过 CO_2 激光扫描 $SnSe$ 纤芯使其重结晶为可变直径的单晶，该热电纤维的室温塞贝克系数为 500μV/K，在 862K 时，ZT 值可达 1.94。该技术突破了高品质单晶柔性热电纤维制备困难的瓶颈，实现了纤维单晶材料的大规模生长。

（3）碳基热电纤维

与半导体热电材料相比，碳基热电材料由于特殊的原子排列，具有更高的柔性、电导率和更优异的机械强度。目前，最广泛研究的碳基热电材料主要为碳纳米管和石墨烯。作为一维无机纳米纤维，碳纳米管具有独特的热电性能。经过氩等离子体处理的碳纳米管在 673K

时的 ZT 值高达 0.4。崔等制备了一种优异热电性能的碳纳米管纱线，其高度对齐的结构使得纵向载流子迁移率增加，展现出 3147S/cm 的优异电导率，通过掺杂可以实现 P 型向 N 型转换。马等 2016 年首次报道了石墨烯纤维的热电性能，当温度从 100K 增加到 290K 时，石墨烯纤维的 ZT 值最大为 3.7×10^{-6}。通过元素掺杂同样可提高石墨烯的热电性能，例如，在石墨烯纤维中掺杂溴可增强声子散射从而降低导热性，并通过费米能级降低来提高电导率和塞贝克系数。

（4）合金热电纤维

近年来，合金热电纤维也受到了广泛研究。谢等通过熔融纺丝技术和放电等离子体烧结工艺制备出高性能 $Bi_{0.52}Sb_{1.48}Te_3$ 纳米材料，在 300K 时 ZT 值达到 1.56，明显高于传统 Bi_2Te_3 热电材料。付等通过一种简单的熔芯法制备出无机 $Ag_2Te_{0.6}S_{0.4}$ 热电纤维，具有优异的柔韧性和高热电性能。该纤维能够提供 21.2% 的拉伸应变，承受各种复杂形变，在 20K 的温差下，标准化功率密度为 $0.4\mu W/(m \cdot K^2)$，接近 Bi_2Te_3 基无机热电纤维，具有优异的环境稳定性和长期适用性，在柔性可穿戴领域具有潜在的应用前景。

3.3.3 纤维基有机热电材料

有机热电材料是由 C、S、N 等元素组成，具有共轭主链结构的导电高分子。常见的有机热电材料包括聚乙炔（PA）、聚吡咯（PPy）、聚苯胺（PANI）、聚噻吩（PTh）及聚 3,4-乙烯二氧噻吩聚苯乙烯磺酸盐（PEDOT：PSS）等，具有制造成本低、重量轻、柔韧性好、延展性好等优点。其中，聚苯胺和其他聚合物虽然在环境中具有很高的稳定性，但它们的 S 值很低，ZT 值提高仍然存在很大挑战；而 PEDOT：PSS 具有优异的水溶性、柔韧性、热电性及成型性，近年来研究最为广泛。

PEDOT 是一类聚噻吩衍生物，其在高温下难以熔融且为不溶性聚合物，导致难以进行后续的加工处理。为了改善 PEDOT 的溶解性，研究人员引入了具有亲水性基团的聚乙烯磺酸（PSS）以制备 PEDOT：PSS。PEDOT 分子链上的正电荷同 PSS 上的 SO_3^- 发生库仑引力相互吸引而形成 PEDOT 和 PSS 的聚电解质复合物，而 PSS 额外的负电荷则会通过彼此之间的库伦排斥作用使 PEDOT：PSS 稳定地悬浮于水溶液中，其结构和形态如图 3-7（a）所示。PEDOT：PSS 水溶液具有良好的透明度、低密度、低导热、高稳定性、良好的相容性、柔韧性和成本低等优点，目前已经成功商业化。在 PEDOT：PSS 体系中，PSS 既是掺杂剂，也是体系的稳定剂。然而，PSS 组分并不导电，因此它的存在会影响材料的电导率以及其他性能。利用合适的掺杂剂或溶剂（如有机溶剂、表面活性剂、盐、酸、离子液体）对 PEDOT：PSS 进行掺杂、去掺杂或后处理是改善其热电性能的重要手段。经过改性后，PEDOT：PSS 载流子迁移率、载流子浓度、氧化水平或聚合物链排列会发生相应变化，从而提高其电导率和塞贝克系数。

3.3.3.1 有机溶剂

利用有机溶剂对 PEDOT：PSS 进行二次掺杂是提高其电导率较常用的方法，其中，常用的有机溶剂又分为多元醇型和极性有机溶剂两种类型。多元醇有机溶剂主要包括多羟基化合物（如乙二醇、丙三醇、山梨糖醇）和多羟基聚合物（如聚乙二醇）等。保罗拉吉（Paulraj）利用乙二醇（EG）对 PEDOT：PSS 进行掺杂，从掺杂前后 PEDOT：PSS 薄膜表面的原子力显微镜图可知，EG 掺杂使 PEDOT：PSS 发生了相分离，颗粒分散更均匀且颗粒之间接触更紧密，促进了载流子在 PEDOT：PSS 分子链之间的运输，从而提高了 PEDOT：PSS 薄膜的电导率。王明晖等研究了经丙三醇、山梨醇、二甲基亚砜掺杂的 PEDOT：PSS 薄膜的性能，研究表明：掺杂后薄膜表面形貌发生了变化，导电率和透光率都明显增加，这是由于掺杂促进 PEDOT 与 PSS 的相分离，使 PEDOT 主链发生了苯醌构型转变，如图 3-7（b）所示，进而提高了薄膜的光电性能。王通过共混法将不同浓度的聚乙二醇（PEG）加入 PEDOT：PSS 中制备了 PEDOT：PSS/PEG 复合膜，当浓度继续增加至 $4.06×10^{-2}$ mol/L 时，电导率迅速增加并达到最大值为 17.7S/cm。常用的极性有机溶剂包括二甲基亚砜（DMSO）、二甲基甲酰胺（DMF）、四氢呋喃（THF）、三水六氟丙酮（HFA）等。金（Kim）等发现此类掺杂可使 PEDOT：PSS 的电导率提高两个数量级，而电导率提高的程度与极性有机溶剂的介电常数有关，残留的溶剂降低了 PEDOT 阳离子链和 PSS 阴离子之间的库仑力，称为"屏蔽效应"。克鲁兹（Cruz）等利用 DMSO 对 PEDOT：PSS 薄膜进行处理，当 DMSO 质量分数为17%时，电导率从 0.07S/cm 增加至 73S/cm。夏（Xia）等利用 HFA 对两种商业的 PEDOT：

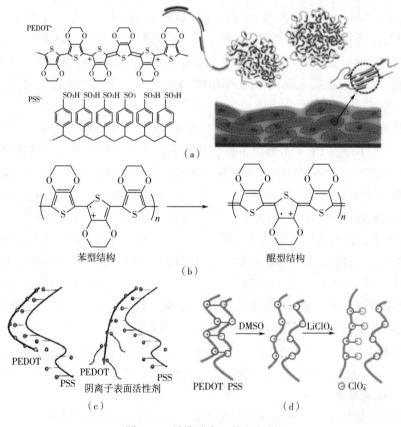

图 3-7　纤维基有机热电材料

PSS 薄膜进行处理，两种薄膜的电导率分别从原来的 0.2S/cm 和 0.35S/cm 提高至 171S/cm 和 1164S/cm，这是因为 HFA 处理会引起 PEDOT 和 PSS 之间的相分离，使过量的 PSS 被剥离，绝缘的 PSS 外壳显著减少，而 PEDOT 链对电荷运输起主导作用，因此促进了电荷转移，提高电导率。

3.3.3.2　表面活性剂

近年来，表面活性剂掺杂对 PEDOT∶PSS 电导率的影响也得到广泛研究。Li 等通过调节非离子表面活性剂聚乙二醇-2,5,8,11-四甲基-6-十二炔-5,8-二醇醚（PEG-TmDD）的掺杂比例，将 PEDOT∶PSS 的电导率提高至 500S/cm 以上。范等报道了将阴离子表面活性剂十二烷基硫酸钠（SDS）添加到 PEDOT∶PSS 的水溶液中，观察到电导率从 0.16S/cm 提高到 80S/cm，这主要归因于表面活性剂阴离子对 PSS 阴离子的取代效果。范等研究了在 PEDOT∶PSS 水溶液中加入甲苯磺酸钠（TsoNa），发现随着 TsoNa 与 PEDOT∶PSS 摩尔比从 1 增加到 1.4 时，PEDOT∶PSS 薄膜的电导率迅速从 0.16S/cm 提升至 25.4S/cm。随着 TsoNa 的进一步增加，电导率的增强作用逐渐减弱。当 TsoNa 与 PEDOT∶PSS 的摩尔比为 2.2 时，该薄膜的电导率最大为 37S/cm，与不掺杂的 PEDOT∶PSS 薄膜相比，电导率提升了 234 倍[图 3-7（c）]。

3.3.3.3　盐

通过添加盐对 PEDOT∶PSS 进行掺杂，也可提升其热电性能。如黄等采用不同对离子的 2,2,6,6-四甲基氧杂哌啶镓盐作为掺杂剂，与 PEDOT∶PSS 之间发生电荷转移反应，进一步提高了 PEDOT∶PSS 的自由载流子浓度。朱等用不同阴离子锂盐预处理 PEDOT∶PSS 溶液，发现利用 $LiClO_4$ 掺杂的 PEDOT∶PSS 薄膜的电导率最高达 522S/cm，为原始薄膜的 2610 倍，这主要归因于盐处理使 PEDOT 导电链从卷曲构象变为线性构象以及绝缘 PSS 的减少。朱等进一步以 DMSO 与高氯酸锂（$LiClO_4$）为掺杂剂对 PEDOT∶PSS 溶液进行二元二次掺杂，发现纯 DMSO 掺杂后薄膜电导率从 0.3S/cm 增加到 437S/cm，继续添加 $LiClO_4$ 后薄膜电导率进一步提高到 950 S/cm，是原始薄膜的 3000 倍，表明两种掺杂剂对电导率的提高发挥了协同效应[图 3-7（d）]。

3.3.3.4　无机酸

无机酸掺杂改性是提高 PEDOT∶PSS 电导率最有效的方法之一，包括盐酸（HCl）、硫酸（H_2SO_4）、硝酸（HNO_3）和硼酸（H_3BO_3）等。赛义德（Said）等利用不同浓度的硝酸对 PEDOT∶PSS 进行掺杂，随着硝酸浓度的增加，电导率呈现逐渐增大的趋势，这是因为硝酸能够引起 PEDOT 链的构象变化，去除多余的 PSS，增加载流子浓度，从而提高 PEDOT∶PSS 的电导率。克鲁兹（Cruz）等将少量稀硫酸掺入 PEDOT∶PSS 水分散液中，发现经稀硫酸掺杂后，薄膜的电导率比纯 PEDOT∶PSS 的电导率提高 1400 倍，这是因为 HSO_4^- 促使 PSS 在薄膜表面聚集，诱导 PEDOT 和 PSS 之间发生相分离，从而提高电荷的运输。亚克（Yagci）等研究了硼酸二次掺杂对 PEDOT∶PSS 导电性能的影响，与未掺杂的 PEDOT∶PSS 薄膜相比，当硼酸浓度增加到 1.75 mg/mL 时，薄膜电阻降低了 5%～20%，而随着硼酸掺杂浓度的进一步增加，电阻率反而增加。

3.3.3.5 离子液体

近年来，利用离子液体提升 PEDOT：PSS 体系的热电性能受到广泛关注。引入离子液体后，离子液体中的阴离子会与体系中的 PSS⁻ 发生交换，当被离子半径更小的阴离子交换后，PEDOT 分子中的 π-π 键堆叠得更加紧密，有利于离子的传输，使热电性能更加优异。研究发现，在酸和碱处理过的 PEDOT：PSS 膜上涂覆一层离子液体，可将塞贝克系数提高至 $70\mu V/K$，功率因子提高到 $750\mu W/(m \cdot K^2)$，热电优值 ZT 达 0.75。这个 ZT 值可与最佳无机热电材料在室温下的 ZT 值相媲美。

综上所述，通过掺杂、去掺杂及后处理可显著提高 PEDOT：PSS 的电导率，从而优化热电性能。此外，还能利用还原剂处理降低 PEDOT：PSS 体系的氧化程度，提高其赛贝克系数。然而，还原剂的还原作用使 PEDOT：PSS 由双极化子向极化子及中性态转变，导致体系的电导率降低。优异的热电性能要求同时具有高导电率和高塞贝克系数，但是两者是相互制约的，因此探索协同提高电导率和塞贝克系数的方法非常重要。欧阳建勇等利用"先酸后碱"的处理方式对 PEDOT：PSS 进行处理，发现酸处理可以提高 PEDOT：PSS 的电导率，碱处理可以去掺杂而提高塞贝克系数，通过酸碱的协同作用，PEDOT：PSS 的功率因子达到 $332\mu W/(m \cdot K^2)$，有效地改善了其热电性能。

相较薄膜状的有机热电材料，纤维基有机热电材料具有更好的柔韧性、轻便性，且结构小，利用大面积集成，在可穿戴设备领域展现出广泛的应用前景。目前，制备 PEDOT：PSS 热电纤维的方法主要包括静电纺丝法、湿法纺丝法、涂层法等。

（1）静电纺丝

静电纺丝又称聚合物射流静电拉伸纺丝，是一种常见的干法纺丝工艺，可生产直径为亚微米级的聚合物纤维。静电纺丝过程如图 3-8（a）所示，首先将聚合物和溶剂加工成高黏度的聚合物溶液，在高压电场作用下，带电聚合物形成高速射流喷出，然后经拉伸、固化形成纤维。目前，利用静电纺丝法制备的 PEDOT：PSS 纤维在柔性热电领域应用的相关研究非常少。由于静电纺丝过程会受纺丝液黏度、电导率、介电常数和表面张力等相关因素影响，通过静电纺丝制备 PEDOT：PSS 热电纳米纤维膜仍然存在许多问题。这主要是因为 PEDOT：PSS 本身黏度太低，无法单独进行静电纺丝，此外 PEDOT：PSS 溶液具有高电导率，从而使电荷聚集在泰勒锥上，增加了纺丝过程中的不稳定性。因此在静电纺丝的过程中，需要引入绝缘的助剂与 PEDOT：PSS 共混，从而提高可纺性，但助剂的加入会导致纤维膜的导电性能大幅度下降。金等通过静电纺丝制备了具有良好自支撑性和柔性的 PVA/PEDOT：PSS/二甲基亚砜（DMSO）纳米纤维膜，再利用电化学聚合法在该纳米纤维膜上沉积 PEDOT 导电层，有效提高了 PEDOT：PSS 基纳米纤维膜的热电性能，在聚合电位为 1.5V、单体浓度为 0.03mol/L 的条件下，复合热电纳米纤维膜的电导率和塞贝克系数分别为 9.582S/cm 和 $26.7\mu V/K$，PF 值可达 $0.68\mu W/(m \cdot K^2)$。

（2）湿法纺丝

湿法纺丝是指将纺丝原液通过管道挤出，然后在凝固浴中析出而形成纤维，是制备 PEDOT：PSS 纤维较常用且有效的方法。温等通过连续湿法纺丝及 H_2SO_4 后处理工艺制备了高

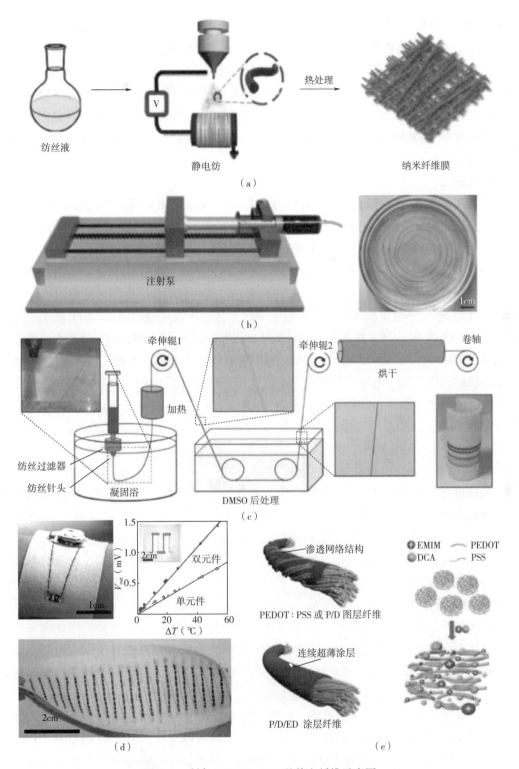

图 3-8　制备 PEDOT：PSS 基热电纤维示意图

性能 PEDOT：PSS 热电纤维［图 3-8（b）］，PEDOT：PSS 热电纤维的电导率高达 4029.5S/cm，塞贝克系数为 19.2μV/K，功率因子达到 147.8μW/（m·K^2）。鲁本（Ruben）等开了一种连续的、可拉伸的湿法纺丝工艺［图 3-8（c）］，牵伸的同时利用 DMSO 对 PEDOT：PSS 纤维进行后处理，一方面诱导了 PEDOT 链之间更强的 π-π 键相互作用；另一方面所施加的牵引力使 PEDOT 链和 PSS 链在纤维轴向取向度更高。通过协同效应提高了纤维的性能，其电导率为 2000S/cm，功率因子为 40~50μW/（m·K^2），杨氏模量约为 15.5 GPa，导热系数为 4~5W/（m·K）。

（3）涂层法

利用涂层法制备 PEDOT：PSS 复合纤维是指在纤维基材表面覆盖或沉积一层 PEDOT：PSS 薄膜，从而构筑导电的复合纤维。纤维基材通常选用亲水性及力学性能好的绝缘材料，如棉、羊毛、聚酯纤维等。由于其制备方法简单且便于后续编织成纺织品，因此大多数可穿戴热电纺织品都是通过涂层法来实现的。瑞安（Ryan）等将 PEDOT：PSS 复合溶液涂覆在蚕丝表面，制备了耐水洗耐磨的导电纤维［图 3-8（d）］。利用此纤维作为热电织物中的 P 模块，用银线将 26 个热电模块串联制备了热电器件。当在该器件两端施加 120℃的温差时，其输出电压为 313μV/K。李等利用涂层法制备复合热电纱线，并在 PEDOT：PSS 水溶液中添加二甲基亚砜 DMSO、乙二醇 EG 和 1-乙基-3-甲基咪唑二氰胺盐（EMIM：DCA），改善了复合热电纱线的力学性能、电导率和塞贝克系数［图 3-8（e）］。随后，利用此复合热电纱线制备了可穿戴的热电腕带，其功率因子为 24.7μW/（m·K^2），在温差为 40.8K 时，输出功率密度为 136.1mW/m^2。

3.3.4　纤维基无机/有机复合热电材料

无机热电材料具有较好的热电性能，但其柔韧性差、热导率高，原料和制作成本也普遍较高。而有机热电材料虽表现出出色的柔韧性，但热电性能始终较低。基于此，设计无机/有机复合纤维成为新的研究热点，复合纤维能够在一定程度上使材料兼具热电性能和柔韧性，在构筑高性能可穿戴热电设备方面展现出巨大潜力。目前，可以通过涂层、纺丝、热牵伸等方法制备无机/有机复合热电纤维。

3.3.4.1　涂层法

多数天然纤维和人造纤维都具有高柔韧性和稳定性，将这些纤维作为柔性基底来制造热电织物是实现高成本效益热电器件的有效方法，近年来研究者们也进行了深入探究。蓝等设计出一种由 PEDOT：PSS 和碳纳米管组成的热电纤维［图 3-9（a）］。该纤维以普通棉织物为原料，通过在 PEDOT：PSS 溶液中简单地浸泡，制备了电导率为 18.8S/cm 的 P 型热电纤维。经聚乙烯亚胺（PEI）掺杂处理后，P 型碳纳米管转变为 N 型碳纳米管纤维，其电导率高达 871S/cm，塞贝克系数为 -58μV/K，具有良好的环境稳定性。用 P 型 PEDOT：PSS 涂层棉织物和 N 型碳纳米管热电纤维串联组装的柔性纤维热电器件，输出功率可达 375μW。秦等通过将甲基纤维素、P 型 $Bi_{0.5}Sb_{1.5}Te_3$ 和 N 型 $Bi_2Te_{2.7}Se_{0.3}$ 的热电材料颗粒与有机溶剂共混得到了一种印刷油墨。这种印刷油墨可涂覆在多种有机纤维上，并且可以在烧结和热压的过程中留下纳米级缺陷，进一步提高材料的导电性能。但是，该方法工艺较为烦琐，制备成本较高。

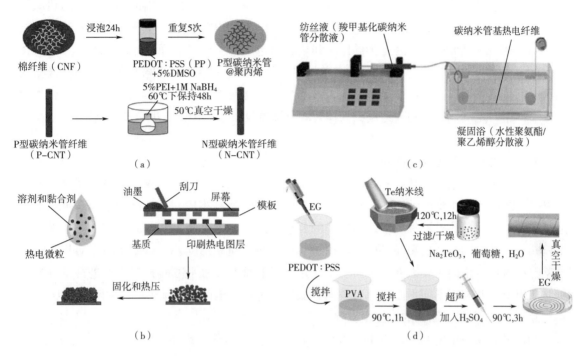

图 3-9　纤维基无机/有机复合热电材料

3.3.4.2　纺丝法

将无机热电材料掺入有机热电材料之中进行纺丝，可在保持柔韧性的基础上提高有机热电材料的性能。徐等将碲基纳米线与 PEDOT∶PSS 复合，通过湿法纺丝工艺制备出具有兼具高柔韧性和热电性能的纤维，与纯 PEDOT∶PSS 纤维相比，该复合纤维的塞贝克系数提高了480%，达到 56μV/K，而电导率仅下降了 17%，热电性能大幅提高。张等将羧甲基化碳纳米管（SWNT）和聚乙烯醇（PVA）、水溶性聚氨酯（WPU）结合，通过改进的湿法纺丝法工艺制备了可拉伸的热电纤维［图 3-9（b）］，即使在约 30% 的拉伸应变下，该热电纤维能够保持稳定塞贝克系数（44μV/K）。杨等通过湿法纺丝法制备出高热电性能和较好机械性能的PEDOT∶PSS/PVA/Te 三元复合纤维，该复合纤维具有良好的断裂伸长率和高的电导率（382.4S/cm）以及良好的力学稳定性，为柔性可穿戴热电转换器件材料提供了可选的材料和方案。丁等通过凝胶纺丝法，利用碳纳米管（SWNT）、聚乙烯醇（PVA）、聚乙烯亚胺（PEI）胶体凝胶交替挤出 P/N 型热电纤维，并成功地编织多功能纺织品，该方法简单、可控，具有工业化生产前景。

3.3.4.3　热牵伸法

通过涂层或者纺丝方法所制备的无机/有机复合热电纤维与无机热电材料相比，热电性能仍然存在较大差距。这是有机材料本身的结构所决定的，因其本身的载流子移动缓慢，也会阻挡无机材料间的载流子迁移。因此，一种将无机材料作为纤芯，有机材料作为包层，将两者复合通过热牵伸制备无机/有机复合纤维的方法进入了研究者的视野。这种方法可以利用无机材料作为热电功能的主导单元，以使得复合纤维在保持柔韧性的基础上拥有更好的热电性能。张等将Cu-As-Te-Se半导体玻璃纤芯和聚醚酰亚胺PEI聚合物包层复合制成纤维预制棒，而后通过热牵伸得到了具有半导体芯和聚合物包层的复合热电纤维［图3-9（c）］。该纤维的室温塞贝克系数高达523μV/K，单根热电纤维能够在150℃的宽温度范围内高效检测热源，在传感领域具有广泛应用。但由于该纤维纤芯材料中含有砷（As），As及其化合物对人体会产生一定的危害，想要运用到人体智能可穿戴设备中，仍需要进一步优化。

3.3.5　纤维基热电器件的设计

为了提高输出电压，纤维基热电器件多由大量P-N热电纤维/纱线单元串联而成。所谓的P-N热电纤维/纱线单元是指周期性串联的P型和N型纤维段，这种结构既能满足纺织织造工艺，又能满足热电器件基本结构配置的要求。此外，为了满足实际应用需求，在设计纤维基热电器件的同时，还需要考虑如何在热电器件两端建立温度差。温度差的方向是影响纤维基热电器件结构的主要因素之一，主要分为利用平面内（水平方向）温度差进行发电的纤维基热电器件及利用不同平面（垂直方向）温度差进行发电的纤维基热电器件两种类型。

3.3.5.1　利用平面内的温度差发电

利用平面内的温度差进行发电的纤维基热电器件是指热电纤维的冷热端在同一平面上。如任等设计了由一个P-N单元组成的Bi_2Te_3纤维基热电器件，并在同一平面上建立温差，当温差为12K时，输出电压为2.6mV，最大输出功率高达10nW。金（Kim）等通过镀银尼龙纱线串联10个单元的P型PEDOT：PSS纤维，构筑了利用平面内温差进行发电的热电器件。在温差为40℃时，电压和功率达到8mV和2.6nW。为了协同提高热电性能和柔性，金（Kim）等制备了具有P型和N型CNT/PEDOT复合热电纤维，将12对P-N型热电纤维单元串联组装成纤维基热电器件，在10℃温差下其输出电压为8mV，输出功率为450nW。温等将5对长度为3cm的P型PEDOT：PSS纤维和N型Ni线连接在柔性胶带上，当热电器件的一端被人的指尖触摸而另一端暴露在空气中时，可以形成3.6K的温差，并产生0.72mV的开路电压。

除了热电纤维，还可以通过将热电织物串联构筑纤维基热电器件。乔治（George）等制备了基于碳纤维（CF）束的热电器件，并将其集成了8层环氧复合材料的TEG层压板，在ΔT温度为75℃时，TEG层压板的输出电压为19.56mV，输出功率为0.87μW。杜等将涂有DMSO/PEDOT：PSS的聚酯纺织品剪成条状，缝在未涂覆的纺织品上，用银线串联，5条串联的热电织物在75.2K下产生的最大输出功率为12.29nW。

3.3.5.2　利用不同平面的温度差发电

利用不同平面的温差发电的纤维基热电器件是指热电纤维的冷热端不在同一平面上。卢等合成了纳米结构的Bi_2Te_3和Sb_2Te_3，将其沉积在丝绸织物两端后形成N型及P型热电模块，将N型P型模块用银箔连接后制备了包含12个重复单元的热电器件，此热电器件可以利用人体与环境的温差进行发电，在 35K 温差下输出功率为 15nW。艾里森（Allison）等将 P 型掺杂的聚（3,4-乙烯二氧噻吩）（PEDOT-Cl）通过蒸气印刷法涂覆在棉织物表面制备热电织物，然后将此热电织物串联后与可穿戴腕带相连构筑热电器件。为了建立不同平面的温差，将热电织物的冷热端分别置于腕带的上下方，并分别与环境和皮肤相接触，利用环境与皮肤温差进行发电。研究发现，将此腕带佩戴在手上时，可产生 24mV 的开路电压。李等通过将 N 型 Bi_2Te_3 及 P 型 Sb_2Te_3 半导体间隔式地涂覆在纳米纤维表面，经过加捻后形成（$Au/Bi_2Te_3/Au/Sb_2Te_3$）$_n$ 热电纱线。然后通过织物结构设计，构筑了能够在垂直方向进行发电的热电器件，研究了织物结构对热电性能的影响。孙等将通过设计针织织物的结构，构筑了能够利用不同平面温差进行发电的热电器件，由于针织织物结构本身的弹性，此热电器件兼具优异的拉伸性能，在 44K 温差下，功率密度为 70mW/m^2。张等将热电纱线与经编间隔织物相结合构筑热电器件，利用间隔织物两个平面间的温度差进行发电，具有良好的柔韧性，耐弯曲、扭曲和压缩等性能。

3.4 纤维基微生物燃料电池

3.4.1 微生物燃料电池概述

我国正在步入工业化阶段，今后社会经济的发展对能源必然有着更多的需求。人类最依赖的能源仍然是煤炭、石油、天然气，它们在燃烧后会产生二氧化硫、二氧化氮、烟尘等大气污染物，随着这些物质排放到大气中的量逐年积累，将会导致酸雨、臭氧层破坏、温室效应等。因此，合理开采利用地球资源，推动环境友好的绿色新能源技术发展，是未来能源发展的主要方向和必然趋势。

利用微生物的生理生化过程制造清洁能源是分担化石能源消耗的重要途径之一。例如，通过特定种类的微生物对大分子有机物进行分解、发酵制备沼气，通过厌氧细菌降解碳水化合物并随后由光合细菌产氢，一些厌氧产氢混合菌种可以对葡萄糖、蔗糖、酿酒废水、淀粉加工废水等进行发酵产氢。上述这些途径都是利用微生物将有机物转化为可燃物（沼气、氢气），而随着电气时代的到来，电能已成为应用最广的能源之一，如办公场所用到的电灯、电脑、空调、电梯，交通运输如高铁、新能源汽车等，因此将其他形式的能源转化为电能是符合当今社会所需的。

微生物燃料电池的研究开始于 20 世纪 80 年代，利用微生物发电的技术在 20 世纪 90 年代出现了较大的突破，这使得微生物燃料电池在环境领域的研究越发深入。微生物燃料电池是一种促进生物电催化过程，并在微生物代谢过程中处理废水并获取电力的换能装置。由于微生物燃料电池兼具处理污水和产生电能两个功能，不仅能够降低工厂污水处理的成本费用，还能在能源成本上降低开支，能在未来工业的绿色发展中起到革新的作用和令人惊喜的效果。此外，微生物燃料电池在科技、国防等高精尖端技术方面也具有很好的应用前景。

纤维材料具有柔软、多孔透气、织造设计性强的特点，且易与导电物质复合成导电织物。导电织物内纤维之间的空隙以及纤维自身可以为微生物提供附着位点，从而使微生物与导电织物融为一体，微生物将有机化合物进行分解的同时，电子转移产生的电流可以通过导电织物传输到外电路负载，完成整个电池的供电过程。另外，由于导电织物继承了织物基材的柔软特性，其形变能力非常强，可适应不同形状的微生物燃料电池器件。纤维基导电材料的开发是微生物燃料电池的一个新的研究方向。

3.4.2 微生物燃料电池的产电原理与结构

微生物燃料电池是利用微生物将废弃物中的有机物作为燃料转化为电能的新型能源装置，微生物在代谢有机物的过程中，一方面获得维持自身生存的能量，另一方面产生电子使器件为负载供电。微生物燃料电池的原料来源广泛，清洁高效，运行条件温和，生物相容性好，集生物、电化学、催化等多学科技术于一身，是很有希望在未来将废物变能源的绿色前沿技术，也为未来社会的废物处理及能源供给提供了新途径。微生物燃料电池装置的结构组成有阴阳极室、阴阳极与催化剂、阴阳极电解液、隔膜、微生物和底物。随着研究的深入，微生物燃料电池的装置结构会在形式上有一些改进，但每一个组成都对器件的性能有着绝对的影响。为了更好地理解每一种结构的优势，先对微生物燃料电池的产电原理进行叙述。

3.4.2.1 微生物燃料电池的产电原理

在阳极表面微生物的作用下，溶液或污泥中的有机物如葡萄糖、多糖、醋酸等被代谢为二氧化碳、质子、电子。其中质子通过溶液相向阴极扩散迁移，在阴极表面的质子与氧化剂以及电子发生电化学反应生成 H_2O；而在阳极室产生的电子通过微生物的细胞膜或特定介体传输到阳极，在有外接负载以及形成通路的情况下，受阴阳极电势差的驱动，阳极上的电子通过外电路传输到阴极，形成电流。

（1）直接与间接型微生物燃料电池

上述产电过程中，在阳极室产生的电子是由微生物体内的生理生化过程代谢有机物产生，经呼吸链在 NADH 脱氢酶、泛醌传递体等之间传递，最后通过微生物细胞膜表面的电化学活性组分即氧化还原酶或氢化酶传递到阳极，也通过细胞表面的菌毛、鞭毛将电子传递到阳极，即电子是由阳极上附着的微生物产生并直接传递到阳极，这一类称为直接微生物燃料电池，需微生物细胞与阳极形成体接触，无须外加介体。

然而，微生物细胞膜中的肽键或类聚糖等是不导电的物质，它们会阻碍电子传递，因此需要氧化还原介体提高电子传递的效率，这类需要氧化还原介体的称为间接微生物燃料电池。这种氧化还原介体在氧化态时易穿过细胞膜与细胞内部的电子供体（还原组分）反应，介体还原态也易穿过细胞膜到达阳极表面；介体氧化态化学稳定、可溶、不干扰其他代谢过程，在细胞和电极表面不发生吸附并且在电极上发生非常快的可逆氧化还原反应。典型的电子传递介体有硫堇类、吩嗪类、有机染料、Fe（Ⅲ）EDTA 等，这些电子传递介体的传递效果与其氧化还原反应速率常数有关。适当混用两种氧化还原反应速率常数差异较大的介体，可比使用单独介体达到更好的效果，如将硫堇和 Fe（Ⅲ）EDTA 混用。但是大多数的氧化还原介体有毒且易分解，合适的氧化还原介体仍需探索。

（2）阴阳两极反应

阳极反应：燃料（还原态）→燃料（氧化态）+ e^-

阴极反应：$O_2 + 4H^+ + 4e^- \rightarrow 2H_2O$

在阳极上接种的微生物可以是单一菌种，也可以是混合菌种，它们在阳极上主要进行的是厌氧反应。如上所述，有些微生物可通过细胞膜表面的蛋白质（酶）直接将自身代谢产生的电子传递到阳极，有些微生物需要通过人为加入或自身代谢产生电子传递介体将有机物氧化过程产生的电子传递到阳极。该步骤是微生物燃料电池产电的控制步骤之一，决定了器件的产电性能。电子从微生物传递到阳极的机制有两种：生物膜机制（直接接触传递、纳米导线辅助远距离传递）和电子穿梭机制（电子穿梭传递、初级代谢产物原位氧化传递），两种机制可同时发生、协同促进产电。

在阴极上可进行厌氧反应，也可进行好氧反应。其中厌氧反应有微生物参与，过程比较复杂；好氧反应则较简单，被广泛研究。在好氧反应中，O_2 是最典型的电子受体。阳极微生物代谢有机物产生的 H^+ 和电子分别通过扩散迁移和外电路来到阴极，与 O_2 结合生成 H_2O。然而，O_2 与阴极的亲和性很低，这会影响电量输出。在阴极表面镀铂作为催化剂可以提高 O_2 与阴极之间的亲和力，降低阴极反应活化电压，加快反应，扩大输出电量。研究发现，采用表面镀铂石墨电极的微生物燃料电池输出电能是未镀铂电极的 5 倍左右；采用 PbO_2 为催化剂的钛片作阴极既能降低成本（成本是采用铂催化剂的一半），产出电能还提高了 117 倍。然而阴极反应会不断消耗 H^+，使阴极室的 pH 不断增加，这会导致铂的活性降低。另外，铂的昂贵价格也是限制 O_2 电子受体类微生物燃料电池应用开发的原因。铁氰化物是一种被广泛使用的电子受体，在没有铂作催化剂的条件下也具有较好的电子转移效率，且性能优于 O_2，但是铁氰化物不可重复利用，需不断补充。

在有微生物参与的阴极厌氧条件下，硝酸盐、铁、锰等可利用微生物的生理过程替换 O_2 作为电子受体，它们有较好的代谢活性和电化学活性，应用前景较为广阔。例如，Mn^{4+} 作为电子介体时，首先从阴极上得到电子被还原，随后在锰氧化细菌作用下，释放电子给 O_2，自身重新被氧化；硝酸盐可作为电子受体通过微生物被还原成 N_2。

3.4.2.2 微生物燃料电池的结构

如前所述，一个典型的双室微生物燃料电池装置具有阴阳极室、阴阳极与催化剂、阴阳极电解液、隔膜、微生物和底物，这是从功能的角度出发对微生物燃料电池的各个部分进行的分类。当着眼于实际应用时，设计的角度也需要被考虑。因为好的设计意味着器件应在功率、能量、库伦效率、循环稳定性、原料、制造工艺、放置空间等的经济性方面都能令人满意。为了提高微生物燃料电池的产电性能，国内外学者又设计了双室、单室、"三合一"、上流式、平板式、双筒式结构及电池组的微生物燃料电池。

（1）双室结构

双室是当前微生物燃料电池研究中使用最广泛的一种结构，它是由两个带有单臂的玻璃瓶以"手掌对手掌"的形式结合（即两个单臂相连接），中间夹着阳离子交换膜，组成的器件外形像字母 H，因而也被称为 H 型微生物燃料电池。双室结构的微生物燃料电池容易组装，极室不拘泥于形状，圆柱形、矩形等都可以，甚至通过塑料水瓶就能搭建出简易的装置。

两个瓶分别为阳极室和阴极室，由于中间的隔膜（即阳离子交换膜）将两个极室分隔开，阴阳极的反应独立进行，仅阳极产生的质子会通过隔膜扩散到阴极室；由于隔膜会阻碍质子的扩散，从而导致整个器件的内阻增大，在阴阳极面积保持不变的情况下，增大隔膜的面积，即增大了质子通量，装置的输出功率得到提高；由于隔膜以及扩散速率的影响，质子向阴极扩散的速度跟不上阴极消耗质子的速度，导致阴阳极 pH 偏差越来越大，降低阴阳极性能以及器件的输出功率。

双室结构的微生物燃料电池密闭性较好，因而环境中的杂菌不会进入反应体系内，这使其能够进行产电菌的分离；另外，也能通过固定阳极来研究阴极室，例如验证铁盐［$K_3Fe(CN)_6$］、锰盐（$KMnO_4$）、铬盐（$K_2Cr_2O_7$）等氧化剂是否可作为阴极电子受体。需要说明的是这些氧化剂在装置里无法自发重复可逆变化价态，因此需不断补充。如若以电解液中的溶解氧作为电子受体，则需要不断向电解液中充气补充氧含量，而充气过程需要额外能耗。

（2）单室结构

单室相比双室具有更简单的结构，与双室结构的明显不同之处是该器件阴阳极在同一个密闭容器中，质子交换膜与阴极压在一起，阴极一面与质子交换膜接触，一面与外界 O_2 接触，因此空气中的 O_2 直接作为电子受体，来源广泛，无须人为补充。在单室微生物燃料电池中，阴阳极相距较近，因此质子传递较快，加快阴极反应速率，提高器件的功率，甚至可以通过去除质子交换膜来进一步提高器件的性能。但是，由于阴阳极距离太小，阴极侧的 O_2 很容易透过阴极和质子交换膜，进入电解液中，当电解液中的 O_2 传递到阳极表面时，会影响产电微生物的厌氧反应，降低器件的库伦效率。由于单室微生物燃料电池结构简单、占用空间小、无须额外充气而具有独特优势。

（3）"三合一"结构

"三合一"结构是指阳极、质子交换膜、阴极结合成一个整体组成的微生物燃料电池，是内阻较小的一种结构，可提高器件的输出功率。

（4）上流式结构

上流式结构更适合与污水处理过程联用，在阴阳极之间可用隔膜，也可不用。无隔膜情况下，污水可从底部经阳极厌氧反应后到达顶部阴极；有隔膜情况下，两个极室可进行独立升流循环。上流式结构可采用连续升流方式运行，可以实现废水的不间断处理，因此可同步进行有机废水处理与连续发电。

（5）平板式结构

平板式结构是对双室结构的改进，它的阴阳极和质子交换膜压在一起，减少了内阻，通过在阴阳极两侧设置流场（流动通道）可使含有反应物的电解液不断流动，提高传质效果。通过对流场板上的图案进行设计，可得到不同的流场，常见的流场有平行流场、蛇形流场和交指流场。

（6）双筒式结构

双筒式结构通常是以内筒为阳极、外筒为阴极，阴阳极间用质子交换膜围成的圆柱体隔开，同时该隔膜将阳极紧紧包住。为了保持圆柱筒状，需在内筒的内部以及隔膜与外筒之间区域填充填料。为了维持阳极的厌氧环境，整个双筒器件是密封状态。通过循环泵使污水在阳极室内循环流动，但由于阳极室较小，循环流量、进水周期都可通过控制以达到更好的器件性能。对于阴极室则是通过对电解液不断充气，再用循环泵进行电子受体的补充。

（7）电池组

由于目前单个微生物燃料电池器件的产电量还较小，因此可将多个微生物燃料电池进行串并联组装。串联和并联两种方式的最大功率密度相差不大，但是串联能够获得更高的开路电压，而并联能够使器件具有更小的内阻。由于电池组里多个阳极室的微生物系统波动难以保持一致，会导致整个电池组的产电不稳定，可通过在电路中添加二极管来控制反向电流。

3.4.2.3　微生物燃料电池的组成材料

（1）阳极和阳极室

电极是电池最重要的组成部分之一，其中阳极是外电路中电流流向的终点（电子出发的起点）。对于微生物燃料电池而言，从阳极出发的电子源于微生物的一系列生化反应，因此阳极的比表面积越大，在其上附着的产电微生物越多，产生的电子就越多，整个器件的功率才有可能更高（如前所述，微生物燃料电池的功率与质子扩散速率、电子受体含量等有关）。但是有效表面积大的材料并不一定就会附着更多的微生物，这涉及微生物对表面积的利用率。当阳极材料孔径较大、有效孔体积较大时，微生物能够在电极材料内部孔隙中附着，且溶液在多孔电极内的传质阻力较小，这时器件的产电性能大幅提高。另外，阳极材料的表面粗糙度也会对器件性能产生影响，表面粗糙相当于具有更大的表面积，更有利于微生物附着。实验表明，在粗糙面的石墨电极上，微生物富集速度更快，且其上的生物量比光面石墨电极上的多，说明粗糙表面更适合微生物附着生长。

在微生物燃料电池启动初期，有一个接种期，即微生物在阳极材料上经历生长繁殖、开始产电、稳定产电的阶段。产电微生物正常生活环境的电压在 $-0.4 \sim -0.3V$ 范围内，因此阳极电位低时生物附着量较高，当阳极电位变高后，微生物附着速度反而变慢。微生物在阳极上富集生长时，会造成电池开路电压的波动，只有当微生物产电稳定时，开路电压才稳定。在阳极上附着的微生物量越多，整个阳极的内阻越小。开路电压和内阻决定了器件的最大输出功率，开路电压越大，内阻越小，最大输出功率越大。

阳极主要是碳材料，如石墨、碳纸、碳布、碳刷、碳纳米管、碳纤维等。石墨烯涂层具有许多优点，包括阻隔性能、高导电性，以及低剖面厚度，这种涂层可以减少电荷的转移电阻，改善电子转移速率，并提高燃料电池的性能。段等在还原氧化石墨烯上引入 Ag 纳米颗粒，能提高微生物燃料电池的性能。后来研究发现，有机导电聚合物也能用于微生物燃料电池。例如，聚苯胺，它具有可逆的氧化还原特性，聚苯胺与铂复合得到的电极比纯铂电极的电流密度峰值要高，反映了聚苯胺对于阳极产电的有益效果；聚吡咯也是一种导电高分子，聚吡咯涂层中含有大量微孔，能为微生物以及电解液提供更大的有效表面积，并且其分子链上有带正电的官能团，对带负电的微生物具有较好的亲和力。另外，采用电子介体——中性红、萘醌、蒽醌等促进电子传递的物质对阳极表面进行修饰能提升电子传递速率，从而提高器件的产电性能。在阳极上加入聚阴离子、Mn 或 Fe 元素作为电子传递中间体也能提高电池的性能。

从具体形式上来看，阳极主要分为平板式和填料型两种。平板式阳极如碳纸和碳布，虽然增大其面积能使微生物附着量增加，但是阳极室的体积也被动增加。将石墨颗粒作为填料，可以有更大的表面积供微生物附着，增大产电密度。

由阳极或阳极室导致的电压损失主要归因于活化损失和传质损失。阳极的材质和形式均会影响微生物的种类和微生物量，从而对活化损失造成影响；阳极室中的搅拌速率或液体流动方式会对反应物和产物的传质过程产生影响，从而影响传质损失。

（2）阴极和阴极室

微生物燃料电池的阴极是发生还原半反应的场所，常用的阴极材料为碳材料（碳纳米管、碳纤维、碳球、多孔碳等），在催化剂的作用下，电子、质子以及电子受体在阴极上发生反应，故阴极和阴极室的电压损失（活化损失、传质损失）与催化剂、质子传递、电子受体有关。

催化剂可以降低阴极反应的活化能，使反应加速进行，减少电化学活化电阻，因此选用合适的催化剂可以减少活化电阻带来的电压损失。催化剂有铂、四甲基苯卟啉钴、酞菁亚铁等。为了避免铂这种贵金属因高成本而限制了微生物燃料电池的发展，研究人员对阴极材料进行了一些改进和替换。不锈钢耐腐蚀、不易生锈、力学强度好、成本低廉，它作为阴极对 O_2 的还原具有较好的催化效果；金属卟啉、卟啉钴等非铂催化剂在磷酸盐缓冲液中甚至表现出高于铂阴极的功率密度。后来也有研究人员利用 Ag 和 Fe_3C、$NiCo$ 合金、$CoFe$ 双氢氧化物进行催化提高器件的性能。某些微生物在阴极表面生成的生物膜也能催化还原半反应，这种被具有催化效果的微生物修饰的阴极称为生物阴极。生物阴极有好氧生物阴极和厌氧生物阴极，前者是微生物利用 O_2 催化氧化 Mn^{2+}、Fe^{2+} 等过渡金属，后者是以硝酸盐、硫酸盐、铁盐、尿素、二氧化碳等作为电子受体。生物阴极可以减少甚至省去铂催化剂，这使得成本大幅下降，便于微生物燃料电池实际应用的推广。质子在器件内的传递速度快慢决定了阴极上发生还原半反应的快慢，传质阻力的降低可使电池的内阻下降。

根据电子受体存在的体相将阴极分为液相阴极和空气阴极，如采用电解液中的溶解氧作为电子受体，则该阴极称为液相阴极；若是采用空气中的 O_2 作为电子受体，则称为空气阴极。由于 O_2 的传质效果好，器件的产电密度较高，但是也因为 O_2 传质过程容易，它会扩散到阳极室，破坏微生物厌氧产电所需的条件。高价态金属化合物（如 Fe^{3+}、MnO_4^-）溶液作为阴极室电解液可以提高阴极电压，使电池的电压增大，同时还能提高电子受体的传质效率，减少传质阻力带来的电压损失。

（3）隔膜材料

在最初的微生物燃料电池中，作为分隔材料的有质子交换膜、盐桥、玻璃珠、玻璃纤维等，但是后三者会大幅增加器件的内阻，后来逐渐被淘汰。质子交换膜具有选择透过性，能够保证阳极上产生的质子在浓度差条件下向阴极扩散，并且防止阴极室的 O_2、铁氰酸甲等电子受体向阳极扩散渗透，使阳极微生物一直在厌氧环境中产电。虽然质子能够通过质子交换膜，但是隔膜的引入仍然会降低离子迁移率，从而降低溶液的电导率，使器件的内阻增加，产电量减少。通过缩短阴阳极间的间距或者改变隔膜的离子传导性能够使器件的性能提高。常见的质子交换膜有全氟磺酸质子交换膜［美国杜邦公司的雷弗恩（Nafion）系列膜，美国陶氏化学公司的 XUS-B204 膜，日本的弗雷米恩（Flemion）膜等］、非全氟化质子交换膜［加拿大巴拉德（Ballard）公司的巴母 3 代 BAM3G 膜］、无氟化质子交换膜（磺化萘型聚酰亚胺膜）、高温膜、复合膜、碱性膜、全陶瓷质子交换膜、新型化学合成质子交换膜（聚苯并咪唑、聚芳醚砜类、聚芳醚酮类、聚乙烯醇类、聚偏氟乙烯、聚酰亚胺等）。目前较常用的还是雷弗恩这类全氟磺酸膜，但是它对温度要求高（70~90℃），制作困难（全氟物质的合成以及磺化都很困难，成膜过程中的水解和磺化易使聚合物降解、变性），成本高。

若是没有隔膜，则阴阳极室的阳离子、阴离子会在电场的驱使下分别向阳极和阴极迁移。通过引入隔膜［质子交换膜（PEM）、阳离子交换膜（CEM）、阴离子交换膜（AEM）］可以使阳离子被选择性地迁移。例如，功能膜雷弗恩-117，虽具有优异的质子传导性，但是阴极室的 O_2 会扩散到阳极室，使基质（微生物消耗的有机物）损失，库伦效率下降，厌氧微生物的生长受到限制；同时由于膜通量一定，同为阳离子的其他离子与质子形成竞争，导致阴极上发生还原半反应所需的质子数量受限，降低产电效果。另外，也有双极膜，即同时有 CEM 和 AEM，两个膜之间的水裂解产生质子和 OH^-，其中质子迁移到阴极而 OH^- 迁移到阳极，然而双膜间的水裂解产生的质子和 OH^- 量不足，无法补偿阴极所消耗的质子，阴极室的pH 也因此升高。另外，还有微滤和纳滤膜，它们在表面接枝修饰后可用于单室气相阴极微生物燃料电池。

（4）底物

在微生物燃料电池中，底物被附着在阳极上的微生物氧化产生电子，它可以是纯化合物，也可以是废水中的混合物，底物的种类对生物膜菌落及产电效率都有影响。

常见的底物有醋酸盐、葡萄糖、木质纤维素类生物质、人工废水、啤酒厂废水、太阳能、无机物等。其中醋酸盐作为底物能够产生比丙酸盐、丁酸盐、葡萄糖、蛋白质等底物更高的电量，因此被广泛用作电活性微生物的碳源。醋酸盐是很多高等碳源（如葡萄糖、蛋白质等）的终产物，当阳极上有多种微生物菌群时，这些微生物可以将不同的有机物转化为简单的醋酸盐。葡萄糖是一种可发酵的物质，在阳极室内会因微生物之间的竞争而被消耗掉，例如发酵或生成甲烷，从而造成库伦效率降低。木质纤维素类生物质用于微生物燃料电池时，需要先通过水解转为单糖，才能被用作底物；以纤维素作为底物时，菌群需具备分解纤维素的能力同时还具有产电能力。人工废水中含有葡萄糖或蛋白质，啤酒厂废水是粮食的代谢产物，都能用作底物；有些微生物（如球形红假单胞菌）可依靠光和氮源产电；另外，一些无机物（如硫化物）氧化也能产生电流。

（5）产电微生物

将有机物氧化过程中产生的电子通过传递链传递到阳极上从而产生电流，同时自身在电子传递过程中获得能量生长的微生物称为产电微生物（或称为电活性微生物、电极呼吸微生物）。产电微生物多为兼性厌氧菌，可进行无氧呼吸和发酵等代谢方式。产电微生物种类有细菌类、真菌类、光合微生物类以及微生物群落。

产电微生物的电子传递分两个步骤，即微生物产生电子和向阳极传递。

①微生物产生电子。一些产电微生物其膜上的脱氢酶可直接氧化有机酸小分子，释放电子直接给细胞膜上的电子载体；另一些产电微生物将糖类等复杂物质摄入体内氧化生成NADH，在NADH脱氢酶作用下电子转移至电子传递链，到达细胞表面的氧化还原蛋白。

②向阳极传递。有两种机制，一种是电子穿梭机制，另一种是生物膜机制。前者是微生物利用人为添加的或者它们自身分泌的电子穿梭体将代谢产生的电子转移至阳极表面。部分微生物可自己产生电子穿梭体如绿脓菌素、质体蓝素、2,6-二叔丁基苯醌等，但是多数微生物由于细胞壁的阻碍，需要借助人为添加的可溶性电子穿梭体如中性红、蒽醌-2,6-二磺酸钠（AQDS）、硫堇、铁氰化钾等将电子传递到阳极。后者是产电微生物在阳极表面生长聚集成的生物膜通过纳米导线、细胞表面的直接接触、细胞内的氧化还原蛋白定量将代谢电子传递到阳极，无须电子穿梭体（表3-1）。

表3-1　一些产电微生物的电子供体以及电子传递方式

产电微生物	代谢类型与电子供体	电子传递方式
希万氏菌（Shewanella oneidensis DSP10）	好氧条件：乳酸、丙酮酸及其盐，厌氧条件：乳酸、甲酸、丙酮酸、氨基酸、氢气、葡萄糖、果糖、抗坏血酸	电子穿梭、直接接触、纳米导线、细胞表面电化学活性物质
铁还原红育菌（Rhodoferax ferrireducens）	兼性厌氧：葡萄糖、果糖、蔗糖、木糖	阳极上的单层膜将产生的电子直接传递给阳极
硫还原地杆菌（Geobacter sulfurreducens）	严格厌氧：乙酸盐	阳极上的单层膜将产生的电子直接传递给阳极、纳米导线
金属还原地杆菌（Geobacter metallireducens）	严格厌氧：芳香族化合物	—
布氏弓形菌（Arcobacter butzleri strain ED-1）、弓形菌（Arcobacter-L）	乙酸盐	—
丁酸梭菌（Clostridium butyricum）	严格厌氧：淀粉、纤维二糖、蔗糖等	—
拜氏梭菌（Clostridium beijerinckii）	淀粉、糖蜜、葡萄糖、乳酸	—
产气肠杆菌（Enterobacter aerogenes）	兼性厌氧：多种底物	菌体附着在阳极的生物膜产生氢气后被阳极催化氧化，电子传递至外电路
耐寒细菌（Geopsychrobacter electrodiphilus）	乙酸、苹果酸、延胡索酸、柠檬酸	—

产电微生物	代谢类型与电子供体	电子传递方式
异常汉逊酵母真菌（*Hansenula anomala*）	葡萄糖	外膜上的电化学活性酶将电子直接传递到阳极表面
沼泽红假单胞菌（*Rhodopseudomonas palustris* DX-1）	光合产电：醋酸、乳酸、乙醇、戊酸、酵母提取物、延胡索酸、甘油、丁酸、丙酸等	—

3.4.3　微生物燃料电池的重要参数与计算

3.4.3.1　电压、电流、电流密度

（1）电压

电压也称为电压差或电位差，是衡量单位电荷在静电场中由于电压不同所产生的能量差的物理量，单位是 V。

（2）电流

电源的电动势形成电压，继而产生了电场力，在电场力作用下，处于电场内的电荷发生定向移动，形成了电流。电流的大小称为电流强度（简称电流），是指单位时间内通过导线某一截面的电荷量，每秒通过 1 库仑的电流称为 1 安培（A）。

（3）电流密度

单位面积或体积上通过的电流即为电流密度，电流密度和电极的电化学反应速率有关。体积电流密度的计算公式如下：

$$j_{\mathrm{V}} = \frac{I}{V} = \frac{U_{\mathrm{cell}}}{R_{\mathrm{ex}} V} \tag{3-15}$$

式中：j_{V} 为体积电流密度（$\mathrm{A/m^3}$）；U_{cell} 为电池对外供电电压（V）；V 为电极体积（$\mathrm{m^3}$）；R_{ex} 为外电阻（Ω）。

3.4.3.2　过电位

过电位是使电荷迁移顺利进行所需要的多出的能量，由于电极的极化作用产生过电位，造成电压损失，因此电池的开路电压实际上小于热力学平衡电位。在微生物燃料电池中，电子从底物到微生物再到阳极，然后通过外电路导线传递到阴极，整个过程中受到了各种阻碍（电阻），因而产生了各种电位损失，包括阳极底物扩散过电位、微生物代谢过电位、电子转移过电位、欧姆过电位、阴极扩散过电位、阴极反应过电位。为了使问题简化，将这些过电位分为活化过电位、欧姆过电位、浓差极化过电位。器件实际电位应该等于平衡电极电位和所有过电位的差值，即：

$$V_{\mathrm{OC}} = E_{\mathrm{cell}} + \eta_{\mathrm{a}} + \eta_{\Omega} + \eta_{\mathrm{d}} \tag{3-16}$$

式中：V_{OC} 为电池实际电位、稳定正负电极电位差、开路电压（V）；E_{cell} 为电池理论热力学平衡电位、电池电动势（V）；η_{a} 为活化过电位（V）；η_{Ω} 为欧姆过电位（V）；η_{d} 为浓差极化过电位（V）。

活化过电位 η_a 也叫电荷转移电位，和电极反应活化能有关。活化过电位和电流密度之间的关系可以用经典电化学理论中的布尔特—沃尔德（Butler-Volmer）方程进行描述，方程如下：

$$j = j_0 \left\{ \exp\left(\frac{\alpha b F \eta_a}{RT}\right) - \exp\left[\frac{-(1-\alpha) b F \eta_a}{RT}\right] \right\} \tag{3-17}$$

式中：j 为电流密度（A/m²）；j_0 为交换电流密度（A/m²）；α 为电荷转移系数，无量纲，在 0~1 之间取值；b 为氧化 1mol 有机物转移的电子数（mol e⁻）；F 为法拉第（Faraday）常数（96485C/mol）；R 为理想气体常数，[8.3145J/(mol·K)]；T 为绝对温度（293.15K）。

欧姆过电位 η_Ω 和电路中电流呈现线性关系，主要和电池欧姆电阻（电极、电解液、隔膜的电阻及各零部件的接触电阻）有关，可以用物理学中的欧姆定律进行描述：

$$\eta_\Omega = I R_{int} \tag{3-18}$$

式中：I 为电流（A），数值上等于电流密度 j 和电极面积 A 的乘积；R_{int} 为电池内阻（Ω）。

浓度极化过电位是在电流密度较大时，底物扩散速率成为反应的限制因素时对电流的流动造成的阻力和电位损失。由经典的菲克（Fick）第一扩散定律和法拉第定律可以推导出扩散过电位和扩散限制底物之间的关系：

$$\eta_b = \frac{RT}{bF} \ln \frac{S_E}{S_B} \tag{3-19}$$

式中：S_E 为电极表面的反应物浓度（mg/L）；S_B 为液相主体中的反应物浓度（mg/L）。

3.4.3.3 吉布斯自由能与热力学平衡电压

根据热力学第二定律，只有当阴阳极总反应的吉布斯自由能为负或者总氧化还原反应电位差为正时电池才能向电流输出的方向进行。下面以热力学第二定律和能斯特（Nernst）方程为基础，对微生物燃料电池中的可逆反应的热力学可行性进行简单分析。对于一个特定的可逆方程：

$$a\text{A} + b\text{B} \rightleftharpoons c\text{C} + d\text{D}$$

其反应的吉布斯自由能可以用 Nernst 方程表示：

$$\Delta G = \Delta G^0 + RT \ln \frac{[\text{C}]^c [\text{D}]^d}{[\text{A}]^a [\text{B}]^b} \tag{3-20}$$

式中：ΔG 为特定条件下反应的吉布斯自由能（J）；ΔG^0 为标准条件下的吉布斯自由能，温度为 293.15K，压力为 1.103×10^5Pa，反应物的浓度为 1mol/L；R 为理想气体常数 [8.3145J/(mol·K)]；T 为反应绝对温度（K）；a，b 为反应物计量系数，A 和 B 为反应物；c，d 为生成物计量系数，C 和 D 为生成物。

理论上，电池能够产生的最大能量输出可以写成：

$$\Delta G = W_T = Q E_{cell} = b F E_{cell} \tag{3-21}$$

式中：W_T 为理论做功（J）；Q 为电量（C）；E_{cell} 为阳极和阴极的电位差（V）；b 为单位物质的量的物质反应转移的电子数；F 为法拉第常数（96485C/mol）。

根据式（3-20）、式（3-21）可得到电池在一般条件下的热力学平衡电位方程：

$$E_{cell} = E_{cell}^0 - \frac{RT}{nF} \ln \frac{[C]^c [D]^d}{[A]^a [B]^b} \tag{3-22}$$

如果阳极使用葡萄糖作为底物，经过完全氧化后生成 CO_2，则阳极半反应为：

$$C_6H_{12}O_6 + 6H_2O \xrightarrow{\text{微生物}} 6CO_2 + 24H^+ + 24e^- \tag{3-23}$$

根据式（3-22），该反应的能斯特方程为：

$$E_{阳极} = E_{阳极}^0 - \frac{RT}{24F} \ln \frac{[C_6H_{12}O_6]}{P_{CO_2}^6 [H^+]^{24}} \tag{3-24}$$

其中 $E_{阳极}^0 = 0.014V$（对标准氢电极 SHE）。假设葡萄糖浓度为 $1 \times 10^{-3} mol/L$，生成的 CO_2 及时排出，溶液 pH = 7.0，反应温度为 298.15K（25℃），将数据代入式（3-24），可得到阳极工作电位为 $E_{阳极} = -0.406V$。如果阴极使用氧气作为电子受体，还原产物为水，则阴极半反应方程为：

$$O_2 + 4H^+ + 4e^- \xrightarrow{\text{催化剂}} 2H_2O \tag{3-25}$$

根据式（3-22），该反应的能斯特方程为：

$$E_{阴极}^{O_2} = E_{阴极}^{0,O_2} - \frac{RT}{4F} \ln \frac{1}{P_{O_2} [H^+]^4} \tag{3-26}$$

其中 $E_{阴极}^{0,O_2} = 1.23$ V，假设氧气的分压为 $P_{O_2} = 1.0atm$，其他条件同阳极，将数据代入式（3-26）并整理，得到阴极工作电位为 0.816V。因此，对于氧气阴极，电池的理论工作电压应为：

$$E_{cell} = E_{阴极}^{O_2} - E_{阳极} = [0.816 - (-0.406)]V = 1.222V \tag{3-27}$$

假设阳极不变，阴极使用铁氰化钾 $K_3[Fe(CN)_6]$ 作为电子受体，得到的还原产物为 $K_4[Fe(CN)_6]$，那么阴极半反应方程为：

$$Fe(CN)_6^{3-} + e^- \rightarrow Fe(CN)_6^{4-} \tag{3-28}$$

根据式（3-22），该反应的能斯特方程为：

$$E_{阴极}^{Fe^{3+}} = E_{阴极}^{0,Fe^{3+}} - \frac{RT}{F} \ln \frac{[Fe(CN)_6^{4-}]}{[Fe(CN)_6^{3-}]} \tag{3-29}$$

其中，$E_{阴极}^{0,Fe^{3+}} = 0.771V$。假设 $[Fe(CN)_6^{3-}] = [Fe(CN)_6^{4-}]$，可得到阴极的工作电位为 $E_{阴极}^{Fe^{3+}} = 0.771V$。因此，对于铁氰化钾阴极，电池的理论工作电压应为：

$$E_{cell} = E_{阴极}^{Fe^{3+}} - E_{阳极} = [0.771 - (-0.406)]V = 1.177V \tag{3-30}$$

由此可见，以葡萄糖为底物，氧气或铁氰化钾作为电子受体时，电池的理论热力学平衡电压（开路电压）分别达到 1.222V 和 1.177V，是正值，因此该氧化还原反应在热力学上是可进行的。

3.4.3.4　库仑效率

对于微生物燃料电池，库仑效率是不可忽视的一个参数，用它来衡量阳极产电微生物从燃料中回收电子的效率，定义为底物氧化转化的实际电量和理论计算电量的比值，即底物转化的电量占理论电量的百分比，计算公式如下：

$$CE = \frac{Q_{EX}}{Q_{TH}} \times 100\% \tag{3-31}$$

式中：Q_{EX} 为底物转化的实际电量（C）；Q_{TH} 为理论电量（C）。

对于间歇运行的器件，将外电路电流在单周期反应时间 $0 \sim t$ 上进行积分，就可得到实际电量，即：

$$Q_{EX} = \int_0^t I \mathrm{d}t = \sum_{i=0}^t I_i \Delta t_i \tag{3-32}$$

式中：I 为电流（A）；t 为工作时间（s）；Δt_i 为离散后的电流采样时间间隔（s）；I_i 为在时间间隔 Δt_i 内的平均电流值（A）。

在有机废水处理中，有机物浓度则是通过化学需氧量（COD）进行计算。根据法拉第定律，有：

$$Q_{TH} = \frac{(COD_{in} - COD_{out}) V_A}{M_{O_2}} bF \tag{3-33}$$

式中：COD_{in} 为初始的化学需氧量（mg/L）；COD_{out} 为反应后的化学需氧量（mg/L）；V_A 为阳极总体积（m³）；M_{O_2} 为以氧为标准的有机物摩尔质量（32g/mol）；b 为以氧为标准的氧化 1 mol 有机物转移的电子数（4mol e-）；F 为法拉第常数（96485C/mol）。

将式（3-30）和式（3-31）代入式（3-32）整理，得到间歇流微生物燃料电池库仑效率的一般计算公式：

$$CE_{Batch}（\%） = \frac{M_{O_2} \sum_{i=0}^t I_i \Delta t_i}{bFV_A (COD_{in} - COD_{out})} \tag{3-34}$$

对于连续流微生物燃料电池，电压输出稳定时的稳定电流值为 I_0，如果电流有脉动，可取算术平均值或加权平均值 $\bar{I}_0$，则：

$$Q_{EX} = \bar{I}_0 \Delta t \tag{3-35}$$

式中：$\bar{I}_0$ 为连续电流输出的平均值（A）；Δt 为电池工作时间（s）。

在一定体积流量 q_0 条件下，Δt 时间内通过阳极底物的总体积为 $q_0 \Delta t$，根据法拉第定律，有：

$$Q_{TH} = \frac{(COD_{in} - COD_{out})(q_0 \Delta t)}{M_{O_2}} bF \tag{3-36}$$

式中：q_0 为连续流体积流量（mL/min）；其余的物理符号意义同上。

将式（3-35）和式（3-36）代入式（3-31），并整理，得到连续流微生物燃料电池库仑效率的一般计算公式：

$$CE_{continuous}（\%） = \frac{M_{O_2} \bar{I}_0 \Delta t}{bF q_0 \Delta t (COD_{in} - COD_{out})} = \frac{M_{O_2} \bar{I}_0}{bF q_0 (COD_{in} - COD_{out})} \tag{3-37}$$

由于 O_2 会从阴极通过质子交换膜向阳极扩散，破坏阳极产电微生物的厌氧环境，且会促使好氧或兼氧微生物生长繁殖，这将导致阳极上好氧/兼氧微生物与厌氧产电微生物之间发生生存竞争。这些好氧/兼氧微生物增长速率比厌氧微生物高，因此部分底物被这些好氧/兼氧微生物消耗，却没有产电，造成库仑损失。即使不存在 O_2 扩散，在厌氧条件下，产酸菌和产甲烷菌的存在也会消耗底物，造成库仑损失。

3.4.3.5　功率和功率密度

电池的功率表示电池做功的快慢，是指单位时间内对外输出的电能。因此，功率受反应体系的动力学限制。如微生物生长和代谢的动力学，阴阳极电化学反应动力学、离子迁移动力学等。通过测量外电阻 R_{ex} 两端电压可得电池对外电阻的供电功率 $P(R)$，其与器件面积或体积的比值为功率密度：

$$P(R) = U_{cell}^2/R_{ex} \tag{3-38}$$

$$P = \frac{P(R)}{V} = \frac{U_{cell}^2}{R_{ex}V} \tag{3-39}$$

式中：U_{cell} 为电池对外供电电压（V）；P 为电池对外供电的体积功率密度（W/m³）；V 为电池体积（m³）；R_{ex} 为外电阻（Ω）。

由于电池是具有内阻的，而内阻会消耗能量，为了使电池的能量尽可能做有用功，即对外功率最大，根据公式 $P = \dfrac{i^2 R_{ex}}{A}$ 和 $i = \dfrac{V_{oc}}{R_{ex}+R_{int}}$ ［i 为电路总电流（A）］ 得：

$$P = \frac{V_{oc}^2 \cdot R_{ex}}{(R_{ex}+R_{int})^2 A} \tag{3-40}$$

式中：P 为电池对外供电的面积功率密度（W/m²）；V_{oc} 为电池实际电位、稳定正负电极电位差、开路电压（V）；R_{int} 为电池内阻（Ω）；R_{ex} 为外电路负载（Ω）；A 为电极面积（m²）。

式（3-40）两边对 R_{ex} 求导，可得：

$$\frac{dP(R_{ex})}{dR_{ex}} = \frac{V_{oc}^2}{(R_{ex}+R_{int})^3 A}(R_{ex}-R_{int}) \tag{3-41}$$

可见，当 $R_{ex}=R_{int}$ 时，P 最大：

$$P_{max} = \frac{V_{oc}^2}{4R_{int}A} \tag{3-42}$$

因此，提高电池的功率密度可增大式（3-42）的分子或减小其分母，即通过增大开路电压 V_{oc} 或降低内阻 R_{int}。V_{oc} 是稳定阴阳极之间电位的差值，其中阳极电位与产电微生物的代谢过程及产能有关，但是当底物、菌种、电极材料确定后阳极电位变化基本不大；阴极电位与电子受体有关，选择高电位的电子受体是提高阴极电位的方法。内阻与电池的结构有关，如增大质子交换膜面积来提高质子通量，或者减小两极之间的距离，都可降低内阻。

3.4.3.6　内阻

内阻指的是电池器件自身的内电阻，为了尽可能减少电池的能量损耗在内阻上，应使内阻越小越好。微生物燃料电池的内阻由欧姆内阻（R_Ω）和极化内阻（R_f）组成，其中欧姆内阻是电极、电解液、隔膜的电阻及各零部件的接触电阻的总和；极化电阻是电极在电化学反应过程中发生极化引起的，包括电化学极化内阻和浓差极化内阻。

（1）欧姆内阻

由于电解液的电阻往往较大，因此它对欧姆内阻起决定性作用。根据电解池理论：

$$R_{sol} = \rho \frac{l}{A} \tag{3-43}$$

式中：ρ 为溶液的比电阻率（Ω/m）；l 为电极间的距离（m）；A 为离子迁移的横断面积（m^2）。

因此，减小两极之间的距离或增大电极的正对面积，降低电解液的比电阻率都能起到降低电解液电阻的作用。

（2）极化内阻

对于阴极来说，当外电路传递过来的电子太多，无法全部在阴极表面与溶液中的离子结合反应，就会出现电子过剩，导致阴极的电位更负，造成极化；同理，阳极产生的阳离子来不及扩散到溶液中，在阳极上积聚导致阳极电位更正。这种受电化学反应速率影响导致电荷聚集从而电极偏离了平衡电位的称为电化学极化，它与电极材料本身的性质相关。在微生物燃料电池中，阴极的电化学极化占比较大，降低反应的活化能，增大电极与电解液的界面面积，升高反应温度以及增加电子受体的浓度是减小阴极电化学极化的途径。在电极极化过程中，溶液中离子与电极表面离子浓度有差异，从而形成浓差极化。

电化学极化内阻和浓差极化内阻统称为极化内阻，实际上是由于电极反应速率、电子传递速率与离子扩散速率三者不匹配造成的。对于阴极来说，当离子扩散速率小于电极反应消耗的离子速率，就会形成浓差极化；当电子传递速率大于电子消耗速率，就导致了电化学极化（活化极化）。由于极化造成电化学反应受阻，因此相应的电阻称为极化电阻。一般而言，在燃料电池中阴极的浓度差损失比阳极的要多。

3.4.4　纤维基微生物燃料电池的性能测试与材料表征

3.4.4.1　放电电压

作为供能器件，微生物燃料电池最重要的是对外供电的能力。因此，在连续的时间段内监测微生物燃料电池的放电电压是评估其性能好坏的手段之一。但是在电池运行的初始阶段基本观察不到明显的供电电压，这是因为产电菌还未在阳极上完好附着，且阳极室里还存在其他微生物，因此需要一个驯化过程，使产电微生物相比阳极室里其他微生物具有更好的生长优势。当放电电压出现平台时说明微生物产电稳定。由于底物是不断消耗的，消耗底物的过程中阳极室环境会发生变化，当更换了新的阳极液后，产电微生物需要一个适应过程，因此放电电压又重新回到较低值。对外电路负载进行更改后，会造成整个电路的电流发生变化，反过来会使微生物的产电效果发生改变。

3.4.4.2　内阻测定

用直流技术对电池的内阻进行测量时会因产生极化导致电阻测量不准，采用交流技术对电池内阻进行测量可避免极化内阻的影响，得到更为真实的内阻值。测量内阻有两类方法，第一类为暂态法，第二类为稳态法。

（1）暂态法

暂态法包括电流中断法和交流阻抗法，测得的是欧姆内阻。电流中断法测试的是欧姆内阻，测试过程如下：当微生物燃料电池对外负载 R 供电时，突然中断电路，电池两端的电压会有一个突降（从 U_1 降至 U_0），这是由于电池的欧姆内阻在极短时间内降至零引起的，因此欧姆内阻为 $R_\Omega = (U_1 - U_0)/I$，I 为电路断开前的电流，即 $I = U_1/R$。交流阻抗法是对电极施加一个频率不断变化的小振幅正弦电压或电流信号，并测量电极的电流或电压反馈信号，以此分析欧姆内阻和电荷转移内阻。

（2）稳态放

稳态放电法是通过测量不同外电阻条件下稳定放电时外电阻的电压，绘制极化曲线从而得到表观内阻［包括电化学极化内阻（活化内阻）和传质内阻］。考虑到微生物燃料电池阴阳极在工作过程中实际是存在电容的，因此外电阻改变时，电流改变，电容要达到一个稳定状态需要一定时间，待其稳定后再测量外电阻的电压。根据 $I = U/R$ 得到电流并绘制极化曲线，将曲线欧姆极化区的数据进行线性拟合，所得线性曲线的斜率即为表观内阻。

3.4.4.3　极化曲线

电极极化是指电流流过电极时造成电极电位偏离其平衡电位的现象。阳极极化使其电位向正方向偏移，阴极极化使其电位向负方向偏移，电流密度越大电位的偏移值就越大，这个偏移值称为超电压或过电位，用正值表示。

电池的总电压理论上应该是阴阳极电位差，但是由于存在极化现象，电极电位会偏离平衡电位，产生过电位，即电池在产电过程中受到阻力而损失的电压。对于微生物燃料电池，通过改变电路中的负载，能得到电位对电流的响应从而得到电池的极化曲线，反映电池电压对电流的依赖关系。一条完整的极化曲线包括 5 个部分（图 3-10）。

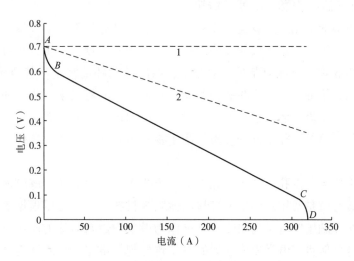

图 3-10　微生物燃料电池的功率密度极化曲线

①A 点：在该点处电流为 0，电池处于热力学平衡状态，对应的电压叫作热力学平衡电压或开路电压，用 V_{OC} 表示。如果电池内部没有任何的能量损失，开路电压将不随电流的变化而变化，V_{OC} 始终保持不变（即虚线 1）。在实际系统中，电池内阻会引起能量损失，当有电流时，电压和功率在内阻上的损失就会随即出现。

②AB 段。AB 段的电流较低，因而欧姆极化和浓差极化较低，主要是活化过电位（η_a），此时体系的限速步骤是电荷转移，对应的内阻是电荷转移内阻，也叫活化内阻（R_a）。由于电位和活化内阻之间呈非线性关系，所以活化内阻很难在此区域内定量给出。

③BC 段。随着电流继续增大，欧姆极化开始占主导地位。因此电压随电流的增大而呈线性下降（BC 段），遵循欧姆定律，此时的过电位叫作欧姆过电位（η_Ω）。如果电路在电流变化过程中仅有欧姆极化，则电压将一直呈线性下降趋势（图 3-10 虚线 2）。基于 BC 段的线性关系，欧姆内阻可在此区域内得到。

④CD 段。当电流增大到一定值后，底物或离子向电极表面的扩散速率开始跟不上电化学反应速率，因此限速步骤是物质扩散，对应的过电位叫作浓差极化过电位（η_d）。在 CD 段浓差极化占主导，电压又一次出现陡降。由于电位和扩散内阻之间呈非线性关系，扩散内阻也很难在此区域内定义。

⑤D 点。进入 CD 段后电压迅速下降至零，此时电路中的电流达到最大，叫作短路电流。在 D 点时没有负载，所有能量都被电池内阻消耗。

3.4.4.4 材料表征

在微生物燃料电池领域，最常见的材料表征是通过扫描电子显微镜、透射电子显微镜对电极材料的微观形貌进行观察，还可通过扫描电子显微镜对电极上的微生物生长情况进行观察，从而分析电极材料的性能。此外还有 X 射线衍射、红外光谱等基础表征手段对材料的结晶情况、官能团等进行测试。

3.4.5 纤维基微生物燃料电池的应用

微生物燃料电池的应用之一就是对废液进行处理，是对日常生活环境改善有着重大深远有益影响的新型绿色器件。它不仅能以啤酒厂排出的含有单糖、多糖、小分子有机挥发酸盐和乙醇的废液作为底物，还能对苯酚、双酚 A、氯酚这些环境污染物甚至致癌物进行降解；对硫酸盐、硫化物、硝酸盐、亚硝酸盐、铵盐、其他形态的氮元素等进行脱硫脱氮；对金属进行还原或氧化；对垃圾渗滤液进行处理；对纤维类固体生物质资源化；对偶氮类染料和其他环境污染物进行降解等。除了处理废液，微生物燃料电池作为产能器件，还能够为用电器进行供电。

纤维材料具有柔软、多孔的特点，无论是对于微生物的生长还是电解液的浸润都有着非常独到的优势。碳布就是常用的微生物燃料电池阴极材料之一，可以根据需要裁剪碳布的尺寸大小和形状。杨课题组制备了高缺陷碳纤维作为微生物燃料电池的阴极材料。阳极材料需要有较好的导电性才能将产电微生物产生的电子传导到外电路，另外还需要兼顾微生物的生长空间，因此纤维基导电材料作为阳极将为产电微生物提供绝佳的生长和工作条件。一些从事微生物燃料电池研究工作的人员开展了关于纤维基导电材料方面的研究。

例如，崔课题组制备了新型的纸基微生物燃料电池，将 4 个这样的电池集成到单个生物电池装置中为数字温度计供电。崔课题组将 3 个纸基微生物燃料电池串联并为叉指微型超级电容器供电。王课题组以聚乙烯醇-聚乙烯共聚纳米纤维修饰的聚酯无纺布为基材，负载聚吡咯后作为微生物燃料电池的阳极材料，该阳极材料在电流密度为 $5500mA/m^2$ 时，表现出 $2420mW/m^2$ 的功率密度。

3.5　纤维基摩擦电材料与器件

摩擦起电现象是一种存在于生活中的普遍物理现象，2012 年，美国佐治亚理工学院王中林院教授及其团队首次发明并报道了基于静电感应和摩擦起电耦合效应的摩擦纳米发电机 (triboelectric nanogenerator，TENG)，使得摩擦起电效应被很好地利用起来。作为一种新兴的颠覆性的发电技术，TENG 引起了众多研究者的关注，自此打开了新型供能系统研究的大门。TENG 的机理来源于摩擦起电效应，即当两种摩擦电极性不同的材料相接触时，会产生电荷转移及电势差。如果在两种材料对应的电极之间接入负载或处于短路状态，电荷会在电势差的驱动下在两电极之间往复流动，形成电流。TENG 可以用来收集我们生活中原本浪费掉的各种形式的机械能，包括人体活动、走路、振动、机械冲击、轮胎转动、风能、水能等诸多形式的能量，为各种微小型电子器件供电，同时解决传统电池供电可能带来的环境污染、电能限制、健康危害、难以追踪回收等问题。

与其他 TENG 材料相比，纤维基 TENG (t-TENG) 材料及其器件具有灵活性、轻巧性、透气性、舒适性和可编织等独特优势，而且它与人体运动部位的契合度更高，也能更灵敏捕捉人体运动所产生的机械能，进而获得更多的能量，它也具有良好的电气输出性能。结合纺织品的服用性能，在健康监测，智能家居护理，医学诊断，人体交互和人体运动检测等领域有着巨大的应用潜力。

3.5.1　摩擦纳米发电机的四种模型及原理

为了收集不同形式的机械能，TENG 被设计成不同的工作模式。根据电路连接方式和负载施加方向，TENG 可以分为四种不同的工作模式，即垂直接触分离模式、水平滑动模式、单电极模式和独立层模式。

3.5.1.1　垂直接触分离模式

垂直接触分离模式是 TENG 较基本、较常用、较经典的运行模式，如图 3-11 所示。该结构主要由两种不同的介电材料组成，电极堆叠在一起，背面彼此相对。电极材料可以是金属，如银、铜、铝、金等，也可是纳米材料，如银纳米线、导电炭黑等，甚至可以是导电复合物。特殊的接触—分离模式的结构可以由具有磁性电极的介电导电金属材料和彼此接触的小金属材料组成，其中接触—分离式 TENG 的工作原理主要是接触起电和静电感应。

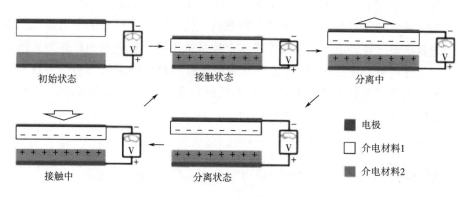

图 3-11　接触式摩擦发电机工作原理

在初始状态下，TENG 的上下摩擦层表面不产生电荷，每个表面均为电中性，上下板之间没有电位差。给予摩擦纳米发电机一个外力，两个介电材料表面在力的作用下相互接触。在接触过程中，上电极产生负电荷，下电极产生正电荷。去除外力后，TENG 的上下板分开。此时，在开路的情况下，在上极板和下极板之间出现电势差，并且该电势差随着距离的增大而增大。当上下极板回到初始状态时，电压达到最大值。在理想状态下，该电压保持恒定。而当外力被重新加载后，上下板之间的距离变短，由于上下介电层之间的电荷数不变，因此上下极板之间的电位差随着其距离减小而减小，直到两个介电层相互接触为止的距离，电位差为零。因此在周期垂直外力作用下，会产生交流电输出。TENG 通过这样的工作机制可有效收集自然界广泛存在机械能，为电子器件提供源源不断的绿色能源。

2012 年，朱等报道了此种 TENG 的设计。他们采用聚甲基丙烯酸甲酯（PMMA）薄膜和表面具有纳米线的聚酰亚胺（PI）薄膜作为摩擦材料，铝作为电极，并在摩擦材料之间放置绝缘支撑体，确保在外力作用下，摩擦材料之间可以接触分离。该器件的开路电压达到 110V，输出功率密度为 $5.0W/m^2$。垂直接触分离式摩擦纳米发电机能够高效捕捉人体行走、踩踏、手掌拍打等能量。

3.5.1.2　水平滑动模式

水平滑动式摩擦纳米发电机的结构（图 3-12）主要是由两种摩擦材料和电极组成。其结构与垂直接触分离式相似，由两层背面镀有导电电极的高聚物摩擦层组成，但是其运动方式为水平方向运动。刚开始两种摩擦材料相互接触，上下两种摩擦材料的表面因为材料的特性，会携带一正一反不同类型的电荷。在水平外力驱动下，上下两层摩擦材料水平分离，表面未被屏蔽的摩擦电荷将在背面电极感应出相应电荷，导致上下两层电极间产生一定的电势差，从而导致外电路产生电子流动，形成电流。而当两层摩擦材料在水平外力作用下逐渐重合时，表面正负摩擦电荷互相屏蔽，电极中感应电荷减少，电极间电势降低，原先流动的电荷将返回，此时形成方向相反的电流。由于两层高聚物摩擦材料紧密接触，这种 TENG 能高效收集水流、人体上肢摆动等相对滑动形式的机械能，并且一定程度上简化了封装工艺，方便实际使用。

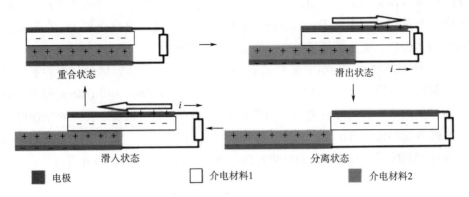

图 3-12　滑动式摩擦发电机的工作原理

2013 年，王等构建了一种接触分离模式的 TENG，通过平行于界面方向的相对位移实现了摩擦起电。在初始状态下，尼龙（Nylon）和聚四氟乙烯（PTFE）紧密接触，它们的表面分别带正负电荷。当尼龙向右滑动时，与底电极相比顶电极具有更高的电势，从而驱动电子从底部流向顶部，直到尼龙和 PTFE 完全分离。随后，尼龙向左滑动，底电极的电势高于顶电极的电势，电子从顶部流回底部以维持静电平衡。

3. 5. 1. 3　单电极模式

摩擦纳米发电机的单电极模式，即仅在发电机的底部存在电极，并且让它们接地（图 3-13），能更方便地直接收集机械能。上述两种工作模式的摩擦纳米发电机结构中包含两层摩擦材料以及相应的电极，通过电极之间相互连接形成回路，这样的线路连接局限了摩擦材料之间的相互运动形式，意味着机械能的收集方式受到限制。而单电极式摩擦纳米发电机一定程度上解决了此类问题，其运作时只需一个工作电极，与该电极形成回路的是地电极。

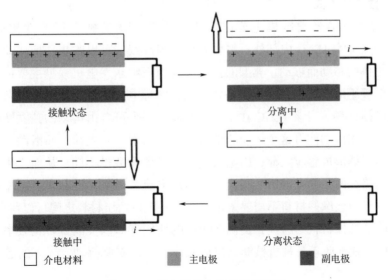

图 3-13　单电极发电机的工作原理

因此该 TENG 可以作为固定层，而运动摩擦层可以是来自日常生活中的各类材料，包括人体皮肤、鞋底、高速滚动的车轮等。单电极式摩擦纳米发电机不仅简化了 TENG 结构，扩大了机械能收集的多样性，而且拓展了 TENG 的实际应用范围。

2013 年，杨等研制了一种单电极模式的 TENG，用来收集垂直接触分离和水平滑动形式的机械能。如图 3-14 所示，在起始位置，皮肤与聚二甲基硅氧烷（PDMS）完全接触，它们的表面分别带上大小相等的异种电荷。当皮肤远离 PDMS 后，PDMS 表面的摩擦电荷无法得到补偿，导致氧化铟锡（ITO）电极的电势降低，从而驱动电子从 ITO 电极流向地电极。当皮肤再次靠近 PDMS 后，ITO 电极的电势升高，电子从地电极流回 ITO 电极。

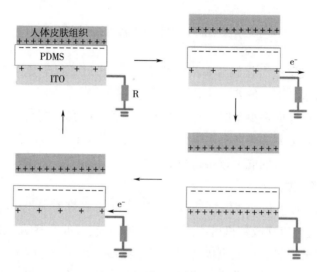

图 3-14　单电极模式 TENG 的工作原理

3.5.1.4　独立层模式

独立层模式摩擦纳米发电机主要由静止部件和移动的独立层部件构成（图 3-15、图 3-16）。其特点是除 TENG 内部外不需要外接任何导线，可以收集任何移动中物体的能量以及可以随着物体的移动而移动。典型的独立层式摩擦纳米发电机模型主要由一个电介质材料和一对对称电极组成。其中，电介质是独立层，对称电极不仅用作传输电荷的电极，还用作另一极性的摩擦材料。当该 TENG 在工作的时候，一个可自由运动的独立摩擦材料在这两个电极之间滑动，该滑动使得这个运动的摩擦材料表面带上静电荷，而滑动过程中摩擦材料在两个电极表面引诱形成感应电荷，因电极表面感应电荷数量不同，从而产生电势差，驱动电子经由外部电路在两个导电电极之间流动，形成电流。与平面滑动式接触摩擦纳米发电机相比，其优势在于两层摩擦材料不需要紧密接触，甚至在两层材料之间可以留存一定的间隙，因此可以有效降低摩擦材料的磨损，提高 TENG 的使用寿命以及能量转化效率。该种工作模式的 TENG 可以方便地收集各种机械能，包括人体行走、衣服抖动、火车的运动、汽车的运动等。

2014 年，王等设计了一种独立层模式的 TENG，该 TENG 的独立摩擦介电层可以在左右

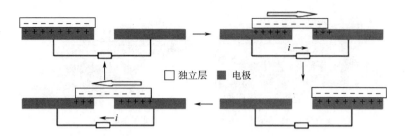

图 3-15　滑动独立层式摩擦纳米发电机的工作原理

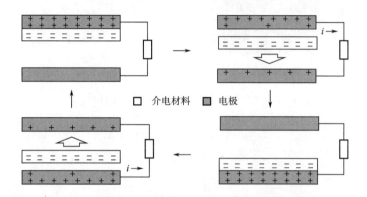

图 3-16　接触独立层式摩擦纳米发电机的工作原理

两个电极之间来回滑动。在初始状态下，全氟乙烯丙烯共聚物（FEP）和铝（Al）电极紧密接触，它们的表面发生电荷转移。一旦 FEP 向右滑动，左右 Al 电极间将产生电势差，从而驱动电子从右电极流向左电极。当 FEP 与右电极完全重合时，它们表面的正负电荷将相互屏蔽，外电路中无电流通过。随后 FEP 向左滑动，此时右电极的电势更高，电子从左电极流向右电极。

　　四种不同的工作模式赋予了 TENG 复杂多变的器件形态，如摩擦电浮球、摩擦电风车、摩擦电轮胎、摩擦电机翼、摩擦电制动器、摩擦电机械手、摩擦电智能窗、摩擦电纺织品等。在这些 TENG 设备中，传统纺织品与 TENG 技术的结合，为构筑分布式能源系统提供了更多的选择，也为智能服装注入了新的活力。图 3-17 展示了以织物结构呈现 TENG 的四种工作模式。

3.5.2　摩擦纳米发电机的结构组成

　　摩擦纳米发电机的结构由摩擦材料、间隔材料、电极材料以及外接电路这几部分构成，而最重要的是前两个部分，如图 3-18 所示。摩擦材料起到产生电荷的作用，而间隔材料作为中介的支撑材料将上下两个摩擦材料分离开，电极材料产生感应电荷，通过外接电路产生电流，所以几个部分相互依存，相互作用。

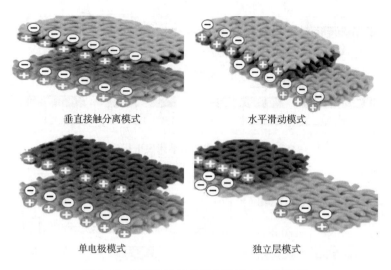

图 3-17　TENG 纺织品的四种基本工作模式

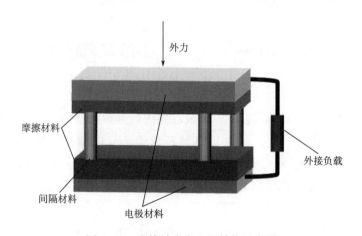

图 3-18　摩擦纳米发电机结构示意图

3.5.2.1　摩擦材料

实际上，无论是金属还是聚合物，丝绸或木材，液体或固体，几乎所有材料都有摩擦带电效应。因为不同材料得失电子能力不同，材料获得或失去电子的能力取决于它们的相对极性，摩擦材料的选取过程一般参照摩擦电顺序表（有机材料可以根据可以转移的正电荷的数量排列在一个表中，这被称为摩擦带电序列）。从表 3-2 可以看出，左侧的摩擦材料中，在摩擦过程中容易失去电子，并且离上方越近，材料失去电子的能力越强；左侧的摩擦材料中，在摩擦过程中更容易得到电子，而且离下方越近，这样的材料获得电子的能力越强。负电性较强的材料与正电性较强的材料接触摩擦时，将获得更多的静电荷，对外输出的电信号更强。除了通过选择摩擦材料来改变摩擦电效应外，通过物理技术进行修改表面的形态也可以增强摩擦电效应。此外，利用各种分子、纳米管、纳米线或纳米粒子对材料表面进行化学修饰也能增强摩擦起电效应。纳米结构的引入会改变局部接触特性。接触材料可以由复合材料制成，如在聚合物基体中嵌入纳米颗粒。这不仅改变了材料表面的带电性，还改变了材料的介电常数，使其能够有效地进行静电感应。

表 3-2　常见摩擦材料带电序列

带电序列	摩擦材料		带电序列
正 ↑	玻璃	聚酯	负 ↓
	有机玻璃	聚异丁烯	
	聚酰胺（尼龙）-11	聚氨酯，弹性海绵	
	聚酰胺（尼龙）-66	聚对苯二甲酸乙二醇酯	
	编制的羊毛	聚乙烯醇缩丁醛	
	编织的蚕丝	氯丁橡胶	
	铝	聚丙烯腈	
	纸张	聚 3,3-双（氯甲基）丁氧环	
	纺织的棉花	聚偏二氯乙烯	
	木材	聚苯乙烯	
	硬橡胶	聚乙烯	
	镍，铜	聚丙烯	
	硫	聚酰亚胺	
	黄铜，银	聚氯乙烯	
	醋酸纤维，人造纤维	聚偏二氟乙烯	
	聚甲基丙烯酸甲酯	聚二甲基硅氧烷	
	聚乙烯醇	聚四氟乙烯	

3.5.2.2　电极材料

除了摩擦材料和间隔材料外，还需要电极材料。它是整个摩擦纳米发电机中的重要一部分，电极的选择也会影响摩擦纳米发电机的输出性能。其主要功能是当上下两层摩擦材料之间产生电势差时，背面的电极所产生的感应电荷能把产生的电势差屏蔽。若有外部闭合回路，背部的电极能使电子在上下两层电极之间运动，从而向前移动到电路中，产生相反方向的电流。目前通常使用具有良好导电性的材料作为电极，如 Au、Ag、Cu 等。

3.5.3　纤维基摩擦纳米发电机的结构设计

纤维基 TENG 是一种结构简单、高效、低成本的摩擦纳米电机，为智能穿戴设备提供便携灵活的能源供应系统和自动传感器系统。纤维通过同轴或核壳设计可以实现自我摩擦起电，而不用与任何外界物体发生摩擦，从而成为最小的摩擦起电纺织品单元。纤维基 TENG 在结构设计上，主要为包覆结构纤维基 TENG 和缠绕结构纤维基 TENG 两大类，其工作模式一般为接触分离模式或单电极模式。

3.5.3.1 包覆结构纤维基 TENG

包覆结构纤维基 TENG 一般是芯鞘同轴的纤维结构，按照芯纤维的种类不同，可以分为三种类型：第一类芯纤维为导电纤维，其既作为摩擦层，也作为内电极；第二类芯纤维为导电层包覆的绝缘纤维，导电层既作为摩擦层，也作为内电极；第三类芯纤维从内到外分别由绝缘纤维、导电层以及绝缘层组成，绝缘层作为摩擦层，导电层为内电极。

在第一类包覆结构纤维基 TENG 中，导电纤维即为芯纤维。金（Kim）等通过在铝（Al）线上水热生长氧化锌纳米线和电子束蒸发金（Au）膜制备了导电的芯纤维，其中水热法制备的氧化锌纳米线赋予了芯纤维较高的粗糙度。自摩擦电纤维的鞘纤维管由 Al 和聚二甲基硅氧烷（PDMS）组成（图 3-19）。在 10Hz 的频率下，5cm 长纤维基 TENG 的输出电压和电流分别达到 40V 和 10μA。

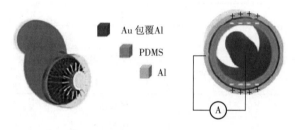

图 3-19　第一类包覆结构纤维基 TENG 的示意图

为了使芯纤维的模量与鞘纤维管的模量更加匹配，研究员以弹性基底为芯纤维内层、导电材料为芯纤维外层设计了第二类包覆结构纤维基 TENG。例如，田等以硅橡胶为基底、导电织物为摩擦层制备得到芯纤维，以硅橡胶为另一个摩擦层、导电橡胶为电极制备得到鞘纤维管（图 3-20）。在 3Hz 的固定频率下，该纤维基 TENG 的输出电压高达 380V，电流达到 11μA。当负载电阻为 10 MΩ 时，输出功率达到最大值。

图 3-20　第二类包覆结构纤维基 TENG 的示意图

由于导电材料上摩擦静电荷保存的时间较短，为了使摩擦静电荷可以长期保存，研究员又以弹性纤维为基底，在基底外侧以绝缘材料包覆的导电纤维作为芯纤维，从而制备得到第三类包覆结构纤维基 TENG。傅等以聚氨酯（PU）为基底、碳纳米管（CNT）为导电材料、

Dragon Skin®系列硅胶为摩擦层制备得到这种芯纤维（图 3-21）。为了提升其传感性能，研究人员在鞘纤维管的内壁上构建了金字塔形微结构。此外，在外电极的成型过程中，将还原氧化石墨烯（RGO）加到 PDMS 的前驱体中，再将银纳米线（AgNW）涂敷到 RGO/PDMS 表面，从而使得外电极获得 50% 的拉伸应变。该纤维基 TENG 可以检测 0.02N 的超低压力，当压力小于 0.09 N 时，其灵敏度高达 26.75V/N。

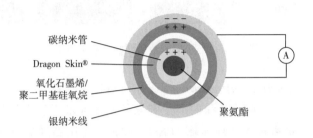

碳纳米管
Dragon Skin®
氧化石墨烯/
聚二甲基硅氧烷
银纳米线
聚氨酯

图 3-21　第三类包覆结构纤维基 TENG 的示意图

3.5.3.2　缠绕结构纤维基 TENG

包覆结构纤维基 TENG 的电极一般由金属或碳材料构成，在频繁的拉伸过程中，它们的导电网络往往会被破坏。缠绕结构的纤维基 TENG 可克服这种循环稳定性差的缺陷，结构主要为普通同轴缠绕型和芯鞘同轴缠绕型两种。该结构 TENG 的工作模式主要为接触分离模式和单电极模式两种。

钟等将两根纱线相互缠结制备得到普通同轴缠绕型纤维基 TENG（图 3-22）。两根纱线均用棉线作为基底，一根表面涂敷有碳纳米管（CNT）；另一根表面先涂敷 CNT，再涂敷聚四氟乙烯（PTFE）。在该纤维基 TENG 中，CNT 既是电极，也是摩擦层，PTFE 是另一个摩擦层。这种摩擦电纤维在频率 5Hz 和 2.15% 的拉伸应变下，瞬时功率可达 11.08nW。然后，将其缝入衣服中，可以触发无线体温传感器。

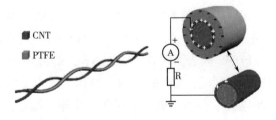

■ CNT
■ PTFE

图 3-22　普通同轴缠绕型纤维基 TENG

普通同轴缠绕型纤维基 TENG 的缠绕结构较为松散，纤维间的接触分离不够稳定，因此研究者们又开发了芯鞘同轴缠绕型纤维基 TENG。基于接触分离模式，金（Kim）等以聚氨酯纤维为主轴，将导电纤维以一定角度缠绕在氨纶纤维上作为内电极和摩擦层，制备得到的纤维基 TENG 可进行压缩、弯曲、扭曲等变形（图 3-23），开路电压和短路电流可分别达到 84V 和 5.8μA，可用来收集人体步行、跑步、跳跃产生的能量，也可同时驱动 100 个

LED 灯。

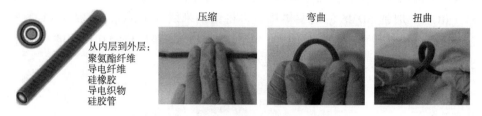

图 3-23　芯鞘同轴缠绕型纤维基 TENG

缠绕型纤维基 TENG 所用材料多为纺织行业和材料化工行业常用的商业材料，制备得到的纤维表面较平整，不利于摩擦静电荷的产生和累积。张等基于静电纺丝工艺，制备了一种费马缠绕的单电极芯鞘同轴缠绕型纤维基 TENG。首先，使用高速编织机将导电纤维缠绕在氨纶表面制成可拉伸纤维电极。随后，利用共轭静电纺丝技术在预拉伸的纤维表面加捻偏二氟乙制成可拉伸纤维电极。通过将单根纱线（30cm）与乳胶材料接触，可获得相当高的输出量（105V，约 1.2mμA），优于目前最先进的可拉伸摩擦电纱线。制备得到的 TENG 在超过5000 次的马丁代尔磨损循环中可保持良好的稳定性，其拉伸应变高达 200%。这类可拉伸摩擦电纱线可在无线手势识别、智能屏幕信息保护和水滴能量采集方面有较好应用前景。

3.5.4　纤维基摩擦纳米发电机的制备方法

3.5.4.1　涂敷法制备

使用涂覆方法制作纤维基摩擦纳米发电机时，纤维充当电极和摩擦材料的基材或载体。表面涂覆法只是在纤维表面复合聚合物，因而在更大程度上地面保留了纤维本身的优点。但涂覆法应考虑到各层材料间黏牢度和成品之于单一材料有关服用性能的改变，以及在长期工作中输出性能的稳定，即外涂材料的耐磨性能应当足够可靠。

2017 年，程等报道了具有同轴芯鞘光纤结构的可拉伸 TENG。该团队在施加了预张力的PU 线表面涂覆 PU 溶液，并立即粘贴一层银纳米线（AgNW），再涂覆一层 PTFE 得到 PU-AgNW-PTFE 芯线。同样在 PDMS 膜表面附着一层 AgNW，得到 PDMS-AgNW 层。通过煅烧，AgNW 间的相互黏性得到提高。同时，AgNW 的微观结构，增大了摩擦材料之间的实际接触面积，提高了发电效率。2017 年，何等将硅橡胶用作可拉伸纤维芯，通过在硅橡胶纤维上涂覆导电 CNT 墨水制造导电材料，再包覆一层硅橡胶薄膜作摩擦材料，最后令铜丝成为 TENG 的另一种可拉伸电极，缠绕在上述组合结构上以制成 TENG。在 0.5~5Hz 的低频拉伸范围内，该 TENG 的运动模式可通过拉伸运动轻松实现，在单根纤维状 TENG 中，每个拉伸循环可产生最大开路电压 142.8V，而且具有出色的稳定性和耐用性。

3.5.4.2　静电纺丝法制备

如今静电电纺的技术已经成熟，该工艺具有成本低、设备简单、原料选择广泛、过程易于控制等特点。通过静电纺丝法生产的纤维膜具有结构调整性强，重量轻和可切割性强的优点。当其应用于摩擦纳米发电机时，可以有效地提高装置的电输出性能，静电纺丝技术在 TENG 领域的研究受到了广泛的关注。

2013 年，钟等首次将静电纺技术应用于摩擦纳米发电机。他们采用静电纺丝技术制备出聚乙烯醇（PVA）纳米纤维膜，在 PVA 纳米纤维表面喷射一层薄 Ag（厚度为 100nm），形成金属 Ag 纳米纤维状粗糙表面，使其作为电极材料和摩擦材料，而选用 Cu 和聚四氟乙烯（PTFE）薄膜作为另一电极层和摩擦层。该 TENG 输出功率能达到 $0.3W/m^2$，可同时点亮 50 盏商用 LED 灯。2014 年，郑等采用静电纺丝技术制备尼龙和聚偏氟乙烯（PVDF）纳米纤维膜作为摩擦材料，以 Ag 作为电极材料，构建出一台高性能的接触分离式摩擦纳米发电机。将此摩擦纳米发电机置于鞋垫上，收集人体走路时产生的能量，最高电流密度为 $209\mu A/cm^2$。同时，他们采用静电纺技术制备 ZnO 纳米线，与该摩擦纳米发电机相连，制成一种自驱动、便携式的紫外线辐射（UVR）电平检测装置，可直接用来测量和显示紫外线辐射（UVR）水平。2015 年，叶等利用静电纺丝技术制备出大面积的离子凝胶纳米纤维，并首次将其作为摩擦纳米发电机的摩擦材料。他们采用含有不同离子浓度（0、2%、5%、10%）的聚偏氟乙烯—六氟丙烯共聚物 P（VDF-HFP）制备出的离子凝胶纳米纤维作为摩擦材料，构建出具有新型材料的摩擦纳米发电机。在离子浓度为 10% 时，该 TENG 的输出电压和电流分别达到了 45V 和 $49\mu A/cm^2$。2015~2017 年，余的团队利用静电纺丝技术制备出纳米纤维，构建了一种"书型"结构的摩擦纳米发电机。他们主要采用 PVDF 纳米纤维材料，探究了影响摩擦纳米发电机电性能的因素，如纤维形态、环境湿度、摩擦角度等。同时，他们还证明了在静电纺过程中加入驻极体颗粒将有利于电荷的储存，且能增加材料的表面粗糙度。之后，他们又通过研究发现，采用疏水性的摩擦材料制备的 TENG 其电输出性能要优于采用亲水材料的。此外，他们还以导电织物为基材，制备了一种柔性可穿戴的纤维基摩擦纳米发电机。

静电纺丝技术原料众多，结构多样，过程简单，成本低，并且可以通过调控纺丝过程获得多种多样结构各异的纳米纤维膜，在 TENG 的输出、应用等各方面都有着巨大的优势。然而，目前静电纺丝纳米纤维膜在可穿戴电子器件供能系统中的应用依然面临着许多难题。例如，静电纺丝纳米纤维膜在摩擦过程中易损伤，极其影响 TENG 的输出和使用寿命，静电纺丝纳米纤维膜制备的 TENG 整合到衣服上，需要考虑到衣服的透气性、耐水洗性、穿着舒适性等。因此，在可穿戴电子器件领域中，需要研制出高性能输出、柔软、可透气的 TENG，不会对人体造成影响，整合到衣服上不影响整体的穿着舒适性，并且能满足衣服日常洗涤、耐磨等要求，仍然需要很多的努力来达成目标。

3.5.4.3　织造法制备

织造法即通过对纤维或纱线进行增加摩擦性能和导电性能的预处理，再采用织造的方法构成 TENG 纺织品，主要包括机织型结构和针织型结构两类。

在机织型结构中，含有电极的经纱或纬纱是摩擦起电的主体，其可以与对电极或地电极进行电荷交换。2016 年，赵等以镀铜（Cu）的聚对苯二甲酸乙二醇酯（PET）纤维作为经纱，命名为 Cu-PET 纱线；然后将聚酰亚胺（PI）包覆在镀铜的 PET 纤维外侧作为纬纱，命名为 PI-Cu-PET 纱线，从而制备得到双电极模式的机织型 TENG 纺织品。在 Cu-PET 纱线中，Cu 既是摩擦正极材料，又是导电电极；而在 PI-Cu-PET 纱线中，PI 是摩擦负极材料，Cu 是另一个导电电极。值得注意的是，在该机织型 TENG 纺织品中，经纱与纬纱的每个交叉点均可被视为一个独立的 TENG。利用编织结构的这种优势，该 TENG 可以对微弱的人体运动做出灵敏的响应，从而可以非侵入式地监测运动员的呼吸频率和深度。在 60 MΩ 的负载电阻下，这种纺织品的最大输出功率可达 33.16mW/m²。

基于热拉伸工艺，冯等以聚丙烯（PP）包覆的金属钨丝作为纬纱，尼龙或皮革等材料作为经纱，制备得到单电极模式的机织型 TENG 纺织品。在该纺织品中，纬纱的内电极与地电极相连，经纱和纬纱的交点处是一个独立的单电极 TENG。由于引入了热拉伸工艺，聚合物和金属纤维间具有非常出色的包覆性能，使得纬纱不仅具有良好的柔软度，还具有优异的力学性能，在织机编织过程中其可以保持良好的完整性。此外，经过 100000 次电学循环后，其输出性能依然可以保持稳定。更重要的是，该 TENG 纺织品可以与服装进行无缝连接，从而可以作为莫尔斯电码生成器来进行紧急通信。

针织物一般是由纱线弯曲成线圈，然后相互串套而构成。在针织型 TENG 纺织品中，由纱线弯成的圈是摩擦起电的主体，其中包括介电圈和导电圈。如范等将涤纶纱线包缠的不锈钢导电纱线作为导电圈，非导电尼龙纱线作为介电圈，制备得到了单电极模式的针织型 TENG 纺织品。该纺织品可作为可穿戴的自驱动传感器，其灵敏度高达 7.84mV/Pa，响应时间低至 20ms，在 100000 次的循环测试下依然可以保持极高的稳定性。此外，这种 TENG 纺织品可以自驱动监测脉搏和呼吸信号，并且可以缝入衣服的不同部位，从而进行美学设计。

与前述单电极针织型 TENG 纺织品不同，雷扎伊（Rezaei）等以棉纱线作为骨架，将铜线缠绕其上，然后分别浸涂聚氯乙烯（PVC）和聚酰胺 6（PA6），从而制备得到两种导电圈基材。随后将 PVC 和 PA6 相互缠绕，使用罗纹针织工艺制备得到具有优异弹性的双电极 TENG 纺织品。不依赖任何弹性基底，仅凭借编织工艺，该纺织品的拉伸应变可以达到 80%。在 4h 内，纺织品经过 14400 次拉伸循环，其输出性能依然可以保持稳定。这种 TENG 纺织品的开路电压和短路电流分别可以达到 29.2V 和 5.3μA，最大输出功率密度可以达到 18mW/m²。

3.5.5　纤维基摩擦纳米发电机的应用

自 2012 年摩擦纳米发电机的概念被提出以来，由于其具有轻质、体积小、形式多样等优点，且任何有机械能产生的地方都可应用摩擦纳米发电机，因此对该方面的研究得到了广泛的关注。

3.5.5.1　收集人体运动能量

人体运动能量储量丰富，且每天都会被消耗，而纺织物同样是人类生活中的必需品。将 TENG 与纺织物相结合，既能满足人类的穿衣需求，又能收集人体运动能量，用于可穿戴的人体健康监测和传感等器件的能源供应。单根纤维是纺织工艺中的最小单元，制作纤维基的纳米发电机更有利于与传统纺织工业相结合，编织成织物，进一步制作成衣物。2017 年，余等提出了一种纤维结构的摩擦纳米发电机。他们采用一种芯—壳结构，以导电纤维为芯作为

电极材料，同时将化学纤维或天然纤维紧密缠绕在芯部周围作为摩擦材料。制备得到的
TENG 舒适度较高，并具有极好的可洗性和可剪裁性，可用于收集人体行走、跑步时产生的
能量，其最高电压可达 125V，电流 4mA/m²，展现了其在可穿戴电子设备领域具有较好的应
用潜力。杨等通过将液态金属注入硅橡胶管内部，制作单电极模式的纤维基 TENG。将此
TENG 当作手环佩戴在手腕上，通过收集甩臂过程中的机械能，可输出电压 60V，电流
1.6μA，电荷量 20nC，可以实时点亮 10 个 LED 灯。

3.5.5.2 人机交互系统与生物医学传感

人类活动是一种普遍可用的机械来源，如今人机界面和生物医学监测技术对于人工智能
和现代医疗保健的快速发展已经越来越重要。在人机界面方面最近已有一些研究将摩擦纳米
发电机应用于生物认证，包括键盘打字、语音在内的人类活动可以被精确地识别和记录为个
人模式，这将有利于增强系统的安全可靠性。在医疗检测方面，目前将摩擦纳米发电机用于
检测人体脉搏跳动、心血管活动、人声音振动等方面的研究也越来越多。赖等通过在不锈钢
线上包覆硅橡胶摩擦材料制作成纤维基 TENG，用于收集与人体皮肤摩擦产生的能量。其最
大输出电压 15V，电流 7μA，可以实时驱动电子手表。另外，此器件还可应用于自驱动传感
领域，包括手势感应，人机交互和人体生理信号监测等。2018 年，林等利用摩擦纳米发电机
原理研制了一种可水洗的智能床单，用于实时检测睡眠行为并实现其自供电。该 TENG 由波
浪形结构的导电纤维和弹性体材料（PET）构成，其灵敏度为 0.77V/Pa，响应时间小于
80ms，具有较好的舒适性和耐用性，通过无线传输系统，可实现睡眠行为检测和质量评估。

3.5.5.3 自充电智能纺织品

在很多情况下，能量采集和能量消耗是不同步的，这就需要对获取的能量进行有效的储
存和管理。自充电智能纺织品是通过集成能量采集的纤维基 TENG 和储能超级电容或电池而
开发的。TENG 可以与其他能量采集器相结合，收集各种形式的能量。闻等通过将纤维基
TENG、纤维染料敏化太阳能电池和纤维超级电容器整合在一起，用于同时采集身体运动的生
物机械能和室外太阳能，然后将它们储存在一个能量存储单元中。

综上所述，纤维基 TENG 在性能和应用等方面已经取得了长足的发展。但是，在实际商
业应用过程中仍面临很多困难和挑战，例如器件的穿戴舒适性，稳定性，工作寿命，输出电
学性能，体系评价标准，工业制造成本等。其中，纤维基摩擦纳米发电机在工作时摩擦易造
成纤维织物疲劳损伤，致使器件稳定性和工作寿命的下降。如何充分利用纺织材料及其特殊
结构优势以提高 TENG 的穿着舒适性，且保证良好的机械性能是现阶段需要解决的问题之一。

3.6 本章小结

近年来，各类基于纤维基材的太阳能电池、压电器件、热电器件、生物燃料电池、摩擦
电等能量供给器件正逐渐成为能源领域的热门研究方向，是发展全柔性、一体化、多功能智
能织物所不可或缺的。太阳能电池、压电器件、热电器件、生物燃料电池以及摩擦电等技术

的发展，为我们提供了多种新的能源解决方案。但总体上纤维基能量供给器件仍处于起步阶段，尤其是与常规结构的能量供给器件相比较，其功能效率和性能相差较大。其一大发展方向是进一步提升这些能量供给器件的能量转换效率和稳定性，为智能织物带来更多便利和可持续的能源选择。

思考题

1. 简述表征染料敏化太阳能电池光伏性能的关键参数。
2. 简述常规钙钛矿太阳能电池的器件结构。
3. 简述聚合物太阳能电池的特点。
4. 简述压电器件的机理。
5. 简述如何增强压电聚合物的压电性能。

思考题答案

6. 简述纤维基柔性压电材料的应用。

7. 热电材料能够在存在温度梯度及温度波动的情况下，通过热电效应实现热能与电能的转换。目前现实生活中，大量热能作为废热散失于环境中。热电材料可将废热转化为电能，进一步提高能量利用率，同时为人类生活提供一种替代能源。热电材料在实现热电转换的过程中会出现多种热电效应，请简述其现象（列举三种）。随着对热电领域的深入研究，热电材料已经应用于多个领域，请列举热电在实际生活、工作生产中的应用（列举两条即可）。

8. 无机热电材料普遍具有较高的热导率，这制约了热电性能的提高，如何降低无机热电材料的热导率？

9. 目前热电材料的研究已经取得一定成绩，并应用于微电子器件的温度控制、热电发电、生物医学等多个方面。虽然热电材料具有广阔的应用前景，但其大规模使用仍需要克服多种问题，请举例说明其原因。

10. 微生物燃料电池的产电原理是什么？

11. 对完整的极化曲线进行分析。

参考文献

［1］韩雪婷. 硫化物基复合结构的可控构筑及在太阳能电池中的应用 ［D］. 哈尔滨：黑龙江大学，2014.

［2］ZHAO W C, LI S S, YAO H F, et al. Molecular optimization enables over 13% efficiency in organic solar cells ［J］. Journal of the American Chemical Society, 2017, 139(21)：7148-7151.

［3］王耀琼. DMFC 和 DSSC 的化学增强与光辅助增强催化 ［D］. 重庆：重庆大学，2010.

［4］KOJIMA A, TESHIMA K, SHIRAI Y, et al. Organometal halide perovskites as visible-light sensitizers for photovoltaic cells ［J］. Journal of the American Chemical Society, 2009, 131(17)：6050-6051.

［5］潘凯. 高性能染料敏化太阳能电池的构筑及其光生电子传输特性 ［M］. 哈尔滨：黑龙江大学出版社，2014.

［6］CARELLA A, BORBONE F, CENTORE R. Research progress on photosensitizers for DSSC ［J］. Frontiers in Chemistry, 2018, 6：481.

［7］LI Y L, LEE D K, KIM J Y, et al. Highly durable and flexible dye-sensitized solar cells fabricated on plastic substrates：PVDF-nanofiber-reinforced TiO$_2$ photoelectrodes [J]. Energy & Environmental Science, 2012, 5 (10)：8950-8957.

[8] LIU Y Y, YE X Y, AN Q Q, et al. A novel synthesis of the bottom-straight and top-bent dual TiO$_2$ nanowires for dye-sensitized solar cells [J]. Advanced Powder Technology, 2018, 29(6)：1455-1462.

[9] SUN H, LI H P, YOU X, et al. Quasi-solid-state, coaxial, fiber-shaped dye-sensitized solar cells [J]. Journal of Materials Chemistry A, 2014, 2(2)：345-349.

[10] WANG Y H, FANG H Q, DONG Q, et al. Coaxial heterojunction carbon nanofibers with charge transport and electrocatalytic reduction phases for high performance dye-sensitized solar cells [J]. RSC Advances, 2018, 8 (13)：7040-7043.

[11] SNAITH H J. Perovskites：The emergence of a new era for low-cost, high-efficiency solar cells [J]. The Journal of Physical Chemistry Letters, 2013, 4(21)：3623-3630.

[12] YANG L Y, BARROWS A T, LIDZEY D G, et al. Recent progress and challenges of organometal halide perovskite solar cells [J]. Reports on Progress in Physics Physical Society (Great Britain), 2016, 79(2)：026501.

[13] JEON N J, LEE J, NOH J H, et al. Efficient inorganic-organic hybrid perovskite solar cells based on pyrene arylamine derivatives as hole-transporting materials [J]. Journal of the American Chemical Society, 2013, 135 (51)：19087-19090.

[14] ZHOU H P, CHEN Q, LI G, et al. Interface engineering of highly efficient perovskite solar cells [J]. Science, 2014, 345(6196)：542-546.

[15] EPERON G E, STRANKS S D, MENELAOU C, et al. Formamidinium lead trihalide：A broadly tunable perovskite for efficient planar heterojunction solar cells [J]. Energy & Environmental Science, 2014, 7(3)：982-988.

[16] YANG L Y, CAI F L, YAN Y, et al. Conjugated small molecule for efficient hole transport in high-performance p-i-n type perovskite solar cells [J]. Advanced Functional Materials, 2017, 27(31)：1702613.

[17] 杨丽燕. 基于共轭有机电荷传输材料的高效稳定平面异质结钙钛矿太阳能电池[D]. 武汉：武汉理工大学,2017.

[18] CHEN S, WEN X M, HUANG S J, et al. Illumination dependent carrier dynamics of CH$_3$NH$_3$PbBr$_3$ perovskite [C] //Proc SPIE 9668, Micro+Nano Materials, Devices, and Systems, 2015, 9668：142-147.

[19] PONSECA C S Jr, TIAN Y X, SUNDSTRÖM V, et al. Excited state and charge-carrier dynamics in perovskite solar cell materials [J]. Nanotechnology, 2016, 27(8)：082001.

[20] PASCOE A R, YANG M J, KOPIDAKIS N, et al. Planar versus mesoscopic perovskite microstructures：The influence of CH$_3$NH$_3$PbI$_3$ morphology on charge transport and recombination dynamics [J]. Nano Energy, 2016, 22：439-452.

[21] YANG L Y, WU M L, CAI F L, et al. Restrained light-soaking and reduced hysteresis in perovskite solar cells employing a helical perylene diimide interfacial layer [J]. Journal of Materials Chemistry A, 2018, 6(22)：10379-10387.

[22] CHEN B, YANG M J, PRIYA S, et al. Origin of J-V hysteresis in perovskite solar cells [J]. The Journal of Physical Chemistry Letters, 2016, 7(5)：905-917.

[23] UNGER E L, HOKE E T, BAILIE C D, et al. Hysteresis and transient behavior in current-voltage measurements of hybrid-perovskite absorber solar cells [J]. Energy & Environmental Science, 2014, 7(11)：

3690-3698.

[24] SANCHEZ R S, GONZALEZ-PEDRO V, LEE J W, et al. Slow dynamic processes in lead halide perovskite so-lar cells. characteristic times and hysteresis [J]. The Journal of Physical Chemistry Letters, 2014, 5(13): 2357-2363.

[25] KUIK M, KOSTER L J A, WETZELAER G A H, et al. Trap-assisted recombination in disordered organic sem-iconductors [J]. Physical Review Letters, 2011, 107(25): 256805.

[26] NING L, GU N X, WANG T W, et al. Flexible hybrid perovskite nanofiber for all-inorganic perovskite so-lar cells [J]. Materials Research Bulletin, 2022, 149: 111747.

[27] YANG L J, YANG P, WANG J C, et al. Low-temperature preparation of crystallized graphite nanofibers for high performance perovskite solar cells [J]. Solar Energy, 2019, 193: 205-211.

[28] ZHAI J F, YIN X, SONG L X, et al. Preparationof fabric-like transparent electrodefor flexible perovskite so-lar cell [J]. Thin Solid Films, 2021, 729: 138698.

[29] HU H, YAN K, PENG M, et al. Fiber-shaped perovskite solar cells with 5.3% efficiency [J]. Journal of Ma-terials Chemistry A, 2016, 4(10): 3901-3906.

[30] QIU L B, HE S S, YANG J H, et al. Fiber-shaped perovskite solar cells with high power conversion efficiency [J]. Small, 2016, 12(18): 2419-2424.

[31] XIE F Q, MEI D Q, QIU L L, et al. High-efficiency fiber-shaped perovskite solar cells with TiO_2/SnO_2 double-electron transport layer materials [J]. Journal of Electronic Materials, 2023, 52(7): 4626-4633.

[32] 彭慧胜. 新型纤维状电子材料与器件 [M]. 北京: 科学出版社, 2016.

[33] LI G, ZHU R, YANG Y. Polymer solar cells [J]. Nature Photonics, 2012, 6(3): 153-161.

[34] YANG W S, PARK B W, JUNG E H, et al. Iodide management in formamidinium-lead-halide-based perovs-kite layers for efficient solar cells [J]. Science, 2017, 356(6345): 1376-1379.

[35] 姚祥. 光电活性聚合物纳米纤维和有机光伏器件的制备研究 [D]. 杭州: 浙江理工大学, 2017.

[36] BEDFORD N M, DICKERSON M B, DRUMMY L F, et al. Nanofiber-based bulk-heterojunction organic so-lar cells using coaxial electrospinning [J]. Advanced Energy Materials, 2012, 2(9): 1136-1144.

[37] HUO Z W, WEI Y C, WANG Y F, et al. Integrated self-powered sensors based on 2D material devices [J]. Advanced Functional Materials, 2022, 32(41): 2206900.

[38] ZHAO C, WANG Y J, TANG G Q, et al. Ionic flexible sensors: Mechanisms, materials, structures, and appli-cations [J]. Advanced Functional Materials, 2022, 32(17): 2110417.

[39] ZHANG C, FAN W, WANG S J, et al. Recent progress of wearable piezoelectric nanogenerators [J]. ACS Ap-plied Electronic Materials, 2021, 3(6): 2449-2467.

[40] WANG W Y, ZHENG Y D, JIN X, et al. Unexpectedly high piezoelectricity of electrospun polyacrylonitrile nanofiber membranes [J]. Nano Energy, 2019, 56: 588-594.

[41] SHAO H, WANG H X, CAO Y Y, et al. Efficient conversion of sound noise into electric energy using electro-spun polyacrylonitrile membranes [J]. Nano Energy, 2020, 75: 104956.

[42] PENG L, JIN X, NIU J R, et al. High-precision detection of ordinary sound by electrospun polyacrylonitrile nanofibers [J]. Journal of Materials Chemistry C, 2021, 9(10): 3477-3485.

[43] WANG W Y, ZHENG Y D, SUN Y, et al. High-temperature piezoelectric conversion using thermally stabilized electrospun polyacrylonitrile membranes [J]. Journal of Materials Chemistry A, 2021, 9(36): 20395-20404.

[44] HU K S, FENG J Y, LV N, et al. Novel flexible piezoelectric-conductive Janus nanofibers integrated membrane with enhanced pressure sensing performance [J]. Journal of Applied Polymer Science, 2022, 139(20): 52180.

[45] LI G Y, LI J, LI Z J, et al. Hierarchical PVDF-HFP/ZnO composite nanofiber-based highly sensitive piezoelectric sensor for wireless workout monitoring [J]. Advanced Composites and Hybrid Materials, 2022, 5(2): 766-775.

[46] XU F, YANG J, DONG R Z, et al. Wave-shaped piezoelectric nanofiber membrane nanogenerator for acoustic detection and recognition [J]. Advanced Fiber Materials, 2021, 3(6): 368-380.

[47] HSU Y H, LIU P C, LIN T T, et al. Development of an elastic piezoelectric yarn for the application of a muscle patch sensor [J]. ACS Omega, 2020, 5(45): 29427-29438.

[48] LIU Z H, PAN C T, LIN L W, et al. Direct-write PVDF nonwoven fiber fabric energy harvesters via the hollow cylindrical near-field electrospinning process [J]. Smart Materials and Structures, 2014, 23(2): 025003.

[49] TANDON B, KAMBLE P, OLSSON R T, et al. Fabrication and characterisation of stimuli responsive piezoelectric PVDF and hydroxyapatite-filled PVDF fibrous membranes [J]. Molecules, 2019, 24(10): 1903.

[50] MEDEIROS E S, GLENN G M, KLAMCZYNSKI A P, et al. Solution blow spinning: A new method to produce micro-and nanofibers from polymer solutions [J]. Journal of Applied Polymer Science, 2009, 113(4): 2322-2330.

[51] SU Q, JIANG Z G, LI B. A mixed solvent approach to make poly(vinylidene fluoride) nanofibers with high β-phase using solution blow spinning [J]. High Performance Polymers, 2020, 32(10): 1160-1168.

[52] ZHUANG X P, SHI L, JIA K F, et al. Solution blown nanofibrous membrane for microfiltration [J]. Journal of Membrane Science, 2013, 429: 66-70.

[53] LIU R Q, WANG X X, FU J, et al. Preparation of nanofibrous PVDF membrane by solution blow spinning for mechanical energy harvesting [J]. Nanomaterials, 2019, 9(8): 1090.

[54] WAN X, CONG H, Jiang G, et al. A Review on PVDF Nanofibers in Textiles for Flexible Piezoelectric Sensors [J]. ACS Appl Nano Mater, 2023, 6: 1522-1540.

[55] SOIN N, SHAH T H, ANAND S C, et al. Novel "3-D spacer" all fibre piezoelectric textiles for energy harvesting applications [J]. Energy Environ Sci, 2014, 7(5): 1670-1679.

[56] LUND A, RUNDQVIST K, NILSSON E, et al. Energy harvesting textiles for a rainy day: Woven piezoelectrics based on melt-spun PVDF microfibres with a conducting core [J]. NPJ Flexible Electronics, 2018, 2: 9.

[57] TASCAN M, NOHUT S. Effects of process parameters on the properties of wet-spun solid PVDF fibers [J]. Textile Research Journal, 2014, 84(20): 2214-2225.

[58] TASCAN M. Optimization of process parameters of wet-spun solid PVDF fibers for maximizing the tensile strength and applied force at break and minimizing the elongation at break using the taguchi method [J]. Journal of Engineered Fibers and Fabrics, 2014, 9(1): 165-173.

[59] MAITY K, GARAIN S, HENKEL K, et al. Self-powered human-health monitoring through aligned PVDF nanofibers interfaced skin-interactive piezoelectric sensor [J]. ACS Applied Polymer Materials, 2020, 2(2): 862-878.

[60] WANG A C, HU M, ZHOU L W, et al. Self-powered wearable pressure sensors with enhanced piezoelectric properties of aligned P(VDF-TrFE)/MWCNT composites for monitoring human physiological and muscle motion signs [J]. Nanomaterials, 2018, 8(12): 1021.

107

[61] CHEN X X, SONG Y, SU Z M, et al. Flexible fiber-based hybrid nanogenerator for biomechanical energy harvesting and physiological monitoring [J]. Nano Energy, 2017, 38: 43-50.

[62] LU L J, YANG B, ZHAI Y Q, et al. Electrospinning core-sheath piezoelectric microfibers for self-powered stitchable sensor [J]. Nano Energy, 2020, 76: 104966.

[63] YU D, ZHENG Z P, LIU J D, et al. Superflexible and lead-free piezoelectric nanogenerator as a highly sensitive self-powered sensor for human motion monitoring [J]. Nano-Micro Letters, 2021, 13(1): 117.

[64] GUO W Z, TAN C X, SHI K M, et al. Wireless piezoelectric devices based on electrospun PVDF/BaTiO$_3$ NW nanocomposite fibers for human motion monitoring [J]. Nanoscale, 2018, 10(37): 17751-17760.

[65] GHOSH S K, MANDAL D. Synergistically enhanced piezoelectric output in highly aligned 1D polymer nanofibers integrated all-fiber nanogenerator for wearable nano-tactile sensor [J]. Nano Energy, 2018, 53: 245-257.

[66] WANG H S, HONG S K, HAN J H, et al. Biomimetic and flexible piezoelectric mobile acoustic sensors with multiresonant ultrathin structures for machine learning biometrics [J]. Science Advances, 2021, 7(7): 5683.

[67] YAN W, NOEL G, LOKE G, et al. Single fibre enables acoustic fabrics via nanometre-scale vibrations [J]. Nature, 2022, 603(7902): 616-623.

[68] GUAN X Y, XU B G, GONG J L. Hierarchically architected polydopamine modified BaTiO$_3$@P(VDF-TrFE) nanocomposite fiber mats for flexible piezoelectric nanogenerators and self-powered sensors [J]. Nano Energy, 2020, 70: 104516.

[69] ZHU M M, LOU M N, ABDALLA I, et al. Highly shape adaptive fiber based electronic skin for sensitive joint motion monitoring and tactile sensing [J]. Nano Energy, 2020, 69: 104429.

[70] WANG X X, SONG W Z, YOU M H, et al. Bionic single-electrode electronic skin unit based on piezoelectric nanogenerator [J]. ACS Nano, 2018, 12(8): 8588-8596.

[71] ZHAO G R, ZHANG X D, CUI X, et al. Piezoelectric polyacrylonitrile nanofiber film-based dual-function self-powered flexible sensor [J]. ACS Applied Materials & Interfaces, 2018, 10(18): 15855-15863.

[72] SHI X L, ZOU J, CHEN Z G. Advanced thermoelectric design: From materials and structures to devices [J]. Chemical Reviews, 2020, 120(15): 7399-7515.

[73] JAZIRI N, BOUGHAMOURA A, MÜLLER J, et al. A comprehensive review of Thermoelectric Generators: Technologies and common applications [J]. Energy Reports, 2020, 6: 264-287.

[74] LEE M M, TEUSCHER J, MIYASAKA T, et al. Efficient hybrid solar cells based on meso-superstructured organometal halide perovskites [J]. Science, 2012, 338(6107): 643-647.

[75] KHOSRAVI K, EISAPOUR A H, RAHBARI A, et al. Photovoltaic-thermal system combined with wavy tubes, twisted tape inserts and a novel coolant fluid: Energy and exergy analysis [J]. Engineering Applications of Computational Fluid Mechanics, 2023, 17(1): 30.

[76] ESFANDI S, BALOOCHZADEH S, ASAYESH M, et al. Energy, exergy, economic, and exergoenvironmental analyses of a novel hybrid system to produce electricity, cooling, and syngas [J]. Energies, 2020, 13(23): 6453.

[77] GHAFFARZADEH H, MEHRIZI-SANI A. Review of control techniques for wind energy systems [J]. Energies, 2020, 13(24): 6666.

[78] DONG Z, LI B W, LI J Y, et al. Flexible control of nuclear cogeneration plants for balancing intermittent renewables [J]. Energy, 2021, 221: 119906.

[79] TESTONI R, BERSANO A, SEGANTIN S. Review of nuclear microreactors: Status, potentialities and challenges [J]. Progress in Nuclear Energy, 2021, 138: 103822.

[80] ZHANG L, SHI X L, YANG Y L, et al. Flexible thermoelectric materials and devices: From materials to applications [J]. Materials Today, 2021, 46: 62-108.

[81] QIN B C, WANG D Y, LIU X X, et al. Power generation and thermoelectric cooling enabled by momentum and energy multiband alignments [J]. Science, 2021, 373(6554): 556-561.

[82] MASSETTI M, JIAO F, FERGUSON A J, et al. Unconventional thermoelectric materials for energy harvesting and sensing applications [J]. Chemical Reviews, 2021, 121(20): 12465-12547.

[83] CAI B W, HU H H, ZHUANG H L, et al. Promising materials for thermoelectric applications [J]. Journal of Alloys and Compounds, 2019, 806: 471-486.

[84] ANATYCHUK L I, KUZ R V. Materials for vehicular thermoelectric generators [J]. Journal of Electronic Materials, 2012, 41(6): 1778-1784.

[85] XIE H Y, SU X L, BAILEY T P, et al. Anomalously large seebeck coefficient of $CuFeS_2$ derives from large asymmetry in the energy dependence of carrier relaxation time [J]. Chemistry of Materials, 2020, 32(6): 2639-2646.

[86] MAO J, ZHU H T, DING Z W, et al. High thermoelectric cooling performance of n-type Mg_3Bi_2-based materials [J]. Science, 2019, 365(6452): 495-498.

[87] LASHKEVYCH I, VELÁZQUEZ J E, TITOV O Y, et al. Special important aspects of the Thomson effect [J]. Journal of Electronic Materials, 2018, 47(6): 3189-3192.

[88] ZHANG M J, TIAN Y Y, XIE H Q, et al. Influence of Thomson effect on the thermoelectric generator [J]. International Journal of Heat and Mass Transfer, 2019, 137: 1183-1190.

[89] CHEN Z G, HAN G, YANG L, et al. Nanostructured thermoelectric materials: Current research and future challenge [J]. Progress in Natural Science: Materials International, 2012, 22(6): 535-549.

[90] LEE S, ESFARJANI K, LUO T F, et al. Resonant bonding leads to low lattice thermal conductivity [J]. Nature Communications, 2014, 5: 3525.

[91] HONG M, CHEN Z G, YANG L, et al. Enhancing thermoelectric performance of Bi_2Te_3-based nanostructures through rational structure design [J]. Nanoscale, 2016, 8(16): 8681-8686.

[92] WU W, ZHU C, MING H W, et al. Achieving higher thermoelectric performance of n-type PbTe by adjusting the band structure and enhanced phonon scattering [J]. Nanoscale, 2022, 14(46): 17163-17169.

[93] MUN H, CHOI S M, LEE K H, et al. Boundary engineering for the thermoelectric performance of bulk alloys based on bismuth telluride [J]. ChemSusChem, 2015, 8(14): 2312-2326.

[94] ZHOU H, CHUA M H, ZHU Q, et al. High-performance PEDOT: PSS-based thermoelectric composites [J]. Composites Communications, 2021, 27: 100877.

[95] HE J, TRITT T M. Advances in thermoelectric materials research: Looking back and moving forward [J]. Science, 2017, 357(6358): 9997.

[96] ZHANG P X, DENG B, SUN W T, et al. Fiber-based thermoelectric materials and devices for wearable electronics [J]. Micromachines, 2021, 12(8): 869.

[97] IOFFE A F. Energetic basis of thermoelectrical cells from semiconductors[M]. Moscow: Academy of Sciences of the USSR, 1950.

[98] SASAKI S, KRIENER M, SEGAWA K, et al. Topological superconductivity in $Cu_xBi_2Se_3$ [J]. Physical Review Letters, 2011, 107(21): 217001.

[99] HICKS L D, DRESSELHAUS M S. Thermoelectric figure of merit of a one-dimensional conductor [J]. Physical Review B, Condensed Matter, 1993, 47(24): 16631-16634.

[100] HICKS L D, DRESSELHAUS M S. The effect of quantum well structures on the thermoelectric figure of merit [J]. MRS Online Proceedings Library, 1992, 281(1): 821-826.

[101] HAN M K, YU B G, JIN Y S, et al. A synergistic effect of metal iodide doping on the thermoelectric properties of Bi_2Te_3 [J]. Inorganic Chemistry Frontiers, 2017, 4(5): 881-888.

[102] SUN M, TANG G W, HUANG B W, et al. Tailoring microstructure and electrical transportation through tensile stress in Bi_2Te_3 thermoelectric fibers [J]. Journal of Materiomics, 2020, 6(3): 467-475.

[103] SUN M, TANG G W, WANG H F, et al. Enhanced thermoelectric properties of Bi_2Te_3-based micro-nano fibers via thermal drawing and interfacial engineering [J]. Advanced Materials, 2022, 34(36): e2202942.

[104] SHI W R, GAO M X, WEI J P, et al. Tin selenide (SnSe): Growth, properties, and applications [J]. Advanced Science, 2018, 5(4): 1700602.

[105] ZHOU C J, LEE Y K, YU Y, et al. Polycrystalline SnSe with a thermoelectric figure of merit greater than the single crystal [J]. Nature Materials, 2021, 20(10): 1378-1384.

[106] ZHANG J, ZHANG T, ZHANG H, et al. Single-crystal SnSe thermoelectric fibers via laser-induced directional crystallization: From 1D fibers to multidimensional fabrics [J]. Advanced Materials, 2020, 32 (36): e2002702.

[107] ZHENG X H, HU Q L, ZHOU X S, et al. Graphene-based fibers for the energy devices application: A comprehensive review [J]. Materials & Design, 2021, 201: 109476.

[108] MA W G, LIU Y J, YAN S, et al. Chemically doped macroscopic graphene fibers with significantly enhanced thermoelectric properties [J]. Nano Research, 2018, 11(2): 741-750.

[109] ZHANG Y H, HEO Y J, PARK M, et al. Recent advances in organic thermoelectric materials: Principle mechanisms and emerging carbon-based green energy materials [J]. Polymers, 2019, 11(1): 167.

[110] ZHAO W Y, FAN S F, XIAO N, et al. Flexible carbon nanotube papers with improved thermoelectric properties [J]. Energy & Environmental Science, 2012, 5(1): 5364-5369.

[111] CHOI J, JUNG Y, YANG S J, et al. Flexible and robust thermoelectric generators based on all-carbon nanotube yarn without metal electrodes [J]. ACS Nano, 2017, 11(8): 7608-7614.

[112] MA W G, LIU Y J, YAN S, et al. Systematic characterization of transport and thermoelectric properties of a macroscopic graphene fiber [J]. Nano Research, 2016, 9(11): 3536-3546.

[113] XIE W J, TANG X F, YAN Y G, et al. Unique nanostructures and enhanced thermoelectric performance of melt-spun BiSbTe alloys [J]. Applied Physics Letters, 2009, 94(10): 102111.

[114] FU Y Q, KANG S L, GU H, et al. Superflexible inorganic $Ag_2Te_{0.6}S_{0.4}$ fiber with high thermoelectric performance [J]. Advanced Science, 2023, 10(13): e2207642.

[115] GROENENDAAL L, JONAS F, FREITAG D, et al. Poly(3, 4-ethylenedioxythiophene) and its derivatives: Past, present, and future [J]. Advanced Materials, 2000, 12(7): 481-494.

[116] PAULRAJ I, LOURDHUSAMY V, YANG Z-R, et al. Enhanced thermoelectric properties of porous hybrid ZnSb/EG-treated PEDOT:PSS composites [J]. Journal of Power Sources, 2023, 572: 233096.

［117］ 王明晖, 宗艳凤, 史高飞, 等. 不同掺杂剂对 PEDOT：PSS 薄膜结构及其性能的影响［J］. 液晶与显示, 2013, 28（6）：823.

［118］ 王铁军, 齐英群, 徐景坤, 等. 聚乙二醇对 PEDOT：PSS 导电性能的影响［J］. 科学通报, 2003, 48（19）：2036-2037.

［119］ KIM J Y, JUNG J H, LEE D E, et al. Enhancement of electrical conductivity of poly（3, 4-ethylenedioxythiophene）/poly（4-styrenesulfonate）by a change of solvents［J］. Synthetic Metals, 2002, 126（2/3）：311-316.

［120］ CRUZ-CRUZ I, REYES-REYES M, AGUILAR-FRUTIS M A, et al. Study of the effect of DMSO concentration on the thickness of the PSS insulating barrier in PEDOT：PSS thin films［J］. Synthetic Metals, 2010, 160（13/14）：1501-1506.

［121］ XIA Y J, OUYANG J Y. Significant different conductivities of the two grades of poly（3, 4-ethylenedioxythiophene）：Poly（styrenesulfonate）, Clevios P and Clevios PH1000, arising from different molecular weights［J］. ACS Applied Materials & Interfaces, 2012, 4（8）：4131-4140.

［122］ 李在房, 孟伟, 童金辉, 等. 表面活性剂同时提高 PEDOT：PSS 浸润性和电导率的及其在全旋涂有机太阳能电池上的应用［C］//第二届新型太阳能电池学术研讨会论文集. 北京, 2015：167.

［123］ FAN B H, MEI X G, OUYANG J Y. Significant conductivity enhancement of conductive poly（3, 4-ethylenedioxythiophene）：Poly（styrenesulfonate）films by adding anionic surfactants into polymer solution［J］. Macromolecules, 2008, 41（16）：5971-5973.

［124］ TANG H R, LIU Z X, HU Z C, et al. Oxoammonium enabled secondary doping of hole transporting material PEDOT：PSS for high-performance organic solar cells［J］. Science China Chemistry, 2020, 63（6）：802-809.

［125］ 朱正友. 盐、碱试剂处理对 PEDOT：PSS 薄膜热电性能的影响［D］. 南昌：江西科技师范大学, 2016.

［126］ MOHD SAID S, RAHMAN S M, LONG B D, et al. The effect of nitric acid（HNO₃）treatment on the electrical conductivity and stability of poly（3, 4-ethylenedioxythiophene）：Poly（styrenesulfonate）（PEDOT：PSS）thin films［J］. Journal of Polymer Engineering, 2017, 37（2）：163-168.

［127］ CRUZ-CRUZ I, REYES-REYES M, LÓPEZ-SANDOVAL R. Formation of polystyrene sulfonic acid surface structures on poly（3, 4-ethylenedioxythiophene）：Poly（styrenesulfonate）thin films and the enhancement of its conductivity by using sulfuric acid［J］. Thin Solid Films, 2013, 531：385-390.

［128］ YAGCI Ö, YESILKAYA S S, YÜKSEL S A, et al. Effect of boric acid doped PEDOT：PSS layer on the performance of P3HT：PCBM based organic solar cells［J］. Synthetic Metals, 2016, 212：12-18.

［129］ KEE S, KIM N, KIM B S, et al. Controlling molecular ordering in aqueous conducting polymers using ionic liquids［J］. Advanced Materials, 2016, 28（39）：8625-8631.

［130］ HE H, OUYANG J Y. Enhancements in the mechanical stretchability and thermoelectric properties of PEDOT：PSS for flexible electronics applications［J］. Accounts of Materials Research, 2020, 1（2）：146-157.

［131］ 金胜男, 孙婷婷, 王明辉, 等. 电化学沉积法制备 PEDOT/PEDOT：PSS 基柔性纳米纤维膜及其热电性能［J］. 材料导报, 2020, 34（8）：8184-8187.

［132］ WEN N X, FAN Z, YANG S T, et al. Highly conductive, ultra-flexible and continuously processable PEDOT：PSS fibers with high thermoelectric properties for wearable energy harvesting［J］. Nano Energy, 2020, 78：105361.

[133] SARABIA-RIQUELME R, SHAHI M, BRILL J W, et al. Effect of drawing on the electrical, thermoelectrical, and mechanical properties of wet-spun PEDOT：PSS fibers [J]. ACS Applied Polymer Materials, 2019, 1 (8)：2157-2167.

[134] RYAN J D, MENGISTIE D A, GABRIELSSON R, et al. Machine-washable PEDOT：PSS dyed silk yarns for electronic textiles [J]. ACS Applied Materials & Interfaces, 2017, 9(10)：9045-9050.

[135] LI M F, ZENG F J, LUO M Y, et al. Synergistically improving flexibility and thermoelectric performance of composite yarn by continuous ultrathin PEDOT：PSS/DMSO/ionic liquid coating [J]. ACS Applied Materials & Interfaces, 2021, 13(42)：50430-50440.

[136] HAN S, CHUNG D D L. Carbon fiber polymer-matrix structural composites exhibiting greatly enhanced through-thickness thermoelectric figure of merit [J]. Composites Part A：Applied Science and Manufacturing, 2013, 48：162-170.

[137] JIN Q, SHI W B, ZHAO Y, et al. Cellulose fiber-based hierarchical porous bismuth telluride for high-performance flexible and tailorable thermoelectrics [J]. ACS Applied Materials & Interfaces, 2018, 10(2)：1743-1751.

[138] LAN X Q, WANG T Z, LIU C C, et al. A high performance all-organic thermoelectric fiber generator towards promising wearable electron [J]. Composites Science and Technology, 2019, 182：107767.

[139] KHAN Y, OSTFELD A E, LOCHNER C M, et al. Monitoring of vital signs with flexible and wearable medical devices [J]. Advanced Materials, 2016, 28(22)：4373-4395.

[140] DU Y, XU J Y, WANG Y Y, et al. Thermoelectric properties of graphite-PEDOT：PSS coated flexible polyester fabrics [J]. Journal of Materials Science：Materials in Electronics, 2017, 28(8)：5796-5801.

[141] SHIN S, KUMAR R, ROH J W, et al. High-performance screen-printed thermoelectric films on fabrics [J]. Scientific Reports, 2017, 7：7317.

[142] XU H F, GUO Y, WU B, et al. Highly integrable thermoelectric fiber [J]. ACS Applied Materials & Interfaces, 2020, 12(29)：33297-33304.

[143] ZHANG C Y, ZHANG Q, ZHANG D, et al. Highly stretchable carbon nanotubes/polymer thermoelectric fibers [J]. Nano Letters, 2021, 21(2)：1047-1055.

[144] YANG J J, JIA Y H, LIU Y F, et al. PEDOT：PSS/PVA/Te ternary composite fibers toward flexible thermoelectric generator [J]. Composites Communications, 2021, 27：100855.

[145] DING T P, CHAN K H, ZHOU Y, et al. Scalable thermoelectric fibers for multifunctional textile-electronics [J]. Nature Communications, 2020, 11：6006.

[146] ZHANG T, WANG Z, SRINIVASAN B, et al. Ultraflexible glassy semiconductor fibers for thermal sensing and positioning [J]. ACS Applied Materials & Interfaces, 2019, 11(2)：2441-2447.

[147] REN F, MENCHHOFER P, KIGGANS J, et al. Development of thermoelectric fibers for miniature thermoelectric devices [J]. Journal of Electronic Materials, 2016, 45(3)：1412-1418.

[148] KIM Y, LUND A, NOH H, et al. Robust PEDOT：PSS wet-spun fibers for thermoelectric textiles [J]. Macromolecular Materials and Engineering, 2020, 305(3)：9.

[149] KIM J Y, LEE W, KANG Y H, et al. Wet-spinning and post-treatment of CNT/PEDOT：PSS composites for use in organic fiber-based thermoelectric generators [J]. Carbon, 2018, 133：293-299.

[150] KARALIS G, TZOUNIS L, LAMBROU E, et al. A carbon fiber thermoelectric generator integrated as a lamina

within an 8-ply laminate epoxy composite: Efficient thermal energy harvesting by advanced structural materials [J]. Applied Energy, 2019, 253: 113512.

[151] DU Y, CAI K F, CHEN S, et al. Thermoelectric fabrics: Toward power generating clothing [J]. Scientific Reports, 2015, 5: 6411.

[152] LU Z S, ZHANG H H, MAO C P, et al. Silk fabric-based wearable thermoelectric generator for energy harvesting from the human body [J]. Applied Energy, 2016, 164: 57-63.

[153] ALLISON L K, ANDREW T L. A wearable all-fabric thermoelectric generator [J]. Advanced Materials Technologies, 2019, 4(5): 7.

[154] LEE J A, ALIEV A E, BYKOVA J S, et al. Woven-yarn thermoelectric textiles [J]. Advanced Materials, 2016, 28(25): 5038-5044.

[155] SUN T T, ZHOU B Y, ZHENG Q, et al. Stretchable fabric generates electric power from woven thermoelectric fibers [J]. Nature Communications, 2020, 11: 572.

[156] ZHENG Y Y, ZHANG Q H, JIN W L, et al. Carbon nanotube yarn based thermoelectric textiles for harvesting thermal energy and powering electronics [J]. Journal of Materials Chemistry A, 2020, 8(6): 2984-2994.

[157] ZHENG Y Y, HAN X, YANG J W, et al. Durable, stretchable and washable inorganic-based woven thermoelectric textiles for power generation and solid-state cooling [J]. Energy & Environmental Science, 2022, 15(6): 2374-2385.

[158] DU Y X, YANG Q, LU W T, et al. Carbon black-supported single-atom Co N C as an efficient oxygen reduction electrocatalyst for H_2O_2 production in acidic media and microbial fuel cell in neutral media [J]. Advanced Functional Materials, 2023, 33(27): 2300895.

[159] REZAIE M, CHOI S. Moisture-enabled germination of heat-activated bacillus endospores for rapid and practical bioelectricity generation: Toward portable, storable bacteria-powered biobatteries [J]. Small, 2023, 19(26): e2301135.

[160] LI D H, FENG Y M, LI F X, et al. Carbon fibers for bioelectrochemical: Precursors, bioelectrochemical system, and biosensors [J]. Advanced Fiber Materials, 2023, 5(3): 699-730.

[161] ISLAM J, OBULISAMY P K, UPADHYAYULA V K K, et al. Graphene as thinnest coating on copper electrodes in microbial methanol fuel cells [J]. ACS Nano, 2023, 17(1): 137-145.

[162] CAO B C, ZHAO Z P, PENG L L, et al. Silver nanoparticles boost charge-extraction efficiency in *Shewanella* microbial fuel cells [J]. Science, 2021, 373(6561): 1336-1340.

[163] TAO Y F, LIU Q Z, CHEN J H, et al. Hierarchically three-dimensional nanofiber based textile with high conductivity and biocompatibility As a microbial fuel cell anode [J]. Environmental Science & Technology, 2016, 50(14): 7889-7895.

[164] LI D H, LONG X J, WU Y Q, et al. Hierarchically porous and defective carbon fiber cathode for efficient Zn-air batteries and microbial fuel cells [J]. Advanced Fiber Materials, 2022, 4(4): 795-806.

[165] ZHONG K Q, HUANG L Z, LI H, et al. Enhanced oxygen reduction upon Ag/Fe co-doped UiO-66-NH_2-derived porous carbon as bacteriostatic catalysts in microbial fuel cells [J]. Carbon, 2021, 183: 62-75.

[166] HUANG S T, GENG Y X, XIA J, et al. NiCo alloy nanoparticles on a N/C dual-doped matrix as a cathode catalyst for improved microbial fuel cell performance [J]. Small, 2022, 18(7): e2106355.

[167] LONG P, QIN M M, ZHANG B C, et al. Nano-flower like CoFe-layered double hydroxide@ reduced graphene

oxide with efficient oxygen reduction reaction for high-power air-cathode microbial fuel cells [J]. Carbon, 2023, 212: 118088.

[168] GAFFNEY E M, MINTEER S D. A silver assist for microbial fuel cell power [J]. Science, 2021, 373 (6561): 1308-1309.

[169] 徐功娣, 李永峰, 张永娟. 微生物燃料电池原理与应用 [M]. 哈尔滨: 哈尔滨工业大学出版社, 2012.

[170] LANDERS M, CHOI S. Small-scale, storable paper biobatteries activated via human bodily fluids [J]. Nano Energy, 2022, 97: 107227.

[171] GAO Y, REZAIE M, CHOI S. A wearable, disposable paper-based self-charging power system integrating sweat-driven microbial energy harvesting and energy storage devices [J]. Nano Energy, 2022, 104: 107923.

[172] FAN F R, TIAN Z Q, WANG Z L. Flexible triboelectric generator [J]. Nano Energy, 2012, 1(2): 328-334.

[173] YANG W Q, CHEN J, ZHU G, et al. Harvesting energy from the natural vibration of human walking [J]. ACS Nano, 2013, 7(12): 11317-11324.

[174] WEN X N, YANG W Q, JING Q S, et al. Harvesting broadband kinetic impact energy from mechanical triggering/vibration and water waves [J]. ACS Nano, 2014, 8(7): 7405-7412.

[175] MENG X S, ZHU G, WANG Z L. Robust thin-film generator based on segmented contact-electrification for harvesting wind energy [J]. ACS Applied Materials & Interfaces, 2014, 6(11): 8011-8016.

[176] YANG J, CHEN J, LIU Y, et al. Triboelectrification-based organic film nanogenerator for acoustic energy harvesting and self-powered active acoustic sensing [J]. ACS Nano, 2014, 8(3): 2649-2657.

[177] WANG Z L. Triboelectric nanogenerators as new energy technology and self-powered sensors -principles, problems and perspectives [J]. Faraday Discussions, 2014, 176: 447-458.

[178] GAO Y Y, LI Z H, XU B G, et al. Scalable core-spun coating yarn-based triboelectric nanogenerators with hierarchical structure for wearable energy harvesting and sensing via continuous manufacturing [J]. Nano Energy, 2022, 91: 106672.

[179] PENG X, DONG K, NING C, et al. All-nanofiber self-powered skin-interfaced real-time respiratory monitoring system for obstructive sleep apnea-hypopnea syndrome diagnosing [J]. Advanced Functional Materials, 2021, 31(34): 2103559.

[180] LI P, ZHAO L B, JIANG Z D, et al. A wearable and sensitive graphene-cotton based pressure sensor for human physiological signals monitoring [J]. Scientific Reports, 2019, 9: 14457.

[181] ZHU G, PAN C F, GUO W X, et al. Triboelectric-generator-driven pulse electrodeposition for micropatterning [J]. Nano Letters, 2012, 12(9): 4960-4965.

[182] 沈家力. 基于静电纺纤维的摩擦纳米发电机的制备及其人体机械能收集性能研究 [D]. 上海: 东华大学, 2018.

[183] PANG C, LEE C, SUH K Y. Recent advances in flexible sensors for wearable and implantable devices [J]. Journal of Applied Polymer Science, 2013, 130(3): 1429-1441.

[184] ZHU G, CHEN J, LIU Y, et al. Linear-grating triboelectric generator based on sliding electrification [J]. Nano Letters, 2013, 13(5): 2282-2289.

[185] 龚维. 面向智能服装的摩擦电纤维及纺织品的结构设计与性能研究 [D]. 上海: 东华大学, 2021.

[186] YANG Y, ZHANG H L, CHEN J, et al. Single-electrode-based sliding triboelectric nanogenerator for

self-powered displacement vector sensor system [J]. ACS Nano, 2013, 7(8): 7342-7351.

[187] YANG Y, ZHOU Y S, ZHANG H L, et al. A single-electrode based triboelectric nanogenerator as self-powered tracking system [J]. Advanced Materials, 2013, 25(45): 6594-6601.

[188] ZHANG H L, YANG Y, ZHONG X D, et al. Single-electrode-based rotating triboelectric nanogenerator for harvesting energy from tires [J]. ACS Nano, 2014, 8(1): 680-689.

[189] YANG Y, ZHANG H L, LIN Z H, et al. Human skin based triboelectric nanogenerators for harvesting biomechanical energy and as self-powered active tactile sensor system [J]. ACS Nano, 2013, 7(10): 9213-9222.

[190] XIE Y N, WANG S H, NIU S M, et al. Grating-structured freestanding triboelectric-layer nanogenerator for harvesting mechanical energy at 85% total conversion efficiency [J]. Advanced Materials, 2014, 26(38): 6599-6607.

[191] WANG S H, XIE Y N, NIU S M, et al. Freestanding triboelectric-layer-based nanogenerators for harvesting energy from a moving object or human motion in contact and non-contact modes [J]. Advanced Materials, 2014, 26(18): 2818-2824.

[192] XU L, JIANG T, LIN P, et al. Coupled triboelectric nanogenerator networks for efficient water wave energy harvesting [J]. ACS Nano, 2018, 12(2): 1849-1858.

[193] SHI Q F, WANG H, WU H, et al. Self-powered triboelectric nanogenerator buoy ball for applications ranging from environment monitoring to water wave energy farm [J]. Nano Energy, 2017, 40: 203-213.

[194] CHEN S W, GAO C Z, TANG W, et al. Self-powered cleaning of air pollution by wind driven triboelectric nanogenerator [J]. Nano Energy, 2015, 14: 217-225.

[195] WU W J, CAO X, ZOU J D, et al. Triboelectric nanogenerator boosts smart green tires [J]. Advanced Functional Materials, 2019, 29(41): 1806331.

[196] SEUNG W, YOON H J, KIM T Y, et al. Dual friction mode textile-based tire cord triboelectric nanogenerator [J]. Advanced Functional Materials, 2020, 30(39): 2002401.

[197] TAO K, CHEN Z S, YI H P, et al. Hierarchical honeycomb-structured electret/triboelectric nanogenerator for biomechanical and morphing wing energy harvesting [J]. Nano-Micro Letters, 2021, 13(1): 123.

[198] LIU Y, CHEN B D, LI W, et al. Bioinspired triboelectric soft robot driven by mechanical energy [J]. Advanced Functional Materials, 2021, 31(38): 2104770.

[199] ZHU M L, SUN Z D, CHEN T, et al. Low cost exoskeleton manipulator using bidirectional triboelectric sensors enhanced multiple degree of freedom sensory system [J]. Nature Communications, 2021, 12: 2692.

[200] WANG J Q, MENG C L, GU Q, et al. Normally transparent tribo-induced smart window [J]. ACS Nano, 2020, 14(3): 3630-3639.

[201] MA L Y, ZHOU M J, WU R H, et al. Continuous and scalable manufacture of hybridized nano-micro triboelectric yarns for energy harvesting and signal sensing [J]. ACS Nano, 2020, 14(4): 4716-4726.

[202] 孙雄飞. 足底柔性摩擦纳米发电机的研究与制备 [D]. 上海：东华大学, 2018.

[203] 王中林, 林龙, 陈俊. 摩擦纳米发电机 [M]. 北京：科学出版社, 2017.

[204] CUI S W, ZHENG Y B, LIANG J, et al. Conducting polymer PP$_y$ nanowire-based triboelectric nanogenerator and its application for self-powered electrochemical cathodic protection [J]. Chemical Science, 2016, 7(10): 6477-6483.

[205] YANG F, ZHENG M L, ZHAO L, et al. The high-speed ultraviolet photodetector of ZnO nanowire Schottky

barrier based on the triboelectric-nanogenerator-powered surface-ionic-gate [J]. Nano Energy, 2019, 60: 680-688.

[206] LI X Y, TAO J, ZHU J, et al. A nanowire based triboelectric nanogenerator for harvesting water wave energy and its applications [J]. APL Materials, 2017, 5(7): 0741047.

[207] WEN Z, FU J J, HAN L, et al. Toward self-powered photodetection enabled by triboelectric nanogenerators [J]. Journal of Materials Chemistry C, 2018, 6(44): 11893-11902.

[208] 杨月茹, 崔翔宇, 夏鑫, 等. 纺织基摩擦纳米发电机的研究进展 [J]. 棉纺织技术, 2021, 49(3): 77-84.

[209] KIM K N, CHUN J, KIM J W, et al. Highly stretchable 2D fabrics for wearable triboelectric nanogenerator under harsh environments [J]. ACS Nano, 2015, 9(6): 6394-6400.

[210] TIAN Z M, HE J, CHEN X, et al. Core-shell coaxially structured triboelectric nanogenerator for energy harvesting and motion sensing [J]. RSC Advances, 2018, 8(6): 2950-2957.

[211] FU K, ZHOU J, WU H G, et al. Fibrous self-powered sensor with high stretchability for physiological information monitoring [J]. Nano Energy, 2021, 88: 106258.

[212] ZHONG J W, ZHANG Y, ZHONG Q Z, et al. Fiber-based generator for wearable electronics and mobile medication [J]. ACS Nano, 2014, 8(6): 6273-6280.

[213] KIM D, PARK J, KIM Y T. Core-shell and helical-structured cylindrical triboelectric nanogenerator for wearable energy harvesting [J]. ACS Applied Energy Materials, 2019, 2(2): 1357-1362.

[214] ZHANG D W, YANG W F, GONG W, et al. Abrasion resistant/waterproof stretchable triboelectric yarns based on Fermat spirals [J]. Advanced Materials, 2021, 33(26): e2100782.

[215] CHENG Y, LU X, HOE CHAN K, et al. A stretchable fiber nanogenerator for versatile mechanical energy harvesting and self-powered full-range personal healthcare monitoring [J]. Nano Energy, 2017, 41: 511-518.

[216] HE X, ZI Y L, GUO H Y, et al. A highly stretchable fiber-based triboelectric nanogenerator for self-powered wearable electronics [J]. Advanced Functional Materials, 2017, 27(4): 1604378.

[217] 邱倩. 纤维基摩擦纳米发电机的制备及其在可穿戴领域中的应用研究 [D]. 上海: 东华大学, 2019.

[218] CHEON S, KANG H, KIM H, et al. High-performance triboelectric nanogenerators based on electrospun polyvinylidene fluoride-silver nanowire composite nanofibers [J]. Advanced Functional Materials, 2018, 28(2): 1703778.

[219] ZHONG J W, ZHONG Q Z, FAN F R, et al. Finger typing driven triboelectric nanogenerator and its use for instantaneously lighting up LEDs [J]. Nano Energy, 2013, 2(4): 491-497.

[220] ZHENG Y B, CHENG L, YUAN M M, et al. An electrospun nanowirebased triboelectric nanogenerator and its application in a fully self-powered UV detector [J]. Nanoscale, 2014, 6(14): 7842-7846.

[221] YE B U, KIM B J, RYU J, et al. Electrospun ion gel nanofibers for flexible triboelectric nanogenerator: Electrochemical effect on output power [J]. Nanoscale, 2015, 7(39): 16189-16194.

[222] YU B, YU H, WANG H Z, et al. High-power triboelectric nanogenerator prepared from electrospun mats with spongy parenchyma-like structure [J]. Nano Energy, 2017, 34: 69-75.

[223] HUANG T, LU M X, YU H, et al. Enhanced power output of a triboelectric nanogenerator composed of electrospun nanofiber mats doped with graphene oxide [J]. Scientific Reports, 2015, 5: 13942.

[224] HUANG T, YU H, WANG H Z, et al. Hydrophobic SiO$_2$ electret enhances the performance of poly(vinylidene

fluoride）nanofiber-based triboelectric nanogenerator［J］. The Journal of Physical Chemistry C, 2016, 120 (47): 26600-26608.

［225］HUANG T, WANG C, YU H, et al. Human walking-driven wearable allfiber triboelectric nanogenerator containing electrospun polyvinylidene fluoride piezoelectric nanofibers［J］. Nano Energy, 2015, 14: 226-235.

［226］ZHAO Z Z, YAN C, LIU Z X, et al. Machine-washable textile triboelectric nanogenerators for effective human respiratory monitoring through loom weaving of metallic yarns［J］. Advanced Materials, 2016, 28 (46): 10267-10274.

［227］FENG Z A, YANG S, JIA S X, et al. Scalable, washable and lightweight triboelectric-energy-generating fibers by the thermal drawing process for industrial loom weaving［J］. Nano Energy, 2020, 74: 104805.

［228］FAN W J, HE Q, MENG K Y, et al. Machine-knitted washable sensor array textile for precise epidermal physiological signal monitoring［J］. Science Advances, 2020, 6(11): 2840.

［229］REZAEI J, NIKFARJAM A. Rib stitch knitted extremely stretchable and washable textile triboelectric nanogenerator［J］. Advanced Materials Technologies, 2021, 6(4): 2000983.

［230］YU A F, PU X, WEN R M, et al. Core-shell-yarn-based triboelectric nanogenerator textiles as power cloths ［J］. ACS Nano, 2017, 11(12): 12764-12771.

［231］YANG Y Q, SUN N, WEN Z, et al. Liquid-metal-based super-stretchable and structure-designable triboelectric nanogenerator for wearable electronics［J］. ACS Nano, 2018, 12(2): 2027-2034.

［232］OUYANG H, TIAN J J, SUN G L, et al. Self-powered pulse sensor for antidiastole of cardiovascular disease ［J］. Advanced Materials, 2017, 29(40): 1703456.

［233］YANG J, CHEN J, SU Y J, et al. Eardrum-inspired active sensors for self-powered cardiovascular system characterization and throat-attached antiinterference voice recognition［J］. Advanced Materials, 2015, 27 (8): 1316-1326.

［234］FAN X, CHEN J, YANG J, et al. Ultrathin, rollable, paper-based triboelectric nanogenerator for acoustic energy harvesting and self-powered sound recording［J］. ACS Nano, 2015, 9(4): 4236-4243.

［235］LAI Y C, DENG J N, ZHANG S L, et al. Single-thread-based wearable and highly stretchable triboelectric nanogenerators and their applications in clothbased self-powered human-interactive and biomedical sensing ［J］. Advanced Functional Materials, 2017, 27(1): 1604462.

［236］LIN Z M, YANG J, LI X S, et al. Large-scale and washable smart textiles based on triboelectric nanogenerator arrays for self-powered sleeping monitoring［J］. Advanced Functional Materials, 2018, 28(1): 1704112.

［237］WEN Z, YEH M H, GUO H Y, et al. Self-powered textile for wearable electronics by hybridizing fiber-shaped nanogenerators, solar cells, and supercapacitors［J］. Science Advances, 2016, 2(10): e1600097.

第4章 纤维基能量存储材料与器件

4.1 纤维基超级电容器材料与器件

近年来，随着智能可穿戴产业的迅猛发展，对驱动可穿戴电子设备且具有轻便灵活特性的电化学储能设备的需求日益迫切。纤维基超级电容器（fiber-shaped supercapacitor，FSC）由于具有高功率密度、长期循环稳定性、优越的柔韧性和耐磨性等理想特性，已成为具有巨大应用前景的候选材料。而超级电容器可以通过其储能机理分为电化学双层电容器（EDLC）、赝电容器和混合电容器三大类。下面分别介绍这三种不同储能机理的纤维基超级电容器的最新研究进展，主要介绍纤维基超级电容器的电荷存储机理、电极材料结构与纤维基超级电容器性能之间的关系以及纤维基超级电容器的性能优化方法。

纤维基超级电容器相比于薄膜状超级电容器，具有更强的弯折能力和可编织性。并且薄膜状超级电容器的透气性较差，限制了其在可穿戴电子设备中的应用。纤维基超级电容器则由于本身具有网状结构或可以编织成透气的织物，所以在可穿戴织物电子设备中具有巨大的应用前景。此外，纤维状的结构也使其可以负载更大的活性物质，因而拥有更大的比表面积和更优异的电化学性能。纤维基超级电容器的结构组成按照纤维电极之间的排列方式分为三种：平行排列式、加捻卷绕式和同轴排布式（图4-1）。

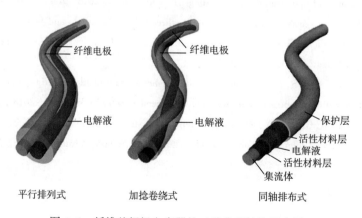

平行排列式　　　　　加捻卷绕式　　　　　同轴排布式

图4-1　纤维基超级电容器的三种典型结构示意图

平行排列式纤维基超级电容器将两个平行排列的电极浸入电解液或固态电解质，然后用塑料管或聚合物层包裹封装。这种结构常用于纤维电极直径较大时，如纤维达到毫米级。然而，由于两个纤维电极在受力时应变变形不一致，使得这种结构不稳定，容易造成器件装置中的电解液泄漏，损害器件。同时由于电极平行排列，活性材料的接触面积小，使活性材料的利用率较低，导致器件的电容较小。为了解决结构不稳定这一难题，人们开展了加捻卷绕式结构的纤维基超级电容器的研究。由于这一结构将两个纤维电极扭曲缠绕在一起，在缠绕之前通常需要在每个纤维电极的表面预涂固态电解质以防止短路，并且可以使器件在变形过程中保持结构稳定。第三种结构是同轴排布式结构，这一结构也可以理解为平面超级电容器的变形。类似于平面超级电容器，同轴结构纤维基超级电容器由一个中心纤维电极组成，其外部裹上隔膜或凝胶电解质，然后包裹外电极层。这一结构使得两电极间的界面离子传输更高效，同时相比于另外两种结构，在受力变形过程中结构也更稳定。然而，在同轴纤维电极上连续沉积活性材料比较困难，这限制了同轴结构纤维基超级电容器的大规模应用。

4.1.1 双电层超级电容器

双电层超级电容器（electrochemical double layer capacitor，EDLC）的电荷存储源于电解质离子与电极表面电荷之间的物理静电吸附作用。EDLC 的电容性能主要取决于可接触的电极/电解质界面，因此人们一直致力于开发具有优异导电性和高表面积、高孔隙率的电极材料。

$$C = \frac{A\varepsilon}{4\pi d} \tag{4-1}$$

式中：A 为电极和电解液离子的可接触面积；ε 是介质（电解质）的介电常数，对于真空等于 1，对于包括气体在内的所有其他材料大于 1；d 为双电层的有效厚度。

对于 EDLC，由于电极材料与电解质之间的界面面积大以及原子尺度的电荷分离距离，基于电荷直接吸附的储能机制的超级电容器可以存储多得多的能量。因此，EDLC 的能量密度大小主要由电极活性材料的电导率和孔隙结构决定。对于纤维基 EDLC，现阶段使用最多的是碳材料，包括碳纳米管、石墨烯以及其他碳材料（如活性炭和天然生物材料衍生碳）。由于具有高导电性、大的比表面积、不同的微/纳米孔级结构以及化学和热稳定性，使它们成为具有高储能性能的 EDLC 的电极活性材料。目前碳纳米管纤维的制备方法主要有三种：湿法纺丝、阵列纺丝法、浮动催化 CVD（FCCVD）直接纺丝。目前，虽然碳纳米管纤维超电已取得较多研究成果，其在柔性可穿戴领域具有较好的应用前景。但碳纳米管纤维基 EDLC 依旧存在纤维成束难、弯曲刚度差、成本高及制备工艺复杂等缺点，需要进一步研究改进。

石墨烯纤维由于具有较好的机械韧性、轻量化、强度高及导电性能好的优点，也被研究并作为电极应用于纤维基超级电容器中。石墨烯纤维的制备方法主要有三种：湿法纺丝、加捻法和水热反应法。石墨烯片在纺丝过程中容易聚集，使离子传输速率减小，同时减少了电极和电解质离子的有效接触面积，影响了电极材料的倍率性能和比容量。因此，探索对石墨烯纤维结构进行合理设计，制备具有三维结构的材料，避免石墨烯片堆叠，减小离子扩散路径是非常重要的。例如，在石墨烯纤维上构建孔隙，有效缩短石墨烯层之间的离子扩散距离，从而促进离子传输到整个表面区域。张坤课题组对石墨烯纤维进行等离子体处理，改变了纤维的表面粗糙度、引入额外的含氧基团，使纤维具有更好的浸润性。更重要的是，增加了石墨烯纤维的比表面积，优化了孔径分布，使微孔的比例增加，进而提高了纤维的比容量。研究发现石墨烯纤维经过等离子体处理 1min 后，其面积比电容在恒电流充放电电流密度为 $0.1mA/cm^2$ 时达到了 $36.25\ mF/cm^2$。朱美芳课题组采用非溶剂诱导快速相分离方法引入碳纳米管在氧化石墨烯片层间，阻止氧化石墨烯片层在肼蒸气还原过程中堆叠，得到三维多孔结构的碳纳米管/还原氧化石墨烯纤维电极材料，其中碳纳米管的引入还有效地提高了电极材料的导电性能。电极材料的多孔结构具有充分开放的分层孔隙，高的比表面积和良好的导电性，有效地提高电解液离子的传输和在电极中的扩散速率。最终使得超级电容器具有优异的能量密度和功率密度。苏克（Suk）课题组则是将采用氧化石墨烯（graphene oxide，GO）作为分散剂和黏结剂，在湿法纺丝工艺中将活化石墨烯（activated graphene，AG）引入纤维中，最后通过化学还原将 GO 化学还原为还原性氧化石墨烯（reduced graphene oxide，RGO）从而得到连续并导电的 AG/RGO 纤维作为超级电容器电极，如图 4-2 所示。其中活化石墨烯是对 GO 进行微波还原并后续 KOH 活化处理后得到的，具有极高比表面积、连通的微/介孔碳骨架和超高的导电性，显著提高了离子的传输速度，增加了电极材料的能量密度。在 PVA/LiCl 凝胶电解质下，RGO 与 AG 质量比为 80:20 的 AG/RGO 纤维电极在恒电流充放电的电流密度为 $0.8mA/cm^2$ 时的面积比电容达 $145.1mF/cm^2$。

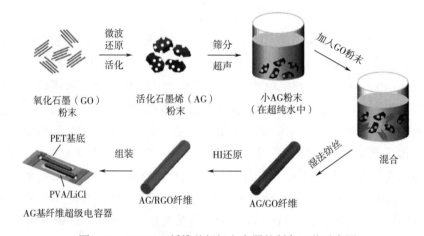

图 4-2　AG/RGO 纤维基超级电容器的制备工艺示意图

尽管石墨烯纤维电极的容量相比于其他碳材料有了进一步提高，但是离理论容量还是有一定距离，需要进一步优化提高。同时受限于其物理吸附离子的储能机理，使得纤维基 EDLC 的容量还不能满足实际需求，所以通过负载赝电容材料，进一步提高纤维基超级电容器的容量。

4.1.2　赝电容器

赝电容和 EDLC 电容最主要的区别是赝电容是由法拉第反应引起，电解液和电极表面的电活性物质会发生快速的可逆的氧化还原反应。常见的活性物质有过渡金属氧化物、金属氢氧化物、导电聚合物以及含氧或含氮的表面官能团。通常情况下，EDLC 不涉及化学反应，因此，相比于赝电容，离子传输速度更快，使得 EDLC 具有更高的功率密度和更好的循环性能。但是，赝电容的电极材料在电极表面负载了大量的活性物质，因而具有较高的能量密度（比EDLC 高 10 倍）。随着更多材料的出现，特别是纳米化的钴酸锂材料的出现，人们根据反应机制，将赝电容进一步分为表面氧化还原赝电容和插层式赝电容。插层式赝电容涉及在电极材料内部储存离子，离子在电极材料内部的传导或快速扩散（如 Nb_2O_5 和 Mxene）。而表面氧化还原赝电容主要由发生在电极材料表层或近表层的可逆电化学反应引起，电荷储存或转移的过程都发生在电极材料的表面或近表面（如 MnO_2、RuO_2、导电聚合物）。

在 EDLC 中广泛应用的碳材料具有导电性高、质量轻及化学稳定性好的优点；而赝电容的电极材料虽然具有比碳材料更高的电容量，但导电性相对较差，导致其电子传输速度较低，因此很多研究采用复合材料作为电极材料。复合材料能同时利用碳基材料的高导电性和赝电容电极材料的高储能密度，同时电极材料的纳米结构还可以缩短电子传输路径，提高电极材料的倍率性能。彭慧胜课题组将聚苯乙烯磺酸盐（PEDOT：PSS）引入氧化石墨烯等混合物中，并注入两端密封的玻璃管内，氧化石墨还原时内部会释放出二氧化碳等气体，这时溶液内、外部会存在压力差，随着中心气流的推出，最终得到了中空结构。聚苯乙烯磺酸盐（PEDOT：PSS）的引入，利于还原氧化石墨烯的扩散，促进了空心结构的形成，而这种复合纤维的中空部分的直径远大于裸还原的氧化石墨烯纤维，得到的 HCF 纤维可以连续地进行大规模制造，HCF 的抗拉强度高达 631MPa，抗拉强度高，并且在扭转时不会开裂。基于 HCF 的超级电容器显示出最高的比电容，即使在计算体积电容时不排除中空的体积，该超级电容器也产生了 $143.3F/cm^3$ 的高体积电容。石墨烯纤维（graphene fiber，GF）适用于柔性超级电容器储能系统。但是，石墨烯片易于团聚，使石墨烯纤维的比表面积减小，影响孔径分布，降低了其电化学储能性能。鲁等开发了一种超弹性碳纳米管/石墨烯纤维的新方法，然后电沉积聚苯胺。将导电聚合物聚苯胺作为赝电容材料电化学沉积在碳纳米管/石墨烯纤维上。该超级电容器在充放电电流密度为 1A/g 时，具有超过 800%拉伸应变的高弹性和 138F/g 的高比电容。研究发现当石墨烯与碳纳米管纤维的比例为 1：3 时，其比电容可提高约 39%。

根据 EDLC 的电荷存储机制，电极材料可以通过离子在电极/电解质界面的静电相互作用来实现能量的存储和释放。尽管已经有几种方案来提高纤维结构的利用率，但主要还是对纤维的外表面进行改进。其中一种方法是在石墨烯纤维上构建孔隙，缩短石墨烯片层之间的离子扩散距离，从而促进离子在整个表面的传输。电解质离子只能穿透距离纤维电极表面几纳米深的位置，使纤维内部部分仅作为碳基底，对电荷存储的贡献不大。因此，需要构建具有更大有效界面面积的石墨烯纤维电极材料，以进一步提高石墨烯基 FSC（GFSC）的性能。另一种有效的方法是合成中空 RGO/导电聚合物复合纤维，增加内部有效界面，从而产生更高的比表面积，增加电极材料的比电容。然而，纤维电极材料的内部结构改进工作仍然较少。除了比表面积外，石墨烯纤维超级电容器的电化学性能还受到离子可达孔径的影响。理想的碳电极必须具有分层多孔结构，以促进微孔（<2nm）的电荷存储，增强介孔（2~50nm）的离子传输，大孔（>50nm）则作为电解质离子的缓冲区。假设通过改变纤维电极的微孔/介孔/宏观孔隙率，可提高纤维内部界面的利用效率，从而增强电极材料的电荷存储能力并且缩短离子传输距离。同时，人们在纺丝过程中引入杂原子来提高纤维电极材料的孔隙率，同时可有效增加材料的电化学活性位点并改善其导电性，改善界面间相互作用和电子传导。景蔚萱等将均匀分散的氧化石墨烯（GO）和尿素的混合溶液注入聚四氟乙烯管中，然后在 180℃ 的烘箱中密闭自组装并干燥 2h，通过加压氮气流从管中取出，最后在 1000℃ 下热还原 2h 制得具有最佳微/中/大孔分布、良好浸润性，具有氮原子反应活性位点以及优异导电性的多孔掺氮石墨烯纤维（NGF）。通过改变石墨烯的表面电荷密度及多孔结构，氮掺杂有效调控了电极的局部电子结构，提高了纤维结构利用率，从而增强了离子扩散和电荷存储能力。该超级电容器在 $0.1mA/cm^2$（$0.4A/g$）时的面积比电容高达 $1217mF/cm^2$（$486.3F/g$），对应于在功率密度为 $40mW/cm^2$（$160W/kg$ 时，$10.8W \cdot h/kg$）时具有超高能量密度 $27\mu W \cdot h/cm^2$。

在纤维中加入活性材料也可以进一步提高材料的电容量。例如，优越的体积电容和纤维的导电性由 MXene/石墨烯纤维构成超级电容器的性能优于原始石墨烯纤维。高超课题组利用氧化石墨烯（GO）和 MXene 片材之间的协同效应，通过湿法纺丝的方法获得了连续的 MXene 基纤维。其内部结构排列良好，电导率高达 $2.9×10^4 S/m$，混凝溶剂和氧化石墨烯含量等工艺条件对纤维的可纺连续性和微观结构起到了关键作用。该方法克服了 MXene 片之间因层间相互作用不足导致无法组装成宏观纤维的问题。由该纤维组装的对称线状超级电容器，其体积电容达到了 $584F/cm^3$。复合纤维电极材料虽然具有优异的电化学性能，但其制备过程一般较为复杂，同时不同材料之间的结合力问题仍亟待解决。

导电聚合物本身具有相对较高的理论容量（$100～140mA \cdot h/g$）、宽电压范围以及优异的循环稳定性，广泛地作为赝电容电极材料。导电聚合物又可作为基底材料，有效避免导电基底材料与电极材料之间的连接问题，同时使得其循环性能也有进一步的提高，所以导电聚合物基 FSC 通常可做成全固态的整体器件。其中聚吡咯（PPy）、聚苯胺（PANI）和聚噻吩（PTP）广泛应用为 FSCs 电极材料。在各种活性材料中，二维（2D）材料，如二硫化钼、MXene 和过渡金属氧化物，研究了柔性能量—存储系统由于其独特的物理化学性质（超高可及表面积）和电化学性能。张等用原位合成和用抗坏血酸钠（SA）覆盖 $Ti_3C_2T_x$ MXene，抗坏血酸通过氢键和配位键与 MXene 表面和边缘的 Ti 原子相互作用。该工艺增加了 SA-MXene 片材的层间距，电解质离子扩散增强，从而提高了比电容性能，储能效率提高的同时，导电性也不会受到影响。该方法克服了 MXene 在水介质中的低稳定性。用所得的材料制备了一种可打印的 SA-MXene 油墨，在喷墨打印机上可打印出微型超级电容器的电极。其面积和体积电容分别为 $108.1mF/cm^2$ 和 $720.7F/cm^3$。唐等在独立 3D 碳纤维织物（CFT）上涂覆的伪电容 1D-VN/2D-MoS_2 纳米线/纳米片。因为 VN 和 MoS_2 的双假电容存储机制和定制的 3D 纳米结构设计的协同效应，提高了自支撑电极的面积容量、1D VN 的快速离子扩散以及 2D MoS_2 的大层间距。这种结构增强了 CFT、VN 和 MoS_2 之间的赝电容杂化机制及正协同效应。CFT-VN@ MoS_2 电极在 $0.5mA/cm^2$ 时具有 $6.80mA \cdot h/cm^2$ 的高面容量，在 $17.0mA/cm^2$ 时具有 $1.27mA \cdot h/cm^2$ 的比容量，在 $1.5mV/s$ 时具有 80% 的电容贡献。

4.1.3　混合超级电容器

然而，FSC 的低能量密度严重限制了其实际应用和商业化发展。因此，通过将以物理吸附机制的双电层电容和利用法拉第氧化还原反应储存能量的赝电容组合在一起，即构成纤维基混合超级电容器（fiber hybrid supercapacitor，HSC），能够有效提高电容器的能量密度。具有有序多孔通道、高电导率、大量法拉第反应活性位点以及稳定的界面动力学的电极材料可有效提高器件中离子传输及储存性能，这对于实现高能量密度并在实际应用中是非常重要的。因此，研究对纤维电极进行材料改性和结构优化的方法策略是十分重要的。超级电容器的不同结构如图 4-3 所示。由于可组合得到不同能量储存机制的电极材料的优点如同时具有高的能量密度（赝电容的电极材料提供）和功率密度（EDLC 的电极材料提供）。同时由于 HSC 的两个电极具有不同的工作电压，所以电容器可通过不对称结构组装使得器件具有更大的工作电压窗口，能量密度能显著提高。

$$E = 0.5CV^2 \tag{4-2}$$

式中：C 为电容值；V 是工作电压。

尽管混合型超级电容器具有高能量密度、高功率密度、长循环寿命和快速充放电等特点，但是与充电电池相比，其能量密度依然相对较低。混合型超级电容器的能量密度通常在几十 W·h/kg 范围内，远低于充电电池的能量密度，无法满足高能量密度应用的需求。此外，混合型超级电容器的电压通常较低，一般在数伏至数百伏之间，需进行串联或并联来满足实际应用时的电压需求。

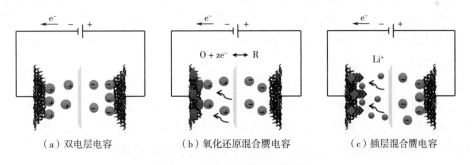

（a）双电层电容　　　　（b）氧化还原混合赝电容　　　　（c）插层混合赝电容

图 4-3　超级电容器的不同结构

早期研究工作主要是将金属或导电材料包覆在塑料电线上制备纤维电极，但这种纤维电极在弯曲过程中容易断裂，同时质量较大，限制了其在可穿戴设备中的应用。碳纤维（CF）（表面涂覆活性物质）因其性能优异，如柔韧性好、机械强度高、导电性好、化学稳定性好及低廉的价格，应用于纤维基超级电容器中作为电流集流体。同时，使用赝电容电极材料可有效提高纤维基超级电容器的能量密度。其中，混合过渡金属氧化物（$NiCo_2O_4$，$ZnCo_2O_4$，$NiMoO_4$ 等）由于具有优异的电化学性能，如良好的可逆性和导电性，引起了科学家的广泛研究兴趣。黄课题组制备了一种新型 HSC，纳米草状（nanograss，NG）$NiCo_2O_4$ 包覆碳纤维表面（$NiCo_2O_4NG@CF$）作为这一混合超级电容器的正极，负极则是多孔碳包覆在碳纤维表面，聚乙烯醇（polyvinyl alcohol，PVA）/KOH 作为凝胶电解质。具有一维纳米草状的 $NiCo_2O_4$ 由于大量的活性位点和一维电荷输运特性，显著提高了材料的比容量和功率。而负载在碳纤维表面的多孔碳中互相连通的孔分布为电解液离子提供了很好的扩散输运通道，也使得电极材料具有更好的浸润性。HSC 在恒电流充放电电流密度为 1mA 时，比电容为 17.5F·g，能量密度为 6.61W·h/kg，功率密度为 425.26W/kg。并且在 3000 次充放电循环后依然能保持 92% 的初始容量。陈等在不锈钢箔上均匀生长出了 $CuCo_2O_4$ 纳米线（CCO-NW）和纳米片（CCO-NS）。煅烧剥离后得到了 $CuCo_2O_4$ 粉末材料，这些粉末具有巨大的比表面积和介孔性质，增加了活性位点。用 $CuCo_2O_4$ 粉末装载电池可作为高性能超级电容器的正极材料，CCO-NW//AC HSC 在 1.01kW/kg 时，能量密度为 36.16W·h/kg，而 CCO-NS//AC HSC 在 1.03kW/kg 时的能量密度为 38.4W·h/kg。两种 HSC 在 6A/g 下均表现出 5000 次的优异循环性能。并且该合成方法可推广到制备其他结构均匀、电化学性能优异的过渡金属氧化物（TMOs）基电极材料。

目前，人们已经可通过各种制备方法对二维纳米片，如还原氧化石墨烯片、二硫化钼（MoS_2）、硼纳米片以及黑磷（BP）实现物理化学性质调控、各向异性结构、高的有效比表面积以及超高电导性。$Ti_3C_2T_x$ 作为一种新型二维 MXene，具有亲水性化学表面、易分散/加工性能、高达 15000S/cm 的导电率以及可控的层间结构，作为超级电容器和电池的电极材料得到了广泛的应用。同时，这些优异特性以及强化学键交联作用使得液晶态 $Ti_3C_2T_x$ 可很容易地制成柔性纤维。并且，$Ti_3C_2T_x$ 相比还原氧化石墨烯无须额外的还原过程，同时依然能保持超高电导率、良好的结构稳定性、力学性能和良好的电化学性能。胡等通过微流控纺丝和微反应方法制备了具有核壳结构的界面有序共价连接结构的 $MoS_2-Ti_3C_2T_x$ 纤维。其中，纤维的外壳层为有序的 MoS_2 阵列，通过 Ti-O-Mo 键连接在纤维的内部核表面。这种共价连接并可调的核壳结构具有以下优点：

①$Ti_3C_2T_x$ 纳米片具有易分散/加工性能，保证了纤维具有高电导率、良好的力学性能，使离子在界面具有高效的传导速度以及纤维在弯曲时性能保持稳定；

②垂直排列的 MoS_2 阵列通过化学键与内部核结构连接，提供了有序的离子扩散通道，大量的微孔和介孔以及界面的强相互连接，提高了离子动态传输及存储能力；

③微流控纺丝和微反应方法可实现反应通道均匀可控，$Ti_3C_2T_x$ 纤维与外部垂直排列的 MoS_2 阵列通过共价连接，这些都对纤维材料的能量密度提高起到了关键的作用。

由于上述优点，$MoS_2-Ti_3C_2T_x$ 纤维在 1mol/L 的 H_2SO_4 水溶液中并在恒电流 $2A/cm^3$ 充放电时具有 $2028F/cm^3$ 的超大电容。$MoS_2-Ti_3C_2T_x$ 为负极，石墨烯纤维为正极，PVA/H_2SO_4 凝胶电解质组装的固态混合超级电容器的能量密度达到 $23.86mW·h/cm^3$，电容值达到 $1073.6F/cm^3$，并且在经过 2 万次循环后依然保持初始容量的 92.13%。因此可实现对可穿戴手表、LED、电风扇和玩具船的稳定电能供应。

目前，FSC 已具有良好的电化学性能，因而能够作为储能器件与其他器件复合并集成在多功能电子器件中。尽管 FSC 在设计和制备方面取得了许多成果，但仍有许多难题需要进一步解决：

①FSCs 的电极材料与基底之间的结合问题有待进一步改进，以提高 FSC 的循环稳定性，同时，FSCs 在拉伸变形过程中，由于基底和电极材料的受力拉伸变形程度不同，容易引起电极材料与基底之间的脱离，进而影响 FSC 的拉伸性能；

②FSC 的能量密度与电池相比仍有不小的差距，需要进一步提高。FSC 相比于现有的超级电容器，可通过编织有效地融入柔性可编织/可穿戴电子纺织物中，这也是其未来发展的必然趋势。

4.2 纤维基二次电池储能材料与器件

纤维基电化学能量存储设备（如二次电池）是利用纤维材料、结构和加工技术的电化学能量存储设备，它是可穿戴、便携式和许多其他应用的理想能源供应。这是因为纤维或织物材料本质上具有机械柔性、轻质和高比表面积，更重要的是，它能够集成到各种领域，如服装、家居、医疗和建筑领域。从器件构型角度来看，纤维基电化学能量存储设备可分为一维（1D）纤维/纱线和二维（2D）织物结构。在此，以金属离子电池（Li、Na、K）和金属—空气电池为例，介绍其材料的制备和表征、电极和器件制造、电化学性能指标以及可穿戴兼容性。

4.2.1 金属离子电池（Li/Na/K 离子电池）

金属离子电池和金属—空气电池的结构类似，它们都是由正极、负极、电解质和隔膜构成（图 4-4）。电极主要由电化学活性材料组成，在采用传统电极制备工艺将活性材料涂覆到集流体的过程中，往往还会加入导电剂和黏结剂。集流体（如铜箔、铝箔）是与电极直接连接的导电基底，用于器件的电荷传输。电解质可是液态或凝胶形式，用于两个电极之间传输带电离子。在电池器件制备的最后往往还需要封装

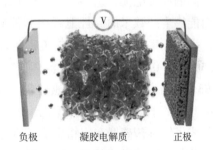

负极　　凝胶电解质　　正极

图 4-4　电池结构示意图

层，它起到保护壳的作用，以避免电解液泄漏和阻止材料的氧化，确保器件处于稳定和安全的工作条件。以锂离子电池为例，放电时，锂离子从负极脱出，经电解液穿过隔膜后向正极扩散，与此同时，电子通过外电路从负极流向正极，产生电流，实现化学能到电能的转变。充电过程则与之相反。

如图 4-5 所示，一维纤维/纱线形状的电池能量储存器件中，活性材料、隔膜和电解质都集成到 1D 系统中，两个电极平行或扭曲放置形成两根纱线，或将所有电极材料和电解质包裹成具有核壳结构的一根复合纱线。2D 平面结构的电池器件通常是由一对织物电极构成，中间用电解质和隔膜隔开。为实现柔性电极良好的电化学性能，选择合适的纤维基底/集流体

是首要条件。常见的 1D 基底包括金属线、碳基材料（如碳纳米管）等，2D 集流体包括碳基集流体（如碳布）、织物等。由于织物本身不导电，这些高分子织物往往通过金属沉积或后处理赋予其导电性，使其作为有潜力的集流体。

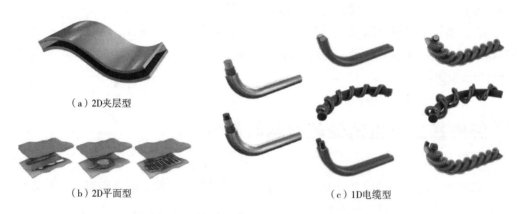

（a）2D夹层型 （b）2D平面型 （c）1D电缆型

图 4-5　柔性电化学储能器件的结构示意图

纤维基锂离子电池作为柔性电源解决方案具有很大的吸引力，因为纤维可以编织成纺织品，为未来的可穿戴电子设备提供了一种便利的方式，然而，它们的长度很难超过几厘米，长的纤维被认为有更高的内阻而会降低电化学性能。复旦大学彭慧胜团队发现，纤维的内阻与其长度具有双曲余切函数关系，当长度增加时，它在变平之前先减小。系统研究证明，对于不同的纤维电池，这一出乎意料的结果是正确的。通过优化的可规模化的工业过程，该课题组能够生产数米的高性能纤维基锂离子电池。基于钴酸锂/石墨全电池和电池封装的总重量，大规模生产的纤维电池能量密度为 85.69W·h/kg，其容量保持率在 500 次充放电后达到 90.5%，与 0.1C（1C 指以电池标称容量大小为单位进行放电）倍率容量相比，1C 倍率下可达 93%，与商业化的软包电池相当。当纤维弯曲 100000 次后，该电池容量保持在 80% 以上。纤维基锂离子电池通过剑杆织机编织到安全可洗的纺织品中，可实现为手机无线充电，也可为集成了纤维传感器和织物显示屏的健康管理夹克供电。

此外，针对目前基于逐层涂覆工艺的传统平面电池只能生产低产量纤维电池，不能满足实际需求的问题，彭慧胜和王兵杰等提出了一种新的通用的溶液挤压方法来生产连续纤维电池。三通道工业喷丝头可以同时挤出，并结合了纤维电池的电极和电解液。功能部件之间的层流保证了挤出过程中更小的界面。每个喷丝头单元可以产生 1500km 的连续纤维电池，比之前的报道明显提高了三个数量级。该课题组还展示了大约 $10m^2$ 应用于智能帐篷的编织织物，该电池的能量密度为 $550mW·h/m^2$。其中，为了使正极、负极和电解质以每秒的剪切速率获得 $10\sim100Pa·s$ 的高表观黏度，他们使用了大于 $300mg/mL$ 高浓度的固体材料制备油墨。这样一个高表观黏度提高了可纺性，有利于纤维电池的连续生产。除了锂离子电池，这种方法也可用于制备纤维基的水系钠离子电池。钠离子电池的正极和负极油墨分别为 $Na_{0.44}MnO_2$ 和 $NaTi_2(PO_4)_3$，因为纤维使用含 Na^+ 的水溶液作为电解质，与细胞介质相容，其特别有希望为植入式电子器件供电。10cm 长的纤维基钠离子电池在 $5mA/g$ 的容量约为 $38mA·h/g$，且循环可超过 50 次。对于长纤维电池，电极纤维的体积电阻率几乎保持不变。

目前，普遍采用的纤维基电池大多采用将活性材料涂覆到碳纤维的表面。然而，这种纤维状的电极在应用于柔性钠离子电池方面还存在一些问题：第一，由于碳纤维有限的表面积，碳纤维表面活性材料的负载量较低；同时，非活性碳纤维相对于表面涂覆的活性材料具有较大的体积，导致空间利用率低，因此，电极的体积能量密度较低。第二，表面涂覆活性材料造成活性材料和碳纤维之间的界面有限，电子转移动力学较慢。第三，这种核壳结构的稳定性较差，原因在于在充放电过程中体积变化造成较大应力，引起活性材料的脱落和循环稳定性较差。

针对这些问题，夏晖和赵相玉课题组制备了蛋壳结构的二硫化镍纳米粒子嵌入多孔碳纤维（$NiS_2 \subset PCF$）作为高性能的储钠纤维电极。其大致合成过程为：将硝酸亲水处理后的多孔碳纤维浸入浓 $Ni(NO_3)_2$ 溶液，Ni^{2+} 和 NO_3^- 渗入 PCF 的孔隙中，并提供均匀的金属源和含氧基团以便进一步退火。负载 $Ni(NO_3)_2$ 的 PCF 通过在 Ar/H_2 气氛下 1000℃退火 1h，转化为 $Ni \subset PCF$；然后，$Ni \subset PCF$ 在 160℃硫化 10h，形成最终的 $NiS_2 \subset PCF$ 材料；$NiS_2 \subset PCF$ 电极在 0.1C、0.2C、0.5C、1C、2C 和 5C 电流密度下，其可逆容量分别为 580mA·h/g、516mA·h/g、450mA·h/g、391mA·h/g、347mA·h/g 和 302mA·h/g。即使是在 10C 的倍率下，$NiS_2 \subset PCF$ 电极的容量仍能达到在 0.1C 时首次容量的 42.2%。另外，该课题组还制备了传统电极，即将 NiS_2 纳米片阵列涂覆在 PCF 表面，得到 $NiS_2@PCF$ 电极。该电极在 0.1C、0.2C、0.5C、1C 和 2C 电流密度下的容量只有 323mA·h/g、250mA·h/g、191mA·h/g、120mA·h/g 和 43mA·h/g。通过电化学阻抗谱（EIS）测试发现，$NiS_2 \subset PCF$ 电极的欧姆电阻和电荷转移阻抗分别为 7.5Ω 和 101Ω，小于 $NiS_2@PCF$ 电极的 47.8Ω 和 427.6Ω，表明 $NiS_2 \subset PCF$ 异质结构极大地提高了电导率和倍率性能。尽管 $NiS_2 \subset PCF$ 中 NiS_2 嵌入在碳纤维内部，其在低频区的斜率与 $NiS_2@PCF$ 类似，表明两种材料的韦伯（Warburg）阻抗类似。由于碳纤维是多孔的，互连的孔隙打开无数的孔道，有助于离子快速扩散到电极。结果表明，$NiS_2 \subset PCF$ 三维多孔碳基体可有效提高电化学反应动力学。此外，$NiS_2 \subset PCF$ 电极在 0.1C 循环 300 圈，容量保持在 534mA·h/g，库伦效率经过几圈循环后接近 100%，表现出良好的循环稳定性。

除了采用碳纳米管作为导电组分，使用功能化的棉织物的储能器件也有大量报道。曹国忠和张校刚课题组采用具有良好柔韧性和较高电导率的碳纤维编织而成的碳织物为模板，在其上可控生长锂金属氧化物，作为高功率锂离子电池负极材料。首先，超薄的 TiO_2 纳米片通过溶剂热过程的静电相互作用生长在柔性的碳织物上，在化学锂化和短时间退火过程后，TiO_2 纳米片原位转变为多孔的 $Li_4Ti_5O_{12}$（LTO）纳米晶，从而形成高度柔性的 LTO/碳复合织物。此外，这种新颖的制备方法比较简单且具有通用性，该课题组还采用这种方法成功制备了 $LiMn_2O_4$（LMO）/碳复合织物。在锂化之前，碳纤维表面覆盖着超薄的 TiO_2 纳米片，且纳米片的横向尺寸为几百纳米，相互交错，形成松散多孔结构。当在 LiOH 溶液中化学锂化的过程中，纳米片收缩成颗粒，形成虫状 LTO 均匀包覆在碳纤维表面形成核壳结构，从而降低表面能产生 LTO/碳织物复合材料，该电极可弯曲折叠，展示了良好的柔性。

在 1C 电流密度下，LTO/碳织物复合材料的首次放电容量高达 177mA·h/g，该容量是基于 LTO 的质量计算得到的。LTO 在基底上的原位生成提高了动力学，从而增强了电化学反应活性。由于 Ti^{4+}/Ti^{3+} 的氧化还原反应，该电极在 1.52V 出现电压平台。随着电流密度从 10C、30C 增加到 60C，LTO/碳织物复合材料的放电容量从 152mA·h/g 减小到 134mA·h/g 和 119mA·h/g。即使在 90C 的倍率下，电压平台仍然得到保持，而容量则为 1C 时的 58%。相比之下，传统的 LTO 微球从 1~90C 时，容量衰减严重。原因在于，传统的含黏合剂的电极增加了额外的颗粒间的阻力，更重要的是，未能提供电活性物质和集流体基底之间的有效电子输运。3D 高电子导电性的碳织物被证明是电荷转移的高速通道，松散的纹理和相邻碳纤维的开放空间使得更多活性材料暴露在电解液中，有助于 Li^+ 的快速转移；纳米尺寸的活性材料缩短了锂离子和电子的扩散路径，还避免了黏结剂和导电剂的使用。所有这些都确保了锂离子和电子进入/离开 3D 柔性电极结构的有效双向扩散，从而实现显著的倍率和循环性能。

梁济元课题组报道了离子交换法辅助在碳布上制备碳包覆的氧化镍纳米片阵列。首先，将 Mg（OH）$_2$ 电化学沉积到碳布（CC）上，形成纳米片阵列，命名为 Mg（OH）$_2$-CC。然后，葡萄糖通过水热处理用作为碳包覆的碳源，随后高温热处理将 Mg（OH）$_2$ 脱水为 MgO 以及葡萄糖碳化形成碳包覆层，从而在碳布上形成碳包覆的 MgO 纳米片阵列，表示为 C@MgO-CC。这个过程得到了碳布上由高度石墨化的碳层包覆的高负载量 MgO。其次，C@MgO-CC 与 Ni^{2+} 进行离子交换，然后热脱水获得最终产品，即碳布上负载有碳包覆离子交换合成的 NiO 纳米阵列，称为 C@IENiO-CC。碳包覆不仅提高了电子转移动力学和电极的结构完整性，而且有助于缓冲 NiO 在循环过程中的体积变化。因此，C@IENiO-CC 自支撑负极显示出出色的电化学性能。更有趣的是，即使在 4mg/cm^2 的高负载量下，C@IENiO-CC 的面积容量仍然高达 3.08m·Ah/cm^2，首次库仑效率为 91.2%。这种离子交换辅助制备碳包覆 NiO 的方法简单有效，还可推广到制备其他高性能碳包覆的过渡金属氧化物自支撑电极。

硅纳米线（Si NW）因其高比容量而成为锂离子电池（LIBs）的一种很有前途的负极材料。无黏合剂的 Si NW 如想实现足够高的负载量，受到表面积低、力学不稳定和导电性差的集流体（CC）以及复杂/昂贵的合成路径的限制。凯文·瑞安和塔格·肯尼迪课题组报道了使用简单的玻璃器皿装置在具有导电、柔性、耐火且力学坚固的交织不锈钢纤维布（SSFC）上实现可调质量负载且致密的 Si NW 生长。SSFC 集流体促进 Si NW 致密生长，其开放的结构还能为 Si NW 在锂离子循环过程中的膨胀/收缩提供缓冲空间。该 Si NW@SSFC 负极在 500 个循环中表现出稳定的电化学性能，平均库仑效率大于 99.5%。负载量为 1.32mg/cm^2 的 Si NW@SSFC 负极在 0.2C 下 200 次恒电流循环后，面积容量稳定在约 2mA·h/cm^2。通过非原位扫描电子显微镜和透射电子显微镜对具有不同负载量的 Si NW@SSFC 负极进行循环前后的表征，以检查锂离子电池循环对形貌的影响。尽管负载量较高，所有的样品都发生了显著变化，转变为由相互连接的韧带组成的多孔网络。这种多孔网络是非常有利的，因为它的结构很坚固，一旦形成，它在进一步的充放电过程中没有表现出显著的变形。从 Si NW@SSFC 负极在高负载量下获得的稳定性能也能看出 SSFC 的好处。在最近的一项研究中，当负载量增加超过 0.6mg/cm^2 时，在不锈钢箔上就没有看到这种理想的结构调整。值得注意的是，这种方法允许大规模制造坚固且柔性的无黏合剂 Si NW@SSFC 构型，使其可用在高能量密度锂离子电池的领域。

鄢俊敏课题组采用废弃的实验服棉织物为原料，并从工业废水中回收有价值的金属离子，模拟废水的化学镀镍过程，制备了涂覆镍的棉织物（NCT）作为柔性集流体。NCT 具有许多优点，包括高机械强度，柔性、良好的电子导电性和优异的电化学稳定性。NCT 集流体可以承受约 48MPa 的应力，断裂强度是碳布的 10 倍，表明集流体足够坚固以保证弯曲或折叠时的力学完整性。而 NCT 具有比棉布更高的力学强度，可能是由于镍涂层的增强作用。NCT 的电导率也达到 4900S/m，处于非常高的水平。更重要的是，即使经过 5000 次弯曲/拉伸，NCT 的电导率几乎保持不变，表明其具有优异的力学稳定性。NCT 的密度低至 73.8mg/cm^3，远低于铝箔、铜箔、不锈钢网和钛箔等金属集流体。此外，作为概念证明，在其上直接涂覆普鲁士蓝/石墨烯复合材料（PB@ GO@ NCT）成功制备了无黏结剂的电极材料，其表现出优异的灵活性和良好的倍率性能以及出色的循环稳定性。PB@ GO@ NCT 正极在 1C、4C、10C 和 20C 电流下的放电容量分别为 101mA·h/g、82mA·h/g、78mA·h/g 和 72mA·h/g。当电流密度高达 30C 时，其放电容量仍达到 67mA·h/g，相当于首次容量的 61%。PB@ GO@ NCT 电极在 5C 的高倍率下经历 1800 次循环，仍能保持 84.4% 的容量，相当于每圈 0.0086% 的极小容量衰减。更重要的是，该课题组首次提出了一种具有优异电化学性能的新型管式柔性钠离子电池的成功制备。当管型钠离子电池被处理成各种柔性可穿戴电子设备（如精致的项链和小巧的手镯）时，其连接的红色 LED 灯一直亮着。管式钠离子电池在 50mA/g 电流密度的初始放电容量为 87mA·h/g，能量密度大于 260W·h/kg，与纽扣电池相似。此外，管式电池允许设备设计的自由度，可加快柔性电子的商业化进程。

王丹、郑子剑和于然波课题组在棉织物表面化学镀镍（Ni）得到导电织物，然后将五氧化二钒（V_2O_5）空心球、导电剂和黏结剂制备成浆料，采用刮涂的方法将其涂覆在镀镍织物上，得到 V_2O_5 空心球/Ni—棉织物复合电极。由该复合材料作为正极，锂金属作为负极，组装成 2cm×2cm 的软包电池具有很好的柔性。该电池在正常条件下提供 144mA·h/g 的比容量，弯曲后电池正常工作，容量衰减可忽略。100 次和 200 次弯曲循环的充放电曲线接近重叠。不管是在水平还是弯曲 90° 和 180° 的条件下，电池仍能够点亮 1m 长、额定电压为 3V 的 LED 灯。同时，电池的开路电压也没有发生变化，显示出了良好的力学柔性。

李相永和金在勋课题组采用电化学置换的方法制备单体锂离子电池的织物电极。以 Sn 这种下一代锂离子电池负极活性材料为例，首先，在力学柔性的 PET 表面通过化学镀涂覆薄的镍层制备柔性集流体。然后，利用 Sn^{2+}/Sn 的电极电位（-0.13V SHE）比 Ni^{2+}/Ni（-0.25V SHE）的电位更高，从而实现 Ni 对 Sn^{2+} 的置换。因此，在不使用任何聚合物黏结剂的条件下，置换得到的 Sn 整体嵌入 PET 织物的 Ni 基质中，得到单体 Sn@ Ni 织物电极，由此产生的 Sn@ Ni 织物电极表现出相互连通的离子传输通道和电子传导网络。Sn@ Ni 织物电极的横截面扫描透射电子显微镜连同能量色散谱（EDS）线条轮廓显示，Sn 主要存在于从表面到 100nm 以内的深度。而当增加穿透深度时，其 Sn 和 Ni 含量表现出相反的行为，即 Sn 含量增加而 Ni 含量减少。Sn/Ni 含量比在厚度方向的连续变化证明，Ni 和 Sn 的置换是从表面逐渐开始，形成 Sn 与 Ni 的无缝结合。根据电感耦合等离子体联合质谱分析，Sn@ Ni 织物电极中整体成分

Sn：Ni：PET 的比例为 14.9：43.3：41.8。以织物电极、锂片对电极和 1mol/L LiPF$_6$ 的碳酸乙烯酯/碳酸二甲酯液体电解质组装了长 200mm，宽 10mm 的条状半电池。该半电池的充放电曲线与金属 Sn 电极相似。在各种变形条件下，比如弯曲（半径分别为 14mm、22mm、30mm）、扭转（杆的半径为 8mm）和多层折叠时，半电池都能照亮发光二极管。

为了提高柔性，电极通常被内部或外部加固。电极内部加固活性层可通过一维材料（如纤维素纳米纤维和碳纳米管）的引入实现，而外部加固则是对负载活性材料的柔性基底进行外部修饰。宋贤坤和林秀珍课题组提出了第三种内部和外部共同加固的柔性电极构型。内部增强纳米线或者贯穿活性层的纳米线相互缠绕形成集成活性材料的网，外部加固基材提供锚定纳米线的结构，将其锚定集成电极到基材。外部加固基底的机械性能决定了断裂韧性，其中代表性的例子是内部外部增强材料通过纳米纤维缠绕在微米的多孔基材上：在低载量时，活性材料截留在微米纤维和纳米纤维的孔洞中；在高载量时，活性材料/纳米纤维层在微米纤维基底的框架之上。

该课题组采用超声喷雾法合成了 Ag 纳米线（NW）和碳纳米管缠绕 PET 微米纤维（MF）基材负载的钛酸锂（LTO）电极，其基材分别标记为 AgNW＄MF 和 CNT#MF。以 LTO 负载的 AgNW＄MF 为例，在喷涂的初始阶段（1s），PET 基材的 MF 缠绕直径约 20nm、长度约 20μm 的 AgNW。当 NW 喷涂到 MFs 并与 MF 碰撞时，碰撞力使形状具有韧性的 AgNW 与 MF 的表面特征共形，因此韧性变形消耗了碰撞力的一半。这个减小的碰撞力使 AgNW 能够缠绕 MF，而不是从 MF 表面反弹。此外，Ag 的延展性促使 AgNW 之间形成互锁接头，一个 AgNW 股线变形为凹形，以适应另一股 AgNW 凸形表面。当 AgNW 被喷涂更长的时间时，更大量的 AgNW 和活性材料颗粒沿着 MF 的弯曲表面被发现。经过 10s 的喷涂后，AgNW 形成了相互连接的网络，而 LTO 颗粒被捕获在 AgNW 和 MF 中。MF 之间的空隙被 AgNW 捕获的 LTO 颗粒填充。喷涂过程中，喷嘴在 x-y 平面中覆盖大的电极区域重复移动以获得期望的负载量。

LTO 负载的 AgNW＄MF 和 LTO 负载 CNT#MF 电极的电导率分别比商业化浆料（LTO、炭黑和黏合剂）涂布成活性层的电导率高四个和两个数量级。与传统结构集流体构成的 LTO/Al 相比，三种构型的材料相对于 LTO 的质量容量（mA·h/g$_{LTO}$）没有差别，表明在 AgNW＄MF 和 CNT#MF 基底上 LTO 得到了有效利用；而相对于电极的质量容量（mA·h/g$_{ED}$），LTO 负载的 AgNW＄MF 和 CNT#MF 电极是 LTO/Al 的 4 倍；此外，AgNW＄MF 的高电导率还提升了 LTO 材料的倍率性能。微分容量曲线上，嵌锂和脱锂峰之间的最窄间距也证明了 LTO 负载 AgNW＄MF 的快速电化学动力学。特别的是，LTO 负载 AgNW＄MF 电极两次折叠后，四层电极的面积容量是未折叠材料的 4 倍，而折叠没有改变质量容量，LTO 负载 AgNW＄MF 的单层、双层和四层电极与常规 LTO/Al 电极的容量都保持在 150mA·h/g。

王栋和刘学课题组采用化学氧化法在聚对苯二甲酸乙二醇酯（PET）非织造布基材上原位聚合聚吡咯（PPy），并通过控制反应条件得到不同形貌的聚吡咯电极材料。当置于恒温水浴振荡器（转速 160r/min）条件下，反应体系的剪切力较小生成了纳米线状的 PPy（PPy-NW/PET），在 PET 纤维表面无序分布并形成网状结构。与之相对的另一组，通过强烈的机械搅拌（转速 600r/min）使聚吡咯在聚合过程中受到较大的机械剪切力，生成的 PPy 呈纳米颗粒状（PPy-NP/PET）。从实物图中可看到，PET 非织造布基材呈白色，而通过化学氧化法在柔性 PET 基材上原位聚合 PPy 后，PPy 的黑色粉末均匀覆盖在 PET 表面，整个电极材料变成黑色。值得注意的是，PPy-NW/PET 和 PPy-NP/PET 依然保持了 PET 基材良好的柔性。从图 4-6（a）中可看出，PET 非织造布是由表面光滑的 PET 纤维交织而成的，其平均直径为 13μm。由于 PET 纤维之间的相互交错，形成了三维多孔结构。从 PPy-NW/PET 和 PPy-NP/PET 的低倍 SEM 图中可看到，在 PPy 聚合后，PET 表面变粗糙［图 4-6（b）（c），其中内嵌图为相应的光学图片］。PPy 纳米线的平均直径为 460nm，不仅紧密包覆在 PET 纤维表面，还在 PET 纤维之间形成了纳米线，PPy 纳米线在连接 PET 纤维的同时，相互交叠，形成了网状导电通道。从 PPy-NP/PET 的 SEM 图中可看到，PPy 纳米颗粒也紧密地附着在 PET 纤维表面，其直径为 460~600nm，部分颗粒发生团聚。PPy 的加入使 PPy-NW/PET 和 PPy-NP/PET 形成了柔性导电纤维。

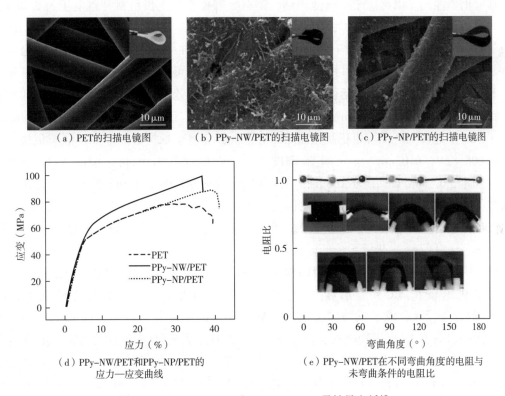

（a）PET的扫描电镜图　　（b）PPy-NW/PET的扫描电镜图　　（c）PPy-NP/PET的扫描电镜图

（d）PPy-NW/PET和PPy-NP/PET的应力—应变曲线

（e）PPy-NW/PET在不同弯曲角度的电阻与未弯曲条件的电阻比

图 4-6　PPy-NW/PET 和 PPy-NP/PET 柔性导电纤维

在傅里叶红外光谱（IR）图中，PPy-NP/PET 和 PPy-NW/PET 两种柔性电极材料的谱图非常相似：1531cm⁻¹ 和 1440cm⁻¹ 处两个明显的吸收峰分别是吡咯环的反对称伸缩振动和对称伸缩振动引起的；位于 1139cm⁻¹ 附近有一强峰，可能是吡咯环的呼吸振动。PPy-NP/PET 和 PPy-NW/PET 的谱图中，代表 PET 官能团的吸收峰强度有一定程度的降低。这也说明，PPy 成功包覆在 PET 纤维表面。而对比应力应变曲线，PPy-NW/PET 电极材料的拉伸强度最大，达到了 97MPa，其次是 PPy-NP/PET 电极材料，PET 非织造布基材的拉伸强度最小 [图 4-6（d）]。这主要归因于在 PET 上聚合 PPy-NP，颗粒之间存在相互作用力，因此，相比 PET，PPy-NP/PET 拉伸强度会有一定程度的提升。而 PPy-NW/PET 电极材料中 PPy 纳米线相互缠结成为网状结构，并且连接了 PET 纤维，于是使拉伸强度进一步提高。

该 PPy/PET 可直接作为无黏结剂的柔性电极材料。电化学测试结果表明，PPy-NW/PET 电极材料的性能更优异，其首次放电和充电的比容量分别为 124mA·h/g 和 98mA·h/g，且具有良好的柔性和稳定性，该研究为柔性、轻质电极材料的制备及其在储能领域的应用提供了很好的思路。

作为电池中的重要组分，柔性电极的设计对提升钠/钾离子电池的性能起着至关重要的作用。吴兴隆课题组采用商业化棉布衍生的碳布作为负极，通过简单溶液沉淀法将普鲁士蓝立方体生长在碳布上作为正极，以钠/钾片作为对电极和参比电极，分别组装了半电池和全电池测试其电化学性能。以钾离子半电池为例，碳布@普鲁士蓝正极材料开路电压为 2.98V，在电压窗口 2.0~3.8V，电流密度 0.02mA/cm² 的条件下，其首圈的放电比容量为 0.110mA·h/cm²，并伴随着 3.43/3.40V 的氧化/还原平台，对应于 Fe^{3+}/Fe^{2+} 的转化，初始库伦效率为 67.4%，随后循环中的库伦效率约为 87%，这表明存在不可逆反应，可能是由于电解质在高电压下的不稳定和金属钾的高活性所导致。碳布@普鲁士蓝正极材料还表现出适中的倍率性能和良好的循环性能，在 0.3mA/cm² 的高电流密度下，其比容量为 0.026mA·h/cm²。在 0.1mA/cm² 下循环 100 圈容量仍高达 0.05mA·h/cm²，容量保持率为 87%。碳布负极在电压窗口 0.005~2V，0.02mA/cm² 的电流密度下，首圈比容量 1.05mA·h/cm²，库伦效率为 65.6%，而在 0.2mA/cm² 循环 100 圈，容量保持率高达 96.2%。将碳布@普鲁士蓝正极材料和碳布负极组装成扣式全电池，其在电压窗口 2.0~3.7V，循环 200 圈容量保持率为 95.8%。将碳布@普鲁士蓝正极材料和碳布负极组装成软包电池，该电池无论处于平的或弯曲的状态，都能为 59 个红色发光二极管组成的标志充电。

武汉纺织大学王栋、刘学课题组以棉布（CC）为柔性基底，以钼酸钠和硫脲为前驱体，通过先碳化棉布（PCC）后水热反应、水热后碳化及在此基础上包覆还原氧化石墨烯（RGO）的方法设计合成了三种二硫化钼（MoS_2）/棉织物基复合材料，即 PCC/MoS_2、CC/MoS_2 及 CC/MoS_2@RGO 织物电极，其中 PCC 为高温退火处理得到的柔性碳纤维导电网络（图 4-7）。得益于棉织物良好的亲水性，在棉织物上原位合成可实现 MoS_2 的高负载量。其中，CC/MoS_2@RGO 材料表现出最佳的电化学性能，这主要归因于 MoS_2 的包覆避免了棉布直接暴露在高温条件，保证了结构完整性；原位合成过程加强了棉基底和活性材料的结合力；RGO 的包覆进一步提高导电性，同时缓冲硫化物的体积变化。

X 射线衍射（XRD）图谱和拉曼图谱证实，CC/MoS_2@RGO 中存在 1T-和 2H-相的 MoS_2。热重测试表明，MoS_2 在 CC/MoS_2@RGO 柔性电极的含量为 28.7%。作为钠离子电池负极材料，CC/MoS_2@RGO-700 柔性电极表现出优异的倍率性能（表 4-1）。在 0.1A/g、0.2A/g、0.5A/g、1.0A/g、1.5A/g 和 2.0A/g 电流密度下，其放电比容量分别为 560.3mA·h/g、510.9mA·h/g、447.3mA·h/g、382.8mA·h/g、322.2mA·h/g 和 300.6mA·h/g。当

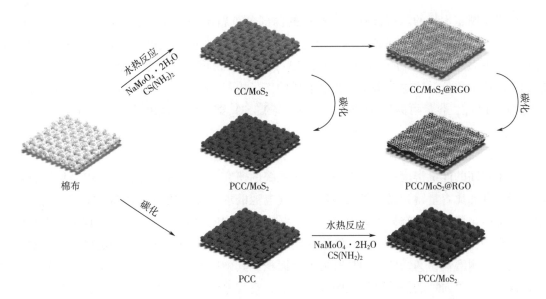

图4-7　PCC/MoS$_2$、CC/MoS$_2$及CC/MoS$_2$@RGO-700的制备过程示意图

电流密度回到0.1A/g时，可逆容量仍然可达到482.5mA·h/g。作为锂离子电池负极材料，CC/MoS$_2$@RGO-700柔性电极表现出优异的循环稳定性。在2.0A/g电流密度下充放电循环2000次，其放电比容量高达141.7mA·h/g。动力学研究表明，在扫速2mV/s时，CC/MoS$_2$@RGO-700材料的赝电容贡献为76.4%。

表4-1　不同材料在不同电流密度下的储钠性能对比

电极材料	储钠性能					
	0.1A/g	0.2A/g	0.5A/g	1.0A/g	1.5A/g	2.0A/g
CC/MoS$_2$-700	608.4	556.7	472.3	377.3	299.5	249
CC/MoS$_2$-900	529.1	510.2	448.7	391	339.4	321.6
CC/MoS$_2$@RGO-700	560.3	510.9	447.3	382.8	322.2	300.6

将电极拆开，可看出循环后材料的微观结构依旧完整，进一步证明了CC/MoS$_2$@RGO-700的结构设计能有效缓解其体积膨胀，保持整体结构的完整，使CC/MoS$_2$@RGO-700复合材料表现出优异的电化学性能。该工作合成了棉织物基二硫化钼柔性电极材料，探索了其在锂/钠离子电池的应用，对于设计合成织物基的柔性电极材料及其在储能领域的应用具有重要的指导意义。

彭慧胜课题组在柔性电池方面做了大量出色的工作，并首次提出了自修复的水系锂离子电池。将有序排列的碳纳米管片负载的锰酸锂（LiMn$_2$O$_4$）和磷酸钛锂［LiTi$_2$(PO$_4$)$_3$］纳米粒子修饰在自修复的聚合物基底上作为电极，硫酸锂/羧甲基纤维素钠（Li$_2$SO$_4$/CMC）作为凝胶电解质和隔膜。这种自支撑的电极在剪切后能够自愈合，还能够弯折和扭曲，没有损坏。

一旦电极剪断，大量的氢键破坏，当破坏的两部分重新接触，氢键能够在破碎的表面重构。附着在基底上的断裂的定向碳纳米管也通过范德瓦耳斯力重新连接，恢复了电极的电导率。在凝胶电解质中，水系锂离子电池在 0.5A/g 的电流密度下，比容量为 28.2mA·h/g，比 Li_2SO_4 溶液中更低，这主要由于凝胶电解质的离子电导率较低，界面阻抗较高。当电流密度降低到 0.1A/g，容量可高达 44.5mA·h/g，与 Li_2SO_4 溶液中展现出的容量相当。

4.2.2 金属—空气电池（Li—空气、Zn—空气电池）

追求更高的能量密度一直是下一代储能系统的研究热点，其中金属空气电池由于其超高的能量密度和比容量得到蓬勃发展，如锂空气电池的理论能量密度高达 3600W·h/kg。金属空气电池由金属负极和空气正极组成。一维纤维状结构的金属空气电池在工程学和电化学方面具有多种协同作用的优势：①一维形式实现了优化的几何一致性，赋予金属空气电池高度的灵活性和耐磨性；②线性结构具有最大表面积，其中空气可向周围的各个方向扩散，而平面结构只允许单向扩散；③可编织的纤维状金属空气电池能赋予编织配件具有透气结构，大大提高了在可穿戴应用中的穿着舒适性。

彭慧胜课题组开发了一种柔性纤维状具有同轴结构的锂空气电池，该同轴结构包括凝胶电解质和碳纳米管片空气电极。在这个系统中，凝胶电解质不仅可作为离子导体，还可防止空气扩散到锂电极，减轻其在空气中的腐蚀。这种纤维状锂离子电池在 1400mA/g 的放电容量高达 12470mA·h/g，在环境空气中，它可有效工作超过 100 次循环，容量为 500mA·h/g。一般来说，锂空气电池循环性差主要归因于中间产物过氧化锂（Li_2O_2）与环境空气中的水分和二氧化碳发生副反应，形成化学稳定的碳酸锂（Li_2CO_3），并阻断了空气电极。为提高锂空气电池的循环稳定性，该课题组提出了低密度聚乙烯薄膜和含碘化锂（LiI）的凝胶电解质的新策略，其中低密度聚乙烯薄膜可以显著延缓空气中 Li_2O_2 到 Li_2CO_3 的寄生转化，而凝胶电解质中的 LiI 可作为氧化还原介质促进充电过程中的 Li_2O_2 的分解。因此，组装的纤维状锂空气电池可在环境空气中实现超 610 次的循环。

聚合物凝胶通常能够均匀覆盖在电极表面以及改进的界面接触以降低泄漏和短路的风险，而离子液体也是锂空气电池有前景的候选材料，因为它们宽的电化学窗口和高的热稳定性。为了结合它们的优势，彭慧胜课题组通过将离子液体双三氟甲烷磺酰亚胺锂（LiTFSI）和聚偏氟乙烯—六氟丙烯（PVDF-HFP）混合合成了一种离子液体凝胶电解质，然后用碳纳米管片和锂线制备了的同轴纤维状锂空气电池，该电池在 2mV/s 时具有 1~5V 的宽电化学窗口和高温稳定性，它即使在 140℃ 和 10A/g 下也能稳定工作 380 个循环。

除了锂—空气电池，锌—空气电池近年来也得到了广泛关注。陆俊、邓意达和钟澄课题组研究了在碳纤维表面喷涂 2D/2D 结构的介孔四氧化三钴（Co_3O_4）/氮掺杂的还原氧化石墨烯（RGO）纳米片组成双功能催化剂层制备空气电极，然后将锌（Zn）金属线和雪纺织物带缠结后得到的复合电极在凝胶电解质中浸渍，包裹该空气电极得到一维纤维状锌—空气电池。长度 35cm、直径 1mm 的锌—空气电池的开路电压为 1.31V，体积能量密度高达 36.1mW·h/cm³，显著优于已报道的一维能量储存器件。该电池在严重变形和打结的情况下性能也没有衰减。更有趣的是，它还可编织到衣服中。该织物能成功为 LED 手表提供能量，为 LED 屏幕充电，甚至还可给手机充电。

开发物理性能灵活、在不同几何状态下对氧还原反应（ORR）和氧析出反应（OER）都具有高活性和耐久性的空气电极，对于柔性可充电锌—空气电池（ZAB）的合理设计至关重要。考虑到碳纳米管具有良好的弹性、高导电性和优越的热及化学稳定性，其在各种电催化剂中被广泛用作催化剂载体，而氧化物或金属纳米颗粒则沉积在碳纳米管衬底上作为活性材料。考虑到活性材料与碳纳米管接触不良可能会给长循环稳定性带来挑战，特别是在柔性器件中，纯碳电催化剂受到高度重视。邵宗平课题组通过两步原位生长方法开发了一种将钴纳米颗粒封装在均匀生长在碳纤维布表面的氮掺杂碳纳米管阵列的自支撑空气电极。这种碳基电极在 ORR 和 OER 方面均表现出出色的活性。采用这种空气电极制备的柔性 ZAB 在极端弯曲条件下表现出优异的柔韧性和稳定性。此外，柔性电池即使在运行 30h 后，极化电压仅为 0.67V。

寻找高效、稳定、高性价比的 ZAB 双功能电催化剂是开发新一代便携式电子设备的重中之重。为此，应考虑电催化剂上合理有效的结构设计、界面工程和电子复合，以降低反应过电位，加快 ORR 和 OER 的动力学。贺贝贝课题组通过原位生长法和硫化工艺构建了基于 MnCo 的金属有机骨架衍生的非均相硫化锰（MnS）—硫化钴（CoS）纳米晶体，该纳米晶体锚定在独立的多孔氮掺杂碳纤维（PNCFs）上。PNCFs 基底是通过简单的静电纺丝方法制造的。得益于丰富的空位和活性位点、强界面耦合以及良好的导电性，MnS-CoS/PNCFs 复合电极具有明显的氧电催化活性和稳定性，ORR 的半波电位为 0.81V，碱性介质中的 OER 过电位为 350mV。采用 MnS-CoS/PNCF 作为无黏合剂空气阴极的柔性可充电 ZAB 可提供 86.7mW/cm^2 的高功率密度，563mA·h/g 的比容量，并适应不同的弯曲程度的操作。此外，密度泛函理论计算阐明了非均相 MnS-CoS 纳米晶体在 ORR 和 OER 过程中降低了反应势垒，增强了催化剂的导电性和中间体的吸附能力。本研究为柔性电子设备自支撑空气阴极的设计开辟了新的思路。

4.3　纤维基新型电池储能材料与器件

几种典型离子电池的特性见表 4-2。

表 4-2　几种典型离子电池的特性

载流子	标准电极电势（V）	离子半径（Å）	质量比容量（mA·h/g）	体积比容量（mA·h/cm³）	水合离子半径（Å）
Li$^+$	−3.04	0.76	3862	2066	3.40~3.82
Mg^{2+}	−2.37	0.72	2205	3832	3.00~4.70
Ca^{2+}	−2.87	1	1337	2072	4.12~4.20
Zn^{2+}	−0.76	0.74	820	5855	4.04~4.30
Al^{3+}	−1.66	0.535	2980	8046	4.80

续表

载流子	标准电极电势（V）	离子半径（Å）	质量比容量（mA·h/g）	体积比容量（mA·h/cm³）	水合离子半径（Å）
NH⁴⁺	—	1.48	—	—	3.31
H⁺	0	1.15	—	—	2.80

锂离子电池由于其具备较高的存储效率、功率/能量密度和较低维护成本等优点，已被广泛应用于手机移动通信、新能源电动汽车和大型电网储能系统中，成为商业化的离子电池。然而由于锂资源短缺以及储能市场对新能源体系的大量需求，造成碳酸锂（锂资源最主要形式）的价格逐年递增，最高价格可达60万元/吨。同时，锂离子电池也面临着有机电解液体系的毒性、易燃性、环保等问题，使其在大规模运用中仍面临着巨大挑战，促使人们去开发新型的电化学储能器件。

4.3.1　纤维基二价离子电池

锌/镁/钙二价离子电池可发生多个电子的转移，具有较高的比容量，而且因其负极材料丰度高、价格低廉而备受青睐，但这类电池仍然存在能量密度低、有机电解液毒性高、易燃等问题。与此同时，有机体系电池的组装必须在无水低氧的苛刻条件下进行，故其生产组装的运营成本高。这促使人们去开发成本更加低廉，同时兼具安全、环保的二次电池体系。

4.3.1.1　纤维基锌离子电池

由于锌资源丰富、廉价无毒的特点，自1977年伏特等首次将金属锌片作为电极材料以来，由于锌资源丰富、价格低廉和无毒的特点，金属锌片被认为是一种非常有前景的水系金属负极材料，被广泛应用在Zn-Mn、Ni-Zn和锌空气电池中。其中Zn/MnO₂碱性电池在一次电池中具有非常大的优势，虽然研究者在该方向做出许多努力，但由于锌枝晶现象的发生和正极材料不可逆的相变，导致其面临着放电比容量低和循环性能差等问题。1988年，孝之等使用弱酸性ZnSO₄电解液替代碱性电解液组装Zn-MnO₂水系锌离子电池，从此打开了水系锌离子电池研究的大门。水系锌离子电池由于其具有价格低廉、安全无毒等优点，被认为是对大规模电网中能量储存最为有效的方式之一。

水系锌离子电池主要由正极材料、负极材料、隔膜和水系电解液组成。其工作原理与商业化锂离子电池相似，通过离子载体在电解液中来回穿梭，在正极方面实现锌离子的嵌入/脱出，负极方面实现锌离子的沉积/析出，从而实现能量的存储与释放。

与其他离子电池相比，水系锌离子电池有以下优势：

①较高的理论容量，质量比容量高达820mA·h/g，体积比容量为5855mA·h/cm³；

②锌的平衡电位低（-0.76V vs. SHE），更适合在水系电解液中使用，使它与正极材料组成电池后的开路电压较高；

③锌含量丰富，成本低廉，在地壳中的含量仅排在铁、铝和铜之后，高达0.013%；

④锌离子和锌的化合物对环境的污染小，毒性较低，安全性高；

⑤导电性高，所有金属元素中锌的导电性位列前茅，其电阻率虽然高于铜，但低于一般

金属；

⑥析氢电位较低（1.2V），在组装成锌离子电池时可以最大限度降低水的电解，减少氢的析出，利于提高电解液的稳定性和电池的循环寿命；

⑦锌在水中的稳定性好，能量密度高。

除上述原因，锌本身是一种两性金属，化学性质较活泼，在不同的电解液中显现出不同的特性，在其平衡电位附近可迅速溶解，并生成二价离子，在酸性溶液中的溶解产物为 Zn^{2+}，在碱性溶液中最主要的溶解产物为四面体 $Zn(OH)_4^{2-}$，利于电化学反应的进行。由此，二次锌电池因锌负极表面发生的反应不同而分为锌离子电池和碱性离子电池（如 Zn-Mn 电池、Ni-Zn 电池）。在碱性电池的电化学反应中会出现严重的锌枝晶现象和不可逆放电物质的形成，导致碱性电池的循环寿命差和容量低。与之相比，锌离子电池在中性或弱酸性的电解液中能很好地避免锌枝晶和 ZnO 形成。同时，水系锌离子电池易于组装、成本低廉、环境友好且易于回收，因此能有效解决经济与环境不能兼顾的难题。

纤维通常是一种具有较大长径比的柔软一维材料，可制作成不同的尺寸或交织成各种结构，具有广泛的应用前景。纤维结构材料由于其在材料组合和结构设计上的多样性，高的机械灵活性，简单的制备方法及广泛应用场景等特点而越来越受欢迎。随着基于光纤的柔性能量收集、能量存储、传感和显示器件的发展不断取得突破，光纤及其组件在能源领域的潜力已经得到证实。因此，基于纤维的材料也可应用在锌离子的各个组成部件，使锌离子电池变得更柔软、更有效和更方便，获得柔性锌离子储能器件。在电极材料方面，一维纤维基材料具有特殊柔韧性和高比表面积，不仅可在电解质和电极活性材料之间提供更短的扩散路径和足够的活性位点，还可适应离子插入/脱嵌过程引起的体积变化，从而提高材料结构稳定性。陶瓷、聚合物等功能纤维作为隔膜材料，可保证均匀高效的离子传导，更令人印象深刻的是，具有不同形态的纤维基材料可用来制造各种结构的柔性锌离子电池。这些基于纤维的结构可极大地促进能量存储技术，特别是个性化的柔性和可穿戴电子应用。

锌离子电池正极材料的研究主要集中在钒系材料、锰系化物、普鲁士蓝类似物和高分子材料等。钒系材料的研究主要集中在钒氧化物 V_2O_5，一个 V 原子与 5 个 O 原子配位，形成一个共享角的方形金字塔链，这些金字塔链连接在一起形成层，这些层可以进一步堆叠在 c 轴上形成层状结构。层与层之间的距离为 0.43nm，足以满足 Zn^{2+}（0.074nm）嵌入所需的距离。可发生多电子转移（V^{2+}/V^{5+}），具有较高的比容量，是目前研究最多的锌离子电池正极材料。南开大学陈军院士等利用静电纺丝技术得到 V_2O_5 纳米纤维，将其用作锌离子电池正极材料时具有 319mA·h/g 的比容量，500 次循环之后容量的保持率为 81%，在 10C 下仍具有 104mA·h/g 的比容量。通过非原位 XRD、Raman 和 XPS 测试技术，对 V_2O_5 材料在电化学反应过程中结构的演变规律进行分析可知，在首次放电过程中，Zn^{2+} 和 H_2O 共同嵌入 V_2O_5 形成 $Zn_{3+x}(OH)_2V_2O_7\cdot2H_2O$；在随后的充放电过程中，伴随着 Zn^{2+} 脱出/嵌入，会发生 $Zn_{3+x}(OH)_2V_2O_7\cdot2H_2O$ 与 $Zn_{3+y}(OH)_2V_2O_7\cdot2H_2O$ 之间的转变，化学式如下：

首次放电过程：$Zn^{2+}+V_2O_5+H_2O\longrightarrow Zn_{3+x}(OH)_2V_2O_7\cdot2H_2O$

在随后的充放电过程中：$Zn_{3+x}(OH)_2V_2O_7\cdot2H_2O\leftrightarrow Zn_{3+y}(OH)_2V_2O_7\cdot2H_2O$

通过对 GITT 测试分析，在电化学反应过程中，Zn^{2+} 的扩散系数为 $10^{-9} \sim 10^{-11}$ cm^2/s，这与其他 ZnVO 正极材料及 Li^+ 在钒氧化物的扩散系数相当。除了利用静电纺丝法构筑纳米纤维，利用电化学沉积、电泳、水热等方法构筑钒氧化物纳米纤维。复旦大学彭慧胜等利用一种溶液氧化还原法，将 V_6O_{13} 锚定在碳纳米管上，构建了一种纺织类可自充电自支撑 V_6O_{13}/排列 CNT 纳米纤维（VCF）。该材料与 Zn 纳米纤维负极材料匹配，组装成 VCF/Zn 自充电纤维电池时，VCF 可通过与空气的氧自发氧化反应完成对电池的充电，这种在空气中再充电的过程对于环境是非常有利的，可在空气中自充电的锌离子纤维电池具有高比容量、高安全性和易制造的特点。这种 VCF/Zn 纤维电池比容量高（371mA·h/g），具有稳定的循环性（在5000 次循环后容量保持率为 91%），且在暴露空气中无须额外电源即可有效充电至 60%，电池不受电解液挥发和周围空气中的水分侵蚀。

同济大学杨洁等研究了一种样品表面淬火方法，从低温 $NiCl_2$ 水溶液中淬火 V_2O_5 纳米线，可同时实现金属离子掺杂和氧空位的产生，得到 $Ni-V_2O_5$ 纳米纤维。以该 $Ni-V_2O_5$ 纳米纤维为正极材料，与 ZnNS@CNT 纤维负极组装成准固态锌离子纤维基电池，可提供高倍率的性能（电流密度增加 500 倍后容量的保持率为 71.2%）和 66.5mW·h/cm^3 的高堆叠能量密度，周期长、稳定性好，循环 10000 次后的保留率为 89.8%。

南京大学姚亚刚等在碳纳米管纤维（CNTF）上，以三维高导电性多孔氮掺杂碳纳米墙阵列和二维薄 V_2O_5 纳米片分别作为核和壳，进行精细加工的具有核壳结构的纳米复合材料（NC@V_2O_5）。这种独特的结构不仅大大增加了活性物质的质量，而且增强了电极材料的电子传递和离子扩散。受益于这些协同效应，一个组装的基于 NC@V_2O_5 正极材料的全固态锌离子纤维基电池在 0.3A/cm^3 的电流密度下提供了 457.5mA·h/cm^3 的超高容量，30.0A/cm^3 时也能保持 47.5% 的初始容量，这种电池兼顾高能量密度 40.8mW·h/cm^3 和高功率密度 5.6W/cm^3，性能优于大多数先前报道的准固态/全固态储能装置。

锰系正极材料的研究主要集中在锰氧化物，该类材料具有高比容量、高电压平台、安全无毒、储量丰富（锰是地球上含量排名第十的元素），是目前最有前景的锌离子电池正极材料之一。$\alpha-MnO_2$ 材料的结构中，每个晶胞包括 8 个 MnO_2 分子，每个 Mn^{4+} 都被 6 个氧包围，具有（1×1）和（2×2）的隧道结构，将其用作水系锌离子电池正极材料时，Zn^{2+} 可在（2×2）隧道中实现快速传输。美国西北太平洋国家重点实验室刘俊等利用水热法合成 $\alpha-MnO_2$ 纳米纤维，在 $ZnSO_4$ 电解液中加入 $MnSO_4$ 添加剂后表现出优异的倍率性能和循环稳定性（5C倍率下进行 5000 次循环后容量的保持率为 92%），其性能明显优于纯 $ZnSO_4$ 电解液，主要是由于添加 Mn^{2+} 可有效抑制 $\alpha-MnO_2$ 在电化学反应过程中 Mn^{2+} 的溶解。通过静电纺丝得到氮掺杂碳纳米纤维，然后将 MnO_2 阵列通过组装形成 $\delta-MnO_2$/碳纳米纤维核壳结构，这种 N 掺杂碳可增加 Zn^{2+} 的扩散系数，二氧化锰纳米片阵列可有效增加电极与电解质之间的接触面积，提高锌离子的存储性能。且以 $Zn(ClO_4)_2$ 为盐冰电解液，与常规 $ZnSO_4$ 电解液相比，$Zn(ClO_4)_2$ 为盐冰电解液具有独特的 3D 离子扩散通道，在低温下也能实现 Zn^{2+} 和 ClO_4^- 快速传输，这保证了锰基锌离子电池可在 −20℃ 下工作，并获得在 0℃ 低温下的可逆容量为 130.1mA·h/g；甚至在 1000mA/g 时提供高比容量和稳定循环 500 次。这项工作也为研究在低温下稳定氧化锰正极材料提供了新的思路。尽管电沉积和水热法得到的锰氧化物表现出优异的锌离子存储性能，但是合成方法在实际的扩大制造过程中仍面临着很大的挑战性。此外，通过电沉积和水热法生成的二氧化锰纳米线的接枝密度相对较低，导致电池级能量密度降低。纳米纤维基的正极材料已显示出更有前景的锌离子存储性能，但仍需要更多的努力来解决现有的局限性。

香港城市大学支春义等开发了一种纱线锌离子电池，采用双螺旋纱电极和交联聚丙烯酰胺电解质，以螺旋状的多股高导电碳纳米管纤维作为二氧化锰正极和锌负极的基底，有效地提高了电极在不同变形条件下的强度和柔韧性，显著改善了电极表面的电解质浸润性。再通过自由基聚合的方法制备了一种高保水性、高耐盐性和高弹性的交联聚丙烯酰胺（PAM）电解质，包覆在电极和弹性纤维的表面，组装了一种可拉伸、可裁剪和防水性能优异的纤维状柔性锌离子电池［图4-8（a）］。所组装的纤维状电池放电比容量高达302.1mA·h/g，体积比能量密度达53.8mW·h/cm³，并表现出出色的循环稳定性，经过500次充放电循环后仍保持最初容量的98.5%［图4-8（b）］。此外，得益于柔性电极、聚合物电解质设计和防水的弹性硅胶涂层，该电池表现出超高的柔韧性、可拉伸性、可编织性和防水性能。作为应用展示，所制备的纤维状锌离子电池在裁剪编织后还可稳定地驱动商业化的LED灯带和柔性电致发光板，展现出巨大的应用前景［图4-8（c）］。该工作为设计和开发下一代高性能、高安全性柔性储能器件提供了新思路，对柔性器件的开发和应用起到良好的推动作用。

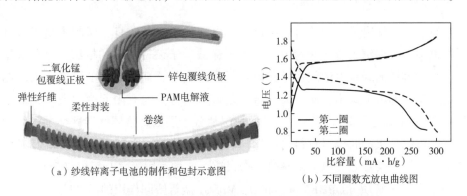

（a）纱线锌离子电池的制作和包封示意图　　　（b）不同圈数充放电曲线图

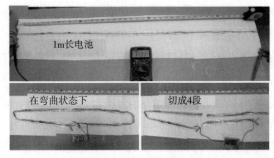

（c）固态纱线锌离子电池的裁剪试验和演示图

图4-8

（d）将固态锌离子纤维电池整合到服装中　　　　（e）锌离子纤维电池示意图

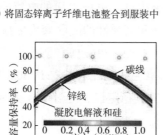

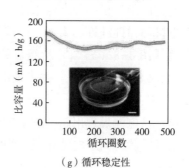

（f）长期工作中保持稳定的电压输出　　　　（g）循环稳定性

图4-8　纱线锌离子电池

北京航空航天大学宫勇吉团队对柔性锌离子电池体系进行改良，研制了毫米级纤细无线可充电纤维电池，可编织到智能衣物中，作为可穿戴电子设备网络的枢纽。这种纤细、耐用且具有高生物相容性的纤维电池能为可穿戴电子设备进行长期而有效的供能。为了制备这种超薄、纤细且耐用的电池纤维，研究人员结合蒙特卡洛方法与有限元模拟技术，对二维材料氧化石墨烯在PVA高分子凝胶体系中的分散情况从分子层面到整体性能进行了详细而系统的解释。计算模拟的结果同时也对材料的设计与制造进行指导，最终成功制备了具有柔韧、坚固和高离子导电性的柔性固态电解质凝胶。据报道，这种利用氧化石墨烯（GO）包埋聚乙烯醇（PVA）水凝胶电解质（GPHE）和$ZnSO_4/MnSO_4$盐析协同作用的高性能Zn/MnO_2纤维电池，可为测量脉搏、温度、湿度和压力信号等的电子设备进行长久有效的供能［图4-8（d）～（g）］。纤维电池的电极采用水凝胶电解质制成一个整体，而不是多个松散连接的部分，以确保电池即使在拉伸、弯曲和清洗时也能正常工作。该柔性电池可进行稳定地充放电，在测试中，电池在1000次充电/充电循环后仍保持98%的容量（172.2mA·h/g），使其即使在日常使用中也有长的寿命。一根15cm的电池质量仅为1.26g，成本约为4.08元，便于进行工艺改良，以适应大规模生产。

韩国科学技术研究院李俊基（Joong Kee Lee）等通过在聚乙烯醇凝胶型电解质中加入甲基磺酸来缓解凝胶电解质电导率低、正极方面可溶性醌的形成和锌负极腐蚀带来严重的容量退化。甲基磺酸可形成分子间氢键，将聚乙烯醇链相互连接，并将聚苯胺表面与电解质连接起来。氢键增加了电解质的离子电导率，增强了聚苯胺/电解质界面上的电荷转移。相对较大的甲基磺酸分子尺寸阻碍了水接近活性物质（聚苯胺正极和锌负极），同时允许聚苯胺有效地掺杂小半径的 Cl^-。在 2.5mm 弯曲半径下，2000 次循环后容量保持率为 88.1%，500 次弯曲后容量保持率为 92.7%（图 4-9）。东华理工大学那兵等采用轻质、低成本、可持续发展的高强度纤维素纱线作为锌离子电池正极（聚苯胺）和负极（金属锌）的柔性衬底，组装成了水系锌离子纤维电池。在 1000 次充放电后容量的保持率为 91.9%，该 100g 锌离子纤维电池能很好地为 LED 指示灯供电。

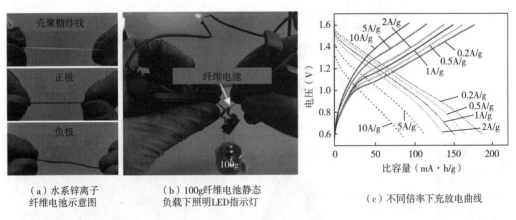

（a）水系锌离子　　　（b）100g纤维电池静态　　　（c）不同倍率下充放电曲线
纤维电池示意图　　　　负载下照明LED指示灯

图 4-9　改良的柔性锌离子电池体系

　　南京大学姚亚刚团队利用碳纳米管纤维/锌纳米片阵列为核电极，硫酸锌—羧甲基纤维素钠为凝胶电解质和球状的 ZnHCF 为正极，设计并制备出高电压的同轴纤维状可充电锌离子电池（图 4-10）。该电池具有 100.2mA·h/cm³ 的大容量和 195.39mW·h/cm³ 的高能量密度，明显优于其他锌离子纤维电池，主要是优异的取向结构能够促进电荷的快速传输，同轴结构的设计能够充分利用两电极间有效的表面积，并降低两电极间的接触电阻。因此，所制备的同轴锌离子电池具有高的比容量和优越的能量密度。且该电池在经过 3000 次弯曲循环后，容量仍能保持 93.2%，表现出非常好的柔性。高压同轴纤维状可充电锌离子电池概念的提出为高能量密度、安全、低成本的可穿戴储能技术提供了新的机遇。另外，构筑的纤维状锌离子电池在 0~180° 扭曲时 CV 曲线完全重合，表明该器件具有优异的灵活性。该锌离子纤维电池串联后也能表现出很好的充放电曲线，且两个纤维状电池能点亮 LED 灯。构建了一种新型的三维垂直堆叠 Mn_2O_3@C 薄片的结构，该薄片来自一组锰基金属有机框架薄片，用于构建锌离子纤维电池。垂直堆叠的 Mn_2O_3@C 纳米片可在充放电过程中容纳体积的收缩/膨胀，从而缓减了电极材料的结构崩塌，有效地提高了可循环性。锌离子纤维电池的体积比容量高达 154.9mA·h/cm³，高能量密度达 30.1mW·h/cm³，具有良好的循环性（3000 次循环后容量的保持率为 79.6%）。锌离子纤维电池可以很容易地串联或并联，能进一步提供更高水平的输出电压和能量密度。这项工作不仅拓宽了正极材料设计的视野，而且对可穿戴电源的开发具有实际意义。

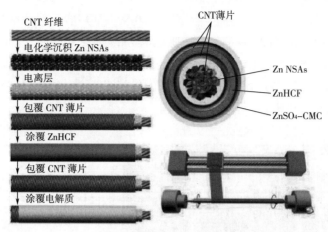

（a）同轴水系锌离子纤维电池示意图

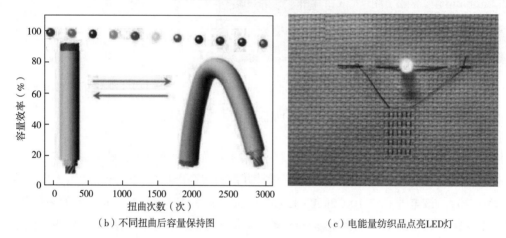

（b）不同扭曲后容量保持图　　　（c）电能量纺织品点亮LED灯

图4-10　同轴水系锌离子纤维电池

4.3.1.2　纤维基镁离子电池

镁与锂处于元素周期表中对角线上，其离子半径、化学性质和锂有许多相似之处，且具有良好的物理、化学和力学性能。虽然镁的电极电位较高（酸性-2.37V、碱性-2.69V）、理论质量比容量较低（镁为2205mA·h/g），与商业化锂离子电池相比，镁离子电池具有独特的优势：镁在地壳中的储量丰富，远远超过了锂的储量，这使金属镁的价格远低于锂的价格；镁的化学性质没有锂活泼，加工操作更安全。且不易产生枝晶，不存在由于形成枝晶所造成的安全问题；镁具有比锂更高的理论体积比容量（分别为3832mA·h/cm³和2062mA·h/cm³），且镁离子电池在组装上没有锂电池要求严格。因此，以金属镁作为负极的镁离子电池比锂离子电池更具有实用性，从负极上考虑镁金属负极基镁离子电池容量提高了4~5倍。镁离子电池的开发意义重大，虽不能被应用于对能量密度要求高的电动汽车和移动终端等，但在大规模储能、两轮电动车等方面具有巨大的潜力。

韩国科学技术研究院林熙大（Hee-Dae Lim）等采用双喷嘴静电纺丝技术开发了一种含

金多孔中空碳纳米纤维 Au@ PCNF，多孔网体由中空碳纳米纤维层次化网络构成，每根线的内部都经过特殊设计以嵌入金纳米粒子。比较镁沉积后负极和隔膜的变化，对于纯铜衬底，隔膜和铜负极都被 Mg 沉积物严重堵塞，主要是因为新沉积的 Mg 对 Cu 衬底的附着力很差，这意味着 Mg 金属在二维 Cu 箔上的生长不利，Mg 容易分离；虽然 PCNF 的黏附性能有所改善，但基体上部分镀有 Mg 金属，PCNF 对应的隔膜仍部分被 Mg 金属堵塞；与上述相比，Au@ PCNF 基质在 Mg 沉积后表现出明显不同的形貌，电沉积之后，Au@ PCNF 状态保存完好，等量沉积镁后，隔膜看起来很干净。与纯铜基底和 PCNF 相比，Au@ PCNF 具有最高的库仑效率和最低电势差，提供了可逆的镁的沉积/剥离，表明金纳米颗粒可作为镀镁的亲镁位点，在中空纳米纤维内部嵌入亲镁离子，可有效吸引新沉积的金属镁。Au@ PCNF 的独特特性不仅降低了镀 Mg 的成核过电位，而且指导了 Mg 金属在衬底上的均匀沉积。

凝胶电解液也是实现镁离子电池的最重要因素之一。印度理工学院鲁帕里—辛格等开发了一种用微孔聚偏氟乙烯—共六氟丙烯共聚物制备凝胶聚合物电解质。静电纺丝膜在有机液体电解液（0.3mol/L 高氯酸镁溶解在碳酸丙烯酯）中形成凝胶电解质。共聚物电解质膜的离子电导率和电化学稳定电压分别为 1.62mS/cm 和 5.5V。这一结果证实了系统的整体电导率是纯离子的，没有电子电导率发生。因此，共聚物电解质膜中的电荷输运是由液体电解质被包裹在聚合物宿主中。另外他们还比较了玻璃陶瓷膜和聚丙烯膜作为隔膜的物理和电化学特性，通过对这两种隔膜进行 X 射线衍射、场发射电镜、电解质吸收、离子电导率、电压稳定性、热稳定性和转移数等表征，发现微晶玻璃电解质体系的离子电导率显著提高，室温下为 9.22mS/cm。此外，玻璃陶瓷电解质体系表现出较高的热稳定性和电压稳定性。

4.3.1.3　纤维基钙离子电池

钙离子电池与目前的多价离子电池相比具有明显的优势。首先，Ca/Ca^{2+} 的氧化还原电位（ $-2.87V$ ）比其他多价载流子如 Mg/Mg^{2+}（ $-2.36V$ ）、Al/Al^{3+}（ $-1.68V$ ）、Zn/Zn^{2+}（ $-0.74V$ ）低很多，因此能够获得较高的电池电压。其次，Ca^{2+}（0.49e/Å）的电荷密度要比 Mg^{2+}（1.28e/Å）、Zn^{2+}（1.18e/Å）和 Al^{3+}（4.55e/Å）低得多，导致其在主体结构中的扩散动力明显快于其他多价离子。此外钙是地壳中第五丰富的元素，且具有高度的生物兼容性（人类骨骼的重要组成部分之一），因此钙离子电池具有其他电池没有的独特优势。但是钙离子电池的开发仍处于初级阶段。主要是由于寻找能够大量储存 Ca^{2+} 的正极材料是一项具有挑战性的任务：

①缺乏有效的电解质和可行的正极材料来实现可逆的钙离子嵌入；

②此外，钙的强还原能力可诱导电解质分解，在金属阳极上形成离子绝缘层；

③对潜在正极材料进行真正的全电池测试尚未实现。

4.3.2　纤维基三价离子电池（铝离子电池）

与其他电池相比，铝离子可实现三个电子氧化还原反应（ Al^{3+}/Al ），理论比容量可达 2981mA·h/g，与此同时，铝金属价格（14000 元/t）比锂价格便宜（碳酸锂 310000 元/t），可明显降低二次电池的价格；铝金属可在空气中稳定存在，与锂离子电池相比，铝离子电池更容易组装，也可在一定程度上降低成本，因此铝离子电池可作为有前景的大规模储能器件。然而，铝还具有抑制电池爆燃的能力，但是铝离子电池实际容量大大低于它的真实容量，且循环稳定性差。由于铝离子电池电极和电解质的开发，严重限制了铝离子电池的研究进展。与常规单价离子电池相比，铝离子电池在充放电反应中涉及三电子转移过程，Al^{3+} 与材料之间的结合能会导致 Al^{3+} 在材料中扩散动力缓慢，这也是铝离子电池发展缓慢的主要因素。

新加坡南洋理工大学魏磊等报道了一种由锰基普鲁士蓝类似物正极材料、氧化石墨烯修饰的 MoO_3 负极材料和水凝胶电解质组成可拉伸纤维状水系铝离子电池（图 4-11）。该纤维状水系铝电池具有良好的拉伸性能（拉伸过程中容量不变）和循环稳定性（在 $1A/cm^3$ 下 100 次循环容量的保持率为 91.6%），通过采用摇椅储能机制，水系铝离子电池在 $0.5A/cm^3$ 时可提供 $42mA \cdot h/cm^3$ 的高比容量，对应于 $30.6mW \cdot h/cm^3$ 的高比能。此外，该铝离子纤维电池可集成到可穿戴纺织品中为 LED 灯供电，展示了该铝离子纤维电池在可拉伸和可穿戴电子产品中的可行性。

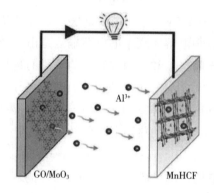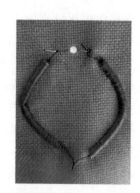

（a）铝离子电池结构示意图　　　　　（b）两个纤维基铝离子电池点亮LED灯照片

图 4-11　纤维基铝离子电池

中国工程物理研究院程建丽首次报道了一种纤维状双离子电池，该电池用多孔铝丝为负极，铝丝上的石墨为正极，该纤维双离子电池具有高能量密度、可逆性和高循环稳定性。基于两个电极的总质量，该纤维电池的体积比能量密度为 $10.4mW \cdot h/cm^3$，组装后的电池显示出 173.33W · h/kg 的高质量比能量密度，在不同弯曲状态下，具有优异的柔韧性，且不影响其储电性能。

河北大学张文明等采用静电纺丝和高温硒化法制备了一维 $Cu_{1.8}Se$ 纳米纤维，该材料用铝作为负极材料时表现出不同的电化学行为。与其他烧结温度相比，$Cu_{1.8}Se$-1000 结晶度最高，晶粒尺寸最小。高结晶度意味着晶体的比例高，由于分子在三维空间中的有序排列，该温度下的晶体结构有利于 Al^{3+} 的嵌入脱出。$Cu_{1.8}Se$-1000 在 $2.0A/g$ 下循环 5000 次后的电化学性能为 $152.12mA \cdot h/g$。同济大学陈涛开发了一种线形铝离子电池，采用石墨烯纤维作为正极，铝线作为负极。开发的纤维铝离子电池在 $50A/g$ 的高电流密度下具有 $115mA \cdot h/g$ 的高比容量，在 1000 次充放电后也表现出优异的倍率能力和循环稳定性。由于独特的结构，所研制的线状电池在不同的弯曲状态下，甚至经过数百次弯曲循环后，仍能很好地保持其原有的电化学性能，具有出色的机械灵活性和稳定性。柔性线形铝离子电池是一种很有前途的可用于柔性和便携式电子设备的电源。

4.3.3　其他类型纤维基电池（铵离子电池与质子电池）

（1）铵离子电池

与其他金属离子电池相比，水系铵离子（NH_4^+）电池在中性或弱酸性条件下工作，具有安全、无毒、环保等优点，且铵离子电池有如下优点：

①高离子电导 NH_4^+ 电解液有助于提高铵离子电池的倍率性能；

②较小的 NH_4^+ 水合离子半径（0.331nm）和较轻的摩尔质量（18g/mol），有利于 NH_4^+ 在水系电解液中的快速嵌入/脱出；

③铵盐水解形成的弱酸性或中性电解液环境有助于抑制副反应的发生；

④不同于球形电荷载体，四面体 NH_4^+ 在嵌入过程中形成的氢键有利于获得稳定的电化学性能；

⑤铵盐价格相对低廉，使这项新颖的电池技术成为未来大规模的储能系统之一。

早在 1982 年，丰岛等首次发现并证明了 NH_4^+ 在普鲁士蓝类似物中的可逆嵌入/脱出，普鲁士蓝类似物的 *CV* 曲线显示出一个超稳定的氧化还原峰，表明 NH_4^+ 嵌入了普鲁士蓝上。舒尔茨等证实了在水系电解液中实现了 NH_4^+ 的嵌入/脱出。随后铵根离子电池的研究和其他金属离子电池一样，主要集中在较高工作电压下普鲁士蓝类似物和金属氧化物正极材料，低电位的有机高分子负极材料和高性能的 $(NH_4)_2SO_4$、NH_4Cl、NH_4NO_3 和 CH_3COONH_4 电解液上（图 4-12）。

南京航空航天大学张校刚等采用锚定法设计了 MoS_2 纳米片锚定在碳纳米管纤维支撑的独立核壳异质结构 $MoS_2@TiN/CNTF$ 纳米纤维（图 4-13）。得到的 $MoS_2@TiN/CNTF$ 纳米纤维由于具有丰富的活性位点和多组分协同效应，在 $2mA/cm^2$ 时的比电容为 $1102.5mF/cm^2$。将其与 $MnO_2/CNTF$ 正极材料和 NH_4Cl/聚乙烯醇凝胶电解质构筑准固态锌离子电容器，其比电容为 $351.2mF/cm^2$，能量密度为 $195.1\mu Wh/cm^2$。中国工程物理研究院王斌等利用简单的水热法构筑 $CF@NH_4V_4O_{10}$ 纳米纤维，首先碳纤维进行酸预处理，提高碳纤维表面与氧化物的亲水性和结合强度，随后将预处理后的碳纤维浸入钒酸铵、b-环糊精和草酸的混合溶液中。将超薄海胆状 $NH_4V_4O_{10}$ 锚定在碳纤维上，得到 $CF@NH_4V_4O_{10}$ 纳米纤维。$NH_4V_4O_{10}$ 具有层状结构，层与层之间的间距大，且具有固有的 NH_4^+ 源，是可逆容纳 NH_4^+ 嵌入/脱出的材料。与聚苯胺负极材料匹配，研究人员首次报道了柔性水系铵离子电池。得益于 NH_4^+ 快速的扩散途径和较大的层间作用力，铵离子电池具有优异的电化学性能，最高可达 163mA·h/g，1000次循环后容量仍能保持在 90mA·h/g。电化学性能结果结合原位/非原位表征表明，NH_4^+ 可在 $NH_4V_4O_{10}$ 正极和 PANI 负极之间可逆穿梭。此外，由于优异的力学强度，纤维状 NH_4^+ 电池在不同变形状态下具有良好的柔韧性和良好的电化学性能，在可穿戴电子产品中具有很大

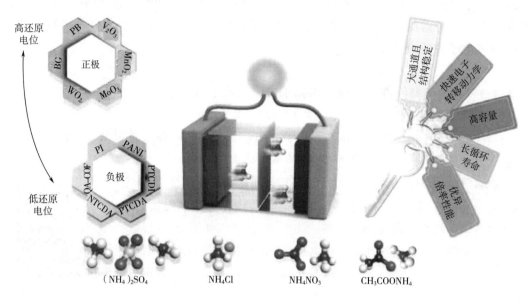

图 4-12 铵离子电池正极、负极和电解液

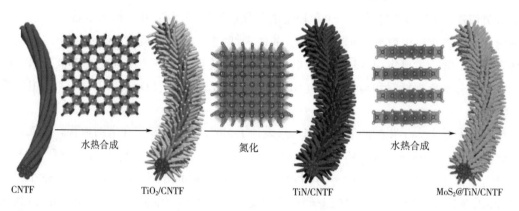

图 4-13 MoS$_2$@TiN/CNTF 合成过程示意图

的应用潜力。

大连理工大学王鹏等首先利用双聚合物策略提高水合氧化钒的 NH$_4^+$ 性能存储，首先利用聚吡咯嵌入水合氧化钒层间，扩大层间距离，得到聚合物嵌入的水合钒氧化物（PVO），另外将聚乙烯醇用于构筑全固态 PVA/NH$_4$Cl 电解质，将上述两者与活性炭基组装成全固态锌离子储能器件，不仅具有优异的锌离子存储性能，还兼具良好的力学稳定性。香港城市大学支春义等构筑了一种基于 MoO$_3$ 负极材料、铜铁基普鲁士蓝正极材料和 PAM 电解质的柔性铵离子纤维电池。组装的铵离子电池能量/功率密度最高可达 21.3W·h/kg 和 277W/kg。此外，铵离子全电池表现出良好的循环性能（2000 次循环后容量保留率为 92.4%）。此外，聚丙烯酰胺电解质的机械强度可达 5.84MPa，离子电导率为 8.7×10^{-3}S/cm，可有效保证柔性装置的

机械稳定性和电化学稳定性。组装的氨离子纤维电池在 $0\sim150°$ 反复弯曲后能量能够得到很好的恢复，在 $1A/g$ 电流密度下进行 600 次循环后，容量的保持率为 90.3%，是移动电源的理想选择。研究人员还演示了铵离子电池缠绕在手掌上为可穿戴的交流电致发光纤维供电。

（2）质子电池

另外一种非金属离子电池是质子电池，与其他电池相比，质子电池具有的优势主要有以下几点：

①循环寿命长，H^+ 半径小、质量轻，电极材料体积变化很小。如此小的结构应变使材料在循环过程中保持稳定。此外，具有较高电荷密度的金属离子在插入电极时往往会产生更强的离子键力，这导致电极结构不可逆地膨胀。当 H^+ 插入电极时，氢键力可维持电极结构的可逆变化，具有较长循环寿命。

②高倍率性能，H^+ 可通过氢键网络实现格罗图斯（Grotthuss）传导。它有点像牛顿的摇篮，H^+ 在氢键网络中跳跃，可实现 H^+ 的超快迁移。Grotthuss 传导发生在 $E_a<0.4eV$ 时。H^+ 的扩散势垒通常小于 $0.4eV$，可快速迁移以实现高倍率性能。

③高度灵活且低成本的设计，氢是解决储能系统中有限元素瓶颈的地球丰富元素。而且，除了能电离 H^+ 的酸溶液外，多价金属离子还能与 H_3O^+ 形成共轭键。甚至来自 H_2O 在碱溶液中离解的 H^+ 也可用作电荷载流子。这些丰富的 H^+ 源使质子电池的设计灵活且成本低。

④工作温度范围宽，储能电池的低温性能通常受限于载体极慢的扩散速度和水系电解质的固化。然而，酸溶液的凝固点随其浓度的不同而变化，通常比其他水溶液的凝固点低。同时，H_2O 在低温下以稍慢的方式振动，使质子电池具有相当大的低温性能。这可以为极地探索和航空航天等寒冷地区的新型储能装置设计提供思路。

但是，质子电池也不可避免地存在某些缺点。主要缺点如下。

①能量密度低，虽然半径小的 H^+ 可以检测到更多的氧化还原位点，但电化学稳定窗口窄和单电子反应导致能量密度低。

②有限的材料选择。首先，H^+ 理论上具有最小的离子半径，但溶液中的 H^+ 可以被 H_2O 分子溶剂化，形成半径为 $2.82Å$ 的 H_3O^+。其次，大多数质子电池使用酸溶液作为电解质，在电解质环境和电极表面之间的界面上会发生腐蚀等副反应。

③水溶液中析氢反应和析氧反应的现象限制了对 H_2O 有明显催化分解作用的材料的选择，这些电极材料需要不溶于酸溶液，在质子化过程中，其反应电位应高于析氢反应。这些要求限制了材料的选择。

④实际应用不成熟，目前关于质子电池的报道大多集中在电极材料上，而忽视了全电池设计的重要性，全电池设计的主要考虑因素是正极材料和电解质。

目前，这类全电池设计也面临诸多挑战，主要困难在于高容量、高电压和高稳定性的正极材料非常有限。此外，在本体结构中含有可提取质子的阴极材料很少，这使得在全电池中很难直接与缺乏质子的阳极配对。此外，电解质通常具有腐蚀性的 H_2SO_4，对其实际应用也是一个实际挑战。水系质子电池因其安全性高、成本低、环境友好和超高的倍率性能，被认为是极具潜力的储能体系之一。然而，其存在循环性能差和平均电压低等问题，而低工作电压也极大限制了电池能量密度的提高。在众多优化策略中，先进负极材料的开发至关重要。水系质子电池通常使用酸性电解液，体系中容易出现负极材料发生析氢反应、电极材料溶解及集流体腐蚀等问题。因此如何实现高性能负极材料的制备与应用仍然是质子电池发展过程中面临的巨大挑战之一。

与金属离子相比，H^+半径更小，将显著提高电池反应动力学，从而有助于实现优异的空气自充电性能，同时酸性电解质可有效抑制碱式盐的形成。因此，迫切需要开发以质子为基础、具有优异自充电循环性能的新型空气自充电水系电池。华中科技大学张桢等通过对MoO_3纳米粒子进行简单的水热反应，制备了具有丰富缺陷的MoO_3纳米带，是一种非常有前景的质子电池电极材料。得益于纳米带的形态、丰富的氧空位、大的层间距、改进的电导率和快速的离子转移，MoO_3纳米带电极具有$285.3mA \cdot h/g$的比容量，在23000次循环后，MoO_3纳米带电极仍能保持其原有的容量、纳米带形态和晶体结构。值得注意的是，即使在$16mg/cm^2$的高负载下，面积比容量仍能保持在$3.48mA \cdot h/cm^2$。以该材料为正极、氮掺杂活性炭为负极组装的质子电池，在$800.3W/kg$的功率密度下的能量密度可达$46.2W \cdot h/kg$，且该质子电池具有优异的低温性能（$-25 \sim 65℃$）。

4.4　本章小结

近年来，纤维基能量存储材料与器件取得了相当大的发展，但仍然存在制备技术不够成熟、性能需要进一步提升、集成化和可靠性问题以及成本较高等许多挑战，且技术上的限制也阻碍了它们的商业化。

首先，由于纤维基材料的特殊性质，纤维基能量存储材料的制备技术仍然不够成熟，制备工艺相对复杂，难以连续大规模制备，缺乏标准化的方法。在其拉伸或形变过程中各界面结构急剧变化，导致其电化学性能降低，因此电极材料结构设计、表界面结构调控等方面仍需付出更多的努力。

其次，相较于普通刚性储能器件，纤维基储能器件虽然已经取得了一些重要的突破，但目前的纤维基能量存储材料的能量密度、功率密度和循环寿命等方面无法满足实际应用需求，仍然有较大提升空间，因此如何改善纤维基能量存储材料的性能，成为当前研究的重点。

此外，纤维基能量存储器件的集成化和可靠性问题也需要解决。纤维基能量存储器件的尺寸小、形态多样，如何将其与电子设备紧密结合起来，实现集成化设计，是一个亟待解决的问题。同时，由于纤维基材料和器件易受机械应力和环境变化的影响，其可靠性和稳定性需要得到保证。

最后，纤维基能量存储材料和器件的成本仍然较高。纤维基能量存储材料的制备工艺复杂，材料成本较高，这限制了其在大规模应用中的推广和应用。因此，研究人员需要寻求更加经济高效的制备方法，并降低其生产成本。

相信通过持续的研究和技术创新，上述问题将逐渐得到解决，纤维基能量存储材料与器件的应用前景势必更加广阔。

思考题

1. 纤维基超级电容器的结构组成有几种？
2. 双电层超级电容器的电荷存储能力为什么远远大于传统电容器？
3. 赝电容器和双电层超级电容器最主要的区别是什么？
4. 赝电容器电极材料在电极表面负载了大量的活性物质，这些活性物质有哪些？
5. 纤维基混合超级电容器的具体结构是什么？
6. 简述纤维基金属离子电池的结构及原理。
7. 纤维基金属空气电池的正极和负极分别是什么？有哪些优势？
8. 请比较几种典型离子电池的特性。
9. 简述水系锌离子电池的优势。
10. 水系铵离子（NH_4^+）电池有哪些优势？

思考题答案

参考文献

[1] ZHAI S L, KARAHAN H E, WANG C J, et al. 1D supercapacitors for emerging electronics: Current status and future directions [J]. Advanced Materials, 2020, 32(5): 1902387.

[2] WANG G P, ZHANG L, ZHANG J J. A review of electrode materials for electrochemical supercapacitors [J]. Chemical Society Reviews, 2012, 41(2): 797-828.

[3] SIMON P, GOGOTSI Y. Materials for electrochemical capacitors [J]. Nature Materials, 2008, 7(11): 845-854.

[4] CHEN C R, FENG J Y, LI J X, et al. Functional fiber materials to smart fiber devices [J]. Chemical Reviews, 2023, 123(2): 613-662.

[5] HONG Y, CHENG X L, LIU G J, et al. One-step production of continuous supercapacitor fibers for a flexible power textile [J]. Chinese Journal of Polymer Science, 2019, 37(8): 737-743.

[6] REN J, LI L, CHEN C, et al. Twisting carbon nanotube fibers for both wire-shaped micro-supercapacitor and micro-battery [J]. Advanced Materials, 2013, 25(8): 1155-1159.

[7] CHEN X L, QIU L B, REN J, et al. Novel electric double-layer capacitor with a coaxial fiber structure [J]. Advanced Materials, 2013, 25(44): 6436-6441.

[8] LE V T, KIM H, GHOSH A, et al. Coaxial fiber supercapacitor using all-carbon material electrodes [J]. ACS Nano, 2013, 7(7): 5940-5947.

[9] WANG Y G, SONG Y F, XIA Y Y. Electrochemical capacitors: Mechanism, materials, systems, characterization and applications [J]. Chemical Society Reviews, 2016, 45(21): 5925-5950.

[10] KOTHANDAM G, SINGH G, GUAN X W, et al. Recent advances in carbon-based electrodes for energy storage and conversion [J]. Advanced Science, 2023, 10(18): 2301045.

[11] ZHANG M C, CHEN K, WANG C Y, et al. Mineral-templated 3D graphene architectures for energy-efficient electrodes [J]. Small, 2018, 14(22): 1801009.

［12］EL-KADY M F, SHAO Y L, KANER R B. Graphene for batteries, supercapacitors and beyond ［J］. Nature Reviews Materials, 2016, 1(7): 1-14.

［13］LUAN P S, ZHANG N, ZHOU W Y, et al. Epidermal supercapacitor with high performance ［J］. Advanced Functional Materials, 2016, 26(45): 8178-8184.

［14］JUREWICZ K, PIETRZAK R, NOWICKI P, et al. Capacitance behaviour of brown coal based active carbon modified through chemical reaction with urea ［J］. Electrochimica Acta, 2008, 53(16): 5469-5475.

［15］LIU J J, DENG Y F, LI X H, et al. Promising nitrogen-rich porous carbons derived from one-step calcium chloride activation of biomass-based waste for high performance supercapacitors ［J］. ACS Sustainable Chemistry & Engineering, 2016, 4(1): 177-187.

［16］WANG C Y, ZHANG M C, XIA K L, et al. Intrinsically stretchable and conductive textile by a scalable process for elastic wearable electronics ［J］. ACS Applied Materials & Interfaces, 2017, 9(15): 13331-13338.

［17］WANG C Y, XIA K L, WANG H M, et al. Advanced carbon for flexible and wearable electronics ［J］. Advanced Materials, 2019, 31(9): 1801072.

［18］VIGOLO B, PÉNICAUD A, COULON C, et al. Macroscopic fibers and ribbons of oriented carbon nanotubes ［J］. Science, 2000, 290(5495): 1331-1334.

［19］JIANG K L, LI Q Q, FAN S S. Spinning continuous carbon nanotube yarns ［J］. Nature, 2002, 419(6909): 801-801.

［20］LI Y L, KINLOCH I A, WINDLE A H. Direct spinning of carbon nanotube fibers from chemical vapor deposition synthesis ［J］. Science, 2004, 304(5668): 276-278.

［21］XU Z, GAO C. Graphene chiral liquid crystals and macroscopic assembled fibres ［J］. Nature Communications, 2011, 2(1): 571.

［22］LI X M, ZHAO T S, WANG K L, et al. Directly drawing self-assembled, porous, and monolithic graphene fiber from chemical vapor deposition grown graphene film and its electrochemical properties ［J］. Langmuir: the ACS Journal of Surfaces and Colloids, 2011, 27(19): 12164-12171.

［23］DONG Z L, JIANG C C, CHENG H H, et al. Facile fabrication of light, flexible and multifunctional graphene fibers ［J］. Advanced Materials, 2012, 24(14): 1856-1861.

［24］ZHAO J, JIANG Y F, FAN H, et al. Porous 3D few-layer graphene-like carbon for ultrahigh-power supercapacitors with well-defined structure-performance relationship ［J］. Advanced Materials, 2017, 29(11): 1604569.

［25］MENG J, NIE W Q, ZHANG K, et al. Enhancing electrochemical performance of graphene fiber-based supercapacitors by plasma treatment ［J］. ACS Applied Materials & Interfaces, 2018, 10(16): 13652-13659.

［26］MA W J, LI M, ZHOU X, et al. Three-dimensional porous carbon nanotubes/reduced graphene oxide fiber from rapid phase separation for a high-rate all-solid-state supercapacitor ［J］. ACS Applied Materials & Interfaces, 2019, 11(9): 9283-9290.

［27］SAPPIA L D, PASCUAL B S, AZZARONI O, et al. PEDOT-based stackable paper electrodes for metal-free supercapacitors ［J］. ACS Applied Energy Materials, 2021, 4(9): 9283-9293.

［28］WANG F X, WU X W, YUAN X H, et al. Latest advances in supercapacitors: From new electrode materials to novel device designs ［J］. Chemical Society Reviews, 2017, 46(22): 6816-6854.

［29］SEREDYCH M, HULICOVA-JURCAKOVA D, LU G Q, et al. Surface functional groups of carbons and the effects of their chemical character, density and accessibility to ions on electrochemical performance [J]. Carbon, 2008, 46(11): 1475-1488.

[30] YU D S, QIAN Q H, WEI L, et al. Emergence of fiber supercapacitors [J]. Chemical Society Reviews, 2015, 44(3): 647-662.

[31] SIMON P, GOGOTSI Y, DUNN B. Where do batteries end and supercapacitors begin? [J]. Science, 2014, 343(6176): 1210-1211.

[32] LUKATSKAYA M R, MASHTALIR O, REN C E, et al. Cation intercalation and high volumetric capacitance of two-dimensional titanium carbide [J]. Science, 2013, 341(6153): 1502-1505.

[33] AUGUSTYN V, COME J, LOWE M A, et al. High-rate electrochemical energy storage through Li$^+$ intercalation pseudocapacitance [J]. Nature Materials, 2013, 12(6): 518-522.

[34] BERGGREN M, MALLIARAS G G. How conducting polymer electrodes operate [J]. Science, 2019, 364 (6437): 233-234.

[35] FERRIS A, GARBARINO S, GUAY D, et al. 3D RuO$_2$ microsupercapacitors with remarkable areal energy [J]. Advanced Materials, 2015, 27(42): 6625-6629.

[36] LEE H Y, GOODENOUGH J B. Supercapacitor behavior with KCl electrolyte [J]. Journal of Solid State Chemistry, 1999, 144(1): 220-223.

[37] QU G X, CHENG J L, LI X D, et al. A fiber supercapacitor with high energy density based on hollow graphene/conducting polymer fiber electrode [J]. Advanced Materials, 2016, 28(19): 3646-3652.

[38] CHENG H Y, LI Q, ZHU L L, et al. Graphene fiber-based wearable supercapacitors: Recent advances in design, construction, and application [J]. Small Methods, 2021, 5(9): 2100502.

[39] TANG M, WU Y T, YANG J H, et al. Hierarchical core-shell fibers of graphene fiber/radially-aligned molybdenum disulfide nanosheet arrays for highly efficient energy storage [J]. Journal of Alloys and Compounds, 2020, 828: 153622.

[40] HO B T, LIM T, JEONG M H, et al. Graphene fibers containing activated graphene for high-performance solid-state flexible supercapacitors [J]. ACS Applied Energy Materials, 2021, 4(9): 8883-8890.

[41] LU Z, FOROUGHI J, WANG C Y, et al. Superelastic hybrid CNT/graphene fibers for wearable energy storage [J]. Advanced Energy Materials, 2018, 8(8): 1702047.

[42] ZHENG X H, ZHANG K, YAO L, et al. Hierarchically porous sheath-core graphene-based fiber-shaped supercapacitors with high energy density [J]. Journal of Materials Chemistry A, 2018, 6(3): 896-907.

[43] CHMIOLA J, YUSHIN G, GOGOTSI Y, et al. Anomalous increase in carbon capacitance at pore sizes less than 1 nanometer [J]. Science, 2006, 313(5794): 1760-1763.

[44] YANG X W, CHENG C, WANG Y F, et al. Liquid-mediated dense integration of graphene materials for compact capacitive energy storage [J]. Science, 2013, 341(6145): 534-537.

[45] LARGEOT C, PORTET C, CHMIOLA J, et al. Relation between the ion size and pore size for an electric double-layer capacitor [J]. Journal of the American Chemical Society, 2008, 130(9): 2730-2731.

[46] HAN F, JING W X, WU Q, et al. Nitrogen-doped graphene fiber electrodes with optimal micro-/ meso-/ macro-porosity ratios for high-performance flexible supercapacitors [J]. Journal of Power Sources, 2022, 520: 230866.

[47] WEN L, LI F, CHENG H M. Carbon nanotubes and graphene for flexible electrochemical energy storage: From

151

materials to devices [J]. Advanced Materials, 2016, 28(22): 4306-4337.

[48] YANG Q Y, XU Z, FANG B, et al. MXene/graphene hybrid fibers for high performance flexible supercapacitors [J]. Journal of Materials Chemistry A, 2017, 5(42): 22113-22119.

[49] WU C W, UNNIKRISHNAN B, CHEN I W P, et al. Excellent oxidation resistive MXene aqueous ink for micro-supercapacitor application [J]. Energy Storage Materials, 2020, 25: 563-571.

[50] XIONG T, SU H, YANG F, et al. Harmonizing self-supportive VN/MoS$_2$ pseudocapacitance core-shell electrodes for boosting the areal capacity of lithium storage [J]. Materials Today Energy, 2020, 17: 100461.

[51] GUAN T X, LI Z M, QIU D C, et al. Recent progress of graphene fiber/fabric supercapacitors: From building block architecture, fiber assembly, and fabric construction to wearable applications [J]. Advanced Fiber Materials, 2023, 5(3): 896-927.

[52] ZUO W H, LI R Z, ZHOU C, et al. Battery-supercapacitor hybrid devices: Recent progress and future prospects [J]. Advanced Science, 2017, 4(7): 1600539.

[53] WANG F X, XIAO S Y, HOU Y Y, et al. Electrode materials for aqueous asymmetric supercapacitors [J]. RSC Advances, 2013, 3(32): 13059-13084.

[54] WANG X F, LIU B, LIU R, et al. Fiber-based flexible all-solid-state asymmetric supercapacitors for integrated photodetecting system [J]. Angewandte Chemie International Edition, 2014, 53(7): 1849-1853.

[55] SENTHILKUMAR S T, FU N Q, LIU Y, et al. Flexible fiber hybrid supercapacitor with NiCo$_2$O$_4$ nanograss@ carbon fiber and bio-waste derived high surface area porous carbon [J]. Electrochimica Acta, 2016, 211: 411-419.

[56] LIU D S, LIU Y F, LIU X H, et al. Growth of uniform CuCo$_2$O$_4$ porous nanosheets and nanowires for high-performance hybrid supercapacitors [J]. Journal of Energy Storage, 2022, 52: 105048.

[57] ALDALBAHI A, SAMUEL E, ALOTAIBI B S, et al. Reduced graphene oxide supersonically sprayed on wearable fabric and decorated with iron oxide for supercapacitor applications [J]. Journal of Materials Science & Technology, 2021, 82: 47-56.

[58] WANG S L, LIU N S, SU J, et al. Highly stretchable and self-healable supercapacitor with reduced graphene oxide based fiber springs [J]. ACS Nano, 2017, 11(2): 2066-2074.

[59] LIANG J, ZHU G Y, WANG C X, et al. MoS$_2$-based all-purpose fibrous electrode and self-powering energy fiber for efficient energy harvesting and storage [J]. Advanced Energy Materials, 2017, 7(3): 1601208.

[60] WU T Y, WU X J, LI L H, et al. Anisotropic boron-carbon hetero-nanosheets for ultrahigh energy density supercapacitors [J]. Angewandte Chemie International Edition, 2020, 59(52): 23800-23809.

[61] KHUMUJAM D D, KSHETRI T, SINGH T I, et al. Fibrous asymmetric supercapacitor based on wet spun MXene/PAN Fiber-derived multichannel porous MXene/CF negatrode and NiCo$_2$S$_4$ electrodeposited MXene/CF positrode [J]. Chemical Engineering Journal, 2022, 449: 137732.

[62] ZHANG J Z, KONG N, UZUN S, et al. Scalable manufacturing of free-standing, strong Ti$_3$C$_2$t$_x$ MXene films with outstanding conductivity [J]. Advanced Materials, 2020, 32(23): 2001093.

[63] WANG Y L, ZHENG Y C, ZHAO J P, et al. Assembling free-standing and aligned tungstate/MXene fiber for flexible lithium and sodium-ion batteries with efficient pseudocapacitive energy storage [J]. Energy Storage Materials, 2020, 33: 82-87.

[64] SUN S Y, ZHU X L, WU X J, et al. Covalent-architected molybdenum disulfide arrays on Ti$_3$C$_2$T$_x$ MXene fiber

towards robust capacitive energy storage [J]. Journal of Materials Science & Technology, 2023, 139: 23-30.

[65] SHEN L F, DING B, NIE P, et al. Advanced energy-storage architectures composed of spinel lithium metal oxide nanocrystal on carbon textiles [J]. Advanced Energy Materials, 2013, 3(11): 1484-1489.

[66] HWANG C, SONG W J, HAN J G, et al. Foldable electrode architectures based on silver-nanowire-wound or carbon-nanotube-webbed micrometer-scale fibers of polyethylene terephthalate mats for flexible lithium-ion batteries [J]. Advanced Materials, 2018, 30(7): 1705445.

[67] ZHAO Y, ZHANG Y, SUN H, et al. A self-healing aqueous lithium-ion battery [J]. Angewandte Chemie International Edition, 2016, 55(46): 14384-14388.

[68] CHEN S R, TAO R M, TU J, et al. High performance flexible lithium-ion battery electrodes: Ion exchange assisted fabrication of carbon coated nickel oxide nanosheet arrays on carbon cloth [J]. Advanced Functional Materials, 2021, 31(24): 2101199.

[69] ZHU Y J, YANG M, HUANG Q Y, et al. V_2O_5 textile cathodes with high capacity and stability for flexible lithium-ion batteries [J]. Advanced Materials, 2020, 32(7): 1906205.

[70] WOO S G, YOO S, LIM S H, et al. Galvanic replacement: Galvanically replaced, single-bodied lithium-ion battery fabric electrodes [J]. Advanced Functional Materials, 2020, 30(16): 2070100.

[71] CHEN Q, SUN S, ZHAI T, et al. Yolk-shell NiS_2 nanoparticle-embedded carbon fibers forFlexible fiber-shaped sodium battery [J]. Advanced Energy Materials, 2018, 8(19): 1800054.

[72] HE J Q, LU C H, JIANG H B, et al. Scalable production of high-performing woven lithium-ion fibre batteries [J]. Nature, 2021, 597(7874): 57-63.

[73] IMTIAZ S, AMIINU I S, STORAN D, et al. Dense silicon nanowire networks grown on a stainless-steel fiber cloth: A flexible and robust anode for lithium-ion batteries [J]. Advanced Materials, 2021, 33(52): 2105917.

[74] GUO J Z, GU Z Y, ZHAO X X, et al. Flexible batteries: Flexible Na/K-ion full batteries from the renewable cotton cloth-derived stable, low-cost, and binder-free anode and cathode [J]. Advanced Energy Materials, 2019, 9(38): 1970149.

[75] ZHU Y H, YUAN S, BAO D, et al. Decorating waste cloth via industrial wastewater for tube-type flexible and wearable sodium-ion batteries [J]. Advanced Materials, 2017, 29(16): 1603719.

[76] MO F N, LIANG G J, HUANG Z D, et al. An overview of fiber-shaped batteries with a focus on multifunctionality, scalability, and technical difficulties [J]. Advanced Materials, 2020, 32(5): 1902151.

[77] LI Y, ZHONG C, LIU J, et al. Zinc-air batteries: Atomically thin mesoporous Co_3O_4 layers strongly coupled with N-rGO nanosheets as high-performance bifunctional catalysts for 1D knittable zinc-air batteries [J]. Advanced Materials, 2018, 30(4): 1870027.

[78] LU Q, ZOU X H, LIAO K M, et al. Direct growth of ordered N-doped carbon nanotube arrays on carbon fiber cloth as a free-standing and binder-free air electrode for flexible quasi-solid-state rechargeable Zn-air batteries [J]. Carbon Energy, 2020, 2(3): 461-471.

[79] SHI X J, DU J W, JIA L C, et al. Coupling MnS and CoS nanocrystals on self-supported porous N-doped carbon nanofibers to enhance oxygen electrocatalytic performance for flexible Zn-air batteries [J]. ACS Applied Materials & Interfaces, 2023, 15(22): 26766-26777.

[80] 刘学, 马华, 徐恒, 等. 无纺布基聚吡咯柔性电极的储锂性能 [J]. 应用化学, 2020, 37(5): 555-561.

[81] ZHANG Y, WANG L, GUO Z Y, et al. High−performance lithium−air battery with a coaxial−fiber architecture [J]. Angewandte Chemie International Edition, 2016, 55(14): 4487−4491.

[82] PAN J, LI H P, SUN H, et al. A lithium−air battery stably working at high temperature with high rate performance [J]. Small, 2018, 14(6): 1703454.

[83] WANG L, PAN J, ZHANG Y, et al. A Li−air battery with ultralong cycle life in ambient air [J]. Advanced Materials, 2018, 30(3): 1704378.

[84] LI H, CHEN J, FANG J. Recent advances in wearable aqueous metal−air batteries: From configuration design to materials fabrication [J]. Advanced Materials Technologies. 2023, 8: 2201762.

[85] HUANG Q Y, WANG D R, ZHENG Z J. Textile−based electrochemical energy storage devices [J]. Advanced Energy Materials, 2016, 6(22): 1600783.

[86] SENTHILKUMAR S T, WANG Y, HUANG H T. Advances and prospects of fiber supercapacitors [J]. Journal of Materials Chemistry A, 2015, 3(42): 20863−20879.

[87] LIAO M, WANG C, HONG Y, et al. Industrial scale production of fibre batteries by a solution−extrusion method [J]. Nature Nanotechnology, 2022, 17(4): 372−377.

[88] LU Q, ZOU X H, LIAO K M, et al. Direct growth of ordered N−doped carbon nanotube arrays on carbon fiber cloth as a free−standing and binder−free air electrode for flexible quasi−solid−state rechargeable Zn−air batteries [J]. Carbon Energy, 2020, 2(3): 461−471.

[89] WANG X F, JIANG K, SHEN G Z. Flexible fiber energy storage and integrated devices: Recent progress and perspectives [J]. Materials Today, 2015, 18(5): 265−272.

[90] MUKHERJEE S, ALBERTENGO A, DJENIZIAN T. Beyond flexible−Li−ion battery systems for soft electronics [J]. Energy Storage Materials, 2021, 42: 773−785.

[91] WANG Y, KUCHENA S F. Recent progress in aqueous ammonium−ion batteries [J]. ACS Omega, 2022, 7 (38): 33732−33748.

[92] MA Z H, SHI X M, NISHIMURA S I, et al. Anhydrous fast proton transport boosted by the hydrogen bond network in a dense oxide−ion array of $\alpha−MoO_3$[J]. Advanced Materials, 2022, 34(34): 2203335.

[93] WANG Z Y, LI Y M, WANG J W, et al. Recent progress of flexible aqueous multivalent ion batteries [J]. Carbon Energy, 2022, 4(3): 411−445.

[94] GUO H C, GOONETILLEKE D, SHARMA N, et al. Two−phase electrochemical proton transport and storage in $\alpha−MoO_3$ for proton batteries [J]. Cell Reports Physical Science, 2020, 1(10): 100225.

[95] DONG S Y, SHIN W, JIANG H, et al. Ultra−fast NH_4^+ storage: Strong H bonding between NH_4^+ and Bi−layered V_2O_5[J]. Chem, 2019, 5(6): 1537−1551.

[96] GUO Z W, HUANG J H, DONG X L, et al. An organic/inorganic electrode−based hydronium−ion battery [J]. Nature Communications, 2020, 11(1): 959.

[97] ZHANG N, CHEN X Y, YU M, et al. Materials chemistry for rechargeable zinc−ion batteries [J]. Chemical Society Reviews, 2020, 49(13): 4203−4219.

[98] XU Y, WU X, JI X. The renaissance of proton batteries[J]. Small Structures, 2021, 25:2000113.

[99] CALVO B, CANOIRA L, MORANTE F, et al. Continuous elimination of Pb^{2+}, Cu^{2+}, Zn^{2+}, H^+ and NH_4^+ from acidic waters by ionic exchange on natural zeolites [J]. Journal of Hazardous Materials, 2009, 166(2−3): 619−627.

［100］XU C J, LI B H, DU H D, et al. Energetic zinc ion chemistry: The rechargeable zinc ion battery［J］. Angewandte Chemie International Edition, 2012, 51(4): 933−935.

［101］FANG G Z, ZHOU J, PAN A Q, et al. Recent advances in aqueous zinc−ion batteries［J］. ACS Energy Letters, 2018, 3(10): 2480−2501.

［102］JIA H, LIU K Y, LAM Y, et al. Fiber−based materials for aqueous zinc ion batteries［J］. Advanced Fiber Materials, 2023, 5(1): 36−58.

［103］NAN D, WANG J G, HUANG Z H, et al. Highly porous carbon nanofibers from electrospun polyimide/SiO$_2$ hybrids as an improved anode for lithium−ion batteries［J］. Electrochemistry Communications, 2013, 34: 52−55.

［104］PAMPAL E S, STOJANOVSKA E, SIMON B, et al. A review of nanofibrous structures in lithium ion batteries［J］. Journal of Power Sources, 2015, 300: 199−215.

［105］XIONG J Q, CHEN J, LEE P S. Functional fibers and fabrics for soft robotics, wearables, and human−robot interface［J］. Advanced Materials, 2021, 33(19): 2002640.

［106］CHEN X Y, WANG L B, LI H, et al. Porous V$_2$O$_5$ nanofibers as cathode materials for rechargeable aqueous zinc−ion batteries［J］. Journal of Energy Chemistry, 2019, 38: 20−25.

［107］VOLKOV A I, SHARLAEV A S, BEREZINA O Y, et al. Electrospun V$_2$O$_5$ nanofibers as high−capacity cathode materials for zinc−ion batteries［J］. Materials Letters, 2022, 308: 131212.

［108］ZHANG H B, YAO Z D, LAN D W, et al. N−doped carbon/V$_2$O$_3$ microfibers as high−rate and ultralong−life cathode for rechargeable aqueous zinc−ion batteries［J］. Journal of Alloys and Compounds, 2021, 861: 158560.

［109］LIAO M, WANG J W, YE L, et al. A high−capacity aqueous zinc−ion battery fiber with air−recharging capability［J］. Journal of Materials Chemistry A, 2021, 9(11): 6811−6818.

［110］LI T, XU Q S, WAQAR M, et al. Millisecond−induced defect chemistry realizes high−rate fiber−shaped zinc−ion battery as a magnetically soft robot［J］. Energy Storage Materials, 2023, 55: 64−72.

［111］HE B, ZHOU Z Y, MAN P, et al. V$_2$O$_5$ nanosheets supported on 3D N−doped carbon nanowall arrays as an advanced cathode for high energy and high power fiber−shaped zinc−ion batteries［J］. Journal of Materials Chemistry A, 2019, 7(21): 12979−12986.

［112］GAIKWAD A M, WHITING G L, STEINGART D A, et al. Highly flexible, printed alkaline batteries based on mesh−embedded electrodes［J］. Advanced Materials, 2011, 23(29): 3251−3255.

［113］WANG Z Q, WU Z Q, BRAMNIK N, et al. Fabrication of high−performance flexible alkaline batteries by implementing multiwalled carbon nanotubes and copolymer separator［J］. Advanced Materials, 2014, 26(6): 970−976.

［114］YU X, FU Y P, CAI X, et al. Flexible fiber−type zinc−carbon battery based on carbon fiber electrodes［J］. Nano Energy, 2013, 2(6): 1242−1248.

［115］LI H F, LIU Z X, LIANG G J, et al. Waterproof and tailorable elastic rechargeable yarn zinc ion batteries by a cross−linked polyacrylamide electrolyte［J］. ACS Nano, 2018, 12(4): 3140−3148.

［116］WANG Z F, RUAN Z H, LIU Z X, et al. A flexible rechargeable zinc−ion wire−shaped battery with shape memory function［J］. Journal of Materials Chemistry A, 2018, 6(18): 8549−8557.

［117］NIU T, LI J B, QI Y L, et al. Preparation and electrochemical properties of α−MnO$_2$/rGO−PP$_y$ composite as cathode material for zinc-ion battery [J]. Journal of Materials Science, 2021, 56(29): 16582-16590.

[118] PAN H L, SHAO Y Y, YAN P F, et al. Reversible aqueous zinc/manganese oxide energy storage from conversion reactions [J]. Nature Energy, 2016, 1(5): 1-7.

[119] FANG L, WANG X T, SHI W Y, et al. Carbon nanofibers enabling manganese oxide cathode superior low temperature performance for aqueous zinc-ion batteries [J]. Journal of Electroanalytical Chemistry, 2023, 940: 117488.

[120] LI H F, LIU Z X, LIANG G J, et al. Waterproof and tailorable elastic rechargeable yarn zinc ion batteries by a cross-linked polyacrylamide electrolyte [J]. ACS Nano, 2018, 12(4): 3140-3148.

[121] WANG Z F, RUAN Z H, LIU Z X, et al. A flexible rechargeable zinc-ion wire-shaped battery with shape memory function [J]. Journal of Materials Chemistry A, 2018, 6(18): 8549-8557.

[122] XIAO X, XIAO X, ZHOU Y, et al. An ultrathin rechargeable solid-state zinc ion fiber battery for electronic textiles [J]. Science Advances, 2021, 7(49): l3742.

[123] SHIM G, TRAN M X, LIU G C, et al. Flexible, fiber-shaped, quasi-solid-state Zn-polyaniline batteries with methanesulfonic acid-doped aqueous gel electrolyte [J]. Energy Storage Materials, 2021, 35: 739-749.

[124] YI H H, MA Y, ZHANG S, et al. Robust aqueous Zn-ion fiber battery based on high-strength cellulose yarns [J]. ACS Sustainable Chemistry & Engineering, 2019, 7(23): 18894-18900.

[125] ZHANG Q C, LI C W, LI Q L, et al. Flexible and high-voltage coaxial-fiber aqueous rechargeable zinc-ion battery [J]. Nano Letters, 2019, 19(6): 4035-4042.

[126] LIU C L, LI Q L, SUN H Z, et al. MOF-derived vertically stacked Mn_2O_3@C flakes for fiber-shaped zinc-ion batteries [J]. Journal of Materials Chemistry A, 2020, 8(45): 24031-24039.

[127] SINGH R, JANAKIRAMAN S, AGRAWAL A, et al. A high ionic conductive glass fiber-based ceramic electrolyte system for magnesium-ion battery application [J]. Ceramics International, 2020, 46(9): 13677-13684.

[128] LIU Z Z, ZHOU W H, HE J, et al. Binder-free MnO_2 as a high rate capability cathode for aqueous magnesium ion battery [J]. Journal of Alloys and Compounds, 2021, 869: 159279.

[129] SINGH R, JANAKIRAMAN S, AGRAWAL A, et al. An amorphous poly(vinylidene fluoride-co-hexafluoropropylene) based gel polymer electrolyte for magnesium ion battery [J]. Journal of Electroanalytical Chemistry, 2020, 858: 113788.

[130] ZHANG H Y, YE K, ZHU K, et al. The $FeVO_4 \cdot 0.9H_2O$/Graphene composite as anode in aqueous magnesium ion battery [J]. Electrochimica Acta, 2017, 256: 357-364.

[131] LIU B, LUO T, MU G Y, et al. Rechargeable Mg-ion batteries based on WSe_2 nanowire cathodes [J]. ACS Nano, 2013, 7(9): 8051-8058.

[132] SUN X Q, DUFFORT V, MEHDI B L, et al. Investigation of the mechanism of Mg insertion in birnessite in nonaqueous and aqueous rechargeable Mg-ion batteries [J]. Chemistry of Materials, 2016, 28(2): 534-542.

[133] LEE S, KANG D W, KWAK J H, et al. Gold-incorporated porous hollow carbon nanofiber for reversible magnesium-metal batteries [J]. Chemical Engineering Journal, 2022, 431: 133968.

[134] ZHANG H Y, YE K, HUANG X M, et al. Preparation of $Mg_{1.1}Mn_6O_{12} \cdot 4.5H_2O$ with nanobelt structure and its application in aqueous magnesium-ion battery [J]. Journal of Power Sources, 2017, 338: 136-144.

[135] RASTGOO-DEYLAMI M, CHAE M S, HONG S T. $H_2V_3O_8$ as a high energy cathode material for nonaqueous

magnesium-ion batteries [J]. Chemistry of Materials, 2018, 30(21): 7464-7472.

[136] DING M S, DIEMANT T, BEHM R J, et al. Dendrite growth in Mg metal cells containing Mg(TFSI)$_2$/glyme electrolytes [J]. Journal of the Electrochemical Society, 2018, 165(10): 1983-1990.

[137] LIM H D, KIM D H, PARK S, et al. Magnesiophilic graphitic carbon nanosubstrate for highly efficient and fast-rechargeable Mg metal batteries [J]. ACS Applied Materials & Interfaces, 2019, 11(42): 38754-38761.

[138] CHAE M S, SETIAWAN D, KIM H J, et al. Layered iron vanadate as a high-capacity cathode material for nonaqueous calcium-ion batteries [J]. Batteries, 2021, 7(3): 54.

[139] LIU L Y, WU Y C, ROZIER P, et al. Ultrafast synthesis of calcium vanadate for superior aqueous calcium-ion battery [J]. Research, 2019, 2019: 6585686.

[140] WANG M, JIANG C L, ZHANG S Q, et al. Reversible calcium alloying enables a practical room-temperature rechargeable calcium-ion battery with a high discharge voltage [J]. Nature Chemistry, 2018, 10(6): 667-672.

[141] ZHOU R, HOU Z, LIU Q, et al. Unlocking the reversible selenium electrode for non-aqueous and aqueous calcium-ion batteries [J]. Advanced Functional Materials, 2022, 32(26): 2200929.

[142] ZUO C L, CHAO F Y, LI M, et al. Improving Ca-ion storage dynamic and stability by interlayer engineering and Mn-dissolution limitation based on robust MnO$_2$@PANI hybrid cathode [J]. Advanced Energy Materials, 2023, 13(30): 2301014.

[143] XU Z L, PARK J, WANG J, et al. A new high-voltage calcium intercalation host for ultra-stable and high-power calcium rechargeable batteries [J]. Nature Communications, 2021, 12: 3369.

[144] XIONG T, HE B, ZHOU T, et al. Stretchable fiber-shaped aqueous aluminum-ion batteries [J]. EcoMat, 2022, 4(5): 12218.

[145] SONG C H, LI Y P, LI H, et al. A novel flexible fiber-shaped dual-ion battery with high energy density based on omnidirectional porous Al wire anode [J]. Nano Energy, 2019, 60: 285-293.

[146] ZHANG C, YANG X H, CHAI L N, et al. Novel Cu$_{1.8}$Se carbon fiber composite for aluminum-ion battery cathode materials: Outstanding electrochemical performance [J]. Composites Part B: Engineering, 2023, 249: 110411.

[147] LI N, YAO Y, LV T, et al. High-performance wire-shaped aluminum ion batteries based on continuous graphene fiber cathodes [J]. Journal of Power Sources, 2021, 488: 229460.

[148] LIANG K, JU L C, KOUL S, et al. Self-supported tin sulfide porous films for flexible aluminum-ion batteries [J]. Advanced Energy Materials, 2019, 9(2): 1802543.

[149] LEISEGANG T, MEUTZNER F, ZSCHORNAK M, et al. The aluminum-ion battery: A sustainable and seminal concept? [J]. Frontiers in Chemistry, 2019, 7: 268.

[150] LIU C Y, LIU Z W, LI Q M, et al. Binder-free ultrasonicated graphite flakes@ carbon fiber cloth cathode for rechargeable aluminum-ion battery [J]. Journal of Power Sources, 2019, 438: 226950.

[151] WANG Y, CHEN K H. Low-cost, lightweight electrodes based on carbon fibers as current collectors for aluminum-ion batteries [J]. Journal of Electroanalytical Chemistry, 2019, 849: 113374.

[152] HU Y X, YE D L, LUO B, et al. A binder-free and free-standing cobalt Sulfide@ Carbon nanotube cathode material for aluminum-ion batteries [J]. Advanced Materials, 2018, 30(2): 1703824.

[153] LEISEGANG T, MEUTZNER F, ZSCHORNAK M, et al. The aluminum-ion battery: A sustainable and seminal concept? [J]. Frontiers in Chemistry, 2019, 7: 268.

[154] ALMODÓVAR P, GIRALDO D A, CHANCÓN J, et al. δ-MnO$_2$ nanofibers: A promising cathode material for new aluminum-ion batteries [J]. ChemElectroChem, 2020, 7(9): 2102-2106.

[155] ZHUANG R Y, HUANG Z L, WANG S X, et al. Binder-free cobalt sulfide@carbon nanofibers composite films as cathode for rechargeable aluminum-ion batteries [J]. Chemical Engineering Journal, 2021, 409: 128235.

[156] ITAYA K, ATAKA T, TOSHIMA S. Spectroelectrochemistry and electrochemical preparation method of Prussian blue modified electrodes [J]. Journal of the American Chemical Society, 1982, 104(18): 4767-4772.

[157] ZHENG R T, LI Y H, YU H X, et al. Ammonium ion batteries: Material, electrochemistry and strategy [J]. Angewandte Chemie International Edition, 2023, 135(23): 202301629.

[158] HAN L J, LUO J, ZHANG R K, et al. Arrayed heterostructures of MoS$_2$ nanosheets anchored TiN nanowires as efficient pseudocapacitive anodes for fiber-shaped ammonium-ion asymmetric supercapacitors [J]. ACS Nano, 2022, 16(9): 14951-14962.

[159] LI H, YANG J, CHENG J L, et al. Flexible aqueous ammonium-ion full cell with high rate capability and long cycle life [J]. Nano Energy, 2020, 68: 104369.

[160] WANG P, ZHANG Y F, FENG Z Y, et al. A dual-polymer strategy boosts hydrated vanadium oxide for ammonium-ion storage [J]. Journal of Colloid and Interface Science, 2022, 606: 1322-1332.

[161] LIANG G J, WANG Y L, HUANG Z D, et al. Initiating hexagonal MoO$_3$ for superb-stable and fast NH$_4^+$ storage based on hydrogen bond chemistry [J]. Advanced Materials, 2020, 32(14): 1907802.

[162] SUN J D, NIE W Q, XU S, et al. A honeycomb-like ammonium-ion fiber battery with high and stable performance for wearable energy storage [J]. Polymers, 2022, 14(19): 4149.

[163] SONG Y, PAN Q, LV H Z, et al. Ammonium-ion storage using electrodeposited manganese oxides [J]. Angewandte Chemie International Edition, 2021, 60(11): 5718-5722.

[164] LIU Q, YE F, GUAN K, et al. MnAl layered double hydroxides: A robust host for aqueous ammonium-ion storage with stable plateau and high capacity [J]. Advanced Energy Materials, 2022, 135: 2202908.

[165] MU X, SONG Y, QIN Z, et al. Core-shell structural vanadium oxide/polypyrrole anode for aqueous ammonium-ion batteries [J]. Chemical Engineering Journal, 2023, 453: 139575.

[166] KUCHENA S F. Development of novel electrodes and electrolytes for safer aqueous ammonium ion batteries with enhanced performance[D]. Louisiana: Louisiana State University Libraries, 2023.

[167] KUCHENA S F, WANG Y. Superior polyaniline cathode material with enhanced capacity for ammonium-ion storage [J]. ACS Applied Energy Materials, 2020, 312: 11690-11698.

[168] WU X Y, QI Y T, HONG J J, et al. Rocking-chair ammonium-ion battery: A highly reversible aqueous energy storage system [J]. Angewandte Chemie, 2017, 56(42): 13026-13030.

[169] WU Y H, LIU W F, ZHANG Z, et al. Defect-rich MoO$_3$ nanobelts for ultrafast and wide-temperature proton battery [J]. Energy Storage Materials, 2023, 61: 102849.

[170] HU Y, GUO Z P, CHEN Y J, et al. Molecular magneto-ionic proton sensor in solid-state proton battery [J]. Nature Communications, 2022, 13(1): 7056.

[171] WAN Y H, SUN J, JIAN Q P, et al. A Nafion/polybenzimidazole composite membrane with consecutive

proton-conducting pathways for aqueous redox flow batteries [J]. Journal of Materials Chemistry A, 2022, 10 (24): 13021-13030.

[172] YU J Z, LI J, LEONG Z Y, et al. A crystalline dihydroxyanthraquinone anodic material for proton batteries [J]. Materials Today Energy, 2021, 22: 100872.

[173] YANG M S, ZHAO Q, MA H G, et al. Integrated uniformly microporous C_4N/multi-walled carbon nanotubes composite toward ultra-stable and ultralow-temperature proton batteries [J]. Small, 2023, 19 (16): 2207487.

[174] LI M, ZHANG Y X, HU J S, et al. Universal multifunctional hydrogen bond network construction strategy for enhanced aqueous Zn^{2+}/proton hybrid batteries [J]. Nano Energy, 2022, 100: 107539.

[175] SU Y T, JIANG H M, KANG Q L, et al. All-organic aqueous batteries consisting of quinone-hydroquinone derivatives with proton/aluminumion co-insertion mechanism [J]. Applied Surface Science, 2023, 625: 157174.

[176] SU Z, REN W H, GUO H C, et al. Ultrahigh areal capacity hydrogenion batteries with MoO_3 loading over 90 mg cm^{-2}[J]. Advanced Functional Materials, 2020, 30(46): 2005477.

[177] SUBJALEARNDEE N, HE N F, CHENG H, et al. Gamma(ɣ)-MnO_2/rGO fibered cathode fabrication from wet spinning and dip coating techniques for cable-shaped Zn-ion batteries [J]. Advanced Fiber Materials, 2022, 4(3): 457-474.

[178] YAN L, HUANG J H, GUO Z W, et al. Solid-state proton battery operated at ultralow temperature [J]. ACS Energy Letters, 2020, 5(2): 685-691.

[179] YANG P, YANG J L, LIU K, et al. Hydrogels enable future smart batteries [J]. ACSNano, 2022, 16(10): 15528-15536.

[180] FAN X, ZHONG C, LIU J, et al. Opportunities of flexible and portable electrochemical devices for energy storage: expanding the spotlight onto semi-solid/solid electrolytes [J]. Chemical reviews, 2022, 122(23): 17155-17239.

[181] 计海聪. 二硫化钼/碳复合材料的制备及其储钠性能研究[D]. 武汉: 武汉纺织大学, 2022.

第5章 纤维基物理信号传感器

物理信号传感器作为柔性可穿戴电子设备中的重要器件，可将感知到的力学、温度、湿度、光学、声学、磁场等物理信号转换为电等其他形式的信号。随着数字化运动健康和个性化医疗等新兴产业的快速发展，具有连续全面监测人体生理体征功能的非入侵式可穿戴设备，引起了世界范围的广泛关注。传统的智能可穿戴设备多数为刚性材料，体积较大，难以满足长久穿戴下的舒适性和便捷性需求。纤维基传感器具有优异的柔顺性、穿戴舒适性、质轻、生物相容性、结构多样性等优点，能够与复杂曲面的人体皮肤形成良好的共形贴合，与柔性可穿戴电子设备集成，可实现对人体运动姿态、呼吸/心率等生理体征的连续精准监测，受到了众多研究者的青睐，同时在智能制造、国防军工、运动健康、人机交互等领域具有广阔的应用前景。根据刺激的类型和接触方式，可简单地将纤维基物理传感器分为应变传感器、温度传感器、湿度传感器及非接触传感。本章将重点介绍纤维基物理传感器的研究进展，包括物理传感器的分类、制备、结构、性能和应用。

5.1 纤维基应变传感器

应变传感器可检测外界作用力下物体产生的形变。根据力学刺激方式的不同，应变传感器可分为拉伸和压力应变传感器。

5.1.1 纤维基压力传感器

5.1.1.1 纤维基压力传感器性能的关键参数

压力传感器是一种能够感知物体表面外界作用力并将其转变为规律性电信号的电子器件。灵敏度、线性度、检测范围、响应时间、恢复时间和稳定性等参数是评价器件性能的关键参数。

（1）灵敏度和线性度

灵敏度为器件输出的电信号微小变化与输入的力学信号微小变化之比，是衡量器件信号转化能力的重要参数。电容和电阻式压力传感器的灵敏度通常可用式（5-1）和式（5-2）计算，压电式和摩擦电式传感器的灵敏度可用式（5-3）计算：

$$S = \frac{d(\Delta E / E_0)}{dP} \tag{5-1}$$

$$\Delta E = E_P - E_0 \tag{5-2}$$

$$S = \frac{dB}{dP} \tag{5-3}$$

式中：S 为灵敏度；P 为施加压力值；E_0 为空载下的初始电信号；ΔE 为电信号（电流、电阻及电容）变化量；B 为压电或摩擦电传感器输出的电压和电流。

对于电容式和电阻式传感器而言，一般将 $\Delta E/E_0$ 定义为传感器信号响应值，以响应值为 y 轴、压力输入信号为 x 轴绘制变化曲线，可通过计算信号响应值—压力变化曲线的斜率得到器件灵敏度值。线性度定义为在给定压力范围内，信号响应值的变化曲线接近直线的程度，通常用与直线回归的偏差来量化，以百分比或小数表示。

（2）响应/恢复时间

响应/恢复时间代表着压力传感器响应外界压力刺激变化快慢的性能参数，决定了器件在时间维度上所能达到的分辨率，对瞬态刺激的检测十分重要。响应时间是指器件受到压力作用的瞬间，其电信号从开始变化达到稳定输出的 90% 所需的时间，恢复时间计算方法类似。

（3）压力检测范围

压力检测范围是指传感器能够有效响应的最小和最大作用力之间的压力范围，且能对不同压力范围做出差异性响应。稳定性是指传感器在长时间/重复使用下，依旧保持稳定可靠的信号输出关系。

5.1.1.2　纤维基压力传感器的分类

根据工作原理，压力传感器可分为电阻式、电容式、压电式及摩擦电式（图 5-1）。

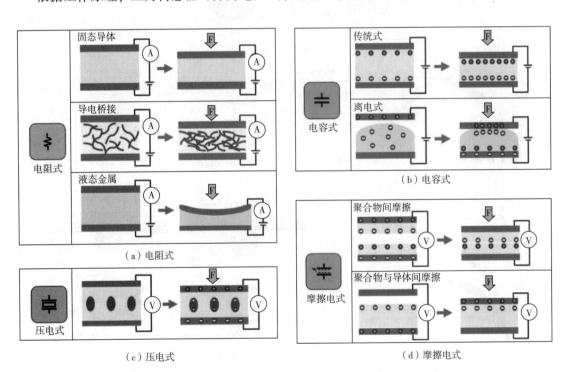

图 5-1　柔性压力传感器的主要类型

（1）电阻式压力传感器

电阻式压力传感器是在外界压力作用下，材料内部导电网络发生变化，从而导致电阻变化，实现力学信号到电学信号的转变。电阻式压力传感器结构简单，通常由传感材料、电极材料和柔性基材构成，其有效传导依靠的是循环应变下具有可逆变形能力的导电网络结构。图 5-2（a）所示为一种纱线型柔性电阻式压力传感器，研究者首先制备了聚吡咯（PPy）@乙烯—乙烯醇共聚物（EVOH）纳米纤维/水性聚氨酯（WPU）复合导电浆料，再通过纺丝涂层技术制备了以镀银尼龙纱线为芯层电极、以上述复合浆料为皮层传感层的皮芯结构压力传感纱线，利用刺绣、编织技术将传感纱线置入织物基底中，形成可穿戴贴合性强的交叉式压力传感器，此外还制备了像素点可调的大面积传感织物，用于感知和绘制空间压力分布。其中导电 EVOH 纳米纤维结合 WPU 分别构成了细胞骨架中的桥和岛结构，压力作用下微观

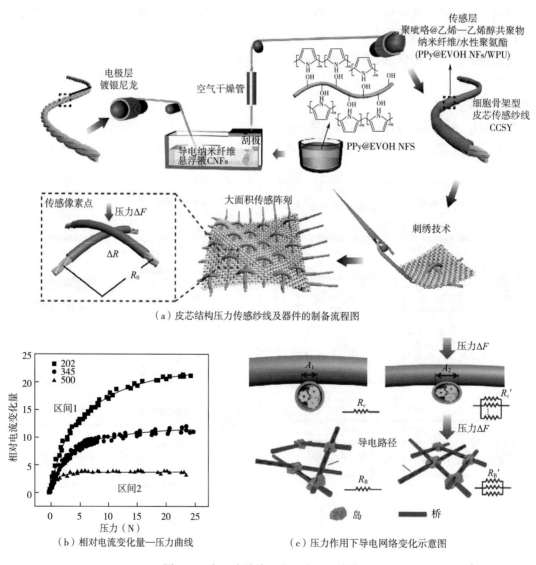

（a）皮芯结构压力传感纱线及器件的制备流程图

（b）相对电流变化量—压力曲线

（c）压力作用下导电网络变化示意图

图 5-2　交叉式纱线型电阻式压力传感器

层面表现为传感层中桥部分间的接触点增多，导致传感层电阻减小；宏观层面表现为纱线间的有效接触面积和接触点增加，导致器件接触电阻下降；岛部分的主要作用是提供传感层的弹性可逆变形，提升器件稳定性，拓宽工作压力范围。最终器件灵敏度可达 $5.15N^{-1}$，工作压力范围最高可达 25N，具有极快的响应时间（11.2ms）与恢复时间（35.2ms）。

该纱线型电阻式压力传感器具有优异的灵敏度、宽的工作范围、快速的响应时间，使其可监测人体运动姿态、呼吸/心率等生理体征。如图 5-3（a）所示，将皮芯结构传感纱线集成于手套指尖处，单击鼠标时，指尖传感器受到压力作用，所采集到的电流信号发生相应单次变化。传感器极快的响应时间（11.2ms）和恢复时间（35.8ms）使其能精确连续地响应指尖的双击动作；滑动鼠标滚轮时信号表现为缓慢上升与快速下降的曲线，器件产生的信号较稳定且辨识度很高。图 5-3（b）所示是将传感纱线集成于手套食指关节位置，用于检测指关节

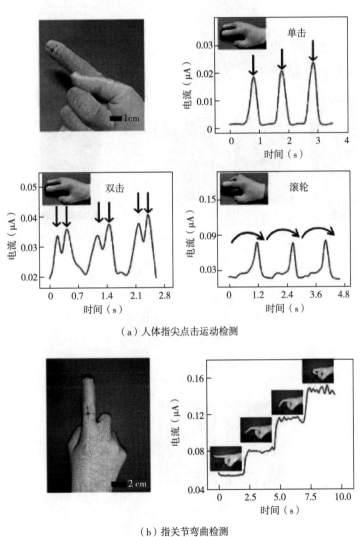

（a）人体指尖点击运动检测

（b）指关节弯曲检测

图 5-3

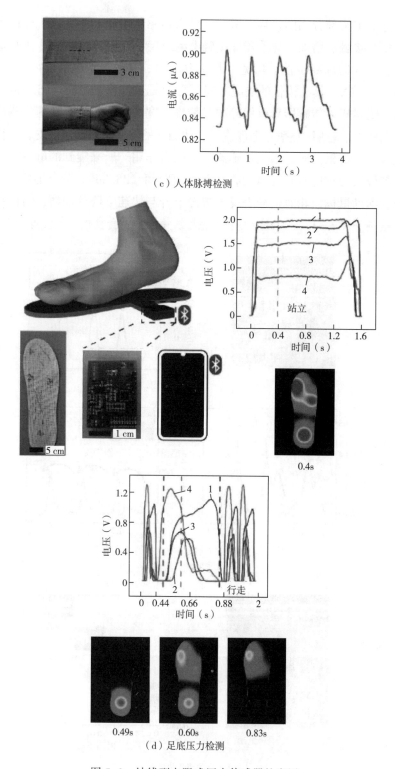

（c）人体脉搏检测

（d）足底压力检测

图 5-3　纱线型电阻式压力传感器的应用

运动，测试者手指依次呈现伸直，弯曲0°、30°、60°及90°状态，对应的传感器电信号变化如右图所示，随着弯曲角度的增加，传感器电流不断升高，且能维持稳定。图5-3（c）中将传感纱线集成到商业腕带中，用于检测人体脉搏，器件能清晰识别典型的脉冲波。图5-3（d）中，传感纱线集成于鞋垫中，可用来描绘人体行走过程中脚与地面之间的压力变化。

除了在一维纱线上构建微结构用于提升器件性能，利用二维纤维集合体的结构多样性也可制备性能优异的压力传感器。图5-4（a）所示为一种纳米纤维集合体压力传感器，在EVOH纳米纤维悬浮液中原位聚合聚吡咯制备导电纳米纤维集合体，添加聚烯烃弹性体（POE）纳米纤维改善集合体力学性能，随后喷涂和干燥得到压力传感材料，并组装成带有柔性导电织物电极的压阻式传感器。在压力作用下，传感材料整体产生形变引起内部孔隙结构压缩及纳米纤维的变形，从而导致接触面积增大，器件内部等效电路也发生变化，最后电阻发生变化如图5-4（b）所示。如图5-4（c）所示，所制备的传感材料具有优异的柔顺性和

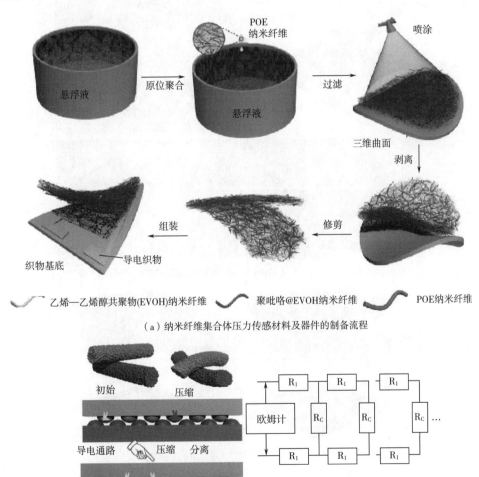

（a）纳米纤维集合体压力传感材料及器件的制备流程

（b）传感机理示意图及等效电路图

图5-4

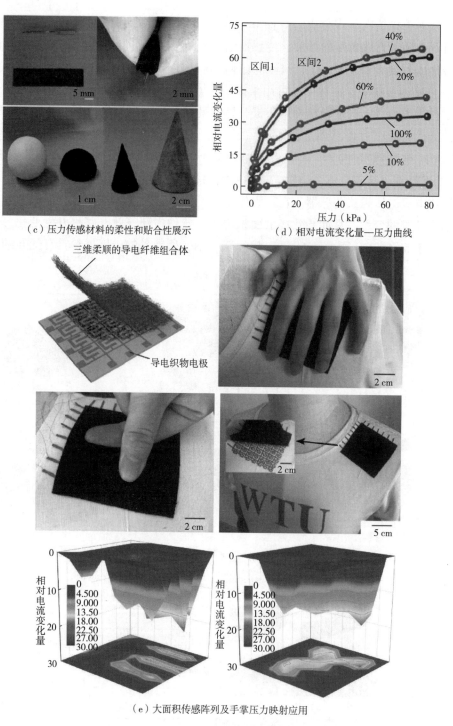

（c）压力传感材料的柔性和贴合性展示

（d）相对电流变化量—压力曲线

（e）大面积传感阵列及手掌压力映射应用

图5-4　二维纤维集合体电阻式压力传感器

曲面贴合性。根据灵敏度计算公式和曲线特征，可将图5-4（d）中的相对电流变化量曲线分为两个线性拟合区域，在第一阶段灵敏度为2.83kPa^{-1}。图5-4（e）中将大面积传感织物与阵列式采集电路相结合，可获取不同像素点的电流变化，最终得到手掌的空间压力分布映射。

（2）电容式压力传感器

电容式压力传感器具有电极板—介质层—电极板器件结构，依靠压力作用下平行板电容器的电容变化，器件电容可根据以下公式计算：

$$C = k\varepsilon_0 \frac{A}{d} \tag{5-4}$$

式中：C 为电容；k 为两个电极板间介质层的相对介电常数；ε_0 为真空介电常数；A 为两个电极板重叠面积或电容器的有效面积；d 为两个电极板的距离。

从式 5-4 中可看出，介质层材料、尺寸决定了器件电容及其对压力的敏感性，因此在同等条件下，具有较低弹性模量的介质层表现出更大的压缩性能和更高的灵敏度。陈等展示了一种具有皮芯结构的细菌纤维素（BC）@ BC/ CNT 螺旋纤维，以可生物降解的 BC 为皮层，导电的 BC/CNT 为芯层，传感器单元形成在两根螺旋纤维之间的交叉接触点处。当施加力时，除了两个电极之间的距离发生变化（从 d 到 d'）外，接触面积逐渐变为 A'，表面的不规则折叠和内部结构被压缩，从而改变两根螺旋纤维之间的有效电容。组成的传感器的压力灵敏度可用三个连续的区域来表征：Ⅰ区的高灵敏度（2.92N^{-1}）可能归因于两个螺旋纤维电极之间接触面积的增加；Ⅱ区的灵敏度达到 1.22N^{-1}，可能是因为电极之间的距离引起介电常数变化，同时不规则折叠结构造成空气挤压引起间隙变化，两者协同变化造成的；Ⅲ区的灵敏度可能归因于表面不规则折叠结构产生的有限变形，并且随着螺旋纤维电极内部加载力的增加，内部结构被压缩，灵敏度下降至 0.22N^{-1}。将传感器安装在手指、手腕和肘部，可用于运动康复领域以监测身体必要的弯曲运动，同时还可检测不良坐姿。

除了设计具有微结构的一维皮芯型传感纱线，基于多级结构丰富的织物材料构建电容式压力传感器也是常见的技术手段。田等将三维（3D）间隔织物浸入石墨烯纳米片墨水中获得介电层，随后粘贴顶/底部织物电极组装成传感单元，介电层与行列分布电极相结合得到矩阵式传感阵列。采用 3D 间隔织物和石墨烯纳米片能有效提升器件的检测灵敏度，施加压力不仅减小了器件电极板间的垂直距离，同时还增加了介电层织物中石墨烯纳米片的互联导电路径，有效导电路径的形成有利于提高有效介电常数。该传感器具有宽检测范围（高达约110kPa），根据曲线特征也可线性拟合成三个阶段，独特的 3D 间隔织物结构赋予其优异的循环稳定性和耐水性。

（3）压电式压力传感器

压电式压力传感器是一种利用介电材料压电效应工作的器件，即压电材料在外力作用下发生变形，内部电荷发生极化并在材料相对表面聚集相反电荷，产生电位差，当撤除作用时材料恢复到原来状态，表现出自供电特性。通常压电材料分为无机材料和有机材料。无机材料如氮化铝（AlN）、氧化锌（ZnO）、钛酸铅（PbTiO$_3$）、钛酸钡（BaTiO$_3$/BTO），有机材料如聚偏二氟乙烯（PVDF）、聚（偏氟乙烯—三氟乙烯）［P（VDF-TrFE）］，前者具有更高的压电常数和压电系数，后者具有更优异的柔韧性和易加工集成性。为了提升压电式压力传感器的灵敏度和柔顺性，研究人员尝试利用有机—无机杂化方法构建能够满足柔性智能穿戴设备要求的高性能压电式压力传感器。陈等利用静电纺丝技术制备了聚多巴胺（PDA）修饰的钛酸钡（BTO)/聚偏氟乙烯（PVDF）纳米纤维集合体压电传感材料，随后与铝箔电极和柔性聚对苯二甲酸乙二醇酯（PET）基材组装成器件，其中 PDA 有望模拟肌肉纤维周围结缔组织的功能，以增强纳米纤维结构的坚固性和耐用性；同时 PDA 涂层包裹了突出的 BTO 颗粒使纤维表面变得光滑，有利于 PDA@BTO/PVDF 复合纤维内部的载荷传递，从而产生更强的机电耦合效应，因此产生更高的压电响应。PDA 改性的压电器件灵敏度最高为 3.95V/N，拟合线性度达 0.966。

　　静电纺丝技术可有效复合有机、无机压电材料，是构建柔性高性能压电式压力传感器常用的技术手段，可通过纤维材料的结构设计提升器件的压电传感性能。丁等展示了一种通过同轴静电纺丝技术制备的皮芯结构纳米纤维集合体，以 PVDF—BTO 为芯层，PVDF—氧化石墨烯（GO）为皮层，将皮芯结构纳米纤维集合体与导电织物相结合，可得到具有多层织物结构的单个压电传感单元。根据式（5-5）计算器件的压电常数，无机—有机杂化皮芯结构纳米纤维集合体制备的传感器具有最大的压电系数（38pC/N），在 80~230kPa 压力区间内，器件输出电压从 1.47V 增加至 2.92V，灵敏度为（10.89 ±0.5）mV/kPa，拟合线性度达 0.988；将压电传感器贴合在手指处，不仅可以检测手指弯曲运动的幅度，而且随着手指弯曲运动加速，器件输出信号频率也相应增加；该器件可快速响应外部动态刺激，当施加外力的手指数量从 1 个增加到 3 个时，输出电流从 1nA 成比例增加到 3nA 和 8nA。

$$d_{33} = \frac{\Delta Q}{F} = \frac{\Delta \sigma}{P} \tag{5-5}$$

　　式中：d_{33} 为准静态压电系数；ΔQ 为产生的电荷；F 为作用力；$\Delta \sigma$ 为传递的电荷密度；P 为对应的压力。

　　（4）摩擦电式压力传感器

　　摩擦电式压力传感器是一种利用摩擦电效应和静电感应原理将外界压力信号转换成电信号的器件，由极性相反的两种摩擦材料和电极材料构成。当两种摩擦材料相互接触时，材料内表面会产生相反的静电荷；分离后，两种摩擦电材料背部表面的电极产生静电感应电荷，产生电势差，导致电子通过外部电路转移，直到当两种材料完全分离时达到平衡状态，适用于对动态压力信号的检测。自 2012 年王及其同事发现摩擦电压力传感器以来，该类型传感器得到了广泛的研究。俞等利用静电纺丝技术分别制备聚乙烯醇（PVA）和聚己内酯（PCL）纳米纤维集合体，分别粘贴至铝（Al）电极上，随后与 PET 基板组装成摩擦电式器件。传感机理是两种纳米纤维膜的反复接触和分离会导致电势差作为交流电压和电流输出。器件在不同外部压力下会产生开路电压（V_{oc}）和短路电流（I_{sc}），并均随着压力的增加而增大。

5.1.2　纤维基拉伸应变传感器

　　传感器是一种能够将特定的被测量信号（包括物理量、化学量、生物学量等）按一定规律转换成某种可用信号的器件或装置。如今，可穿戴和柔性可拉伸的应变传感器由于能够将机械形变转换为电信号而备受关注，并广泛应用于人机交互、生物医学、运动健康等各个领域，不断地更新换代并朝着更加智能化的方向发展。

拉伸应变传感器种类繁多，测量数据也不同，因此传感器原理各式各样。应变传感器对外加应变的响应机制不同，取决于材料类型、微/纳米结构和制造工艺。传统应变片的应变—电阻响应来源于材料本身的几何效应和压阻效应。与传统的应变片不同，柔性拉伸应变传感器的导电传感原理主要基于渗流理论、隧穿效应、裂纹效应及断开机制。渗流理论认为，当复合体系中的导电填料增加到某一临界量时，体系电阻将急剧下降。通常将提到导电填料的临界量称为渗透阈值，而渗透阈值主要由导电填料的几何形状决定。以导电纳米颗粒为例，假设在该导电网络中粒子分布均匀，导电网络的渗透阈值如下：

$$V_c = \frac{\pi D^3}{6(D+D_{IP})^3} \tag{5-6}$$

式中：颗粒直径 D 和颗粒间距离 D_{IP} 是决定渗透阈值的关键参数。

由式（5-6）可知，V_c 随着颗粒直径的增加而单调增加。在外加应力作用下，较小的纳米粒子具有更大的重新分布自由度，可沿着应变方向以独特的配置组装或组织成导电带渗透网络。其应变相关阈值表示如下：

$$V_c(\varepsilon) = \frac{V_c^0}{1+\alpha\sqrt{\varepsilon}} \tag{5-7}$$

式中：α 为应力下导电颗粒的重组能力；ε 为应变；V_c^0 为初始状态下的渗透阈值。

隧穿理论认为，导电网络是由相邻导电粒子的迁移产生的。当填料间距在外力作用下发生变化时，隧道电子电阻也会发生相应的变化。在相邻纳米材料之间的某距离内，电子可穿过聚合物薄层并形成量子隧道结。两个相邻纳米材料之间的隧道电阻可通过西蒙斯（Simmons）的隧道电阻理论近似估计：

$$R_{tunnel} = \frac{V}{AJ} = \frac{h^2 d}{Ae^2 \sqrt{2m\lambda}} \exp\left(\frac{4\pi d}{h}\sqrt{2m\lambda}\right) \tag{5-8}$$

式中：V 为电势差；A 为隧道结的横截面积；J 为隧道电流密度；h 为普朗克常数；d 为相邻纳米材料之间的距离；e 为单电子电荷；m 为电子质量；λ 为聚合物的能垒高度。

裂纹效应是指材料拉伸到一定程度时，在表面或内部产生裂纹，导致接触面积发生变化，进而导致阻力发生变化。

裂纹产生并扩展于拉伸时覆盖在软聚合物层顶部的脆性薄膜中，且裂纹倾向于在应力集中的区域，以释放容纳的应力。此外，还提出了针对纳米材料导电网络，如银纳米线（AgNWs）和石墨烯制成的薄膜进行阐述的断开机制。这种传感原理是指在由纳米材料制成的导电薄膜中，由于电子可在网络内重叠的纳米材料中穿过，当外力施加时，薄膜的拉伸会导致相邻的纳米材料电连接和重叠区域减少，从而导致电阻增加。从微观结构的角度看，重叠面积的减少是由相邻纳米材料的滑移引起的，主要是由于重叠纳米材料之间的摩擦较小，界面结合较弱，以及导电纳米材料与可拉伸聚合物之间的刚度失配较大。通过这些理论研究，能更好地预测纤维基拉伸应变传感器的电学性能，使传感器具有更好的应用前景。

拉伸应变传感器广泛应用于物理变形测量，因此其主要参数包括应变、灵敏度、线性度、迟滞、重复性等。

应变指在外力作用下单位长度产生的变形：

$$\varepsilon = \frac{L_a - L_0}{L_0} \tag{5-9}$$

式中：ε 为断裂伸长率；L_0 为试样原长；L_a 试样拉伸后的长度。

灵敏度（图 5-5）是描述传感器敏感程度的特性参数。通常通过施加一定应变时其相对电阻的变化来评估，它是输出量变化和输入量变化之比，即：

$$GF = \frac{R/R_0}{\varepsilon} \tag{5-10}$$

式中：ε 为应变；R 为拉伸应变时的电阻变化；R_0 为初始电阻值。

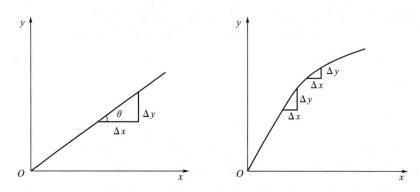

图 5-5　传感器的灵敏度

传感器灵敏度越高，外界刺激对传感器干扰越大。

线性度是描述传感器非线性程度的特性参数，是用来评价传感器实际输入—输出特性曲线与理论拟合曲线接近程度的性能指标。通常是指在全量程范围内实际特性曲线与拟合直线之间的最大偏差值 ΔL_{max} 与满量程输出值 Y_{FS} 之比。线性度也称非线性误差，用 γ_L 表示，即：

$$\gamma_L = \pm \frac{\Delta L_{max}}{Y_{FS}} \times 100\% \tag{5-11}$$

式中：ΔL_{max} 为最大非线性绝对误差；Y_{FS} 为满量程输出值。

传感器的迟滞特性（图 5-6）指的是在相同测量条件下，对应于同一大小的输入信号，传感器正（输入量由小增大）、反（输入量由大减小）行程的输出信号大小不相等的现象。其数值用最大偏差与满量程输出值的百分比表示：

$$\delta_h = \pm \frac{\Delta H_{max}}{Y_{FS}} \times 100\% \tag{5-12}$$

式中：ΔH_{max} 为输出值在正、反行程间的最大偏差；δ_h 为传感器的迟滞。

重复性（图 5-7）是指当传感器在相同工作条件下输入量按同一方向全量程连续多次测试时所得特性曲线不一致的程度。其在数值上用正反行程中最大重复差值 ΔL_{max} 计算。即：

$$\delta_k = \pm \frac{(2 \sim 3)\ \Delta L_{max}}{Y_{FS}} \times 100\% \tag{5-13}$$

式中：δ_k 为重复性；$\Delta L_{\max}$ 为最大正行程重复性偏差（$\Delta L_{\max 1}$）和最大负行程重复性偏差（$\Delta L_{\max 2}$）。

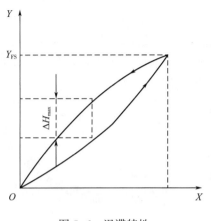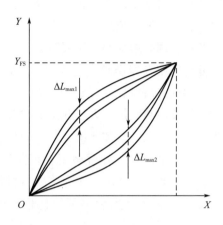

图 5-6　迟滞特性　　　　　　　　　　图 5-7　重复性

拉伸应变传感器主要以电阻应变式传感器为主，少部分拉伸应变传感器是利用电磁感应原理制成的电感式传感器。以下主要介绍的是电阻应变式柔性拉伸应变传感器，电阻应变式传感器是以电阻应变片为转换元件的传感器，电阻应变片的原理是在外界力的作用下产生机械变形时，导体或半导体材料的电阻值相应地发生变化。

柔性拉伸应变传感器根据基底的不同可分为三大类：纤维组织结构拉伸应变传感器、纱线组织结构拉伸应变传感器、织物组织结构拉伸应变传感器。根据不同的组织结构，其形态、组成、制备、原理、性能、断裂机理等也存在一定差异。

5.1.2.1　纤维组织结构拉伸应变传感器

纤维按来源可分为天然纤维和化学纤维两大类，天然纤维包括植物纤维、动物纤维和矿物纤维。由于天然纤维具有优异的吸湿性和较高的透气性，能够很好地贴近皮肤，穿着更舒适，但其弹性、保型性较差，作为传感器材料在多次使用后对其性能破坏较大，可能会导致数据采集不准确，干扰传感器信号。纤维拉伸断裂机理对拉伸应变传感器的拉伸原理也具有一定的影响：拉伸初期大分子键增长、键角增大，部分大分子链或基原纤从结晶区中逐步抽拔出来。随着拉伸继续进行，结晶区逐步产生相对移动，顺纤维轴方向排列，部分大分子从晶区抽拔出来后，非晶区中大分子的长度差异减小，受力的大分子或基原纤的根数增加，如此被抽拔移动被拉断的大分子也增加，这样，继续拉伸，大分子间的横向联系受到显著破坏，大分子明显地相互滑移、抽拔、伸长，变形迅速变化，结晶区逐步松散，直到许多大分子被抽拔、拉断，纤维从最薄弱处的截面上断开。徐卫林课题组通过浸涂和原位聚合的方法，将石墨烯片和聚吡咯分层装饰在木质纤维素花蔺（JE）上，制备了具有焦耳加热和传感特性的柔性智能纤维石墨烯—聚吡咯—花蔺（G-PPy-JE）。该纤维表现出良好的电热性能，在 10V 下 10s 内可达 147℃的温度，保持了良好的焦耳加热性能。另外，G-PPy-JE 纤维作为应变传感器，具有高灵敏度（在 0~60% 和 60%~100% 应变范围内灵敏系数 GF 分别为 7.36、

11.36），在50%的应变下，500次循环内表现出良好的耐久性。染嘉杰课题组将碳化钛（MXene）纳米片与滑环聚轮烷交联，形成内部机械连锁网络，制成一种高性能多功能纳米复合纤维。这种无机基质纳米复合纤维具有独特的应变硬化力学行为和卓越的承载能力（韧性接近60MJ/m³，延展性超过27%）。由于其应变硬化行为（增加应变时应力积累较少）能够减少纤维断裂，同时增加裂纹扩展阻力。并且在连续循环应变后，仍保持100%的延展性。此外，纳米复合纤维在经历较大范围（>25%应变）和长期重复（10000次循环）的尺寸变化后，可很好地保持高电导率（>1.1×10^5S/m）和电化学性能（>360F/cm³）。

化学纤维按原料、加工方法和组成成分不同可分为再生纤维、合成纤维和无机纤维。化学纤维的优点是强力大，耐磨性、弹性较好，但其吸湿性、透气性差，因而穿着不舒适，作为传感器材料具有较好的重复性，多次使用后仍可保持较好的稳定性。金泰成等制造了一种具有负泊松比的全纤维辅助交织纱线传感器（AIYS），如图5-8所示。基于独特的微纤维交错结构，当螺旋纱线沿中心轴线被拉伸时，护套纱线在半径减小的同时长度增加，导致长度阻力增加。此外，在AIYS的拉伸过程中，两个护套纱线层之间的接触面积减小，这也导致护套纱线之间的接触电阻增加。其独特的纤维结构，使AIYS实现了-1.5的泊松比、高力学性能（0.6cN/dtex）和快速响应时间（0.025s），此外，AIYS显示出良好的耐磨性、可洗性、可织性和高重复性。刘天西等提出了以氢键聚（离子液体）—骨架离子凝胶（HB-PILI）和热塑性弹性体（TPE）分别为芯层和鞘层的氢键聚（离子液体）—骨架离子凝胶弹性体（HB-PILI@TPE）纤维的制备方法。HB-PILI@TPE纤维具有高拉伸性（>100%）、宽耐温性（-50~50℃）和优异的抗疲劳性（5000次拉伸，释放循环后的最大应力保持率为74.3%）。因此，基于HB-PILI@TPE纤维的应变传感器表现出快速响应时间（小于100ms）、高线性灵敏度（GF为1.05）和优异的循环稳定性（>3000次循环）。

图5-8　全纤维辅助交织纱线传感器

5.1.2.2　纱线组织结构拉伸应变传感器

纱线根据体系可分为纱、丝、线三类。纱是由许多短纤维经纺丝加工，排列成近似平行状态，并沿轴向旋转加捻而成。丝，即连续长丝束，也称长丝纱。所谓线，是由两根或两根以上的单纱合并加捻制成的股线，股线再合并加捻为复捻股线。线又分为普通股线和花式线，由于花式线具有不同的特殊结构性能和外观，将其作为传感器材料，其传感原理也不尽相同。

纱线的外观形态特征（细度、直径、质量、截面中的纤维根数等）、加捻特征（捻度、捻系数、捻向、捻幅等）都会影响传感器的性能和传感原理。纱线组织结构拉伸应变传感器的拉伸原理基于纱线的拉伸断裂机理：纱线的断裂过程就是纱中纤维的断裂和相互滑移的过程。纱线外层纤维倾斜程度大，所受到的应力大，拉伸过程首先发生断裂，对内层纤维的向心压力减小，内层纤维发生滑脱和断裂，纱线迅速解体。蔡光明等报道了一种高灵敏度可穿戴应变传感器，将聚多巴胺模板化（BYs-PDA）后，通过在纱线表面原位聚合聚吡咯

（PPy），由编织复合纱线（BYs）得到。聚多巴胺模板化聚吡咯编织复合纱线（BYs-PDA-PPy）应变传感器表现出宽应变范围（高达 105%应变）、高灵敏度（应变为 0~40%时，*GF* 为 51.2；应变为 40%~105%时，*GF* 为 27.6）、长期的稳定性和良好的电加热性能，这些性能与 BYs 独特的编织结构有关，如图 5-9 所示。当纱线被拉伸时，其缠绕角度增加，导致相邻纤维之间的接触面积减小，该拉伸原理使传感器具有较高的灵敏度，能够实现快速响应。

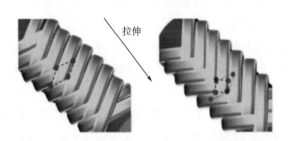

图 5-9　BYs 的编织结构

苏业旺课题组制备了一种具有导电性、超拉伸性、高拉伸敏感性的碳纳米管（CNT）和聚氨酯（PU）纳米纤维复合螺旋纱线，如图 5-10 所示。弹性聚氨酯分子和弹簧状微几何的协同作用使螺旋纱线具有优异的拉伸性，在拉伸过程中，宏观上螺旋结构首先展开成直线，在这个过程中阻力不变。随着进一步拉伸，纱线变得更薄，PU 纳米纤维与轴向之间的角度减小，排列更紧密。因此，CNT 导电网络被拉伸，导致电阻增加。由于 CNT 在微观层面上的交错导电网络和在宏观层面上的螺旋结构，CNT/PU 螺旋纱线在 900%内实现了良好的可回收性，最大拉伸伸长率高达 1700%。得益于这些特征，它可用作超弹性和高度稳定的导线。

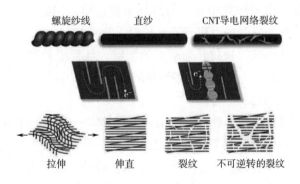

图 5-10　CNT/PU 螺旋纱线

王博等提出了一种在尼龙带上构建致密的 β-FeOOH 支架以增强聚吡咯负载的滴涂方法，该方法有助于制备高导电性和疏水性的聚吡咯/β-FeOOH/尼龙带（PFCNS）。β-FeOOH 支架提供的空间将聚吡咯在纤维上的质量从 1.1mg/cm^2（聚吡咯/尼龙带）增加到 3.0mg/cm^2，从而将电阻从 $104.96\Omega/\text{cm}$ 降低到 $34.29\Omega/\text{cm}$。PFCNS 在 150%应变范围内表现出 0.758MPa 的线性弹性模量，具有独特的电阻变化机制：随着应变的增加，卷曲的纱线逐渐变直并相互滑移，这延长了电子的两个跳跃点之间的距离。同时滑移会导致重叠的面积减少，从而产生更长的电子传输距离。该传感器还具有快速响应时间（140ms）、长耐久性（10000 次拉伸恢复）和有效的运动监测（如呼吸、背部弯曲、跳跃）的传感能力。

5.1.2.3 织物组织结构拉伸应变传感器

织物，简称布，是由纺织纤维和纱线制成的柔软且具有一定力学性能和厚度的制品。织物按生产方式的不同可分为机织物、针织物、编结物和非织造布。

（1）机织物拉伸应变传感器

采用织机织造的织物，由纵向（经线）和横向（纬线）相互交织而成。机织物的组织结构比较稳定，力学性能较好。机织物的拉伸断裂机理是当拉伸力作用于受拉系统纱线上时，该系统纱线由原先的屈曲逐渐伸直，并压迫非受拉系统纱线，使其更加屈曲。在拉伸的初始阶段，随着拉伸力增加，织物的伸长变形主要是由受拉系统纱线屈曲转向伸直而引起的，并包含一部分由于纱线结构改变以及纤维伸直而引起的变形；到拉伸后阶段，由于机织物受力后纱线已基本伸直，伸长变形主要是纱线和纤维的伸长与变细，使织物的线密度或平方米克重下降，拉伸方向的试样结构变稀。林惠娟等通过一种简单且具有成本效益的"浸渍干燥"制备工艺制备了单壁 CNT（SWCNT）装饰织物多向应变传感器。商用棉绷带（CB）织物由纤维素纤维按层次结构排列而成，具有机械柔韧性、可拉伸性、生物降解性和高透气性等优点。该织物应变传感器具有检测限低（0.1%），在 45°方向上应变范围在 10%～110%时，GF 为 6.9；横向上应变范围在 6%～11%时，GF 为 1.2；纵向上应变范围在 10%～150%时，GF 为 6.0，在 300mm/min 拉伸速率下、1%应变时，响应时间为 40ms，并且该拉伸应变传感器在 50000 次循环中都表现出高稳定性。该应变传感器不仅可监测细微的、大的多向运动，而且能很好地贴合人体，具有满意的舒适性。潘路军等将氨纶/聚酰胺织物浸入碳墨水中，干燥后制成织物应变传感器，由于织物中相邻的纱线紧密连接。当施加外力时，纱线相互分离，接触面积逐渐减小，导致传感器的电阻升高。同时，当应变较小时，导电层出现少量微小裂纹，随着外力的施加，这些裂纹被拉长为更大的裂纹，且裂纹的数量随着拉伸而增加。该应变传感器在 0～30%的应变范围内具有较高的测量因子（约 62.9）和良好的线性度（约 0.99）。

（2）针织物拉伸应变传感器

针织物是采用针织机编织的织物，由一根或多根针以一定的顺序依次穿过纱线串套而成的织物。针织物柔软、有弹性，具有良好的舒适性和贴身性。针织物的拉伸断裂机理如下：拉伸力作用于受拉方向的圈柱或圈弧上，首先使圈柱转动、圈弧伸直，引起线圈取向变形，沿拉伸方向变窄、变长，纱线的交织（纠缠）点发生错位移动；使织物在较小受力下能较大地伸长；当这类转动和伸直完成后，纱线段和其中的纤维开始伸长，直接表现为织物的稀疏和垂直受力方向的收缩。基于针织物优异的弹性特性，陈坤林等研制了一种具有负电阻变化的多功能应变传感器。采用壳聚糖（CS）静电自组装的方法首次制备了还原氧化石墨烯（RGO）导电织物。然后采用浸涂工艺制备了吸附纳米二氧化硅和聚二甲基硅氧烷（PDMS）的应变传感器。所制备的传感器，可同时实现 60%的宽工作范围、快速响应时间（22ms）和超过 4000 次循环的稳定耐久性。这些结果与织物基底的环路结构密切相关。当传感器被拉伸时，纱线从下沉环和针环转移到柱上，纱线在环内自由转移，使传感器具有较大的工作范围。在这个过程中，纱线中的纤维被力拉紧，使数千根纤维相互挤压，从而实现快速响应。王博等制备了一种多功能聚吡咯/棉织物（PCF），由于针织纱线毛圈的结构变化，在整个拉伸过程中，线圈和沉降线圈在行进方向（拉伸方向）上逐渐分离，这些线圈中的纱线被拉紧。在上述结构变化期间，电子传输路径发生变化，导致电阻先增大后减小。PCF 具有快速响应时间（110ms）、耐久性（10000 次循环），对背部、手指、手腕和膝盖的弯曲具有较好的监测效果。

（3）非织造布拉伸应变传感器

非织造布由纤维或其他成品通过物理或化学方法互相黏结而成。非织造布通常具有轻、薄、柔软、透气、不脱毛、毛羽少等特点。非织造布的拉伸断裂机理如下：拉力直接作用于纤维和固着点上，使其中纤维以固着点为中心发生转动和伸直变形，并沿拉伸方向取向，表现出织物变薄，但密度增加，强度升高；随后，纤维伸长，固着点被剪切或滑脱。前者主导则非织造布强度增加，后者主导则强度增加减缓或下降。

拉伸应变传感器是一种测量物体受到的拉伸应变的装置，广泛应用于各个领域。以下是一些拉伸应变传感器的应用领域。

①结构工程。结构工程中的拉伸应变传感器用于监测建筑物、桥梁、隧道等结构物的应变情况。它们可帮助工程师评估结构的稳定性、安全性和耐久性，并提供预警信号，防止结构破坏或故障。

②材料研究。在材料科学和工程中，拉伸应变传感器用于测量材料在受力下的应变性能。这对于了解材料的力学性能、强度、刚度和耐久性等参数非常重要。

③汽车工业。拉伸应变传感器在汽车工业中广泛应用，用于监测车辆的结构件和部件的应变情况。它们可帮助汽车制造商评估车辆的安全性、耐久性和性能，并进行结构优化和改进。

④航空航天工业。在航空航天领域，拉伸应变传感器用于监测飞机、航天器和导弹等航空器的结构应变。这对于确保航空器的结构完整性、安全性和性能至关重要。

⑤医疗领域。拉伸应变传感器在医疗设备和医疗器械中也有应用。例如，在康复治疗中，它们可用于测量肌肉和关节的应变，帮助评估患者的康复进展。

⑥机械工程。在机械系统和设备中，拉伸应变传感器可用于监测零件和组件的应变情况，以确保它们在正常运行范围内。

⑦人机交互。拉伸应变传感器可嵌入智能服装或可穿戴设备中，以监测用户的身体运动和姿势。例如，在运动跟踪应用中，拉伸应变传感器可以用于测量身体的拉伸应变，以获取运动数据，如身体的伸展、弯曲和扭转等信息。

这些只是拉伸应变传感器的一些应用领域，实际上它们还可应用在日常生活中。

①健身和运动追踪。拉伸应变传感器可用于健身设备、智能手环或智能手表中，以监测身体的拉伸和运动。它们可测量运动时肌肉的应变，提供关于运动强度、姿势和运动范围的数据，帮助用户追踪和改善健身效果。

②睡眠监测。拉伸应变传感器可集成到睡眠追踪设备中，用于监测睡眠质量和睡姿。通过测量床垫或床单的应变，它们可提供关于睡眠时身体姿势的信息，如睡眠的深度、翻身次数和睡眠姿势的调整。

③姿势矫正。在一些姿势矫正产品中，拉伸应变传感器可用于监测用户的身体姿势，并提供反馈。例如，它们可放置在背部、肩部或腰部，当用户的姿势不正确时，传感器会检测到相应的拉伸应变，并通过警示或振动等方式提醒用户调整姿势。

④智能家居。在智能家居领域，拉伸应变传感器可用于家具、床垫或座椅等物品中，以提供个性化的舒适度和支持。通过测量物体的拉伸应变，系统可根据用户的体重、姿势和偏好调整家具的硬度或软度，提供更好的使用体验。

现如今，传感器已经融入生活的各个角落，它能分析用户日常行为，增加用户与周边环境的互动方式。随着科技的发展和创新，会有更多的应用出现，以提升人们的生活质量和便利性。

5.2　纤维基温度传感器

5.2.1　概述

健康的新陈代谢和相对恒定的体温是人体进行生命活动的基础，体温过高或过低都会影响人体内酶的活性，从而影响人体新陈代谢的正常运行，造成各种细胞、组织和器官的紊乱，甚至死亡。相对恒定的体温是维持体内环境稳定，保证新陈代谢等生命活动正常进行的必要条件。因此，在人体健康监测中，体温是一个不可忽视的重要指标，实时准确的体温监测显得尤为重要。

现有的体温测量仪器一般分为接触式和非接触式两种。接触式是将测温元件与人体直接接触，如水银体温计和其他温度传感器；非接触式则在测量时无须接触人体皮肤，如红外线测温仪。早期常用的水银体温计能够较准确地测量人体温度，稳定性好，但水银体温计呈刚性，与人体皮肤的贴合性差，测量时会影响人体活动。此外，对于儿童和部分病人而言，水银体温计不能按需放置在指定位置，从而无法准确获得体温。红外线测温仪通过红外线传感器接收人体红外线信号，根据人体热辐射能量的高低来显示温度。这种测量方法通常无须接触皮肤，速度快，但测量过程中易受皮肤的辐射率水平和环境等因素影响，从而精确度低。其他常用传感器根据材料与温度相关的物理响应，如电阻、体积、气压和光谱等，被开发成多种接触式硬质温度传感器，包括热电、热阻和光纤传感。温度传感的监测原理是基于导体或半导体的电阻、光纤中的光波参量等物理因素随温度变化而变化这一特性来测量温度，如电子式体温计就是根据导体电阻随温度变化这一特性将体温转化为电信号，并通过转换处理在显示器上输出数字信息。相比水银体温计，硬质温度传感器无污染、携带方便，且相较于红外测温仪，硬质温度传感器的精确度和分辨率较高，稳定性好，成本较低。但是，硬质温度传感器的材质往往为硬质体，可穿戴性和舒适性差。纤维基产品因其异常柔软的质地、优异的形状变形、可重复洗涤性和丰富的多孔结构而引起人们的广泛兴趣。纤维基材料具有优异的柔软性和良好的柔韧性，即使在曲面上也表现出良好的形状适应性。

近年来，高分子材料的发展进一步赋予了纤维和纺织品各种电子功能，在信息接口、个性化医疗和智能可穿戴等领域具有广泛的应用前景。与刚性、平面电子器件相比，基于纤维的可穿戴电子器件具有良好的柔韧性、拉伸性、透气性、可设计性和集成化等显著优势，是新一代软性可穿戴设备的重要组成元素。

应用于温度传感器的材料通常具有良好的导热性。导热是指物体各部分之间不发生相对位移，依靠微观粒子的热运动而产生的热能传递。傅里叶导热定律是在宏观层面上描述热传导的规律，热导率作为反映物质导热能力的宏观物理量，其数值取决于物质的种类和温度等因素。若从微观层面上来看，不同材料的导热机理有所区别。在固体的导热中，"载流子"既可是电子，也可是声子。在大多数金属固体中，自由电子的运动在热传导中起着重要的作用。而在绝缘体、半导体材料中，声子的热传导占主要部分。对于复合材料来说，需要根据其组成成分来分析何种原理在热传导中占主导地位。在碳基复合材料中，声子在热传导中有着重要的贡献。根据热导率的大小，热导率低的材料称为绝缘材料，又称隔热材料或绝热材料，热导率高的材料称为导热材料。郭全贵等参照常温下典型金属材料（铜、铝等）的热导率，定义热导率在 200W/（m·K）以上的材料为高导热材料。图 5-11 及表 5-1 分别比较了部分常用高导热材料和新型高导热材料的热物性参数，铝基碳化硅、金刚石/铜以及金刚石碳化硅等复合材料均具有良好的热性能。传统的导热材料一般为金属材料，虽然其具有良好的导热性能，但却因金属材料具有高导电性且不抗腐蚀等缺点而难以满足实际应用的需求。

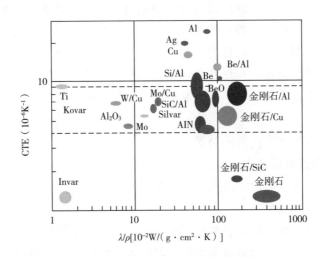

图 5-11　热管理用材料的热性能对比

Kovar—科瓦合金　Invar—因瓦合金　Silvar—铁镍钴合金

表 5-1 部分高导热材料的性能

高导热材料	热导率［W/（m·K）］	热膨胀系数（×10⁻⁶K⁻¹）	密度（g/cm³）
铝	218	23	2.7
铜	400	17	8.9
Cu/Mo/Cu	250~280	9.0	9.0
Si/C	250	3.7	3.2
Si/C/Al	150~254	8~14	2.6~2.8
Si/C/Cu	222~320	7~14	6.6
石墨	150~500	−1.0	2.25
铂金-1100	900~1100	−1.6	2.2
金刚石	2200	1.0	3.5
金刚石/Cu	400~1200	4~7	6.0
金刚石/Al	350~670	7~9	3
碳	400	−1.0	1.9

近年来，复合材料在汽车、航空航天、造船等许多行业逐渐成为钢、铝合金等传统金属材料的替代品，因为其具有易加工性、电绝缘性、抗腐蚀性等优点。研究结果表明，高度取向结构的高分子材料具有较高的导热系数，但在一般的制备加工过程中取向的控制是十分困难的，所以往往制备的高分子复合材料为热的不良导体，导热系数一般低于 0.5W/（m·K）。为了提高复合材料的导热性能，采用以高分子为基体，将无机导热填料填充到高分子中，制备导热高分子复合材料。因此，填料的种类、添加量、形状、大小以及在聚合物中的分散状态等因素都会影响复合材料的导热性能。由于导热高分子复合材料具有密度小、易加工成型和抗化学腐蚀等优异的综合性能，使其在众多领域有着广泛的应用，因此，制备具有高导热性能的复合材料，对工业发展和科学技术具有重大的研究价值。

5.2.2 纤维基温度传感材料的分类

5.2.2.1 根据传感机理分类

根据传感机理的不同，主动式温度传感材料一般分为热敏、热阻和热电温度传感器三种。

（1）热敏温度传感器

其工作原理是感测层电阻随变温的变化而变化，可分为正温度系数（PTC）型热敏温度传感器和负温度系数（NTC）型热敏温度传感器两种。PTC 热敏电阻的阻值与温度呈正响应关系，即阻值随温度的升高而增大。用于 PTC 热敏电阻的主要材料是导电填料，它可嵌入或涂覆在聚合物中。基于各种传感材料的柔性和可拉伸的 NTC 热敏电阻已经被开发出来，如碳纳米纤维、氧化石墨烯。例如，丝绸—纳米纤维衍生的碳纤维膜作为主动传感层可涂覆在

PET 上，以产生透明和可拉伸的 NTC 温度传感器阵列，在牛血清白蛋白（PBSA）中浸泡后，通过逐层自组装技术将氧化石墨烯涂覆在聚丙烯腈长丝纤维中，得到 NTC 热敏电阻。采用纯氧化镍/炭黑纳米颗粒制备了一种灵敏的 NTC 热敏电阻，将导电聚（3,4-乙烯二氧噻吩）—聚苯乙烯磺酸酯（PEDOT∶PSS）/碳纳米管印刷在 PET 塑料衬底上，获得 NTC 热敏电阻。

（2）热阻温度传感器

其工作原理是金属电阻随外加温度的变化而变化。温度的变化改变了自由电子的活动能和电子的运动方式，从而改变了电阻，通常表现为正相关系数。此外，金属纳米线、纳米带、薄膜和纳米颗粒也广泛应用于热敏传感器中的主动传感层。

（3）热电温度传感器

其工作原理是依靠温度的变化来实现固体中永久偶极矩的变化，从而改变热释电晶体表面的电荷。柔性温度传感器最常用的热释电材料是聚偏氟乙烯—三氟乙烯 P（VDF-TrFE）和 P（VDF-TrFE）/BiTiO₃ 纳米复合材料。通常，热释电材料中存在从正电荷中心指向负电荷中心的电偶极子对。当热释电材料的表面温度恒定时，表现为电中性。分子结构中正电荷中心和负电荷中心的相对替换导致电偶极子电荷距离随材料表面温度的变化而增大或减小。热释电材料的极化电场强度会发生变化，吸引表面自由电荷形成电场，最终表现出电特性。

5.2.2.2　根据填料分类

高分子聚合材料的导热性能较差，且大部分为绝缘体，主要原因是在聚合物中几乎没有可以自由移动的电子。填料的导热性能以及填料在高分子基体中的分散情况会影响材料的导热性能。在纤维基温度传感材料中通常添加的导热填料有金属及金属氧化物和碳材料。

（1）金属及金属氧化物

在导热复合材料的研究中，Ni、Cu、Al、Ag 以及相应的金属氧化物已被广泛应用于改善导热复合材料的导热性能。通常来说，与纯聚合物材料相比，金属及金属氧化物填料可较明显地改善复合材料的导热性能。马蒙阿（Mamunya）等采用 Cu 粉和 Ni 粉作为导热复合材料的填料，将填料分别填充到环氧树脂（EP）和聚氯乙烯（PVC）中，并研究了 Cu 粉和 Ni 粉的填充量不同时，EP 和 PVC 复合材料导热性能的变化。在含量相同时，Cu 粉比 Ni 粉能更好地提高复合材料的导热性能。同时，当填充量逐渐增大时，导热材料的导热性能也逐渐增大，但当填充量达到一定数值后，复合材料的导热性难以大幅度提高。鲁西（Rusu）等研究了高密度聚乙烯（HDPE）/Fe 粉复合材料的导热性能。将 Fe 粉作为填料填充到 HDPE 中，研究了 Fe 粉的添加量不同时，复合材料导热性能的变化，结果表明，当 Fe 粉的体积分数达到 16% 时，Fe 粉与 HDPE 不仅具有较好的相容性，而且在 HDPE 的内部可形成导热链或导热网，从而使复合材料的导热性能得到明显的提高。爱葛瑞（Agari）和上田（Ueda）课题组以 Al₂O₃ 作为填料，聚乙烯（PE）为基体，采用熔铸法制得 PE/Al₂O₃ 复合材料。研究了 Al₂O₃ 的填充含量与 PE/Al₂O₃ 复合材料的导热系数之间的关系。实验证明，当填充 Al₂O₃ 的含量逐渐增加时，复合材料的导热系数也随之增大。

（2）碳材料

常用于温度传感材料的碳材料主要有碳纳米管、石墨、氧化石墨烯、碳纤维等。任

（Im）等采用润湿法制备了氧化石墨烯（GO）—多壁碳纳米管（MWCNT）/环氧树脂（EP）复合材料，研究了 GO/MWCNT 的填充含量以及 GO/MWCNT 间的比例对复合材料导热性能的影响。结果表明，当填充含量为 50%（质量分数）时，复合材料的导热性能明显提高，当填料（GO/MWCNT）的总质量固定时，改变 GO/MWCNT 间的比例，填料中加入质量分数约 0.36% 的 MWCNT，可获得良好的导热性能。然后，随着 MWCNT 填充量的增加，其导热系数略有下降，但仍高于 GO/EP 复合材料的导热系数。金（Kim）课题组采用熔体混合法制备 MWCNT 复合材料，研究 MWCNT 的长度与复合材料导热性能的关系。实验数据显示，当 MWCNT 填充的质量分数为 2% 时，由长型 MWCNT 制备的复合材料的导热系数可提高到 1.27W/(m·K)，因为长型 MWCNT 在复合材料内部可充分接触形成导热网络，从而导热系数较高。结果表明，通过调整 MWCNT 的长度，可有效控制复合材料的导热率。

余和崔等将石墨烯纳米板（GNP）和 MWCNT 加入聚碳酸酯（PC）基体中，研究填料的含量以及填料在聚合物基体中的分布状态不同时复合材料导热性能的变化。结果显示，当 GNP 和 MWCNT 的质量分数为 20% 时，复合材料的导热系数为 1.13W/(m·K)，这个值是 PC 的 3.7 倍。GNP 均匀分散在基体中，呈扁平状，可与聚合物基体很好地结合，所以能有效提高复合材料的导热性。

5.2.3　纤维基温度传感材料的制备

导热复合材料的制备方法有共混复合法和纳米复合法。

共混复合法包括粉末混合、溶液混合和熔体混合等。粉末混合法是将粉末状的填料与聚合物材料均匀混合，然后加压成型；溶液混合法是将聚合物基体和填料均匀地分散在溶剂中，通过浇筑或蒸除溶剂等系列操作进一步加工成复合材料；熔体混合法是通过机械共混使导热填料在高分子聚合物熔体中均匀分散。

纳米复合法可分为共混纳米复合法和插层纳米复合法。共混纳米复合法是将纳米填料粉体与高分子基体进行复合，该制备方法具有操作简单、实用、价格低廉等优点。插层纳米复合法是将层状填料填充到高分子聚合物熔体或溶液中，使其进行复合，在力学或热力学的作用下将纳米尺寸层状的填料分散在高分子基体中，使层状纳米填料在复合材料的内部有序地排列，从而提高复合材料的导热性能。

下面举例说明纤维基温度传感材料中柔性温度传感材料的制备。通过不同的制备方式将其与纺织纤维结合形成柔性温度传感材料，既能实时监测人体温度，还能保持纺织品的质轻、柔软、耐用、结实等优点。目前较常用的制备方法为混合纺丝法、浸渍涂层法和柔性印刷法。

5.2.3.1　混合纺丝法

混合纺丝法是将对温度敏感的功能材料添加到用于纺丝的前驱体中，得到对温度敏感的纤维，通常采用湿法纺丝和静电纺丝这两种方法，获得的长丝纤维直径通常很小，被直接制成纺织品或薄膜。如裴（Bae）等将多壁碳纳米管和聚二甲基硅氧烷（PDMS）混合，然后通过注射泵拉出均匀的温度传感纤维，并与处理过的棉纱构建一种可穿戴温度传感器，灵敏度和精度均与商用红外传感器相当，可用于诊断和治疗。黄等使用 N-异丙基丙烯酰胺-N-甲基丙烯酰胺热交联响应共聚物和 PEDOT : PSS 溶液，通过旋涂和静电纺丝工艺制备了热响应导电复合材料（thermoresponsive conductive composite，TCC）薄膜和纤维毡，并在水浴温度为 20~50℃时测量 TCC 薄膜和纤维毡的表面电阻，以分析热响应导电性能。结果显示，由于 TCC 纤维毡的纤维结构，其对温度的敏感性高于薄膜。张等通过水热法和静电纺丝法制备了一种聚丙烯腈基复合纤维，制备流程如图 5-12 所示，可用于非接触式温度测量。在 423K 温度下，最大绝对灵敏度为 0.446%/K；在 303 K 下，最大相对灵敏度为 1.148%/K，可作为微米级专用温度传感器。

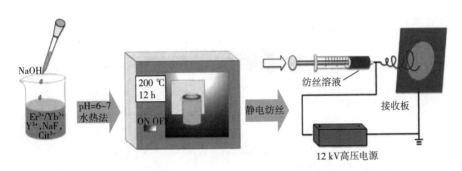

图 5-12　水热法和静电纺丝法制备 NYF-EY/聚丙烯腈复合纤维示意图

通过混合纺丝法获得的纤维和纱线的灵敏度较好，精度高，测量的稳定性好，织成的纺织品薄而柔软，穿着舒适，不会使穿着者看见相关电子元器件。但由于是混合纺丝过程中纤维的形态和均匀性仍需提升，这要求纺丝技术进一步发展。

5.2.3.2　浸渍涂层法

浸渍涂层法通常是通过浸/涂工艺在纱线上涂覆热敏材料，使得纱线电阻随着温度变化，从而能够测量环境或人体温度。如李（Lee）等在可拉伸氨纶表面通过波浪结构产生微尺度褶皱，并控制其大小和密度，之后在纤维上涂覆温度感应层（由 PEDOT、PSS 和多壁碳纳米管组成的热敏导电膏），与保护层形成超弹性温度传感纤维，如图 5-13（a）所示。该方法无须任何金属材料就能产生显著的灵敏度和变形，且传感纤维在可逆方式下表现出高热敏性（约 0.93%/℃），应变不敏感范围 ≤180%，可用于监测人类手指的温度分布。西宾斯基（Sibinski）等在聚偏二氟乙烯纤维上涂覆由多壁碳纳米管和聚甲基丙烯酸甲酯聚合物树脂组成的热敏涂层，并将其封装后整合到纱线上，形成一维柔性温度传感纱，其组成结构如图 5-13（b）所示。测量不同多壁碳纳米管含量的电阻温度系数，发现当多壁碳纳米管在聚合物重量中的含量为 2% 时，其电阻温度系数在 30~45℃内为 0.13%/K。

采用浸渍涂层法制备的传感纱灵敏度较高，测量温度准确，柔韧性好，但通过聚合物材料制备的热敏涂层，其传感性能容易受外界环境影响，在拉伸、弯曲等外力作用下又易遭受破坏，从而影响其使用性能和寿命。通过封装方式可减小涂层受外界环境和外力作用的影响，但也会影响温度敏感性，目前没有确定封装方式的具体影响规律。

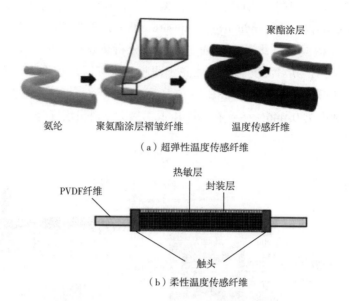

（a）超弹性温度传感纤维

（b）柔性温度传感纤维

图5-13　浸渍涂层法制备传感纤维示意图

5.2.3.3　柔性印刷法

将薄且柔性的传感器嵌入纱线作为芯部，由于柔性传感器可卷曲或折叠，不仅不会改变传感器的性能，还能使其完全隐藏在纱线中，良好地贴合纱线，不会影响纺织品的美观和穿着舒适性。帕辛杜（Pasindu）等通过电子束蒸发沉积技术，使得钛/金层沉积在聚酰亚胺衬底上，通过剥离形成具有图案的柔性薄膜传感器，如图5-14所示。利用针织、编织和包缠三种不同的纱线制造技术来确定合适的包覆技术，并通过在臂带中嵌入温敏纱的实验，验证温度传感纱可用于制造智能测温服装。

由柔性薄膜传感器制成的传感纱，比刚性传感器的尺寸小，从而使用该传感纱织成的织物厚度较薄，进一步提高了纺织品的美观度和舒适度，但是传感纱的灵敏度相较于未覆盖的电阻温度器较低，且柔性薄膜传感器在使用过程中易断裂。这需要外覆层薄而紧密，同时为了捕捉准确的皮肤温度，纱线需要提前校准，因此为了获得精确度高且美观、舒适的传感纱，对于外覆层的编织方式及纱线的尺寸仍需进一步改进。

5.2.4　纤维基温度传感材料的性能指标

随着越来越多样化和复杂化的应用场所出现，对温度传感器提出的要求也不仅限于高灵敏度，还需要传感器可任意调节形状，以适应不同的工作环境。纤维基温度传感材料为了更好地实现体温监测等功能，传感材料与纤维结合后需具有良好的传感性能，以达到快速、准确、灵敏的效果，同时也仍需保持纤维的柔软、舒适和可伸缩性能，在应用过程中能具有良好的耐用性、可洗性等，从而可应用于智能纺织品。

5.2.4.1　响应时间

温度传感器的响应过程主要分为两个阶段：一是环境热量进入温度传感器体表层，通过

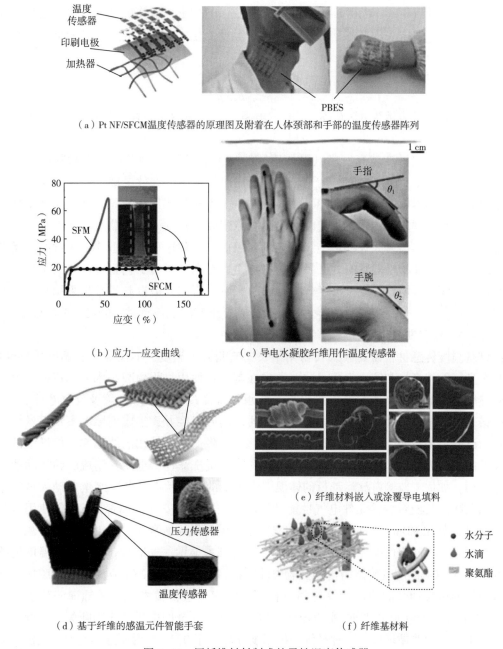

（a）Pt NF/SFCM温度传感器的原理图及附着在人体颈部和手部的温度传感器阵列

（b）应力—应变曲线　　　　（c）导电水凝胶纤维用作温度传感器

（d）基于纤维的感温元件智能手套　　　　（f）纤维基材料

（e）纤维材料嵌入或涂覆导电填料

图5-14　用纤维材料制成的柔性温度传感器

热传导在传感器内部形成稳定的温度分布；二是温度信号转换为易测量的信号，如电压、电阻等。其中，前者时间一般在秒量级，而将温度信号转化为其他信号的过程一般在皮秒量级。因此在研究温度传感器的动态响应中，主要关注热传导所消耗的时间。

5.2.4.2 灵敏度

电阻温度系数（temperature coefficient of resistance，TCR）是分析电阻型传感元件温度灵敏度的关键参数，通常表示在零功率条件下，其温度变化 1℃时电阻的相对变化，计算公式如下：

$$\text{TCR}\ (\alpha) = \frac{R_t - R_i}{R_t \cdot \Delta T} \tag{5-14}$$

式中：TCR 也可表示为 α，R_t 为 t℃时的电阻；R_i 是被测样品在 i℃时的初始电阻，$t = i + \Delta T$。

TCR 值越大，灵敏度越高。热电阻传感纱的 TCR 值主要由制备的金属材料决定，如铂（Pt）的 TCR 值较低，而镍（Ni）的则较高。商用热敏电阻的有效灵敏度较高，与纱线结合后灵敏度会有不同程度的降低，如帕辛杜（Pasindu）等采用不同纱线织造技术包覆柔性薄膜传感器，发现相比裸露的传感器，包缠后的温度传感纱的有效灵敏度最大降低 14%，其原因可能是包覆纱和传感器之间存在热绝缘体空气。因此，制备这种温度敏感电子纱时，需考虑包覆的纤维材料的蓬松性对其有效灵敏度的影响，这对制备包覆工艺稳定性提出了要求。为了减小汗液和潮湿环境对纤维基温度传感材料的影响，研究人员在制备过程采用封装技术对传感材料进行包覆，但封装材料的传热性能会影响纤维基温度传感材料的灵敏度等性能。

5.2.4.3 稳定性

纤维基温度传感材料需要嵌入衣物用于长期监测人体温度，不仅要具有温度传感性能，还要具有良好的洗涤性和抗力学性。这就要求在制作及使用过程中减小水分、机械应力、汗液等对热敏材料的影响。通常电子纺织品不能承受洗涤过程的潮湿环境及反复弯曲和磨损。西梅格诺（Simegnaw）等将发光表面贴装元件通过热风焊接方式集成到导电不锈钢丝中形成电子纱。试验结果表明，使用热缩管密封焊接部位能降低电子纱线的故障率，但纤维的耐洗性仍需提高。封装技术能提高纤维基温度传感材料的抗洗涤性，也使其制成的纺织品能在水环境中使用，如用于监测游泳运动员的体温、潜水员的身体状态及各类水上运动人员的生命体征，以及防止汗液对传感元件电气性能的影响。蒙塔泽瑞安（Montazerian）等使用硅橡胶护套（弹性模量比 PDMS 低 40%）保护在氨纶上涂覆石墨烯纳米片（GNP）的柔性温度传感纤维，测试其在不同程度拉伸下的电阻变化。实验结果显示，SpX/GNP/SR 柔性温度传感纤维在 860%～1140% 的应变传感内传感性能失效，在目前 100%～125% 应变内硅橡胶护套增加了纤维整体的可拉伸性。帕辛杜等使用三种不同的织造包覆技术包缠柔性薄膜传感器，在 25mm 圆柱体上进行 100 次弯曲/平直循环，以测试前后纤维的电阻变化判断失效程度。结果表明，经 100 次弯曲循环后，三种纤维的电阻变化均小于 0.2%，说明这种弯曲作用没有显著破坏包覆后的三种纤维的电学性能。这些结果说明，包覆封装技术能提高纤维基温度传感材料的耐力学性，但目前使用的聚合物材料会降低其柔性和传热性，因此后续研究纤维基温度传感材料的抗力学性还需考虑包覆/封装柔性及其对温度传感性能的影响问题。

5.2.5 纤维基温度传感器的应用

通过改性纤维可获得导电合成复合材料，具有良好的导电性能，如将碳纳米管（CNT）/

离子液体嵌入丝包覆聚酯中，组装智能多模传感纺织品。基于纤维的温度传感器越来越多地以柔软、可变形和多孔的形式出现，它们可从根本上取代刚性、脆性的传统温度传感器，因为它们是由没有渗透性的塑料或弹性体制成的。这些纤维结构温度传感器是在人工电子皮肤、智能机器人以及实时和连续医疗监测系统中执行多功能的有吸引力的替代品。例如，柔性混合电子器件是一类将半导体芯片等传统硬质微小电子元件与柔性电路结合而成的电子器件，温度敏感柔性混合电子纱就是使用互连方式连接半导体温度传感器和导线，并通过封装而形成的电子纱，这类纱线有良好的电学性能，兼具舒适性。

温度传感器在电子皮肤、人工智能和下一代智能机器人中开辟了许多潜在的应用。一般来说，柔性温度传感器的结构分为三层，即衬底层、主动传感层和导电电极层。基材层是直接的表面接触层，因此要求具有柔性和可拉伸的纹理，以适应不平整表面的变形。主动传感层作为柔性温度传感器的核心元件层，可随着温度的变化实现电特性的变化，三层的电特性取决于功能材料的类型，这表明柔性温度传感器中的温度系数电阻不同。因此，主动传感层在功能构造材料的选择上取得突破至关重要。导电电极层是柔性温度传感器的信号传输模块，与外部电路连接，高导电性和良好的拉伸性是导电电极非常理想的，使整个传感器具有稳定的电气性能和长时间的耐用性。

通过在纳米纤维膜上沉积 Pt 制成的基于纤维的集成温度传感网络具有良好的透气性和优异的拉伸性，如图 5-14（a）（b）所示，这些特性使它们能够附着在人体皮肤上或植入人体进行医学治疗。导电水凝胶纤维可黏附在人体皮肤上，监测人体关节运动时表面温度的变化，如图 5-14（c）所示。此外，单纤维质量轻、成本低、制作简单，可进一步编织成织物、纺织品或服装，有利于实现温度传感器的规模化生产和产业化。如图 5-14（d）所示，基于纤维的感温元件智能手套可用于监测人体温度。纤维材料可通过多种物理或化学处理实现功能化，如通过热处理使纤维碳化，在纤维中嵌入或涂覆导电填料等［图 5-14（e）］。纤维基材料的孔隙丰富［图 5-14（f）］，有利于引导人体与周围环境之间的水汽和热量传递，是构建透气温度传感器的最佳选择。

5.3　纤维基湿度传感器

湿度表示的是空气的干湿程度，即空气中所含水汽的多少。是一种常见的环境参数，它在维持地球上的生物生命方面起着至关重要的作用。湿度水平的改变会显著影响环境条件和生物生命。比如，在人体健康方面，空气湿度的变化会影响人体的舒适感和健康状态。研究表明，当相对湿度（RH）在 40%~70% 范围内，达到适当温度时，人体感觉最舒适。湿度监测与人们的生产生活息息相关，社会正朝着万物互联的智能化方向快速发展，湿度传感器也面临新的需求。

5.3.1　研究背景与意义

通常可用绝对湿度和相对湿度来表示湿度大小，绝对湿度指单位体积气体中水分的含量，而相对湿度是指在给定的温度和压强下，空气中水分的实际含量与空气中能容纳的水分含量最大值的比值。相对湿度作为依赖实际环境中温度和压强的相对量值，在实际应用中更方便。湿度传感器可将环境的相对湿度大小转化为可用电信号，已经融入人们的生活和生产中。图 5-15 为常见湿度传感器的不同形状。

在人体的健康方面，环境湿度关系到人体的舒适度和健康程度。当环境湿度较低时，人体排出的汗液很容易被干燥空气吸收，加快了人体汗液的排出速度，使人体丢失水分。而且在较低的相对湿度环境下，人体的皮肤、口腔黏膜等会受到刺激，容易出现皮肤干燥、口渴等症状，甚至还会诱发咽喉炎、肺炎等疾病。而当环境湿度较高时，湿润的空气无法接纳更多的水分，这就导致人体的汗液难以挥发，所以才会感到潮湿闷热。高湿环境下，更有利于细菌和病毒的生存繁殖，因此人体的伤口更容易感染，抵抗力也会下降。随着人们对舒适度和健康的日益重视，实现环境湿度的有效测量和控制也会变得更加重要。

在工业精密仪器制造方面，环境湿度关系到仪器能否正常运转。精密仪器的内部机械结构紧凑，金属元器件众多，在高湿环境中，大量水分子很容易导致金属元器件生锈或腐蚀，进一步导致仪器损坏。此外，仪器运转时通常温度较高，容易与空气环境形成温差，导致湿润环境中水分子凝结成液态水珠。因为水的导电性较好，当水珠凝结在仪器内部电路时，会影响仪器电路系统

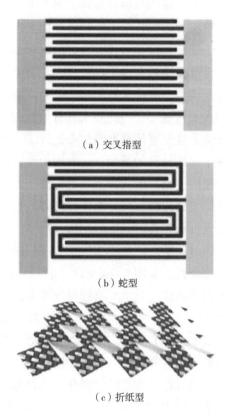

（a）交叉指型

（b）蛇型

（c）折纸型

图 5-15　常见湿度传感器的不同形状

运转，从而使仪器电路短路受损。在低湿时，干燥的环境导致仪器表面的静电更容易积累，为电路系统运转埋下隐患。当静电积累过多时，就有可能发生瞬间放电，甚至会击穿仪器内部某些介电材料的设备，从而导致仪器损坏。随着科技的进步，工业上各种仪器的内部结构也越发精密，对于实现环境中精细准确的湿度测量也越发迫切。

在农业生产方面，环境湿度关乎植物的生长发育。适宜的环境更有利于植物气孔的闭合，从而促进光合作用，达到增加植物果实产量的目的。与此同时，湿度也是气象预报方面的重要参数。通过湿度预警，可以提醒人们为动植物做好防护措施，减少经济损失。所以，湿度检测在农业生产上也发挥着不可代替的作用。

综上，湿度传感器的应用已涉及工业制造、农业生产以及人体生理健康等方面。随着近年来物联网的快速发展，传感器作为其重要组成部件也迎来了新的发展机遇。然而，目前湿度传感器面临着响应时间慢、检测分辨率低、器件尺寸过大、结构复杂、需要电池供电等问

题，严重限制了湿度传感器的应用拓展。例如，实时呼吸检测需要传感器具有高灵敏度和快响应速度。这些尚需解决的问题为湿度传感器的发展指明了方向。因此，研制出高性能便携式的湿度传感器，不仅具有理论意义，更具有较强的实际应用价值。

5.3.2　国内外研究现状

湿度传感器中，目前研究和投入应用最多的是基于电阻值或电容值随湿度变化而变化的原理，国内外关于湿度传感器的研究成果也大多分为这两类。

中国石油大学采用聚酰亚胺作为柔性基底，将还原氧化石墨烯（RGO）和有机物 PDDA 复合作为湿敏材料，通过自组装成膜工艺制备了 RGO/PDDA 双层湿敏薄膜，湿敏薄膜覆盖于聚酰亚胺基底上的叉指电极上，形成柔性湿度传感器。该传感器在 11%～97% 的相对湿度区间内拥有 0.996 的良好线性度，但是其吸湿与脱湿时间不够迅速，吸湿时间为 108s，脱湿时间为 94s。

2015 年，苏等以聚对苯二甲酸乙二醇酯（PET）作为柔性基底，以金纳米颗粒、氧化石墨烯和 MPTMOS 组成的复合材料作为湿敏材料，通过滴涂法使湿敏材料在 PET 基底表面的叉指电极上成膜，制得柔性湿度传感器。且该传感器在 20%～90% 的相对湿度区间内进行有效测量，拥有良好的线性度。

段等提出了一种具有诸多优点的多功能纸质湿度传感器，如图 5-16 所示。该湿度传感器采用传统印刷纸和柔性导电胶带制作，采用简易粘贴的方法制作，纸张同时作为传感器的湿度传感材料和传感器基材。在 41.1%～91.5% 的相对湿度范围内，湿度传感响应超过 10^3 且具有良好的线性度（$R^2 = 0.9549$），可用于皮肤湿度监测领域。

中国科学院物理研究所的赵等先采用硅片作为临时的刚性基底、MoS_2 作为湿敏材料，通过气相沉积法成膜工艺在基底上沉积阵列化的 MoS_2 薄膜，再以钛金合金作为电极材料，通过剥离工艺在阵列基底上制备电极，然后通过湿法转移法技术将 MoS_2 湿敏阵列转移到 PDMS 柔性基底上，制得了阵列化的柔性湿度传感器。该传感器能在 0～40% 的相对湿度区间内拥有良好的线性度。

由于纤维素表面具有丰富的官能团，因此可通过物理修饰或化学修饰来改善其亲水性或导电性。例如，关（Guan）等采用溶液法制备缩水甘油基三甲基氯化铵（EPTAC）改性纤维素纸湿度传感器，该纤维素纸传感器的响应时间不足 25s，在人体监测等方面具有广泛的应用前景。

东京大学的竹井久（Y.Takei）等采用 EMIMBF4 与聚偏氟乙烯（PVDF）混合得到了离子凝胶，并制成离子凝胶图层织物，由此制得柔性湿度传感器。该传感器在 40%～80% 的相对湿度区间内能够有效测试，可贴合于口罩用于人们的呼吸频率测试。

成均馆大学以 PDMS 作为柔性基地，将氧化石墨烯（GO）和聚氨酯（PU）进行液相混合得到 GO/PU 混合物溶液，将 GO/PU 混合物溶液通过涂旋法在 PDMS 基底上形成湿敏薄膜，然后将导电复合材料 PEDOT：PSS/PUD 制备为电极，以此制得柔性湿度传感器。该传感器呈透明状，在湿度量程内有良好的线性度，湿度响应迅速，吸湿时间为 3.5s，脱湿时间为 7s。

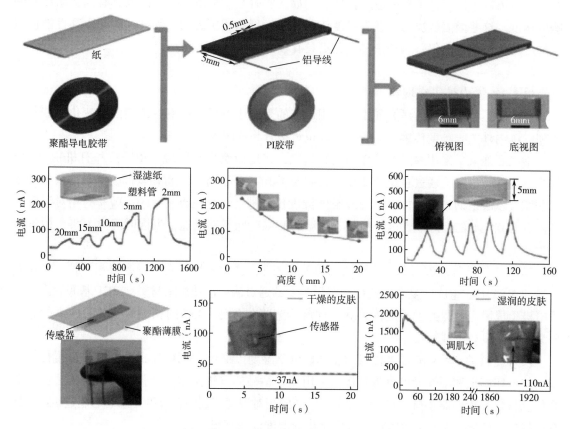

图 5-16　纸基湿度传感器的设计及应用

此外，该传感器的力学性能也很好，进行多达上万次的反复拉伸，产生自身 60% 的应变，再测试时其湿敏性能几乎不发生改变。

综上所述，目前柔性湿度传感器已实现了良好的湿度响应，除了在量程内拥有良好的线性度外，还可应用于穿戴电子器件领域。为了长期稳定地应用，在研究柔性湿度传感器时，应该对湿度传感器反复测试的重复性进行更多的关注。

5.3.3　湿度传感器的分类

为满足湿度检测的需求，人们努力开发基于不同工作机制的湿度传感器。依据湿敏材料类型的不同，可将湿度传感器分为电阻型、电容型、声波型和光学型。

（1）电阻型湿度传感器

电阻型湿度传感器作为研究较早且较成熟的类型，在实际应用中已得到推广。主要是通过厚膜技术或薄膜沉积技术将湿敏材料沉积到具有叉指电极结构的金属基板或陶瓷基板上。其工作原理是：当相对湿度变化时，环境中的水分子被吸附/脱附到传感层表面或本体上，从而导致引感层的电阻或电导率发生可逆变化，即可通过电阻信号的改变反映湿度的变化。

电阻型湿度传感器的结构简单且成本低廉，易于后端电路处理。电阻型湿度传感器的湿敏材料的感湿机制主要包括电子导电型和离子导电型两种。电子导电型湿度传感器的灵敏度低且低湿下不具有检测能力，目前实际应用较少。离子导电型湿度传感器的灵敏度高，响应速度快，但是在高湿环境下耐受能力低，且分辨率不足。因此，制备稳定性好且具有高检测分辨能力的全量程电阻型湿度传感器是当下的研究重点。

（2）电容型湿度传感器

电容型湿度传感器是根据湿敏材料吸水后会导致电容变化的机理制备而成的。电容型湿度传感器的湿敏性能与传感器的结构以及湿敏材料的种类密切相关。目前主流的电容型湿度传感器包括三明治结构和叉指电极结构。三明治结构由上中下三部分组成，上下两部分作为上下电极，中间夹层则是作为湿敏层的湿敏材料。这种结构构成了一个简单的平行电容板。叉指电极的结构则与电阻型湿度传感器的结构类似，是将湿敏材料通过沉积技术沉积到具有叉指电极结构的金属或陶瓷基板上制备得到，如图 5-17 所示。

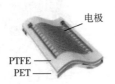

图 5-17　电容型柔性湿度传感器的叉指电极结构模型图

电容型湿度传感器的优点明显，如高灵敏度、快的响应速度、受温度影响小等。目前，市面上较常见的就是电容型湿度传感器，约占 70% 湿度传感器市场。然而也存在许多不可避免的缺点，如在高湿下对湿度变化的识别能力差、湿滞大、长期稳定性不好等，这大大限制了该传感器在对湿度检测有严格要求的场景中的应用。

（3）声波型湿度传感器

石英晶体微天平型（QCM）和声表面波型（SAW）是声波型湿度传感器的两大分支。SAW 型器件的感湿机理是依靠声波传输速度或频率的改变实现：当器件表面的湿敏材料在不同湿度环境下吸附不同含量的水分子后，器件表面声波的传输速度或频率也随之发生改变。QCM 型湿度传感器的感湿机理则是依赖石英片的压电效应所导致的谐振频率的变化：湿敏材料吸附不同含量的水分子后，器件表面湿敏薄膜的质量发生变化，通过石英晶体的压电效应，最终反应在 QCM 型器件的谐振频率上。所以，以上两种类型的湿度传感器都是依靠频率的变化来实现相对湿度的测量。

声波型湿度传感器作为近年来发展迅速的一类传感器，具有许多明显优势：依赖声波变化可实现较低的检测功耗，而且响应迅速且精度高。声波型湿度传感器对工艺、设备以及湿敏材料等要求高，实现声波型传感器件的批量化生产还面临着生产工艺、材料制备等许多技术问题。

（4）光学型湿度传感器

光学型湿度传感器主要是通过识别光信号来实现湿度检测，如通过光波的频率偏移、相对位移等来实现湿度检测。光学型湿度传感器依赖光波介质表面涂覆的湿敏材料吸附水分子后，导致湿敏材料的反射或投射性质改变的机理，最终将环境湿度反映在光学信号的改变上。光学型湿度传感器具有检测精度高的优点，但是其在重复性和可靠性上仍有不足，而且尚需复杂的光路系统与之匹配，这就导致了器件的昂贵造价以及较高的操作难度。

5.3.4 湿度传感器的工作原理

湿度传感器的基本工作原理是：吸湿能力较强的材料通过吸附环境中的水分子并与水分子产生一定作用，进而使材料自身的电学性质发生改变。因为在不同环境湿度下吸附水分子的量不同，电学性质改变的程度也不同。为了解释湿度感知过程，观察化学吸附和物理吸附相互作用，如图5-18所示。

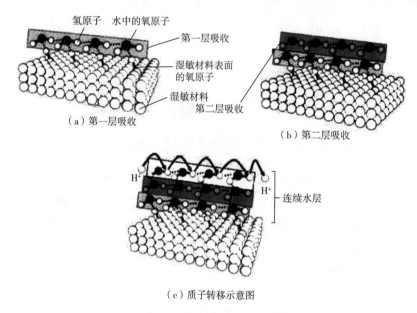

图5-18 格鲁苏斯（Grotthuss）链的机理

（1）电阻型湿度传感器

电阻型湿度传感器的工作原理是湿敏薄膜吸附水分子后产生电阻变化实现对环境湿度的检测。传统电阻型湿度传感器的发展历程较久，且结构相对固定，大多都采用叉指电极式结构。该电极一般由下至上分别由基底、叉指电极和湿敏薄膜组成。湿敏薄膜沉积到叉指电极表面，当水分子物理或化学吸附到湿敏薄膜后，湿敏薄膜的电学特性发生改变，最终体现在传感器电阻的变化上。

传感器采用叉指电极式结构的优势是可以有效减小传感器的初始电阻。因为一些湿敏薄膜具有较大的电阻，不利于测量和使用。叉指电极式结构由若干对电极相对组成，且具有微米级的电极间距，可非常灵敏地检测到其表面湿敏薄膜的电阻变化，即使叉指电极的尺寸和间距等因素会一定程度地影响传感器的电阻值，但是湿敏薄膜对传感器的湿敏性能起着决定性作用，因此，电阻式湿度传感器的关键在于湿敏材料的选取。

（2）电容型湿度传感器

电容器件中有两种常见的结构：一种是以叉指电极作为电容器的两个电极，绝缘电介质填充于叉指缝中；另一种是典型的平行板电容器，两个相互平行的极板之间夹着一层绝缘电介质。叉指电极电容结构通常是将感湿电介质材料涂敷在叉指电极基片上，平行板电容结构则是使感湿电介质薄膜存在于两个平板电极之间。这类传感器的工作原理是通过电容器的绝缘介质部分吸附和脱附水分子引起电容的改变，通过读出传感器的电容值而获得环境的相对湿度值。水分子的相对介电常数约为 80，所以电容型湿度传感器的湿敏材料通常不仅需要感湿特性好，还需要拥有较低的相对介电常数，从而使湿敏材料吸附水分子带来的传感器电容值变化更为显著。通常选取有机高分子聚合物作为电容型湿度传感器的湿敏材料，这类材料吸水率低、介电常数小，这样可使传感器拥有良好的湿敏特性，也不会因为吸附过量的水分子而使脱湿过程缓慢。

5.3.5　湿度传感器的性能

衡量湿度传感器湿敏性能的特性参数主要有以下几个。

（1）响应度

响应度即在某一相对湿度下传感器的测量电信号值和基准信号值的差值与基准信号值的比值，响应度可直接反映器件的湿敏响应能力。

（2）响应/恢复时间

响应时间是指在一个响应/恢复检测循环内，水分子通过后，湿度传感器测量电阻值开始变化到稳定的时间；恢复时间是指水分子从湿度传感器脱离后，电阻值恢复到初始值所需的时间。

（3）湿滞

湿敏元件在脱湿与吸湿过程中得到的循环响应曲线即湿滞曲线，曲线上达到同一信号值时的最大相对湿度差即湿滞，以%RH 表示。

（4）重复性

重复性是指将湿敏器件保持在某恒定不变的相对湿度环境下，进行多次循环检测得到传感器响应值的一致性，以此来判断湿度传感器是否具有可重复利用的潜力。

（5）稳定性

稳定性是指在一定时间范围内湿度传感器输出量的一致性，通常湿度传感器在工作一段时间后，因为内部损耗或外部因素，会导致它的输出量降低。湿度传感器的稳定性越好，它应用于长期测试的准确性就越高。

5.3.6　湿度传感器的应用

（1）可食用湿度指示器应用研究

由一种食品级成分制成的可食用湿度指示器（EHI），通过自身不可逆的变形和滚动来表征对湿度的响应。该指示器是由两层食品级聚合物薄膜制成，具有不同比例的蛋白质、酪蛋白酸盐与增塑剂、甘油的比例。弯曲机制是吸湿膨胀以及甘油和水反向扩散的结果。并且，通过改变层厚度可调整 EHI 的滞后时间、响应时间和弯曲曲率，以扩大其应用范围。此外，与商用非食用电子和化学变色传感器相比，EHI 具有两个明显的优势。首先，EHI 可与易腐烂的产品直接接触，因此可用于报告包装内的湿度水平，而不存在污染产品的风险；其次，如果 EHI 被意外摄入，如被婴儿或儿童摄入，不会造成任何口服毒性的风险。

从图 5-19 中可以看出，EHI 如何通过机械变形报告暴露于高湿度的情况。图 5-19（a）展示了 2 天后在不同高湿度条件下储存的两条附有 EHI 的尿液试纸，暴露在环境湿度下的 EHI 会自行滚动，表明不希望暴露在高湿度下，而对照样品中的 EHI 则保持不变。此外，保持在 10% RH 的对照样品可准确测量人造尿液的含量，但暴露的样品会产生错误的读数。通过测量从 EHI 的延时图像中提取的弯曲双层 EHI 的曲率［倒数半径，图 5-19（b）中的插图］来量化弯曲。在 47h 的响应时间内，经过大约 13h 的滞后时间后，卷起的 EHI 曲率从 0 发展到 50 cm^{-1}。暴露于湿气后，即使将尿液试纸放回相对湿度为 10% 的干燥器中，曲率仍然存在。此外，EHI 成功诊断了两种湿度敏感产品（奶粉和维生素 C 片）的湿度暴露情况。产

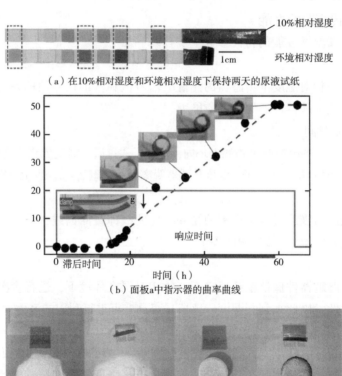

（a）在10%相对湿度和环境相对湿度下保持两天的尿液试纸

（b）面板a中指示器的曲率曲线

（c）奶粉和维生素C片的湿度暴露情况

图 5-19　EHI 通过机械变形报告暴露于高湿度的情况

品和 EHI 在 80%RH 下保存 3h，而对照样品则保存在干燥器中。暴露在湿气中的样品中的 EHI 会自行弯曲和滚动，而对照样品则保持平坦。

（2）其他应用研究

湿度传感器还可应用于其他生理信号监测，如电池型湿度传感器在婴儿纸尿布上的应用、皮肤湿度检测、非接触距离识别等方面的应用，如图 5-20 所示，具体的应用如下。

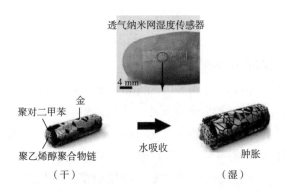

图 5-20　纳米网湿度传感器图像和原理图

随着人们越来越了解皮肤状况与健康的相关性，监测皮肤状况的重要性也日益增加。然而，电子皮肤监测设备中使用的传统薄膜基材会导致设备和生物组织之间积聚汗液或气体，从而对长期湿度测量产生负面影响。因此，使用传统的薄膜设备很难长时间实时测量皮肤湿度。利用金、聚乙烯醇、聚对二甲苯等生物相容性材料开发了一种可长时间监测皮肤湿度的透气纳米网湿度传感器，这种透气的纳米网湿度传感器可长时间检测表面湿度，而且不会带来任何不适。该传感器具有优异的透气性，不会聚集汗水或气体，因此可长期测量物体表面的湿度。

不仅如此，它还有望长期检测植物表面的相对湿度，用于确定植物的湿度行为，并揭示运动状态或皮肤病与生物学应用的汗水排放之间的相关性，如图 5-21 所示。

图 5-21　附着到叶子之前和之后的传感器图

图 5-21（a）显示了附着到叶子之前和之后的传感器图像。传感器附着在金黄色葡萄球菌叶子的表面，并进行长时间测量［图 5-21（b）］。叶子表面的湿度比环境湿度高约 20%，并且植物倾向于保持恒定的湿度水平。

5.4　纤维基非接触传感材料

5.4.1　纤维基非接触红外传感材料及器件

红外线（infrared, IR）是波长为 0.7～1000μm、处于微波与可见光波长之间的非可见的电磁波。根据波长范围，红外线可分为五个不同区域：近红外（NIR），波长范围 0.7～1.4μm；短波红外（SWIR），波长范围 1.4～3μm；中波红外（MWIR），波长范围 3～8μm；长波红外（LWIR），波长范围 8～15μm；远红外（FIR），波长范围 15～1000μm。

根据黑体辐射定律，任何温度高于绝对零度的物质都可产生红外线。红外传感器是非接触传感器中的一个重要类别，其测试的基本原理是基于在一定温度范围内，物体发射的红外线强度与物体温度成正比。因此通过测量红外线能量，可实现对运动物体、小目标和热容量小或温度变化迅速（瞬变）对象的表面温度的非接触快速测量及动态红外热成像。

非接触红外传感器具有许多优点，如无须直接接触被测物体，能够适应高温、污染和危险等特殊环境下的测量任务。同时，由于其测量速度较快、灵敏度高、非破坏性和非侵入性等优点，非接触红外传感器在工业生产、医疗保健和智能家居等领域得到了广泛应用。

在实际应用中，非接触红外传感器通常由光学系统、调制驱动电路、检测电路、信号处理电路和显示输出电路等组成。其中，光学系统包括红外探测器和被测物体红外辐射的透射和反射，将其聚焦到探测器的接收器上。调制驱动电路用于驱动红外探测器，以提高检测电路的灵敏度和降低环境噪声的影响。检测电路用于测量红外探测器输出的电压或电流信号，并将其转换为温度值。信号处理电路则对检测电路输出的温度值进行进一步的处理和校准，以得到更精确的测量结果。最后，显示输出电路将测得的温度值以数字或模拟信号的形式输出，以供用户使用。

对于非接触红外传感器而言，红外探测器是实现其传感功能最重要的部分。常用的红外探测器材料包括热敏电阻、热电堆、热释电器件、量子阱探测器等，其原理和具体材料体系简要介绍如下。

（1）热敏电阻

热敏电阻是具有温度敏感性的电阻器，能够将物体的温度变化转化为电阻变化，从而实现非接触式温度测量。热敏电阻依赖于传感材料的热阻效应，表现出负温度系数（NTC），具有设计结构简单、响应时间快、感应范围宽的特点。常见的热敏电阻包括铂电阻、铜电阻、镍电阻、银纳米线（AgNW）电阻、还原氧化石墨烯（RGO）电阻、碳纳米管（CNT）电阻、聚（3,4-乙撑二氧噻吩）-聚对苯乙烯磺酸（PEDOT-PSS）PEDOT：PSS 电阻等。

（2）热电堆

热电堆是一种利用热电偶效应进行温度测量的器件，能够将物体的温度变化转化为电势变化，从而实现非接触式温度测量。商用的热电偶材料体系有金—铁（Au—Fe）、铂—铑（Pt—Rh）、铜—康铜（Cu—CuCr）、镍铬—镍硅（NiCr—NiSi）、铁—康铜（Fe—CuCr）、钨铼（W—Re）等。热电材料具有高灵敏度、高精度和高稳定性等优点。

（3）热释电器

热释电器件是一种利用光学和电子学原理进行温度测量的器件，能够将物体的温度变化转化为电流变化，从而实现非接触式温度测量。热释电晶体是存在自发极化的极性晶体，温度变化时其自发极化强度会发生变化，使物体表面产生电荷。代表性的热释电材料包括具有非中心对称晶格的离子键合材料（如锆钛酸铅、钛酸钡、铌镁酸铅—钛酸铅、氧化锌、钽酸锂、电气石等）和一些具有沿链排列的极化共价键的结晶聚合物〔如聚偏二氟乙烯（PVDF）及其共聚物、硫酸三甘肽（TGS）、蔗糖等〕。

（4）量子阱探测器

量子阱探测器是一种利用量子力学原理进行温度测量的器件，能够将物体的温度变化转化为电信号的变化，从而实现非接触式温度测量。当一个脉冲激光束射入量子阱时，会激发出一种特殊的电磁模式，称为呼吸模式（breathing mode）。这种模式会导致量子阱的振荡，进而影响激光的强度和频率。而量子阱的振荡频率与温度有关，因此通过测量激光的强度和频率变化，就可以计算出温度。量子阱敏感材料包括碲化铟（InSb）、碲镉汞（HgCdTe）、砷化镓/砷化铝镓（GaAs/AlGaAs）、麦克烯—氮化镓（MXene-GaN）、石墨烯等。

当前，上述各种应用于红外传感器的敏感材料表现为刚性和不易弯曲的特点，难于对具有复杂曲面的物体或需要频繁移动的物体进行实时红外探测。近年来，将红外热成像（红外传感）应用于人体生理信号相关的远程、非接触和被动监测方面受到了广泛关注。应用于人体皮肤检测时，不需要额外的辐射源，且可在低光照条件下或黑暗中工作。为了探索应用于可穿戴领域的可能性，研究者开发了具有各种柔性结构或由纤维组成的非接触红外传感器。

例如，尼尼克·伊洛瓦蒂（Ninik Irawati）等报道了使用掺杂 CdSe—ZnS 核壳量子点的聚甲基丙烯酸甲酯（PMMA）微纤维（PMF）制作传感探头，实现了 25~48℃ 范围内的非接触温度探测，灵敏度为 58.5 pm/℃，约为未掺杂 PMF 温度灵敏度的 18 倍。该传感器显示出与生理相关温度匹配的线性温度感应范围，有望应用于新生儿体温监测等领域。该研究为温度传感光纤的长期高稳定性实现开辟了道路。

最近，安德烈·博伊科（Andrei Boiko）等系统评价了用于睡眠期间心脏和呼吸测量的非接触式技术、传感器和系统，认为红外热成像（IRT）技术具有很大的潜力。例如，利用面部红外热成像，可通过评估温度随时间和空间模式的变化来深入了解个体的自主神经活动。此外，热成像也可检测热动力学诱导事件（冷点或热点）引起的不同热能产生的生理标志物和生理特征，如乳腺癌或局部感染等。目前，利用基于机器学习（ML）的方法来分析红外热成像数据，可提高该技术评估病理的能力，并增强人机交互中的情绪识别。

除了对目标物体进行红外成像探测外，最新的研究进展也包括利用各种红外光敏感材料与近红外光的相互作用产生的光电压或光电流实现对传感器的自供能或对其他传感器的驱动。这些研究结果极大地拓展了非接触红外传感器的应用领域。

得益于出色的热释电性能和柔性，聚偏二氟乙烯（PVDF）聚合物通常认为是首选的热释电材料。但 PVDF 的热释电性能很大程度上也受到电极材料的影响，金属电极的反射会极大降低热辐射能转化为电能的效率。李俊昊等以甲苯磺酸盐掺杂聚（3,4-乙烯二氧噻吩）（PEDOT：Tos）作为 PVDF 的高性能热辐射吸收电极，实现了对近红外光热辐射（1200nm）的高度敏感，并以高电压的形式输出。该研究验证了自供电非接触式热释电传感器的可能性。

纤维状光电探测器具有构建可穿戴光通信系统的潜力。当前报道的纤维状光电探测器主要由笨重的金属线基无机半导体制成，柔韧性较差。利用光电半导体对近红外光（NIR）的光电效应，能够实现将红外光信号转换为电信号。李林林等在碳布上制备了由 Te@TeSe NW II 型异质结为敏感材料的可穿戴光电探测器织物。该探测器能够识别外部近红外信号，并将其转换为数字信号，通过光学通信器远程、准确、快速地调制机器人机械手。

近年来，发光测温法（也称热成像荧光粉纳米测温法）成为非接触红外传感的一个重要研究方向。该方法利用纳米荧光粉暴露在不同温度下时，荧光粉的发光特性（强度、光谱位置、衰减和/或上升时间、条带位置和宽度）发生变化，从而建立光的温度与发光特性之间的关系。发光测量法可在较短的采集时间（<10μs）和高热分辨率（10.0 K）内提供高空间分辨率（<1μm）。该传感器可在极端恶劣的条件下工作而不会限制其分辨率，如生物流体、强电磁场、低温和快速移动的物体。以镧系元素掺杂的发光纳米温度计因其多功能性、稳定性和窄发射带分布而具有高准确性、高效率和快速诊断功能，成为非接触式红外热探头的重要替代者。镧系元素掺杂材料在生物窗口区域 [I-BW（650～950nm）、II-BW（1000～1350nm）、III-BW（1400～2000nm）和 IV-BW（中心在 2200nm）] 能够产生高效发射。纳米发光测温法有望为活细胞温度的精确区分、病理学和生理学的分析提供依据。虽然目前的研究主要集中在纳米荧光粉上，但试想，若将纳米荧光粉与聚合物纤维材料结合，则有可能实现具有非接触红外传感功能的纤维材料和器件。

总之，柔性非接触红外（IR）传感材料及器件的研究目前已经取得了一定的进展，但仍然处于不断发展和完善的阶段。可预见的是，高空间分辨率、高灵敏度、高响应速度和可拉伸性的柔性非接触红外传感器是未来的发展方向。此外，在应用场景方面，智能家居控制系统中的温度传感器、人体生物特征识别系统中的红外传感器等的开发值得关注。这些产品需要使用先进的信号处理技术和算法来提高传感器的精度和可靠性。

5.4.2　纤维基非接触声学传感材料及器件

声学传感材料能够将外界的声音信息转换为规律的信号输出，是人工耳蜗和智能语音交互界面的核心组件，在智慧医疗、物联网及人工智能等新兴领域表现出极其重要的现实意义和理论价值，引起了极大的研究兴趣。本节将简要介绍纤维基声学传感材料的构成和工作原理。

5.4.2.1　声波的基本性质

声音是由物体振动产生的声波，最初发出振动的物体是声源。声波是一种机械波，是通过介质（空气、固体或液体等）传播并可被听觉系统感知的现象，声波通常是纵波，纵波与振动方向相同。介质质点的机械振动由近至远的传播称为"声振动的传播"，又称为"声波"。声波的传播实质上是能量在介质中的传递。声波传播到原本静止的介质中，一方面使介质中的质点在平衡位置来回往复振动，另一方面在介质中又发生了压缩和膨胀的过程，前者使介质拥有了动能，后者使介质拥有了形变机械能，两部分之和就是介质所得的声能量。现实中，声波在传播路径中会遇到"障碍"，会存在反射、透射、折射、声波吸收和衍射。如图 5-22 所示，声波传播过程中如果介质密度改变，会造成声音的反射。

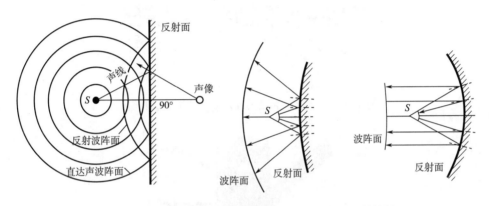

图 5-22　大而平的光滑表面和弯曲表面对声音的反射情况

声波的反射取决于反射面的表面性质，反射面的弧度会影响反射声的强度。与平的反射面相比，凸面反射声强度较弱，凹面反射声强度较强。声波在传播过程中，遇到不同介质时，除了反射外还会发生折射，改变声波的传播方向。如果遇到较粗糙的反射面，则会被分散成众多小而弱的反射声波，如图 5-23 所示，这种现象称为扩散反射。

声波的衍射是声波在传播过程中遇见障碍物时，部分声波会绕过障碍物而发生弯折的现象。声波在空气中传播时，由于振动的空气质点之间的摩擦使一小部分声能转化为热能，称为空气对声能的吸收，高频吸收较多，低频吸收较少。声波投射到材料上引起的声吸收，取决于材料表面结构。声波入射到材料时，除了被反射、吸收声能外，还有部分声能会透过材料传递到另一侧。图 5-24 所示为材料接收到声波时发生的反射、透射和声吸收的现象。

接下来讨论平衡状态下的物质系统内部的声学现象。在平衡状态下，系统可用体积 V_0、密度 ρ_0、压强 P_0 和温度 T_0 等参数进行定量分析。把连续介质看作众多相邻的体积元 dV 组成的物质系统，将体积元内的介质看作质点处理，其质量为 $d\rho V$，ρ 是介质密度。设体积元受到声音激励后压强由 P_0 变化为 P_1，则由声音激励产生的逾量压强 $p=P_1-P_0$，称为声压。同样由声音激励引起的密度变化量则为 $\rho'=\rho-\rho_0$。需要注意的是，受声音激励产生的这些变化量是空间时间函数，即：

$$p=P_1-P_0 \ (x, \ y, \ z, \ t) \tag{5-15}$$

197

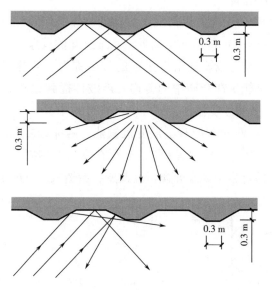

图5-23　声波在较粗糙的反射面上的扩散反射现象

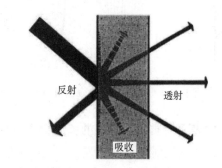

图5-24　声波投射到材料表面发生的反射、透射和声吸收现象

$$\rho'=\rho-\rho_0\ (x,\ y,\ z,\ t) \tag{5-16}$$

声波是介质质点振动的传播，因此介质质点的振动速度自然也是描述声波的合适的物理量之一。但由于声压的测量更容易实现，通过声压的测量也可间接求得质点速度等其他相关物理量，所以声压已成为目前人们最普遍采用的描述声波性质的物理量。

存在声压的空间称为声场。声场中某一瞬时的声压值称为瞬时声压。一定时间间隔中的最大瞬时声压值称为峰值声压。如果声压随时间的变化是按简谐规律的，那么峰值声压也就是声压的振幅。在一定时间内，瞬时声压对时间取均方根值称为有效声压。

$$P_e = \sqrt{\frac{1}{T}\int_0^T p^2 \mathrm{d}t} \tag{5-17}$$

式中：e为有效值；T为平均的时间间隔，它可以是一个周期或比一个周期大得多的时间间隔。

一般用声压计等电子仪表测得的往往是有效声压，因而人们习惯上指的声压也即是有效声压。

声压的大小反映声波的强弱，声压的单位是 Pa（$1Pa = 1N/m^2$），有时也习惯用 bar 作单位，$1bar = 100kPa$。

响度是人耳能感觉到的声音强弱，是对声音强度大小的反映。响度的大小取决于声音激励处的波幅，亦即受声波激励时介质的原生平衡点质点处的波幅。就同一声源而言，波幅传播得越远，响度越小；当介质面上传播距离一致时，声波激励程度越大，响度越大。响度的单位是分贝（dB），这是一种相对单位，用于衡量声音的强度。其计算公式为：

$$L = 10\lg \frac{I}{I_0} \tag{5-18}$$

式中：I 为声音强度，即响度；I_0 为参考强度，分贝的范围较广，$0 \sim 200dB$ 不等，其中 0 代表参考强度。

声波在介质中传播时，会引起介质的压缩和膨胀，导致压强发生变化。因此，声压随空间和时间变化的函数关系，称为声学波动方程。声音的波动方程是描述声波在介质中传播时的定量分析公式。如上文所描述的，声波是介质质点振动的传播，当声波在介质中传播时，会激励介质的振动，可用振幅、频率和波长三个要素来定量分析。声波的传播速度取决于介质的密度和弹性模量等因素。根据拉普拉斯原理，声源和介质受声波激励的响应面之间的距离有关，声波的传播速度可用下式表示：

$$C = f \cdot \lambda \tag{5-19}$$

式中：C 为声波的传播速度（声速）；f 为声波的频率；λ 为声波的波长。

声波行为作为一种宏观的物理现象，必然要满足三个基本物理定律，即牛顿第二定律、质量守恒定律和热力学定律。对声波的传播及其性质有了一定的了解后，接下来重点介绍三维空间和时间维度上声波波动方程的定量分析。此时声波的波动方程可用下列偏微分方程表示：

$$\nabla^2 p(x,\ y,\ z,\ t) - \frac{1}{C^2} \cdot \frac{\partial^2 p(x,\ y,\ z,\ t)}{\partial t^2} = 0 \tag{5-20}$$

式中：∇^2 为拉普拉斯算子；$p(x,\ y,\ z,\ t)$ 为压强的空间和时间变化；C 为声波的传播速度；x，y，z 为空间位置变量；t 为时间变量。

运用上述三个基本物理定律，可分别推导出介质的运动方程、连续方程和物态方程。

运动方程：

$$\rho_0 \frac{\partial C}{\partial t} = -\frac{\partial p}{\partial x} \tag{5-21}$$

连续方程：

$$\frac{\partial p'}{\partial t} = -p_0 \frac{\partial C}{\partial x} \tag{5-22}$$

物态方程：

$$p = C_0^2 \rho' \tag{5-23}$$

由式（5-21）、式（5-22）和式（5-23）又可推导出一维线性声学波动方程：

$$\frac{\partial^2 p}{\partial x^2} = \frac{1}{C_0^2} \times \frac{\partial^2 p}{\partial t^2} \tag{5-24}$$

同理，也可以推导出三维线性声学波动方程：

$$\frac{\partial^2 p}{\partial x^2} + \frac{\partial^2 p}{\partial y^2} + \frac{\partial^2 p}{\partial z^2} = \frac{1}{C_0^2} \times \frac{\partial^2 p}{\partial t^2} \tag{5-25}$$

速度势是声压的时间积分。在定量分析速度势时，分两种情况来研究。

第一种情况：无体外力，$f=0$，则"外力"是无势的，即：

$$f = -\nabla\varphi = 0 \tag{5-26}$$

式（5-26）中，φ 是 f 的势函数，则对线性声波基本方程的第一式作实际积分：

$$C = -\frac{1}{\rho_0}\ \nabla\!\int p\mathrm{d}t \tag{5-27}$$

可见，$C=-\mathrm{grad}(\phi)$，其中函数：

$$\phi = \frac{1}{\rho_0}\int p\mathrm{d}t \tag{5-28}$$

称为速度势。

上文提及速度势是声压的时间积分。反之，声压则表示为速度势的时间微分：

$$p = \rho\frac{\partial\phi}{\partial t} \tag{5-29}$$

以上的定量分析有一个假设前提：

①介质为理想介质，其中不存在黏滞性；

②介质中传播的是小振幅声波，各声学变量都是一级微量，声压 p 远小于介质中静态压强 p_0，质点速度 v 远小于声速 C，质点位移远小于声波波长，介质密度远小于静态密度。

故为线性波动方程。需要注意的是，当声压级很高时，声压和质点速度的幅值相对于大气压力和声速来说就不能忽略不计，在这种情况下，线性波动方程将不成立。

5.4.2.2 声学传感材料的结构设计与原理

声学传感器属于智能传感器行列，是物联网、人工智能的核心电子元器件，被列入我国"十四五"数字经济重点产业，对促进产业升级、保障和提高人民生活水平发挥着重要作用。声学传感器是一种将声信号转变为电信号的换能器。随着传感器技术的创新研究更加深入、系统，声学传感器正在向集成化、智能化、微机械化和多样化等方向发展。柔性声学传感器因其检测宽带声学刺激的独特能力而引起了巨大的研究兴趣，潜在应用领域包括语音识别、声音检测、噪声吸收、语音控制人机界面、电子皮肤和可安装在皮肤上的医疗保健设备等。电磁换能器基于线圈在磁场中的振动，通常会产生小电信号，主要适用于声音检测。基于摩擦电效应的声电转换是通过声波驱动的电极化对的接触和分离来实现的，具有很高的转换效率和灵敏度，在发展自供电声电技术中极具潜力。然而，摩擦电传感器需要精确控制两部分之间的距离。基于声波振动引起变形的压电声电转换，不需要活性物质距离的控制，因此可用于开发柔性器件。

声学传感材料是具备声电转换功能的材料，能够将外界的声音信息转换为规律的信号输出，是人工耳蜗和智能语音等领域交互界面的核心组件，在智慧医疗、物联网、噪声吸收及人工智能等新兴领域表现出广泛的应用前景。声电转换功能是指可将声波中声能量通过某种机制转换成电信号或其他信号输出的能力，可通过不同的原理来实现，如电磁、摩擦电和压电效应等。

纤维基声学传感器件按照工作原理分为压阻式、电容式、摩擦电式和压电式四大类。其中电容式和压阻式属于非谐振式声学传感器件，摩擦电式和压电式为谐振式声学传感器件，见表 5-2。

表 5-2　不同声学传感器类型及其主要特性

类型	电容式	压阻式	摩擦电式	压电式
	非谐振式	非谐振式	谐振式	谐振式
原理	电容效应	压阻效应	摩擦电效应	压电效应
驱动方式	需外接电源	需外接电源	自供电	自供电
灵敏度	低	低	高	高
数据集	单信号	单信号	单/多信号	多信号
响应频率	平坦	"铃式"单峰	"铃式"多峰	带宽可调

其中，压电和摩擦电由于具有相对较高的转换效率和较大的功率输出密度而受到更多的关注。

电容式传感器是一种广泛商业化的声学传感器，利用两个导电振膜之间的电容差来检测声音信号。例如，市场上较常见的电容式麦克风，这种麦克风由导电膜片和背板组成两者界面之间的电荷固定，声波激励至隔膜时，振动会导致电容发生变化，最终产生电压，其结构如图 5-25 所示。

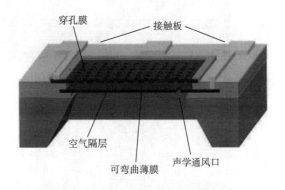

图 5-25　电容式麦克风结构示意图

这种电容式传感器属于非谐振式，表现出平坦的频率响应。在语音频率范围内的均匀灵敏度使得单通道语音识别的处理变得容易。然而，电容式传感器具有灵敏度不足、识别距离有限、功耗高、放大电路不稳定等缺点。

压阻式传感器是通过根据薄膜的运动感应电阻变化来检测声音的声学传感设备，其工作机制是基于某些材料在变形时所产生的压阻效应。压阻效应是指，当施加机械应变时材料的电阻发生变化的现象。与电容式麦克风类似，压阻式传感器用通电来检测声音，这需要很高的功耗。此外，噪声信号可在高温条件下产生，因为压阻的参数取决于温度。1992 年，舍林·拉尔夫（R. Schellin）等研究展示了采用微机械加工和微电子工艺相结合的方法，制备具有压阻多晶硅层的微型硅麦克风，如图 5-26 所示，麦克风的尺寸为 3mm×3mm×0.3mm，灵敏度的测量结果约为−92dB/Pa，频率响应几乎平坦，响应频带 0.1～5kHz（偏差约±3dB），谐振频率为 10kHz。

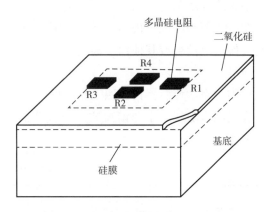

图 5-26　压阻式麦克风结构示意图

摩擦电声学传感器利用声压产生的膜静电荷来检测语音信号。摩擦电设备通常体现出高电压输出。康东熙等研究开发了频率选择性声学和触觉传感器，图 5-27 所示为该摩擦电声音和触觉传感器使用巨圆顶（MD）、微孔（MP）和纳米粒子（NP）分层结构的 TES 示意图，该传感器是基于铁电复合材料的分级坡面顶/微孔/纳米颗粒结构的摩擦电传感器，在很宽的动态压力和共振频率范围内表现出很高的灵敏度和线性，这使得在很宽的频率范围（145～9000Hz）内具有很高的声频选择性，从而使独立于噪声的语音识别成为可能。

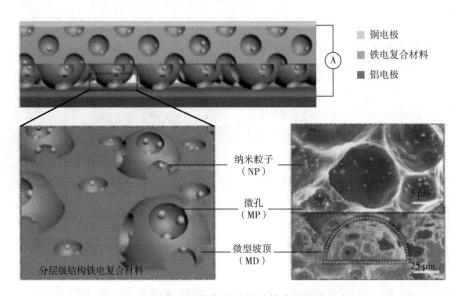

图 5-27　频率选择性声学和触觉传感器结构示意图

康东熙等报道的频率选择性多通道声学传感器阵列与人工神经网络相结合，对 100～8000Hz 范围内的不同频率噪声的语音识别准确率超过 95%。这种类型是自供电传感器，像压电声学传感器一样，将机械变形转化为电势。但是由于自然静电现象，静电电荷会受到湿度和温度的严重影响。作为压电式声学传感器类型中的一种，表面声波（SAW）传感器由两个基于大体积压电材料的刚性换能器组成，以响应 MHz 以上的高频信号。此外，发送和接收信号之间的延迟会限制实时感测，因此，表面声波传感器的特性不适用于语音识别的频率范围。相较于电容式和压阻式传感器，因为自驱动柔性声学传感器分别考虑了优越的压电系数和多重共振的材料和机械设计，所以在语音识别上表现出更高的灵敏度。

压电式声传感器是利用压电材料的压电效应制作的声学传感器。压电效应是指，当沿着一定方向对某些电介质施加力的作用使其发生变形时，其内部发生极化，同时在其两个表面产生符号相反的电荷，当外力去除后，又重新恢复至不带电状态的现象。常见的压电材料包括聚偏氟乙烯（PVDF）、氧化锌（ZnO）、聚丙烯腈（PAN）及压电陶瓷（PZT）等。当压电式声学传感器工作时，声电转换的过程中不需要外接电源，属于自供电自驱动传感器，与摩擦电式声学传感器一样。压电式声学传感器有响应快速、自供电、易制备、重量轻、成本效益高且可结合纺织品运用等优点。传统的压电声电转换器件由 PZT、PVDF 或它们的复合材料制成的致密压电薄膜等制成。压电纺织传感器可将脉搏、呼吸、声带振动和肢体运动等身体运动转换为电信号，为个性化医疗保健提供可靠、连续和精确的生理信息，如图 5-28 所示。

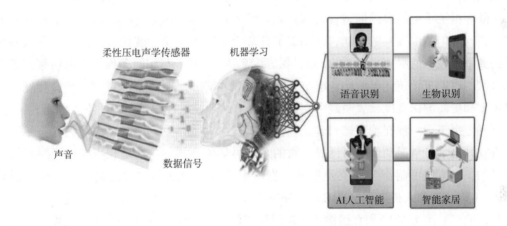

图 5-28　压电式声学传感的相关应用示意图

5.4.2.3　声学传感材料与器件的应用

声学传感器在新兴领域的大规模应用必须具备特定的性能。例如，具有"听觉系统"的智能交互设备不仅需要能够感知不同用户由于生理差异引起的不同频率范围的语音（20～20000Hz，常用语音范围为 200～5000Hz），还需要能准确获取用户在几米以外或 60dB 以下的话语声；应用于植入式人工耳蜗的声学传感器需要柔软、舒适且不含有毒物质，避免耳郭生物组织产生排异反应。可见，开发制备性能优异的柔性声学传感器具有极其重要的现实意义和理论价值。不同类型的声学传感器见表 5-2，下面列举一些声学传感器件的研究案例，以便读者更好地理解该部分内容。

朗成宏等运用电纺聚偏氟乙烯纳米纤维膜制备的声学传感器件如图 5-29 所示，可精确检测低频声音，灵敏度高达 266mV/Pa，能准确分辨低频到中频的声波，这些特性使它们特别适合噪声检测，制作的纳米纤维设备的灵敏度是商用压电聚偏氟乙烯薄膜设备的 5 倍以上，验证了电纺压电纳米纤维可用于开发高性能声学传感器。

PET薄膜
金电极
PVDF纳米纤维膜

图5-29　电纺聚偏氟乙烯纳米纤维膜制备的声学传感器件

方剑等报道了随机取向的电纺聚（偏二氟乙烯—共三氟乙烯）纳米纤维非织造网优异的声电转换能力。通过优化声学传感器件的结构设计，将器件响应区域设计为多孔洞结构后，在声音作用下能够产生 14.5V 峰值电压和 28.5μA 电流，输出体积功率密度为 306.5μW/cm³（基于纳米纤维网厚度为 5.9mW/cm³）。纳米纤维装置产生的电力无须在任何储能单元中积累，足以点亮数十个商用发光二极管，进行电化学反应，并保护金属免受腐蚀。

彭陆等报道了电纺聚丙烯腈（PAN）纳米纤维在中等声压级（60~95dB）下精确检测中低频声音（100~600Hz）的性能，这涵盖了日常活动中的主要声音频段。该纳米纤维基传感器件的灵敏度高，信噪比高达 57.2 dB，保真度高达 0.995。与相同条件下由电纺聚偏氟乙烯纳米纤维制成的声学传感器相比，电纺 PAN 纳米纤维制成的器件具有更宽的响应带宽、更大的灵敏度和更高的保真度，表明聚合物类型在电纺纳米纤维声学检测中的重要作用。

龚树等报道了一种在垂直排列非开裂金纳米线（V-AuNW）薄膜上的点裂纹技术，该技术允许设计电信号与振动计输出良好一致的柔性声学传感器——这是相应的体开裂系统所不能实现的，该方法可制作与传统麦克风相当的用于音乐识别的柔性麦克风。人声识别系统（VRS）是语音控制人机界面（HMI）的先决条件，为避免意外背景噪声的干扰，提出了基于声带振动的皮肤附着 VRS 来直接检测生理机械声信号。然而，现有 VRS 的灵敏度和响应时间是高效 HMI 的瓶颈。

此外，人们日常生活中的水基污染物，如皮肤水分和雨滴，通常会导致 VRS 的性能下降甚至功能故障。于是，金（Le）等提出了一种可附着在皮肤上的自清洁超灵敏和超高速声学传感器，该传感器基于还原的氧化石墨烯/聚二甲硅氧烷复合膜，具有仿生微裂纹和分级表面纹理。得益于蜘蛛缝器官状多尺度锯齿状微裂纹与荷叶状层次结构的协同效应，该超疏水 VRS 表现出超高的灵敏度（规范因子 $GF = 8699$），超低的检测限（$\varepsilon = 0.000064\%$），超快的响应/恢复行为，优异的器件耐用性（>10000 次循环）以及高信噪比的可听频率范围（20~20000Hz）内的声振动可靠检测。这些卓越的性能赋予了皮肤附着式人声传感器即使在嘈杂的环境中也能以高精度对人声进行抗干扰感知的性能，加快了语音控制人声管理系统的发展。

彭陆等展示了一种基于取向电纺聚丙烯腈（PAN）纳米纤维和微电极的谐振频率带宽可调的器件结构。当纳米纤维垂直排列时，这些器件比平行的器件具有更宽的带宽，而纳米纤维的宽度与随机取向的纳米纤维相似。在所有器件中,电输出遵循与长宽比相似的趋势。然而,狭缝数只影响电输出,而不改变带宽特性。其进一步表明,发光的电极和取向的纳米纤维膜都在调节频率响应方面发挥了作用。在声音的作用下,电极的振动会使两侧的小颗粒相互对齐。取向纳米纤维膜的各向异性拉伸特性允许纤维根据与小颗粒对齐的角度不同地拉伸。尤其是在采集多频声音时,垂直于狭缝的纳米纤维受到更强烈的拉伸,有助于获得更大的带宽,更宽的带宽进而增加了电输出。

5.4.3　纤维基非接触磁场传感材料及器件

磁场具有明显的非接触快速响应性、操作环保性、距离接近感应性(可追踪、可交互性)等优势,其感应距离比电容式传感器要远得多,与光、湿度、声音和温度相比具有检测的选择性和抗干扰性。以磁场作为非接触交传感能为各种传感和交互场景开拓了新的途径。

非接触磁传感器主要基于霍尔效应(hall-effect)、磁阻(magnetoresistance)效应、磁电(magnetoelectric)效应等实现对磁场的传感。其中,霍尔传感器将被测磁场(周围磁场密度)转换为电动势输出,磁敏感材料为 N 型或 P 型半导体,或是具有霍尔系数的金属膜。磁阻传感器的工作原理主要基于铁磁性或半导体材料在受到外磁场作用时电阻(或阻抗)发生变化的现象,包括常磁阻、各向异性磁阻(AMR)、巨磁阻(GMR)、磁隧道结(TMR)、磁阻抗等多种传感器。磁电(ME)传感器主要基于电磁感应原理进行电场或磁场的检测,其核心磁电材料具有能够响应外部磁场来改变极化强度,或响应所施加的电场来改变其磁化的能力。磁通门磁强计是由高磁导率铁芯制成的磁调制器,用作测量磁场的探头。应用于特别微弱的生物磁场(10~12T)的检测技术主要采用的是超灵敏的原子磁力计,主要有光泵磁力仪(OPM)、非线性磁光旋转仪(NMOR)和无自旋交换磁弛豫计(SERF),应用于心磁图(MCG)和脑磁图(MEG)的检测和成像。

传统的磁传感器主要建立在刚性的硅片上,具有传感性能稳定、成本低廉等特点。由于其刚性和易碎的特点,传统的磁传感器从结构和功能上已经无法直接满足电子皮肤的高要求。柔性传感器是近年来快速发展的研究领域,目前已发展了多种柔性磁体、柔性磁传感器(如柔性磁隧道结、柔性磁阻抗传感器和柔性霍尔传感器)和柔性磁敏皮肤。当前非接触柔性磁传感器主要基于磁阻效应进行工作,磁敏材料通常为磁性微柱阵列或多层磁性薄膜。

例如,刘亚风等采用磁场控制的原位生长方法结合氧化石墨烯涂覆和后还原法制造了具有石墨烯涂层的含有磁性钴(Co)颗粒的磁性 PDMS 纤毛阵列(CAs),并与在 PVC 膜上制造的叉指式电极复合组装成电子纤毛(EC)传感器。该传感器能够对触觉和磁场进行传感,对磁场(150~160mT)的灵敏度约为 12.08 T^{-1}。

德国莱布尼兹固体和材料研究所(IFW)丹尼斯·马卡洛夫(Denys Makarov)团队利用光刻结合磁控溅射技术在 100μm 的聚酰亚胺(PI)和 25μm 的聚醚醚酮(PEEK)聚合物薄膜上沉积了 Bi 薄膜以制造柔性霍尔传感器。该传感器可围绕手腕弯曲或定位在手指上实现交互式指示,能感知位置接近,灵敏度高达 -2.3 V/(A·T),且在曲度为 6mm^{-1} 时,性能只有轻微的下降。贾斯汀·陈(Justin-Chan)等灵活运用磁性导电纤维,用数字绣花机将其绣成各种磁性图案集成在服装上，形成柔性磁性织物贴。通过巧妙的电路设计，验证了将磁性织物贴替代射频识别（RFID）卡用于开锁的可能性。

近期，丹尼斯·马卡洛夫（Denys Makarov）团队开发了一种基于巨磁阻（GMR）效应的磁场传感器。该传感器是将带有金字塔结构的永磁膜［钕铁硼（NdFeB）永磁微粒均匀分散的 PDMS 膜］与 GMR 传感器（Py/ Cu 多层膜）一起组装。当外界磁场靠近时，GMR 膜在外部和内部磁场的共同作用下，对应的相对磁阻变化值（$\Delta R/R_0$）负向增大，从而实现对磁场的精确传感。该研究还尝试将柔性磁性标签贴在目标被测物上，通过传感器和目标物之间的磁场相互作用，实现了两者之间的非接触式交互（图 5-30）。

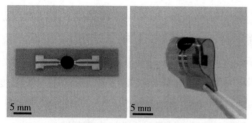

（a）传感器在平坦和弯曲状态下的照片

（b）m-MEMS传感器缠绕在木制模型手指上及雏菊花瓣上20μm厚磁贴的照片

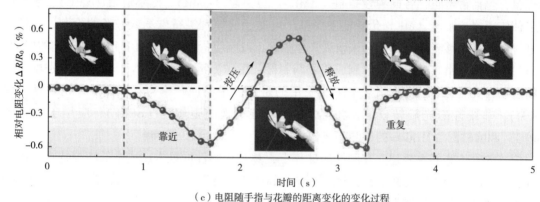

（c）电阻随手指与花瓣的距离变化的变化过程

图 5-30　通过兼容的 m-MEMS 传感器实现非接触式传感与交互

根据 WHO 规定，应用于皮肤上的磁场传感器需要考虑在低磁场中的感测能力（<40mT）。因而，低场敏感型非接触磁传感器的开发具有重要的应用价值。阿卜杜拉国王大学尤尔根·科塞尔（Jurgen Kosel）团队提出了一种穿着舒适、生物相容且能被制备成任何所需的形状和颜色的由硅橡胶（Ecoflex）和 NdFeB 永磁微粒构成的磁性皮肤。该研究展示了利用磁性皮肤实行眼球运动的跟踪和非接触式控制的可行性。眼动追踪在瘫痪人群的人机界面识别、游戏行业、睡眠模式诊断、眼病、驾驶员意识监视等领域具有特别重要的意义。

但是上述传感器通常涉及复杂且烦琐的薄膜制造工艺（如湿法蚀刻、光刻等工艺、纳米级厚度薄膜沉积），技术复杂且成本高昂，为其广泛的应用带来了不可避免的局限性。因而，以简便可控且具有成本效益的方式实现高精度和高灵敏度的柔性非接触磁场传感器仍然充满挑战。此外，当前的非接触磁性传感器主要采用各种不透气的弹性膜基底材料，包括聚二甲基硅氧烷（PDMS）、Ecoflex、PI 等，穿戴时的透气性没有考虑。

最近，张维冠等报道了一种基于纺织品的非接触柔性磁场传感器，该织物传感器实现了约 13.76mm 距离的接近感应。该研究以氨纶作为柔性基底，在织物的中心涂覆由 Fe_3O_4/PDMS 构成的磁性层，在磁性层的周围涂覆由 MXene 和 PEDOT：PSS 构成的复合导电层。当磁体靠近时，磁力将拉伸磁性层和导电层，使导电层发生应变，对应的电阻 R 增大，从而实现对磁场的快速非接触探测。

总体而言，柔性非接触磁性传感器还处于不断发展阶段。与传统磁传感器相比，柔性磁传感器面临的巨大挑战在于，如何在柔性基材上构建性能稳定的磁敏感膜材料，从而克服其大面积、低成本的批量制备难题，以及如何保证柔性磁传感器的高灵敏度和应用服役时的稳定性。

5.4.4 纤维基非接触电磁波传感材料及器件

非接触电磁波传感的基本原理主要依赖于电磁波的产生、传播和反射。具体来说，电磁波传感器通过发射电磁波，然后接收这些电磁波在遇到物体后反射回来的信号，从而获取关于物体的信息。根据不同的应用，这种信息可能包括物体的距离、速度、大小、形状、方向、内部结构等。例如，在雷达系统中，电磁波传感器发射的是微波或射频电磁波，当这些电磁波碰到目标物体时，会被反射回来，通过测量这些反射波的特性（如反射波的时间延迟和频率改变），可确定目标物体的位置、速度和其他属性。在医学成像（如 MRI）中，电磁波传感器则发射的是射频电磁波，然后通过测量这些电磁波在人体内部反射和散射的方式，可生成人体内部结构的三维图像。在物质分析（如红外光谱分析）中，电磁波传感器发射的是红外电磁波，然后通过测量这些电磁波被物质吸收和反射的方式，可确定物质的成分和性质。不同类型的电磁波（如微波、红外、可见光、紫外、X 射线等）具有不同的物质相互作用特性，因此，根据需要获取的信息和应用的具体条件，可选择不同的电磁波。图 5-31 是 LC 传感器无线询问示意图，主要是利用连接到矢量网络分析仪上的检测线圈与 LC 谐振电路中的电感发生电磁波耦合从而实现非接触测量。

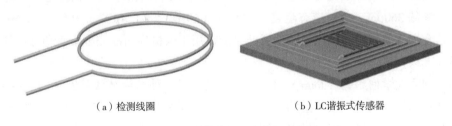

（a）检测线圈　　　　　　　　（b）LC谐振式传感器

图 5-31　LC 传感器无线询问示意图

非接触电磁波传感器的关键部分是敏感材料，它负责接收反射的电磁波并将其转换为可以处理的信号。在纤维基非接触电磁波传感材料中，纤维本身就是敏感材料。基于纤维的传感器在各种环境中都表现出优异的性能，尤其是在需要小型化、轻量化和柔性化的场合。

（1）纤维基非接触电磁波传感器的基本结构

①敏感纤维。这是传感器的核心部分，可由各种电磁波敏感材料制成，如金属导电纤维、半导体纤维、铁电纤维、光学纤维等。

②支撑结构。这是为了保护敏感纤维并提供稳定性的部分，支撑结构可由各种材料制成，如塑料、橡胶、陶瓷或金属。

③电路和接口。电路用于处理敏感纤维接收的电磁波信号，并将其转换为可读的输出；接口则用于连接电路和外部设备，如计算机或显示器。

（2）纤维基非接触电磁波传感器的构造步骤

①选择合适的敏感纤维。根据所需检测的电磁波类型和特性，选择具有相应敏感性的纤维材料。

②制作支撑结构。支撑结构可按照设计的形状和大小制作，以便将敏感纤维安装在其中。

③敏感纤维的安装。将敏感纤维固定在支撑结构上，并确保其能正常工作。

④电路和接口的连接。将电路连接到敏感纤维，并确保信号可以准确地从纤维传输到电路。然后，将接口连接到电路，以便将信号输出到外部设备。

⑤测试和校准。在完成所有的安装和连接后，需要对传感器进行测试和校准，以确保其工作的准确性和可靠性。

（3）相关研究进展

纤维基非接触电磁波传感材料及器件是一种新型的传感技术，可实现对环境参数的高灵敏度和高分辨率检测。近年来，该领域的研究获得了广泛的关注，纤维基非接触电磁波传感材料及器件的研究也取得了一些进展。

例如，王伟等通过仿生学的方法设计了一种多层螺旋光纤传感器，可实现对低频电磁波的高灵敏度和频率选择性探测。这项研究为声波、地震等低频信号的探测提供了新的思路和方法。

美国北卡罗来纳州立大学迈克尔·迪基（Michael D. Dickey）和我国台湾中兴大学赖颖芝的研究团队提出了第一款可收集人体运动产生的机械能和周围电器所产生的电磁波能量的弹性多功能纤维，纤维由填充有液态金属的中空弹性体纤维组成。纤维通过摩擦电（160V/m、5μA/m 和约 360μW/m）、液态金属 [±8V/m（60Hz），±1.4μA/m 和约 8μW/m] 和感应电磁波的结合来收集能量。该研究验证了纤维能被用于人机界面的完全柔软和可拉伸的组件，包括键盘和无线音乐控制器。

新加坡国立大学何约翰（John S. Ho）团队报道了一种节能高效且安全的无线人体传感器网络，这些网络利用电磁波传感的机理，通过在超材料纺织品上传播的无线电表面等离子体激元相互连接。该方法使用由导电织物制成的衣服，该衣服可在无线电通信频率下支持类表面等离子体模式。与不使用超材料织物的传统辐射网络相比，该无线人体传感器网络将传输效率提高了三个数量级，并将无线通信限制在人体 10cm 以内。研究表明，该方法可以提供对运动和纺织品基无线触摸感应具有稳定性的无线电力传输功能。

韩国大邱庆北科技大学李在宏（Jaehong Lee）和瑞士苏黎世联邦理工学院雅诺斯弘（Janos Vörös）团队报道了一种通过将电容式纤维应变传感器与感应线圈相结合创建的无线可拉伸纤维应变传感系统，可进行应变传感信号无线读出。该传感器由两条可伸展的导电纤维组成，这些纤维以双螺旋结构组织，芯部为空。传感器的数学分析和仿真可有效地预测其电容响应，并可根据预期的应用来调节性能。

新加坡国立大学林荣洲（Rongzhou Lin）和何约翰（John S. Ho）课题组报道了一种无线无电池人体传感器网络。该研究展示了使用无电池的人体感应器网络进行连续的生理监测，该网络使用具有近场功能的衣服在人体周围建立无线电源和数据连接。与先前将 NFC 功能集成到纺织品中的努力相比，启用近场的服装完全基于织物，使用电磁波进行传感通信，并且坚固耐用，因为它们不包含易碎的硅集成电路，也不需要连接器与附近的设备进行交互。研究人员开发的纺织品设计无须任何修改即可与支持 NFC 的智能手机和设备兼容，并演示其在使用多个无线、无电池传感器进行运动时能够监测脊柱姿势并连续测量温度和步态的用途。

上述研究表明，纤维基非接触电磁波传感材料及器件具有广泛的应用前景和巨大的发展潜力。这些研究为发展高性能、高灵敏度的传感器提供了新的思路和技术手段，在环境监测、医疗、生命科学等领域都有着重要的应用价值。

总之，纤维基非接触电磁波传感材料及器件是一种新兴的技术领域。它通过利用纤维材料的特殊性质，实现对电磁波的非接触感知和测量，这一领域的研究对于无线通信、传感器技术、医学诊断和材料科学等领域都具有重要的应用价值。目前虽然纤维基非接触电磁波传感材料及器件领域的研究仍处于初级阶段，但其具有广阔的应用前景。随着对无线通信、传感器技术和医学诊断等需求的增加，纤维基非接触电磁波传感材料及器件将在未来得到更多的研究和应用。

5.4.5 纤维基非接触电容式传感材料及器件

近年来，随着人工智能的快速发展，具有各种功能的柔性可穿戴电子设备吸引了人们的极大关注。柔性传感器作为可穿戴设备的关键组成部分，在人机界面、电子皮肤、健康监测、软机器人等方面具有广阔的应用前景。根据信号转换机理，柔性传感器可分为电容式、压电式、电阻式和摩擦电式。其中，电容式传感器以其功耗低、响应快、结构设计简单等优点得到了广泛应用。

与电阻式传感器相比，电容式压力传感器具有独特的非接触式检测能力，因此成为有竞争力的候选传感器。特别是电容式传感器可获得非接触和接触输入极性相反的信号，从而更容易区分交互动作。

在非接触检测模式下，传感器可在没有物理接触的情况下感知和跟踪物体的形状和位置，实现与周围环境的互动。非接触电容传感的基本原理是利用器件电容的变化来检测物理量的变化。电容是指两个电极之间的电场能量储存量，其大小取决于电极之间的距离和电极的几何形状。当电极之间的距离或形状发生变化时，电容值会随之发生变化。具体来说，非接触检测是基于边缘电场效应，在电极和非接触的物体之间产生寄生电容 C_p。寄生电容 C_p 的公式如下：

$$C_p = \frac{4\varepsilon w}{\pi}\ln\frac{2l}{d} \tag{5-30}$$

式中：d 为接近物体与表面电极之间的距离；w 和 l 为接近物体的相对宽度和高度，ε 为等效介电常数。

当物体靠近时，物体会对传感器的电场产生影响，接近距离的减小增加了电极与物体之间的 C_p，从而改变测量的电容值（C_m）。这种变化可通过电容计等设备进行检测和测量。其工作原理和电感式接近传感器十分接近，都可用于物体距离的检测工作。但这两类传感器的主要区别在于，电容式接近传感器主要是利用电容产生的静电场变化而不是电磁场的变化，在非金属材料的检测，如玻璃、纸张、塑料中的应用比较广泛。通过对电容值的变化进行分析和处理，可确定物体的位置、形状和运动状态等信息。

非接触电容传感具有灵敏度高、响应速度快、灵活性高、稳定性高等优点，广泛应用于物体位置、形状、运动状态、压力、变形等物理量的测量（图 5-32）。

纤维基非接触电容式传感器的核心部件是纤维基材料，这种材料通常是由一系列细长的纤维组成，具有很高的柔韧性和可塑性。常用的纤维基材料包括聚合物、玻璃、金属等，可根据不同的应用需求进行选择。

纤维基非接触电容传感器通过将纤维基底材料和电极材料组合在一起，形成一定的纤维结构。当纤维结构受到外部物理量的影响时，其形态和位置会发生变化，从而改变了电极之间的电容值。这种变化可通过测量电容值的变化来检测外部物理量的变化。

具体来说，纤维基非接触电容传感器的构造通常包括两个电极，当外部物理量作用

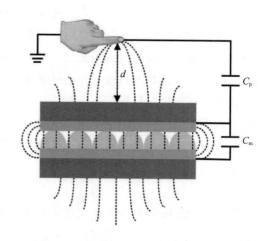

图 5-32　非接触电容传感器检测示意图

于纤维结构时，会引起电极位置的变化，从而改变电极之间的电容值。通过测量电容值的变化，即可得到外部物理量的变化信息。

除了电容变化原理，纤维基非接触电容传感器还可利用介电常数的变化来实现对物理量的测量。当物理量作用于介电材料时，会改变介电常数的大小，从而改变电容值。电容式接近传感器能够检测非金属容器中的液体材料。这是因为液体的介电常数要比非金属容器的介电常数大得多，电容式接近传感器又恰好能够检测并区分出介电常数存在较大区别的物体。因此，纤维基非接触电容传感器也可通过测量介电常数的变化来检测外部物理量的变化。

李在宏等通过在导电纤维表面涂覆 PDMS 作为介电层，并将两根涂覆 PDMS 的纤维垂直堆叠，制成了灵敏度为 0.21kPa⁻¹ 的电容式纺织压力传感器。通过使用编织方法，该压力传感器可应用于制造智能手套和衣服，可作为人机界面无线控制机器。

吴荣辉等通过在高粗糙度的织物表面构建水溶性聚（乙烯醇）模板辅助的银纳米纤维制作了一个带有无线无电池监测系统的全织物压力传感器，其中夹在两个高导电织物电极之间的三维穿透织物作为电介质层。该电容式压力传感器表现出 $0.283kPa^{-1}$ 的高灵敏度，具有快速的响应时间和良好的循环稳定性。

陈义祥等通过电纺钯离子（Pd^{2+}）/聚丙烯腈（PAN）溶液，然后对混合纳米纤维膜进行无电解镀，制备出一种柔性导电电极。再将其与高目数的尼龙网共同组装成一个完整的电容式传感器，所制备的传感器表现出 $1.49kPa^{-1}$ 的高灵敏度，用于人体运动检测。

李在宏等开发了一种无线可缝合的纤维应变传感系统，该系统通过将电容式纤维应变传感器与用于无线读取的电感线圈相结合而创建。传感器由两个导电纤维电极组成，电极位于空心的双螺旋结构中，当对两根纤维电极施加应力时，它们会被拉伸，从而改变传感器的电容特性。

田明伟等使用石墨烯纳米颗粒装饰的多维蜂窝状织物和镀镍的编织布分别作为电介质层和电极制备了一种具有高灵敏度和超轻检测的压力非接触双模态织物电容式传感器。该传感器表现出 $0.38kPa^{-1}$ 的出色压力感应灵敏度，超低的检测极限（1.23Pa），卓越的非接触检测性能，检测距离为 15cm，最大相对电容变化为 10%。该传感器可成功地检测到人类的运动，如手指的弯曲、吞咽唾液等。

纤维基非接触电容传感器材料和器件具有柔性、轻便、透气等特点，因此在众多领域具有广泛应用。

在智能纺织品领域，将纤维基非接触电容传感器集成到衣物中，可实现对身体运动、呼吸、心率等生理信息的实时监测，为个性化医疗、健身训练等提供支持。

在智能家居领域，纤维基非接触电容传感器可实现对温度、湿度、空气质量等环境信息的监测，并通过智能控制系统实现自动调节。

在工业自动化领域，纤维基非接触电容传感器可实现对机器设备的状态、运行情况等信息的监测，并为设备维护、故障排除等提供支持。

在医疗健康领域，纤维基非接触电容传感器可实现对病人的生命体征监测，如心率、呼吸、血氧等，为医生提供诊断支持。

在智能交通领域，纤维基非接触电容传感器可实现对车辆、行人等的位置、运动状态等信息的监测，并为交通管理、安全预警等提供支持。

在机器人技术领域，纤维基非接触电容传感器可用于检测机器人的位置和运动状态。

总之，纤维基非接触电容传感器材料和器件是一种具有广泛应用前景的新型传感技术，可以为诸多领域提供精准、实时、可靠的信息监测和数据采集支持。

5.5　本章小结

纤维基柔性物理传感器能够将感知到的力学、温度、湿度、光学、声学、磁场等物理信号转换为电或其他形式的信号，可全面连续监测人体运动姿态、呼吸/心率等生理体征，是构成智能可穿戴电子设备的重要部件。利用刺绣技术和皮芯结构压力传感纱线可构建穿戴式压力传感器，其具有优异三维曲面贴合性和宽的工作范围，可用于检测人体脉搏信号、指关节弯曲及足底压力。沉积 Pt 的纳米纤维膜具有高密度的温度传感网络，同时有良好的透气性和优异的拉伸性，有望用于医学治疗过程中接触式精确检测人体温度。集成有呼吸传感器的面罩，内部传感器可感受到人体鼻腔呼吸时产生的高湿气流，通过连接湿度传感器引线和电压测试设备后，可测出人体呼吸时传感器的实时电压变化曲线。非接触红外传感器具有测量速度较快、灵敏度高、非破坏性和非侵入性等优点，能够适应高温、污染和危险等特殊环境下的测量任务，在工业生产、医疗保健和智能家居等领域得到了广泛的应用。基于 Fe_3O_4/PDMS 构成的磁性层与氨纶相复合，利用磁力作用迫使导电层产生应变，电阻发生变化，从而实现对磁场的快速非接触探测。

纤维材料质轻、成本低、多级结构丰富、理化结构灵活可调，功能化纤维可进一步编织成织物、纺织品或服装，有利于实现物理信号传感器的规模化生产。随着科学技术的不断发展，具有多功能的纤维基物理传感器有望被广泛应用人机交互、生物医学、运动健康等新兴领域，创造出巨大的社会经济价值。

思考题

1. 纤维基非接触电磁波传感材料的制备方法有哪些？
2. 纤维基非接触电磁波传感器有哪些应用领域？
3. 拉伸应变传感器的传感原理有哪些？
4. 根据工作机理不同，纤维基压力传感器可分为哪几类？简要阐述其各自的工作机理。
5. 湿度传感器大致可分为哪几类？简述每一类传感器的特点。
6. 简述湿度传感器的原理。
7. 根据传感机理不同，温度传感材料分为哪几类？
8. 简述衡量温度传感器灵敏度的方法。

思考题答案

参考文献

［1］李刚．柔性压力传感器的制备与应用［D］．济南：齐鲁工业大学，2021．

［2］李云霞．基于三维多孔结构的柔性电阻式压力传感器研究［D］．兰州：兰州大学，2020．

［3］NIE Z，KWAK J W，HAN M，et al. Mechanically Active Materials and Devices for Bio-Interfaced Pressure Sensors-A Review［J］. Advanced Materials，2022，2205609.

［4］KE Y，JIA K，ZHONG W，et al. Wide-range sensitive all-textile piezoresistive sensors assembled with biomimetic core-shell yarn via facile embroidery integration［J］. Chemical Engineering Journal，2022，435：135003.

［5］ZHONG W，JIANG H，JIA K，et al. Breathable and large curved area perceptible flexible piezoresistive sensors fabricated with conductive nanofiber assemblies［J］. ACS applied materials & interfaces，2020，12（33）：37764-37773.

[6] LIANG Q, ZHANG D, WU Y, et al. Stretchable helical fibers with skin-core structure for pressure and proximity sensing [J]. Nano Energy, 2023, 113: 108598.

[7] YE X, SHI B, LI M, et al. All-textile sensors for boxing punch force and velocity detection [J]. Nano Energy, 2022, 97: 107114.

[8] SU Y, CHEN C, Pan H, et al. Muscle fibers inspired high-performance piezoelectric textiles for wearable physiological monitoring [J]. Advanced Functional Materials, 2021, 31(19):2010962.

[9] ZHU M, LOU M, ABDALLA I, et al. Highly shape adaptive fiber based electronic skin for sensitive joint motion monitoring and tactile sensing [J]. Nano Energy, 2020, 69: 104429.

[10] FAN F R, TIAN Z Q, WANG Z L. Flexible triboelectric generator [J]. Nano energy, 2012, 1(2): 328-334.

[11] GRAHAM S A, PATNAM H, MANCHI P, et al. Biocompatible electrospun fibers-based triboelectric nanogenerators for energy harvesting and healthcare monitoring [J]. Nano Energy, 2022, 100: 107455.

[12] 潘炼. 传感器原理及应用 [M]. 北京: 电子工业出版社, 2012.

[13] AMJADI M, KYUNG K U, PARK I, et al. Stretchable, skin-mountable, and wearable strain sensors and their potential applications: A review [J]. Advanced Functional Materials, 2016, 26(11): 1678-1698.

[14] WANG C, WANG C, HUANG Z, et al. Materials and structures toward soft electronics [J]. Advanced Materials, 2018, 30(50): 1801368.

[15] NIE M, LI B, HSIEH Y L, et al. Stretchable one-dimensional conductors for wearable applications [J]. ACS Nano, 2022, 16(12): 19810-19839.

[16] WU Y, YAN T, PAN Z. Wearable carbon-based resistive sensors for strain detection: A review [J]. IEEE Sensors Journal, 2021, 21(4): 4030-4043.

[17] DUAN L, D'HOOGE D R, CARDON L. Recent progress on flexible and stretchable piezoresistive strain sensors: From design to application [J]. Progress in Materials Science, 2020, 114: 100617.

[18] 王淑坤, 蔡凡, 何惜琴. 传感器原理及应用 [M]. 厦门: 厦门大学出版社, 2021.

[19] 于伟东. 纺织材料学 [M]. 北京: 中国纺织出版社, 2006.

[20] GONG J, TANG W, XIA L, et al. Flexible and weavable 3D porous graphcnc/PPy/lignocellulose-based versatile fibrous wearables for thermal management and strain sensing [J]. Chemical Engineering Journal, 2023, 452: 139338.

[21] WU R, SEO S, MA L, et al. Full-fiber auxetic-interlaced yarn sensor for sign-language translation glove assisted by artificial neural network [J]. Nano-Micro Letters, 2022, 14(1): 139.

[22] FENG Q, WAN K, ZHU T, et al. Thermo-spun reaction encapsulation fabrication of environment-stable and knittable fibrous ionic conductors with large elasticity and high fatigue resistance [J]. Chemical Engineering Journal, 2022, 435: 134826.

[23] PAN J, YANG M, LUO L, et al. Stretchable and highly sensitive braided composite Yarn@ Polydopamine@ Polypyrrole for wearable applications [J]. ACS Applied Materials & Interfaces, 2019, 11(7): 7338-7348.

[24] GAO Y, GUO F, CAO P, et al. Winding-locked carbon nanotubes/polymer nanofibers helical yarn for ultrastretchable conductor and strain sensor [J]. ACS Nano, 2020, 14(3): 3442-3450.

[25] WANG B, PENG J, YANG K, et al. Multifunctional textile electronic with sensing, energy storing, and electrothermal heating capabilities [J]. ACS Applied Materials & Interfaces, 2022, 14(19): 22497-22509.

[26] ZHANG X, KE L, ZHANG X, et al. Breathable and wearable strain sensors based on synergistic conductive car-

bon nanotubes/cotton fabrics for multi-directional motion detection [J] . ACS Applied Materials & Interfaces, 2022, 14(22): 25753-25762.

[27] YANG S, LI C, CHEN X, et al. Facile fabrication of high-performance pen ink-decorated textile strain sensors for human motion detection [J] . ACS Applied Materials & Interfaces, 2020, 12(17): 19874-19881.

[28] LU D, LIAO S, CHU Y, et al. Highly durable and fast response fabric strain sensor for movement monitoring under extreme conditions [J] . Advanced Fiber Materials, 2023, 5(1): 223-234.

[29] WANG B, PENG J, HAN W, et al. Stretchable and conductive cotton-based fabric for strain sensing, electro-thermal heating, and energy storing [J] . Cellulose, 2022, 29(14): 7989-8000.

[30] 林俊辉, 姜宏伟. 氧化锌填充 PA6 制备绝缘导热塑料的研究 [J] . 绝缘材料, 2013, 46(4): 30-34.

[31] 金钫, 金荣福, 蔡琼英, 等. LED 与导热高分子复合材料 [J] . 广东化工, 2011, 38(11): 55-57.

[32] 刘汉, 吴宏武. 填充型导热高分子复合材料研究进展 [J] . 塑料工业, 2011, 39(4): 10-13.

[33] XUAN W, DANG Z M, ZHANG T D, et al. Excellent energy storage performance and thermal property of polymer-based composite induced by multifunctional one-dimensional nanofibers oriented in-plane direction [J] . Nano Energy, 2019, 56: 138-150.

[34] CHEN J, WEN H, ZHANG G, et al. Multifunctional conductive hydrogel/thermochromic elastomer hybrid fibers with a core-shell segmental configuration for wearable strain and temperature sensors [J] . ACS Applied Materials & Interfaces, 2020, 12(6): 7565-7574.

[35] CHO S Y, YUN Y S, LEE S, et al. Carbonization of a stable β-sheet-rich silk protein into a pseudographitic pyroprotein [J] . Nature Communications, 2015, 6: 7145.

[36] CRUZ-SILVA R, MORELOS-GOMEZ A, KIM H I, et al. Super-stretchable graphene oxide macroscopic fibers with outstanding knotability fabricated by dry film scrolling [J] . ACS Nano, 2014, 8(6): 5959-5967.

[37] LI Z L, ZHU M M, SHEN J L, et al. All-fiber structured electronic skin with high elasticity and breathability [J] . Advanced Functional Materials, 2020, 30(6): 1908411.

[38] 王文进, 李鸿岩, 姜其斌. 高导热绝缘高分子复合材料的研究进展 [J] . 绝缘材料, 2008, 41(5): 30-33.

[39] 陶肖明, 张兴祥. 智能纤维的现状与未来 [J] . 棉纺织技术, 2002, 30(3): 11-16.

[40] 万震, 李克让, 谢均. 新型智能纤维及其纺织品的研究进展 [J] . 针织工业, 2005(5): 43-46, 2.

[41] 王艳玲, 沈新元. 智能纤维的研究现状及应用前景 [J] . 产业用纺织品, 2003, 21(2): 42-45.

[42] 魏新杰. 智能纤维的研究进展 [J] . 济南纺织化纤科技, 2004(4): 4-7.

[43] 杜仕国. 形状记忆高分子材料的研究进展 [J] . 功能材料, 1995, 26(2): 107-112.

[44] FIRESTONE M A, THIYAGARAJAN P, TIEDE D M. Structure and optical properties of a thermoresponsive polymer-grafted, lipid-based complex fluid [J] . Langmuir, 1998, 14(17): 4688-4698.

[45] CONGALTON D. Shape memory alloys for use in thermally activated clothing, protection against flame and heat [J] . Fire and Materials, 1999, 23(5): 223-226.

[46] 田莳. 功能材料 [M] . 北京: 北京航空航天大学出版社, 1995.

[47] 周宏图, 张美玲, 刘双宝, 等. 光纤光栅温度传感器植入织物的研究 [J] . 上海纺织科技, 2010, 38(3): 18-20.

[48] HUANG J N, LI Y R, XU Z J, et al. An integrated smart heating control system based on sandwich-structural textiles [J] . Nanotechnology, 2019, 30(32): 325203.

［49］ZHANG Y, ZHANG L N, CUI K, et al. Flexible electronics based on micro/nanostructured paper ［J］. Advanced Materials, 2018, 30(51): 1801588.

［50］JIANG X, DING J F, KUMAR A. Polyurethane-poly(vinylidene fluoride) (PU-PVDF) thin film composite membranes for gas separation ［J］. Journal of Membrane Science, 2008, 323(2): 371-378.

［51］LIU Y W, MENG L S, WANG H, et al. Promising lanthanide-doped BiVO4 phosphors for highly efficient upconversion luminescence and temperature sensing ［J］. Dalton Transactions, 2021, 50(3): 960-969.

［52］KSHETRI Y K, REGMI C, CHAUDHARY B, et al. BiVO4 ceramics for high-sensitivity and high-temperature optical thermometry ［J］. Journal of Luminescence, 2021, 230: 117739.

［53］JEONG S H, ZHANG S, HJORT K, et al. PDMS-based elastomer tuned soft, stretchable, and sticky for epidermal electronics ［J］. Advanced Materials, 2016, 28(28): 5830-5836.

［54］LIU H B, XIANG H C, WANG Y, et al. A flexible multimodal sensor that detects strain, humidity, temperature, and pressure with carbon black and reduced graphene oxide hierarchical composite on paper ［J］. ACS Applied Materials & Interfaces, 2019, 11(43): 40613-40619.

［55］LIU G Y, TAN Q L, KOU H R, et al. A flexible temperature sensor based on reduced graphene oxide for robot skin used in Internet of Things ［J］. Sensors, 2018, 18(5): 1400.

［56］CAI J Y, DU M J, LI Z L. Flexible temperature sensors constructed with fiber materials ［J］. Advanced Materials Technologies, 2022, 7(7): 2101182.

［57］KE F Y, SONG F, ZHANG H Y, et al. Layer-by-layer assembly for all-graphene coated conductive fibers toward superior temperature sensitivity and humidity independence ［J］. Composites Part B: Engineering, 2020, 200: 108253.

［58］GOMATHI P T, SAHATIYA P, BADHULIKA S. Large-area, flexible broadband photodetector based on ZnS-MoS2 hybrid on paper substrate ［J］. Advanced Functional Materials, 2017, 27(31): 1701611.

［59］LI Z J, YANG X H, LI W, et al. Stimuli-responsive cellulose paper materials ［J］. Carbohydrate Polymers, 2019, 210: 350-363.

［60］ZHANG K K, ZONG L, TAN Y Q, et al. Improve the flame retardancy of cellulose fibers by grafting zinc ion ［J］. Carbohydrate Polymers, 2016, 136: 121-127.

［61］LEE C Y, LEE G B. MEMS-based humidity sensors with integrated temperature sensors for signal drift compensation ［C］//SENSORS, 2003 IEEE. Toronto, ON, Canada. IEEE, 2004: 384-388.

［62］YU Y F, ZHENG G C, DAI K, et al. Hollow-porous fibers for intrinsically thermally insulating textiles and wearable electronics with ultrahigh working sensitivity ［J］. Materials Horizons, 2021, 8(3): 1037-1046.

［63］WU R H, MA L Y, HOU C, et al. Silk composite electronic textile sensor for high space precision 2D combo temperature-pressure sensing ［J］. Small, 2019, 15(31): 1901558.

［64］TRUNG T Q, DANG T M L, RAMASUNDARAM S, et al. A stretchable strain-insensitive temperature sensor based on free-standing elastomeric composite fibers for on-body monitoring of skin temperature ［J］. ACS Applied Materials & Interfaces, 2019, 11(2): 2317-2327.

［65］WANG C Y, LI X, GAO E L, et al. Carbonized silk fabric for ultrastretchable, highly sensitive, and wearable strain sensors ［J］. Advanced Materials, 2016, 28(31): 6640-6648.

［66］ZHAO S, ZHU R. Flexible bimodal sensor for simultaneous and independent perceiving of pressure and temperature stimuli ［J］. Advanced Materials Technologies, 2017, 2(11): 1700183.

［67］邓南平．嵌入式感温织物的研究［D］．武汉：武汉纺织大学，2015．

［68］KARIMOV K S, AHMAD Z, KHAN M I, et al. Elastic layered rubber-graphene composite fabricated by rubbing-in technology for the multi-functional sensors［J］. Heliyon, 2019, 5(1)：e01187.

［69］OH J H, HONG S Y, PARK H, et al. Fabrication of high-sensitivity skin-attachable temperature sensors with bioinspired microstructured adhesive［J］. ACS Applied Materials & Interfaces, 2018, 10(8)：7263-7270.

［70］MAO R W, YAO W Q, QADIR A, et al. 3-D graphene aerogel sphere-based flexible sensors for healthcare applications［J］. Sensors and Actuators A：Physical, 2020, 312：112144.

［71］ZHOU J, ZHAO Z Y, HU R M, et al. Multi-walled carbon nanotubes functionalized silk fabrics for mechanical sensors and heating materials［J］. Materials & Design, 2020, 191：108636.

［72］ZHAO S, ZHU R. Electronic skin with multifunction sensors based on thermosensation［J］. Advanced Materials, 2017, 29(15)：1606151.

［73］路立平，冯建勤，鹿晓力．温度传感器的热时间常数及其测试方法［J］．仪表技术与传感器，2005(7)：17-18．

［74］DELIPINAR T, SHAFIQUE A, GOHAR M S, et al. Fabrication and materials integration of flexible humidity sensors for emerging applications［J］. ACS Omega, 2021, 6(13)：8744-8753.

［75］向梅．空气湿度对人体热舒适影响的实验研究［D］．重庆：重庆大学，2013．

［76］CHEN Z, LU C. Humidity sensors：A review of materials and mechanisms［J］. Sensor Letters, 2005, 3(4)：274-295.

［77］ZHANG Y J, WU Y W, DUAN Z H, et al. High performance humidity sensor based on 3D mesoporous Co_3O_4 hollow polyhedron for multifunctional applications［J］. Applied Surface Science, 2022, 585：152698.

［78］BROWNLEE B J, CLAUSSEN J C, IVERSON B D. 3D interdigitated vertically aligned carbon nanotube electrodes for electrochemical impedimetric biosensing［J］. ACS Applied Nano Materials, 2020, 3(10)：10166-10175.

［79］CHEN X R, LI Y K, WANG X Y, et al. Origami paper-based stretchable humidity sensor for textile-attachable wearable electronics［J］. ACS Applied Materials & Interfaces, 2022, 14(31)：36227-36237.

［80］KANO S, KIM K, FUJII M. Fast-response and flexible nanocrystal-based humidity sensor for monitoring human respiration and water evaporation on skin［J］. ACS Sensors, 2017, 2(6)：828-833.

［81］HENRIQUES V, MALEKIAN R. Mine safety system using wireless sensor network［J］. IEEE Access, 2016, 4：3511-3521.

［82］MUANGPRATHUB J, BOONNAM N, KAJORNKASIRAT S, et al. IoT and agriculture data analysis for smart farm［J］. Computers and Electronics in Agriculture, 2019, 156：467-474.

［83］袁震．微结构气湿敏薄膜与集成传感器研究［D］．成都：电子科技大学，2020．

［84］ZHANG D Z, TONG J, XIA B K. Humidity-sensing properties of chemically reduced graphene oxide/polymer nanocomposite film sensor based on layer-by-layer nano self-assembly［J］. Sensors and Actuators B：Chemical, 2014, 197：66-72.

［85］SU P G, SHIU C C. Electrical and sensing properties of a flexible humidity sensor made of polyamidoamine dendrimer-Au nanoparticles［J］. Sensors and Actuators B：Chemical, 2012, 165(1)：151-156.

［86］徐骁雯．基于柔性 PI 衬底的加热型传感器/阵列相关技术研究［D］．上海：华东师范大学，2016．

［87］ZHAO J, LI N, YU H, et al. Highly sensitive MoS_2 humidity sensors array for noncontact sensation［J］. Advanced Materials, 2017, 29(34): 1702076.

[88] 何柳丰, 窦文塑, 刘军山. 聚酰亚胺柔性温度传感器的制作与性能测试 [J]. 机电工程技术, 2018, 47 (11): 5-8, 80.

[89] TAKEI Y, MATSUMOTO K, SHIMOYAMA I. Ionic-Gel-coated fabric as flexible humidity sensor [C] //2015 28th IEEE International Conference on Micro Electro Mechanical Systems (MEMS). Estoril, Portugal. IEEE, 2015: 783-784.

[90] DANKOCO M D, TESFAY G Y, BENEVENT E, et al. Temperature sensor realized by inkjet printing process on flexible substrate [J]. Materials Science and Engineering: B, 2016, 205: 1-5.

[91] TRUNG T Q, DUY L T, RAMASUNDARAM S, et al. Transparent, stretchable, and rapid-response humidity sensor for body-attachable wearable electronics [J]. Nano Research, 2017, 10(6): 2021-2033.

[92] TURKANI V S, MADDIPATLA D, NARAKATHU B B, et al. A highly sensitive printed humidity sensor based on a functionalized MWCNT/HEC composite for flexible electronics application [J]. Nanoscale Advances, 2019, 1(6): 2311-2322.

[93] YAO Y, CHEN X D, GUO H H, et al. Humidity sensing behaviors of graphene oxide-silicon bi-layer flexible structure [J]. Sensors and Actuators B: Chemical, 2012, 161(1): 1053-1058.

[94] CHEN W P, ZHAO Z G, LIU X W, et al. A capacitive humidity sensor based on multi-wall carbon nanotubes (MWCNTs) [J]. Sensors, 2009, 9(9): 7431-7444.

[95] CHEN M Y, XUE S, LIU L, et al. A highly stable optical humidity sensor [J]. Sensors and Actuators B: Chemical, 2019, 287: 329-337.

[96] LE X H, LIU Y H, PENG L, et al. Surface acoustic wave humidity sensors based on uniform and thickness controllable graphene oxide thin films formed by surface tension [J]. Microsystems & Nanoengineering, 2019, 5: 36.

[97] DUAN Z H, JIANG Y D, ZHAO Q N, et al. Daily writing carbon ink: Novel application on humidity sensor with wide detection range, low detection limit and high detection resolution [J]. Sensors and Actuators B: Chemical, 2021, 339: 129884.

[98] 郭睿. 氧化石墨烯的湿敏特性及其在电容式湿度传感器上的应用研究 [D]. 成都: 电子科技大学, 2016.

[99] ZAMPETTI E, PANTALEI S, PECORA A, et al. Design and optimization of an ultra thin flexible capacitive humidity sensor [J]. Sensors and Actuators B: Chemical, 2009, 143(1): 302-307.

[100] PARK H, LEE S, JEONG S H, et al. Enhanced moisture-reactive hydrophilic-PTFE-based flexible humidity sensor for real-time monitoring [J]. Sensors, 2018, 18(3): 921.

[101] GUO R, TANG W, SHEN C T, et al. High sensitivity and fast response graphene oxide capacitive humidity sensor with computer-aided design [J]. Computational Materials Science, 2016, 111: 289-293.

[102] 李东娟. 基于沸石薄膜的 QCM 湿度传感器感湿特性研究 [D]. 哈尔滨: 哈尔滨工业大学, 2013.

[103] 苏云鹏. 适用于人体呼吸检测的 SAW 湿度传感器研究 [D]. 天津: 天津理工大学, 2020.

[104] 赵晨. 基于改性碳纳米管的 QCM 型湿度传感器的研究 [D]. 长春: 吉林大学, 2018.

[105] LI J Z, WU H, CAO L, et al. Enhanced proton conductivity of sulfonated polysulfone membranes under low humidity via the incorporation of multifunctional graphene oxide [J]. ACS Applied Nano Materials, 2019, 2 (8): 4734-4743.

[106] 王斯. 基于摩擦纳米发电机的自驱动氨气传感器设计及特性研究 [D]. 成都：电子科技大学, 2021.

[107] 李承臻. 柔性湿度传感器的制备与湿敏性能研究 [D]. 成都：电子科技大学, 2019.

[108] AHMAD Z, ZAFAR Q, SULAIMAN K, et al. A humidity sensing organic-inorganic composite for environmental monitoring [J]. Sensors, 2013, 13(3): 3615-3624.

[109] BI H C, YIN K B, XIE X, et al. Ultrahigh humidity sensitivity of graphene oxide [J]. Scientific Reports, 2013, 3: 2714.

[110] CHEN W P, ZHAO Z G, LIU X W, et al. A capacitive humidity sensor based on multi-wall carbon nanotubes (MWCNTs) [J]. Sensors, 2009, 9(9): 7431-7444.

[111] 吴英伟. 用于人体呼吸监测的湿度传感器制备及其性能研究 [D]. 成都：电子科技大学, 2022.

[112] ZHAO Q N, YUAN Z, DUAN Z H, et al. An ingenious strategy for improving humidity sensing properties of multi-walled carbon nanotubes via poly-L [J]. Sensors and Actuators B: Chemical, 2019, 289: 182-185.

[113] 郭元浩. 碳基电压输出型柔性湿度传感器的制备、性能及其可穿戴应用研究 [D]. 无锡：江南大学, 2022.

[114] IRAWATI N, HARUN S W, RAHMAN H A, et al. Temperature sensing using CdSe quantum dot doped poly (methyl methacrylate) microfiber [J]. Applied Optics, 2017, 56(16): 4675-4679.

[115] MARIANO V, TOBON VASQUEZ J A, VIPIANA F. A novel discretization procedure in the CSI-FEM algorithm for brain stroke microwave imaging [J]. Sensors, 2022, 23(1): 11.

[116] ALZUBAIDI A K, ETHAWI Y, SCHMÖLZER G M, et al. Review of biomedical applications of contactless imaging of neonates using infrared thermography and beyond [J]. Methods and Protocols, 2018, 1(4): 39.

[117] LEE J, KIM H J, KO Y J, et al. Enhanced pyroelectric conversion of thermal radiation energy: Energy harvesting and non-contact proximity sensor [J]. Nano Energy, 2022, 97: 107178.

[118] NEXHA A, CARVAJAL J J, PUJOL M C, et al. Lanthanide doped luminescence nanothermometers in the biological windows: Strategies and applications [J]. Nanoscale, 2021, 13(17): 7913-7987.

[119] PENG L, JIN X, NIU J R, et al. High-precision detection of ordinary sound by electrospun polyacrylonitrile nanofibers [J]. Journal of Materials Chemistry C, 2021, 9(10): 3477-3485.

[120] SCHELLIN R, HESS G. A silicon subminiature microphone based on piezoresistive polysilicon strain gauges [J]. Sensors and Actuators A: Physical, 1992, 32(1/2/3): 555-559.

[121] JUNG Y H, HONG S K, WANG H S, et al. Flexible piezoelectric acoustic sensors and machine learning for speech processing[J]. Advanced Materials, 2020, 32(35): 1904020.

[122] LANG C H, FANG J, SHAO H, et al. High-sensitivity acoustic sensors from nanofibre webs [J]. Nature Communications, 2016, 7: 11108.

[123] LANG C H, FANG J, SHAO H, et al. High-output acoustoelectric power generators from poly(vinylidenefluoride-co-trifluoroethylene) electrospun nano-nonwovens[J]. Nano Energy, 2017, 35: 146-153.

[124] GONG S, YAP L W, ZHU Y, et al. A soft resistive acoustic sensor based on suspended standing nanowire membranes with point crack design[J]. Advanced Functional Materials, 2020, 30(25): 1910717.

[125] LE T S D, AN J N, HUANG Y, et al. Ultrasensitive anti-interference voice recognition by bio-inspired skin-attachable self-cleaning acoustic sensors[J]. ACS Nano, 2019, 13(11): 13293-13303.

[126] PENG L, NIU J R, JIANG P, et al. Broadband acoustoelectric conversion based on oriented polyacrylonitrile nanofibers and slit electrodes for generating power from airborne noise[J]. ACS Applied Materials & Inter-

faces, 2023, 15(24): 29127-29139.

[127] 吴胜举, 张明铎. 声学测量原理与方法[M]. 北京: 科学出版社, 2014.

[128] TORKKELI A, RUSANEN O, SAARILAHTI J, et al. Capacitive microphone with low-stress polysilicon membrane and high-stress polysilicon backplate[J]. Sensors and Actuators A: Physical, 2000, 85(1/2/3): 116-123.

[129] LIU Y F, FU Y F, LI Y Q, et al. Bio-inspired highly flexible dual-mode electronic cilia [J]. Journal of Materials Chemistry B, 2018, 6(6): 896-902.

[130] MELZER M, MÖNCH J I, MAKAROV D, et al. Wearable magnetic field sensors for flexible electronics [J]. Advanced Materials, 2015, 27(7): 1274-1280.

[131] CHAN J, GOLLAKOTA S. Data storage and interaction using magnetized fabric[C]//Proceedings of the 30th Annual ACM Symposium on User Interface Software and Technology. 2017: 655-663.

[132] GE J, WANG X, DRACK M, et al. A bimodal soft electronic skin for tactile and touchless interaction in real time [J]. Nature Communications, 2019, 10: 4405.

[133] ALMANSOURI A S, ALSHARIF N A, KHAN M A, et al. An imperceptible magnetic skin [J]. Advanced Materials Technologies, 2019, 4(10): 1900493.

[134] ZHANG W G, GUO Q H, DUAN Y, et al. A textile proximity/pressure dual-mode sensor based on magneto-straining and piezoresistive effects [J]. IEEE Sensors Journal, 2022, 22(11): 10420-10427.

[135] WANG Y, DONG B, WANG Y, et al. A fiber-optic humidity sensor based on a microfiber coupler coated with a nanofilm of metal-organic framework[J]. Optics Express, 2021, 29(15): 23893-23906.

[136] HUANG Q A, DONG L, WANG L F. LC passive wireless sensors toward a wireless sensing platform: Status, prospects, and challenges [J]. Journal of Microelectromechanical Systems, 2016, 25(5): 822-841.

[137] CHEN X, WANG Y, DONG B, et al. Fiber-Optic Pressure Sensor Based on Microfiber Knot Resonator and Photonic Crystal Fiber[J]. IEEE Photonics Journal, 2022, 14(3): 1-9.

[138] LIU Y, LI R, CHEN J, et al. A microfiber-optic gas sensor based on self-assembled metal-organic framework and polydimethylsiloxane[J]. Sensors and Actuators B: Chemical, 2020, 321: 128605.

[139] WANG W, ZHANG H, WANG X, et al. Bioinspired Multiscale Helical Fiber Sensors for Detection of Infrasound with High Sensitivity and Frequency Selectivity[J]. Advanced Materials, 2019, 31(14): 1807226.

[140] LAI Y C, LU H W, WU H M, et al. Wearable electronics: Elastic multifunctional liquid-metal fibers for harvesting mechanical and electromagnetic energy and as self-powered sensors (adv. energy mater. 18/2021) [J]. Advanced Energy Materials, 2021, 11(18):2100411.

[141] TIAN X, LEE P M, TAN Y J, et al. Wireless body sensor networks based on metamaterial textiles [J]. Nature Electronics, 2019, 2(6): 243-251.

[142] LEE J, IHLE S J, PELLEGRINO G S, et al. Stretchable and suturable fibre sensors for wireless monitoring of connective tissue strain [J]. Nature Electronics, 2021, 4(4): 291-301.

[143] LIN R Z, KIM H J, ACHAVANANTHADITH S, et al. Wireless battery-free body sensor networks using near-field-enabled clothing [J]. Nature Communications, 2020, 11: 444.

[144] SHI J D, LIU S, ZHANG L S, et al. Smart textile-integrated microelectronic systems for wearable applications [J]. Advanced Materials, 2020, 32(5): 1901958.

[145] DONG K, DENG J N, DING W B, et al. Versatile core-sheath yarn for sustainable biomechanical energy har-

219

vesting and real-time human-interactive sensing [J]. Advanced Energy Materials, 2018, 8(23): 1801114.

[146] HE F L, YOU X Y, WANG W G, et al. Recent progress in flexible microstructural pressure sensors toward human-machine interaction and healthcare applications [J]. Small Methods, 2021, 5(3): 2001041.

[147] YANG X F, WANG Y S, QING X L. Electrospun ionic nanofiber membrane-based fast and highly sensitive capacitive pressure sensor [J]. IEEE Access, 2019, 7: 139984-139993.

[148] DONG K, PENG X, AN J, et al. Shape adaptable and highly resilient 3D braided triboelectric nanogenerators as e-textiles for power and sensing [J]. Nature Communications, 2020, 11: 2868.

[149] LI M, LI Z Q, YE X R, et al. Tendril-inspired 900% ultrastretching fiber-based Zn-ion batteries for wearable energy textiles [J]. ACS Applied Materials & Interfaces, 2021, 13(14): 17110-17117.

[150] MA Y L, OUYANG J Y, RAZA T, et al. Flexible all-textile dual tactile-tension sensors for monitoring athletic motion during taekwondo [J]. Nano Energy, 2021, 85: 105941.

[151] GAO L B, WANG M, WANG W D, et al. Highly sensitive pseudocapacitive iontronic pressure sensor with broad sensing range [J]. Nano-Micro Letters, 2021, 13(1): 140.

[152] HE S, GUO M F, DAN Z K, et al. Large-area atomic-smooth polyvinylidene fluoride Langmuir-Blodgett film exhibiting significantly improved ferroelectric and piezoelectric responses [J]. Science Bulletin, 2021, 66 (11): 1080-1090.

[153] YIN X Y, ZHANG Y, CAI X B, et al. 3D printing of ionic conductors for high-sensitivity wearable sensors [J]. Materials Horizons, 2019, 6(4): 767-780.

[154] GUO H C, TAN Y J, CHEN G, et al. Artificially innervated self-healing foams as synthetic piezo-impedance sensor skins [J]. Nature Communications, 2020, 11: 5747.

[155] DONG K, DENG J N, ZI Y L, et al. 3D orthogonal woven triboelectric nanogenerator for effective biomechanical energy harvesting and as self-powered active motion sensors [J]. Advanced Materials, 2017, 29 (38) 1702648.

[156] DONG K, WANG Z L. Self-charging power textiles integrating energy harvesting triboelectric nanogenerators with energy storage batteries/supercapacitors [J]. Journal of Semiconductors, 2021, 42(10): 101601.

[157] SARWAR M S, DOBASHI Y, PRESTON C, et al. Bend, stretch, and touch: Locating a finger on an actively deformed transparent sensor array [J]. Science Advances, 2017, 3(3): 1602200.

[158] CAI Y C, SHEN J, YANG C W, et al. Mixed-dimensional MXene-hydrogel heterostructures for electronic skin sensors with ultrabroad working range [J]. Science Advances, 2020, 6(48): 5367.

[159] HUANG J R, WANG H T, LI J A, et al. High-performance flexible capacitive proximity and pressure sensors with spiral electrodes for continuous human-machine interaction [J]. ACS Materials Letters, 2022, 4(11): 2261-2272.

[160] QIN Y X, XU H C, LI S Y, et al. Dual-mode flexible capacitive sensor for proximity-tactile interface and wireless perception [J]. IEEE Sensors Journal, 2022, 22(11): 10446-10453.

[161] WANG H L, CHEN T Y, ZHANG B J, et al. A dual-responsive artificial skin for tactile and touchless interfaces [J]. Small, 2023, 19(21): 2206830.

[162] YANG W, LI N W, ZHAO S Y, et al. A breathable and screen-printed pressure sensor based on nanofiber membranes for electronic skins [J]. Advanced Materials Technologies, 2018, 3(2): 1700241.

[163] LEE J, KWON H, SEO J, et al. Conductive fiber-based ultrasensitive textile pressure sensor for wearable e-

lectronics［J］. Advanced Materials, 2015, 27(15)：2433-2439.

［164］WU R H, MA L Y, PATIL A, et al. All-textile electronic skin enabled by highly elastic spacer fabric and conductive fibers［J］. ACS Applied Materials & Interfaces, 2019, 11(36)：33336-33346.

［165］CHEN Y X, WANG Z H, XU R, et al. A highly sensitive and wearable pressure sensor based on conductive polyacrylonitrile nanofibrous membrane via electroless silver plating［J］. Chemical Engineering Journal, 2020, 394：124960.

［166］YE X R, TIAN M W, LI M, et al. All-fabric-based flexible capacitive sensors with pressure detection and non-contact instruction capability［J］. Coatings, 2022, 12(3)：302.

［167］LI L L, WANG D P, ZHANG D, et al. Near-infrared light triggered self-powered mechano-optical communication system using wearable photodetector textile［J］. Advanced functional materials, 2022, 31 (37)：2104782.

第6章　纤维基生化传感器

生化传感器是近几十年内发展起来的一种高新传感器技术，是化学、生物学、电学、光学、热学、半导体技术、微电子技术等多学科互相渗透和结合而形成的一门新兴交叉学科。生化传感器是指对生物物质和化学物质敏感，且能将其浓度转化成某种信号的器件或仪器，主要由敏感（识别）元件和换能器组成，是在生物、化学领域中重要的研究方向之一。纤维基生化传感器是指以纤维、纱线或织物为基材的传感器，是柔性可穿戴电子器件研究领域中的关键。目前，纤维基生化传感器主要用于人体健康监测、疾病诊断、食品安全和环境监测等领域，包含汗液、唾液、泪液等人体分泌物中的标志物和环境污染物检测。

生化传感器种类繁多，按检测物质可将生化传感器分为两大类，生物传感器和化学传感器。按检测方式又可分为电化学检测法、比色法、荧光法等，其中电化学法是以电子材料为基础，通过结合化学反应输出电信号实现物质识别和定量检测，具有灵敏度高、易微型化、功耗低等优点。纤维基电化学传感器在传感器技术领域具有广泛的应用前景，并且正逐渐成为人们关注的研究热点之一。它通常由导电纤维和传感材料组成。导电纤维可以是金属纤维、碳纤维、导电聚合物纤维以及其他导电复合纤维，具有良好的导电性能。传感材料用于与待检测物质发生特定的化学反应，并改变导电纤维的电化学特性，从而实现对待检测物质的测量。纤维基电化学传感器具有高灵敏度、快速响应、小体积和可灵活性等特点。此外，由于其柔性和可穿戴性，纤维基电化学传感器也被广泛应用于智能纺织品和可穿戴设备领域。

6.1　纤维基生物传感器

6.1.1　概述

生物传感器始于 1962 年，克拉克（Clark）和莱昂斯（Lyons）首先提出使用含酶的修饰膜来催化葡萄糖，用 pH 计和氧电极来检测信号的变化。1967 年，厄普代克（Updike）和希克（Hick）正式提出生物传感器这一概念，并制备了第一支葡萄糖生物传感器。第一代生物传感器以氧气为介体，通过测量氧气的消耗或过氧化氢的产生来测定底物，检测时受溶解氧波动的影响较大。第二代生物传感器为了克服第一代生物传感器的缺点，开始使用小分子介体传递电子。第三代酶生物传感器是酶与电极间直接进行电子传递，无须介体。第四代生物传感器采用具有电催化活性的纳米材料，无须生物酶。

纤维基生物传感器是一种以纤维、纱线、织物为基材制备的传感器，与传统的刚性基底材料相比，纤维基生物传感器具有柔软、可弯曲、比表面积大、易加工等特点。通过将生物分子（如酶、抗体、DNA 等）固定在纤维基材料上，实现对特定生物分子的检测和定量分析，其原理如图 6-1 所示。在导电纤维表面修饰可识别待测物的敏感层，待测物与敏感层反应产生电信号，经过信号采集、输出完成对待测物的检测。纤维基生物传感器在生物医学、健康监测、环境监测、食品监测等领域具有广泛的应用前景。

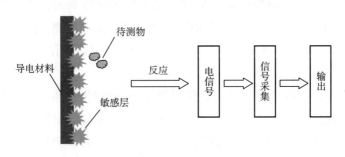

图 6-1　纤维基生物传感器原理示意图

6.1.2　纤维基生物传感器的组成

生物传感器是一种用于检测生物物质浓度的装置，主要由生物识别元件、换能器和信号输出元件组成。近年来，设计新型生物识别元件和开发具有高性能的换能器是生物传感器技术的研究重点。

6.1.2.1　生物识别元件

生物识别元件是生物传感器的核心部分，用于识别目标分析物。常见的识别元件有生物酶、抗体、核酸等生物分子，生物识别元件具有高度的专一性，能够特异性地与目标分析物结合，从而实现对微量分析物的高灵敏度检测。近年来，除了以生物大分子作为生物识别元件，采用新型生物识别元件，如石墨烯、MOF 材料、纳米材料、过渡金属离子及其化合物等成为研究热点。当目标分析物与生物识别元件相互结合时，会产生电化学、光学、热学等信号的变化，再通过对信号的收集传输实现对目标物的检测。在生物传感器的构建过程中，研究者对电极修饰具有浓厚的兴趣，探索能直接对电极表面性能进行控制的修饰材料，常见的电极修饰材料有碳纳米材料、金属纳米材料和导电聚合物等。由于其导电性良好、比表面积较大、生物兼容性优异，在电化学生物传感器的构建中占有重要地位。在电极表面固定酶/蛋白的方法有许多种，从原理上可分为包埋法、吸附法、交联法和共价键合法等。

（1）生物酶

生物酶是由活细胞产生的一种无毒且对环境友好的绿色催化剂，大部分属于蛋白质。它可通过降低反应的活化能，加速化学反应的速率，对底物具有高度专一性和高效催化性能。以生物酶为生物识别元件的生物传感器是较早研究的，已被广泛应用于医学诊断、食品安全、环境监测等领域。吴等选用具有较大比表面积的中空纤维，在其内外表面原位聚合导电聚苯胺纳米颗粒，再将纳米酶和天然酶进行包埋，最后组装成电极。该方法避免了生物酶易失活的问题，纳米结构也大大提高了信号的传导和信号收集能力。

（2）抗体

抗体是免疫系统产生的一类特殊蛋白质，也称为免疫球蛋白。抗体具有高度的特异性，能够与抗原结合形成稳定的免疫复合物。在生物传感器中，抗体常用于检测待测物质。通过选择性结合目标物质，抗体可用作感知元件，产生信号用于定量或定性分析。艾哈迈德（Ahmed）等通过将纳米抗体碱性磷酸酶偶联到尼龙纳米纤维表面，并将其固定在印刷电极表面，随后采用差分脉冲伏安法测定碱性磷酸酶的活性，从而检测拟除虫菊酯类农药。该免疫传感器具有可快速分析、超灵敏、易使用、低成本和可重复使用的优点。

（3）核酸

核酸是构成生命体的重要分子之一，包括脱氧核糖核酸（DNA）和核糖核酸（RNA）。DNA 携带着生物体遗传信息，而 RNA 在基因表达和蛋白质合成中发挥着重要作用。在生物传感器中，核酸通常用作感知元件，用于检测特定的基因序列或突变。通过与目标核酸序列的特异性杂交或反应，核酸传感器可实现高度特异和高灵敏的基因检测和诊断。侯（Hou）等采用电氧化正己烷在碳纤维电极表面形成烷基链层，并在核酸末端修饰胆固醇，利用胆固醇与烷基链层的相互作用将核酸固定在碳纤维电极表面，用于脑内多巴胺传感。该方法结合了碳纤维电极和适配体的优势，为体内检测神经质化学物质提供了一种有效的方法。

（4）新型生物识别元件

虽然以生物大分子为识别元件的生物传感器灵敏度高、专一性强，但存在稳定性差、易受环境影响的缺点。无酶电化学传感器是一种不依赖酶活性的电化学传感器，传感器的工作机制通常是通过电子传递或离子传递与目标分析物发生化学反应，产生电流响应。这个电流响应与目标分析物的浓度成正比，可通过测量电流来间接检测和定量目标分析物。无酶电化学传感器具有许多优点。首先，它们不依赖于酶活性，因此不受温度、pH 等因素的影响；其次，无酶电化学传感器的响应速度较快，能够实时监测目标物质的浓度变化；此外，无酶电化学传感器具有较长的使用寿命和更好的稳定性，能够在复杂的样品矩阵中工作，并具有较低的检测限和较高的选择性。无酶电化学传感器在环境监测、生物医学、食品安全等领域得到了广泛应用，例如，它们可被用于检测重金属、有机物、离子和生物分子等。随着纳米技术和材料科学的进展，无酶电化学传感器的性能和应用领域还将进一步扩大和改进。

舒韵等采用改进的湿法纺丝工艺制备了石墨烯/聚氨酯（RGO/PU）纤维，并在其表面涂覆了镍钴金属有机框架（Ni-Co MOF）纳米片，制备了一种 Ni-Co MOF/Ag/RGO/PU（NCGP）纤维电极。Ni-Co MOF 具有较大的比表面积和较高的催化活性，使得该纤维传感器具有良好的电化学性能，其灵敏度高达 425.9μA/（mM·cm^2），线性范围宽达 10μM ~ 0.66mm。更重要的是，NCGP 纤维电极在机械变形下也表现出极高的拉伸和弯曲稳定性。此外，NCGP 纤维电极具有高选择性和长期保存稳定性。研究人员将基于 NCGP 纤维的三电极系统缝制在吸水性织物上，固定在可伸缩的聚二甲基硅氧烷薄膜基片上，形成一种非酶汗液葡萄糖可穿戴传感器，实现了对人体汗液中葡萄糖的高精度实时监测，所设计的 NCGP 纤维可作为一种可穿戴的电化学传感器用于人体汗液的生物诊断。

6.1.2.2　换能器

换能器是连接生物识别元件和传输电子的介质，它通常是一种具有良好电导性和稳定性的材料，在纤维基生物传感器中，它往往是导电纤维、纱线和织物。数据采集系统将产生的信号捕获，并经转换后传输出去。以导电纤维为基材的电化学生物传感器是一种将生物分子识别元件（如酶、抗体、DNA 等）与电化学检测技术相结合的传感器。它利用生物分子在电极表面的识别和催化作用，实现对目标分析物的高灵敏度、高选择性地检测。

（1）三电极体系化学传感器

三电极体系化学传感器是基于电化学原理和技术发展而来的，由两电极体系演变而来。随着电化学理论的进一步发展和电化学方法的改进，三电极体系化学传感器逐渐得到了广泛应用。三电极体系化学传感器的主要来源可追溯到早期的玻璃电极、氢电极和氧电极等传统电化学电极。这些电极的发展和应用为后来的化学传感器提供了基础。随着技术的进步，人们开始设计和开发更加复杂和高效的三电极体系化学传感器，以满足对精确化学分析的需求。三电极体系化学传感器已经成为一种常见的分析工具，它由工作电极、参比电极和对电极组成，如图 6-2 所示。随

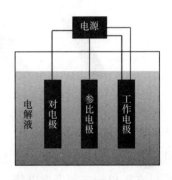

图 6-2　三电极体系示意图

着纳米技术、材料科学和电化学技术的不断发展，三电极体系化学传感器的性能和应用领域也在不断扩大和改进，被广泛应用于环境监测、生物医学、食品安全等领域。

①工作电极。工作电极是进行化学反应的电极，它通常由具有良好导电性的材料制成，如铂、碳或金，并直接与待分析的溶液接触。工作电极的表面积和材料可根据实验需要进行调整，以优化反应动力学和电子传递。

②参比电极。参比电极用于建立一个稳定且恒定的电位，以便测量工作电极的电位。它为整个电化学测量提供了一个固定的参考点。常用的参比电极包括标准氢电极（SHE）、银/氯化银电极（Ag/AgCl）和饱和甘汞电极（SCE）。

③对电极。对电极完成了电化学电池中的电路。它通过供应或消耗电子，帮助保持工作电极和参比电极之间的电流平衡。计数电极通常由惰性材料制成，如铂或石墨，不参与所研究的电化学反应。

三电极体系化学传感器可精确控制和测量电位和电流，并用于化学分析。它能够确定各种电化学参数，如电极动力学、速率常数和反应机理。

赵云蒙等基于三电极体系，以可拉伸的 Au 纤维为对电极，表面依次经过普鲁士蓝、葡萄糖、壳聚糖修饰的 Au 纤维为工作电极，Au/Ag/AgCl 纤维为参比电极，将其织入织物中构建了非侵入式的葡萄糖传感器，如图 6-3 所示，该传感器在拉伸形变的情况下，仍具有优异的灵敏度。

除了以纤维为电极，还可采用织物作为电极构建生物传感器。姚瑶等采用气相沉积法在镍布表面形成石墨烯和碳纳米管，并在其表面吸附葡萄糖氧化酶，以此为工作电极构建三电

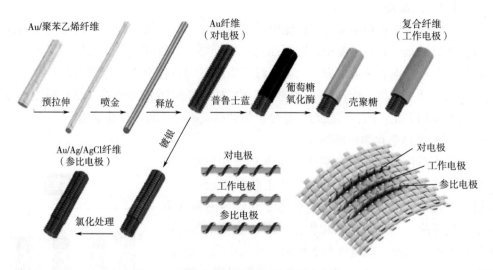

图 6-3 可拉伸纤维葡萄糖传感器示意图

极化学体系。通过反向离子电渗法，即在皮肤表面放置两个电极，通过电极对皮肤施加一定电压，在正负极之间形成电势。在电场作用下，皮下组织中的 Cl^- 和 Na^+ 分别向正负极移动，形成一个从皮肤表层经过皮下组织再回到皮肤表层的直流电流通道。Na^+ 的电迁移就形成了一个由正极到负极的离子流，反向离子电渗透技术就是利用这个离子流将皮下组织液中的中性葡萄糖分子携带到皮肤表面，从而进行非侵入式血糖检测。

以上两种纤维基传感器直接与人体皮肤接触，从而实现葡萄糖检测，根据纤维材料的尺寸的特性，还可将其设计成侵入式传感器。复旦大学彭慧胜和孙雪梅制备了一种基于柔性纤维的可植入电化学传感器，它模拟天然软组织的分级和螺旋组装。这种传感器是通过将碳纳米管（CNT）扭曲成分层的螺旋状纤维束而产生的，类似于肌肉丝，与组织和细胞的弯曲刚度相匹配，因此提供了一种灵活、坚固和稳定的纤维—组织界面。通过结合不同的传感元件，制造了用于特定化学检测的各种单层传感纤维（SSF）。将多个 SSF 缠绕在一起会产生多层传感纤维（MSF）。通过在 MSF 中应用不同功能的 SSF，实现体内多种生物标志物的实时同时检测。

（2）光电化学生物传感器

光电化学传感器是在电化学传感器的基础上，将光学和电化学技术相结合的传感器，通过在光照下发生化学反应，并产生电信号来识别物质的新型检测技术。光电化学生物传感器的工作原理如图 6-4 所示，光电化学传感器通常由光源、光敏电极和反应部分组成。在合适波长光源的照射下，反应体系中具有光活性的物质吸收光子后处于激发态，其电子跃迁到导带，导致电荷与空穴发生分离，从而引起反应体系中发生电子转移和氧化还原反应，产生电流变化，该电流变化与待测标志物的浓度变化存在一定的函数关系，从而实现对标志物的定量检测。

光电材料和生物识别元件是构建光电化学传感器的两个关键要素。在特定条件下，光能

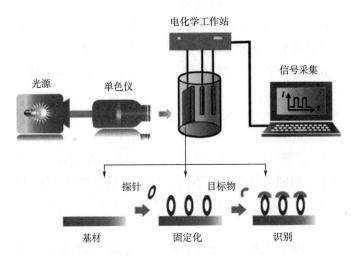

图 6-4　光电化学生物传感器的基本检测装置及原理图

会被光电材料转化为电能，这样便可对目标物进行定量指示。根据光电活性材料，光电化学传感器可以分为无机半导材料类、有机半导材料类、复合半导材料类。当光电材料为 N 型半导体时，导带的电子迁移至电极，电解质溶液中的电子供体为价带提供电子补给，因此产生阳极光电流信号。当光电材料为 P 型半导体时，导带的电子传递到电解质溶液中，同时电极会提供电子用来中和价带的空穴，此时会得到阴极光电流信号。

①无机光电材料。无机光电材料指由无机物质组成的具有光电性能的材料，常用的无机半导体光电材料有 Cu_2O、ZnO、TiO_2、CdS、MoS_2、$BiVO_4$、ZnS 等，具有成本低廉、合成简便、结构尺寸可控等优势，是当前研究和应用最为普遍的一类光电材料。它可通过调控形貌、尺寸及结构来控制该类材料的性能。纳米尺寸的无机半导体材料还具有很多优异的物理性质，例如，较强的光电性能、较大的表面积和高的催化活性。当光能量大于无机半导体材料的禁带宽度，价带上的电子吸收能量变成激发态电子后跃迁到导带上，与空穴分离并发生电荷转移，形成电流。基于此原理，无机半导体材料被广泛用于制备光电化学传感器，应用于生物医疗、环境监测、食品安全等领域。

杨政鹏等采用湿法纺丝法制备了石墨烯复合纤维，并在其表面修饰 TiO_2 纳米颗粒和分子印迹层，制备了一种基于石墨烯纤维的柔性光电化学生物传感器，用于超灵敏检测尿素。所制备的生物传感器具有较高的表面粗糙度，有利于目标物更好地吸附到电极表面，还具有优异的透射率，可让光更好地穿透到电极内部。此外，较强的分子识别能力使其具有优异的灵敏性和专一性，检测范围为 $0.01 \sim 1500 \mu m$，检测极限为 $1nm$。

②有机光电材料。有机光电材料是指由有机物构成的具有光电性能的材料，主要包括聚噻吩类、偶氮染料、卟啉类及其衍生物等。在受到光源的激发后，其电子从最高占据轨道跃迁至最低空轨道，从而产生电子—空穴对及电子传递。与无机光电材料相比，有机光电材料的价格更低廉，同时其结构更容易实现精确调控。除了被应用在光电化学生物传感器，还被

大量应用于相关电子元件、太阳能电池等领域。

③复合型光电材料。复合型光电材料可分为无机复合物半导体材料和有机—无机复合物半导体材料。单一的无机和有机半导体材料虽然都具有优良的光化学稳定性，但是光电转换效率不高，且光的吸收范围较窄。通过降低电子—空穴对的复合和增强光的吸收范围可增强光电转换效率，主要方法有：

a. 通过掺杂金属或非金属元素形成无机复合半导体材料，从而拓宽光的吸收范围，降低背景信号，且显著提高光电转换效率。

b. 通过光活性材料和两种或更多种敏化剂组成共敏化的复合结构形成无机或有机—无机复合半导体材料，由于不同的半导体具有不同的带隙，小带隙半导体与大带隙半导体耦合，导致它们具有不同的最佳吸收范围，不仅可提高光能利用率，也有利于电荷分离，从而提高光电转换效率。

c. 通过有机染料敏化剂与无机光电活性材料形成有机—无机复合半导体材料，从而增大可见光区域吸收范围。

无机复合半导体材料具有较宽的可见光吸收范围、较高的催化活性和光能利用率。廖锡林等采用溶胶—凝胶静电纺丝法制备了 TiO_2 纳米纤维膜，并在其表面修饰 BiOBr 以提高其比表面积，扩大光的吸收范围。与 TiO_2 纳米纤维相比，光电流提高了 12.1 倍。然后将适配体构筑在 $BiOBr/TiO_2$ 纳米纤维膜表面，用于黄曲霉毒素检测。

（3）电化学晶体管

电化学晶体管是一种新型的电子元件，利用电化学反应来控制晶体管的导电性能，从而实现电子信号的放大和开关控制。与普通晶体管类似，电化学晶体管由源区、漏区、栅区组成，栅区由具有电活性的材料组成，这种材料在电化学反应的作用下改变其导电性能。电化学晶体管具有很多优点，如响应速度快、功耗低、可靠性高等。其中，有机场效应晶体管（OFET）和有机电化学晶体管（OECT）引起了极大的关注和研究兴趣。OFET 和 OECT 都是基于一个三端器件结构，通过调控有机材料的电子运输性能来检测待测物。

OFET 通常是由有机半导体薄膜、栅极电介质（绝缘体）和 3 个电极（源极、漏极和栅极）组成。当源极—漏极施加电压时，由于电荷载流子传输，会有一个沟道电流通过有机半导体层。当栅极电压施加于绝缘体时，沟道电流通过场效应掺杂的栅电极调节。OFET 的结构如图 6-5 所示，有源半导体层暴露于目标分析物，其中沟道电流可通过电荷掺杂或俘获而发生改变。OFET 传感器通常具有较高的灵敏度，这是因为由分析物诱导的有效栅极电压的

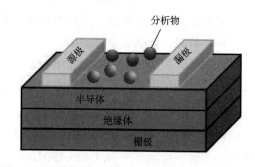

图 6-5　有机场效应晶体管（OFET）的结构示意图

微小变化可能导致沟道电流的显著变化。常用的有机半导体材料有并五苯、聚噻吩、聚苯胺、PEDOT∶PSS 等。OFET 器件可用于湿度、离子、pH、酶、抗体—抗原、葡萄糖、多巴胺、

DNA 等物质的检测。

　　OECT 主要通过电解质中的离子进出有机半导体来调控其掺杂状态和电导率来实现信号的传输与放大。2007 年，伯纳兹等系统地阐述了 OECT 的稳态和瞬态行为，也首次揭示了 OECT 的基本原理。如图 6-6 所示，OECT 在工作时需要施加栅极电压（V_G）、漏极电压（V_D），这两个电压都是以源极电压为基准的，施加在栅极上的电位会影响注入有机半导体沟道中的离子数量，因此它可控制沟道的掺杂状态（又称氧化还原状态），源漏电流（I_{DS}）反映了沟道的掺杂状态，其大小与沟中可自由移动的空穴或电子的数量成正比。其工作原理为：源极接地，并且漏极上的恒定电压偏置驱动电流通过源极和漏极之间的半导体沟道。此通道电流定义为 OECT 的输出电流，由栅电极上的输入电压进行调制。这种调制是由电子和离子载流子之间的相互作用引起的。电荷载流子在 OECT 中承载通道电流。另外，离子电荷载体为空穴提供电荷平衡，从而调节空穴的浓度，进而调节晶体管沟道的电子传导性。OECT 依赖从电解质注入有机薄膜的离子，从而改变其掺杂状态并因此改变其导电性，由施加到栅极和漏极的电压控制。栅极电压控制离子注入沟道，并因此控制有机膜的掺杂状态。漏极电压感应出电流（漏极电流，I_D），该电流与沟道中的移动空穴或电子的量成比例，以此机理探测有机薄膜的掺杂状态。与有机薄膜晶体管类似，OECT 像开关一样工作，其中栅极电压（输入）控制漏极电流（输出）。它们也可被视为放大器，其中输入信号的功率在到输出的路上被放大。

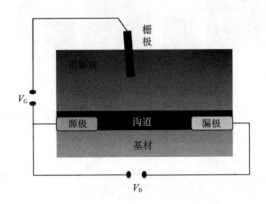

图 6-6　有机电化学晶体管（OECT）的结构示意图

　　OECT 的主要参数是跨导 g_m，它是传递曲线（$\partial I_D/\partial V_G$）的一阶导数，是衡量 OECT 放大信号的能力。这是一个特别重要的特性，高跨导对应于更灵敏的器件，也是 OECT 广泛用于生物信号记录的主要驱动因素之一。这一特性也通常转化为 OECT 的极低检测限，因为高 g_m 确保了弱信号的较大放大。其公式如下：

$$g_m = \frac{Wd}{L}\mu C^* \left(V_{Th} - V_G\right) \tag{6-1}$$

　　式中：W 是沟道宽度，d 是沟道厚度，L 是沟道长度，μ 是电子电荷载流子迁移率，C^* 是体积电容（衡量材料传导离子电荷的能力），V_{Th} 是阈值电压。

g_m 的高低取决于器件的几何形状（W、d 和 L）和材料（电子迁移率和体积电容），通过调整器件的尺寸来提高器件的跨导是一种有效途径，但 OECT 的某些生物应用场景对器件要求较严格，需要微型化，那么通过优化材料的性能来提高器件的跨导便成了新的途径。

方袁等研究制备了高跨导同轴纤维有机电化学晶体管，该研究开发了具有微米级通道长度的同轴配置光纤有机电化学晶体管，以实现 135mS 的最高跨导。基于同轴光纤 OECT 的传感器，对抗坏血酸、过氧化氢和葡萄糖分别表现出 12.78mA/s、20.53mA/s 和 3.78mA/s 的高灵敏度。将这些纤维织成织物以监测运动时汗液中的葡萄糖，并植入小鼠大脑以检测抗坏血酸。这种同轴结构设计为提高光纤光电探测器的性能和实现生化物质的高灵敏检测提供了有效的途径。

卿星等制备了一种基于纳米纤维的有机电化学晶体管，如图 6-7 所示，首先将尼龙 6（PA6）长丝浸渍在纳米纤维（NF）浆液中，制备出 NF/PA6 复合长丝，再原位聚合 PPy，制备出 PPy/NF/PA6 导电长丝，最后将该纤维编织在织物中用于多巴胺检测。NF 的引入显著增加了 PA6 长丝的比表面积和亲水性，从而形成大面积缠结的 PPy 纳米纤维网络，这种纳米结构可提高该传感器的灵敏性和响应速度。

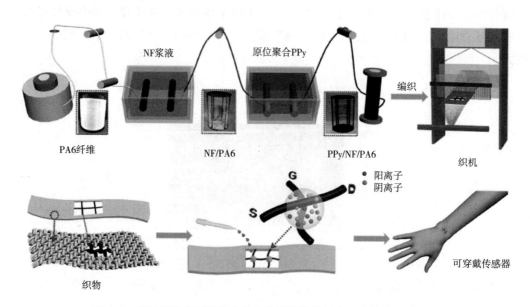

图 6-7　基于纤维基可穿戴有机电化学晶体管的多巴胺传感器示意图

复旦大学孙雪梅、彭慧胜团队通过将 CNT 纤维与不同的活性材料结合在一起，开发了一系列纤维生物传感器，以检测多种化学物质，包括代谢物、离子和蛋白质，并可在体内稳定工作 4 周，如图 6-8 所示。图 6-8（a）为由 CNT 分层组装的 CNT 纤维；图 6-8（b）为由碳纳米管纤维作为电极，识别层和从核到壳的绝缘层组成的纤维生物传感器；图 6-8（c）为在深部组织中植入纤维生物传感器以形成稳定的界面，用于化学物质的长期监测。为了进一步提高灵敏度和检测极限，将有机电化学晶体管引入可植入纤维的生物传感器中，可在检测具有痕量变化的化学物质时放大信号。由于纤维生物传感器太软而无法直接植入，他们提出了一种具有可变弹性模量的软纤维传感器。纤维传感器的硬度足以直接植入，并且在植入后模量降低到接近组织，形成稳定的界面。

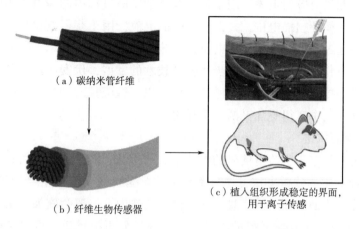

图 6-8　基于 CNT 的可植入纤维生物传感器

6.1.3　纤维基生物传感器的检测方法

6.1.3.1　计时电流法

计时电流法（chronopotentiometry）是一种电化学测量技术，通过测量电流随时间变化的方式来获得与电位变化相关的信息。该技术广泛应用于电化学反应的动力学研究、电化学传感器的设计等领域。计时电流法最早在 20 世纪 60 年代提出，由雅罗斯拉夫·海罗夫斯基（Jaroslav Heyrovský）等科学家开创。他们发展了极微电流测量技术，并应用于电化学分析方法的改进。随后，计时电流法逐渐发展为一种独立的电化学测量技术。在计时电流法中，电化学反应在电极上进行，通过施加恒定的电流来驱动反应。电流的变化与反应进程相关，可通过测量电极电位的变化来获取反应的动力学信息，从而推断反应的速率、反应机理等。计时电流法的测量原理是基于法拉第定律，电流与电化学反应的物质量成正比。因此，通过测量电流的变化，可描绘出电化学反应随时间的变化情况，获得反应动力学信息。随着电化学技术和仪器的不断发展，计时电流法在电化学研究和应用中具有重要地位。它广泛用于电化学反应动力学的研究、电化学传感器的设计和制备、电化学催化等领域。计时电流法通过测量电流变化，为人们提供了了解电化学反应机制和动力学行为的重要工具。

6.1.3.2　循环伏安法

伏安法（voltammetry）是电化学领域中常用的一种电化学检测方法，通过测量电位与电流之间的关系，获得溶液中的电化学信息。伏安法具有高灵敏度、快速响应、广泛适用等优点，广泛应用于电化学分析、传感器研究、电化学反应的动力学研究等领域。伏安法在 19 世纪末由英国化学家爱德华·韦斯顿（Edward Weston）提出，后由雅罗斯拉夫·海罗夫斯基（Jaroslav Heyrovský）等科学家进一步发展完善。他们的工作基于法拉第的电化学定律，通过电位和电流之间的关系，研究了溶液中的电化学反应机理和动力学。伏安法根据测量电位的方式可分为线性扫描伏安法（linear sweep voltammetry，LSV）、循环伏安法（cyclic voltamme-try，CV）、脉冲伏安法（pulse voltammetry，PV）等。其中，线性扫描伏安法通过改变电位随时间线性变化，并测量对应的电流，用于观察电化学反应过程中的峰电流和峰电位。循环伏安法是在电位范围内循环扫描电位，并记录对应的电流，用于获得电化学反应的循环伏安曲线。脉冲伏安法是通过施加一系列脉冲电位，再测量对应的电流，用于研究电化学反应的动力学和机理。随着电化学仪器的不断进步和辅助技术的发展，伏安法得到了广泛的应用和发展。电位扫描速度的提高、电化学阻抗谱法的结合以及微流控、纳米技术的应用等，使伏安法在电化学研究和应用中变得更加灵活和多样化。

6.1.3.3 交流阻抗法

交流阻抗法是一种基于交流电信号的电化学分析方法，其发展历程可追溯到20世纪初。交流阻抗法是一种电化学分析方法，通过测量电化学系统在交流电信号作用下的阻抗特性，从而获得有关电化学界面和体系的信息。在交流阻抗法中，一般会施加一个交流电信号（多频率或单频率），并测量电化学系统的阻抗响应。通过分析阻抗谱，可得到电化学体系的电化学动力学、电极界面的特性以及质量传递过程的信息。交流阻抗法最常用的测量参数是交流阻抗，它是交流电压和交流电流的比值。阻抗的大小和相位角可提供关于电化学系统和界面特性的信息。常见的交流阻抗测量配置包括工作电极、参比电极和参比电解质，可使用研究中常用的电化学实验装置进行测量。交流阻抗法广泛应用于电化学领域的研究和应用，例如，电化学储能器件（如锂离子电池和燃料电池）的性能评估、腐蚀和防腐蚀研究、电化学传感器的开发、材料表面性能的表征等。交流阻抗法的优点包括非侵入性、快速、高灵敏度、高精度等，使其成为现代电化学研究和应用中不可或缺的分析技术之一。

6.1.3.4 微分脉冲伏安法

微分脉冲伏安法（differential pulse voltammetry，DPV）是伏安法的一种变体，它结合了脉冲伏安法和微分电位分析法的优势，用于测量溶液中的电化学反应。DPV具有高信噪比、高分辨率和高灵敏度等优点，广泛应用于分析化学、生物化学、环境监测和药物研究等领域。DPV的发展历史可追溯到20世纪50年代。当时，英国化学家科尔戴夫（I. M. Kolthoff）和索都（W. H. Sawyer）首次提出了微分伏安法的概念并进行了初步实验研究。随后，美国化学家赖利（C. N. Reilley）和巴德（A. J. Bard）等进一步完善了该方法，并将其命名为微分脉冲伏安法。DPV的原理和使用方法与脉冲伏安法类似，都是通过施加一系列脉冲电位，并测量对应的脉冲电流。但是，DPV在脉冲电位的选择和信号处理上进行了改进。在DPV中，每个脉冲电位之后都会进行一次微分操作，通过测量电流随时间变化的斜率（即微分电流）来提高测量的灵敏度和分辨率。DPV的工作原理和方法可简述如下：首先，在电位范围内施加恒定的起始电位，然后通过施加脉冲电位进行测量。在每个脉冲电位之后，通过记录电流的变化情况，并进行微分处理，得到微分电流。最后，通过绘制微分电流与脉冲电位之间的关系曲线（微分脉冲伏安曲线），可获得溶液中的电化学信息，如溶质浓度、反应速率等。随着电化学仪器和计算技术的不断进步，DPV在电化学分析中得到了广泛的应用和发展。研究人员利用改进的电极设计、优化的脉冲电位波形和更精确的数据处理算法，不断提高DPV

的分辨率和灵敏度。

6.2　纤维基化学传感器

6.2.1　概述

纤维基化学传感器利用特殊的纤维材料作为感测元件，通过化学反应与目标物质相互作用，从而实现对目标物质的检测和测量。早在 1906 年，克雷默（Cremer）首次发现了玻璃膜电极的氢离子选择性响应现象，1930 年，使用玻璃膜的 pH 传感器进入了实用化阶段，1961年，庞戈尔（Pungor）发现了卤化银薄膜的离子选择性响应现象，1962 年，日本学者清山发现了氧化锌对可燃性气体的选择性应答现象，1967 年以后，电化学传感器的研究进入了新的时代，化学传感器是一类专门用于检测、感知化学物质的特殊传感器，通常用于检测气体或液体中的特定化学成分，并将该化学成分的浓度信号转换为可感知的电流或电压信号。纤维材料具有较大的比表面积和较好的吸附特性，能够增加感测元件与目标物质的接触面积，提高传感器的灵敏度。纤维基化学传感器可细分为气体传感器和离子传感器，在环境污染监测、医疗诊断、生鲜食品监测等领域都有重要的应用。

6.2.2　气体传感器

纤维基气体传感器在环境监测、工业安全、医疗诊断等领域都得到了广泛应用。通过对不同目标气体进行传感监测，可实现对环境污染物的实时检测和监控，确保人们的健康和安全。气体传感器是一种将某种气体的体积分数转化成对应电信号的转换器，工作原理是基于纤维材料对目标气体的选择性吸附或化学反应。当目标气体与纤维表面接触时，会发生特定的物理或化学反应，导致纤维的性能发生变化。这种变化可通过测量纤维的电学、光学或热学性质来间接检测和测量气体浓度。纤维基气体传感器具有快速响应、高选择性、灵敏度高等优点。由于纤维材料的高比表面积和多孔性结构，纤维基气体传感器具有很大的气体吸附容量，能够在短时间内迅速吸附和释放气体，从而实现快速响应。此外，纤维材料可通过调整其化学组成和结构，实现对目标气体的高度选择性，提高传感器的特异性。气体传感器的基本特征，即灵敏度、选择性及稳定性等，主要通过材料的选择来确定。选择适当的材料和开发新材料，使气体传感器的敏感特性达到最优。纤维基气体传感器可根据不同的分类标准进行分类，以下是几种常见的分类方式。

①按照传感检测原理，纤维基气体传感器可分为半导体式气体传感器、电化学式气体传感器、热学式气体传感器、磁学式气体传感器、光学式气体传感器、气相色谱式气体传感器。

②按照纤维材料类型，纤维基气体传感器可分为纳米纤维、纳米颗粒修饰纤维、聚合物纤维等。不同材料的纤维具有不同的吸附性能和化学反应性质，能够实现对不同气体的选择性检测。

③按照应用领域，纤维基气体传感器可分为环境监测、工业安全、医疗诊断等。不同领域对气体传感器的要求和应用场景不同，需要具备不同的检测能力和性能指标。

④按照测量参数，纤维基气体传感器可根据测量参数的不同进行分类，如电阻型、电容型、光纤型等。不同的测量参数可通过不同的信号转换电路或器件来实现对气体浓度的测量和监测。

6.2.2.1 半导体式气体传感器

半导体式气体传感器是一种常见的气体传感器，其工作原理是在一定条件下，待测气体被吸附在半导体材料表面，并发生化学反应，从而引起半导体的电阻发生变化，根据该特性来检测气体的存在和浓度。这种传感器主要用于检测有害气体、可燃气体和一些常见气体的浓度。常见的半导体材料主要以金属氧化物为主，包括二氧化锡（SnO_2）、二氧化钛（TiO_2）、氧化锌（ZnO）等。

半导体式气体传感器具有以下优点：①快速响应，半导体敏感材料对气体的响应速度较快，可以实现快速检测。②低成本，相对于其他气体传感器技术，半导体式气体传感器的制造成本较低。③易集成，该传感器可以方便地集成到微型传感器系统中，实现便携和嵌入式应用。④高灵敏度，半导体敏感材料对气体有高灵敏度，能够检测到较低浓度的气体。

ZnO 气体传感器由于其高响应、低成本、稳定性、可调谐性和制备工艺简单等优点，在检测各种气体和蒸汽领域占据重要地位。静电纺丝纳米纤维具有较高的比表面积和可调节电学性能，是作为电阻式气体传感器基材的不错选择。暴露在有毒和爆炸性气体环境中的氧化物半导体气体传感器的电阻会发生剧烈变化。在 N 型半导体型电阻传感器中，由于吸附了带负电荷的氧，在表面形成了电子耗尽层，因此在正常大气条件下初始电阻最高。当传感器与氧化性气体如 NO_2、O_2、CO_2 接触时，势垒的厚度会增加，厚度的差异会调节传感器的电阻。由于从气体传感器表面提取电子，这增强了传感器的响应。同样，当传感器在 C_6H_6、CO、NH_3、CH_4 或 NO 等还原介质中时，由于还原气体与吸附的氧离子之间的相互作用，释放的电子返回传感器表面并减小传感器的厚度，进而也增强了传感器的响应。图 6-9 为 ZnO 纳米纤维气体传感器分别在环境空气、氧化气体和还原气体中的示意传感机制。

氨气（NH_3）已广泛应用于化工行业各种材料的生产中，在日常生活中也经常作为制冷剂代替对人体有害的氟氯烃。为了有效减小对人体健康的潜在危害，这种无色的气体应该被持续监测。因此，研究人员开发了气体传感器来探测周围大气中存在的有毒、有害和挥发性气体。近年来，柔性微型气体传感器因其低廉的成本、良好的生物相容性以及可集成到智能可穿戴和便携式电子设备中的能力而受到广泛关注。与此类装置集成的气体传感器需要在室温下工作，以实现低能耗和良好的传感稳定性。为了扩大 NH_3 气体传感器的使用，这些传感器最好在室温下工作，灵活、耐穿、以织物为基础，并能在高应变或大变形条件下工作。汉阳大学金孝宇（Hyoun Woo Kim）和韩泰熙（Tae Hee Han）采用湿法纺丝工艺制备由 MXene（$Ti_3C_2T_x$）和氧化石墨烯片组成的复合纤维，如图 6-10 所示。传统的湿纺方法制备石墨烯纤维是使用金属离子（如 Ca^{2+} 和 Al^{3+}）将单个氧化石墨烯薄片以纤维的形式固定在一起，而他们提出了一种通过有机溶剂扩散使凝胶纤维凝固的无金属离子黏合剂工艺，由于残留的添加

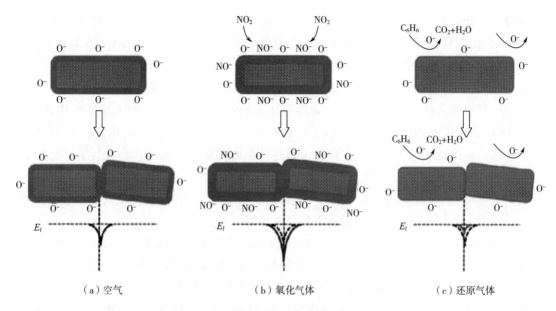

（a）空气　　　　　　　　　　（b）氧化气体　　　　　　　　　（c）还原气体

图6-9　ZnO 纳米纤维气体传感器的检测原理

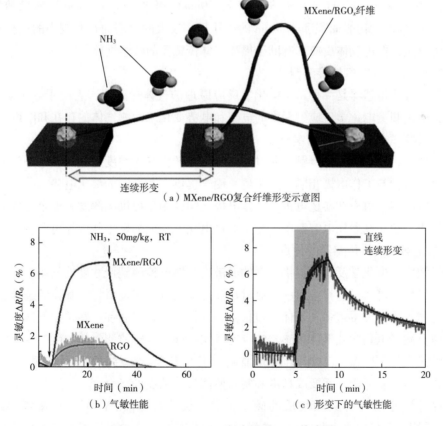

（a）MXene/RGO复合纤维形变示意图

（b）气敏性能　　　　　　　　　　　　　（c）形变下的气敏性能

图6-10　MXene/RGO 复合纤维 NH_3 传感器

剂会使纤维性能恶化，所以他们采用有机溶剂体系来避免添加剂的使用。与其他特定材料相比，MXene/RGO 复合纤维对 NH_3 的传感响应显著提高（$\Delta R/R_0 = 6.77\%$）。该柔性 MXene/RGO 纤维表现出良好的弹性和对机械变形的稳定性，使其有望应用于便携式可穿戴传感设备。该纺丝工艺具有通用性，可推广到其他类型的 MXenes 或纳米材料。MXene/RGO 复合纤维在室温下具有优异的机械耐久性、柔韧性和化学活性，可用于柔性和可穿戴气体传感器。MXene/RGO 杂化纤维的优化带隙、协同效应和 MXene 端原子氧含量的增加，显著改善了 NH_3 的传感响应性能，同时功耗低。此外，通过简单的传统编织方法，将极具柔韧性的 MXene/RGO 复合纤维编织成实验衣，并显示出可靠的传感能力。这种新路线提供了一种简单、可扩展的 MXene/石墨烯复合纤维湿纺的有效策略，其应用不仅限于可穿戴气体传感器，而且对下一代柔性、可携带可穿戴能源设备也有很大的吸引力。

王丁等通过简单的静电纺丝和进一步的水热方法设计并成功制备了三维 $In_2O_3@SnO_2$ 核壳纳米纤维。可分为四个步骤：①通过静电纺丝方法合成 In_2O_3 纳米颗粒；②In_2O_3 纳米材料可作为 SnO_2 纳米片生长的骨架，SnO_2 种子涂覆在 In_2O_3 纳米颗粒上；③SnO_2 纳米片阵列通过水热法在纳米颗粒表面生长；④3D 层次结构 $In_2O_3@SnO_2$ 通过进一步的加热处理获得核壳纳米纤维。In_2O_3 纳米纤维的直径约为 150nm，SnO_2 的厚度约为 30nm，与纯 In_2O_3 NF（$12.8m^2/g$、5.6 nm）和 SnO_2 NSs（$18.9m^2/g$、20nm）相比，$In_2O_3@SnO_2$ 核壳纳米复合材料具有 $31.4m^2/g$ 的大比表面积和 17.4nm 的小孔径。较大的比表面积和较小的孔径可以提供更多的吸附位点，促进气体反应，有助于提高气体传感器的传感性能。

6.2.2.2 电化学式气体传感器

电化学式气体传感器是一种基于电化学反应原理的气体传感器，它使用电化学电池作为感测元件，通过测量电化学反应过程中的电流和电势变化来检测气体的存在和浓度。

（1）电化学式气体传感器的组成

①工作电极，用于与气体接触，通过电化学反应转化气体浓度为电流或电势信号。

②参比电极，与工作电极相隔一定距离，用于提供一个稳定的参比电势。

③参比电解液，填充在参比电极与工作电极之间，用于提供电解质和稳定电位的环境。

④电解质，填充在参比电解液中，用于促进电化学反应的发生并传导离子。

（2）电化学式气体传感器的优点

①高灵敏度，电化学反应可提供较高的灵敏度，能够检测到低浓度的气体。

②高选择性，可通过选择合适的感测材料和反应条件，实现对特定气体的选择性检测。

③宽检测范围，可覆盖多种气体，包括有害气体、可燃气体和一些常见气体。

④实时监测，电化学式气体传感器响应速度快，能够实时监测气体浓度的变化。

电化学式气体传感器广泛应用于环境监测、工业安全、室内空气质量监测、汽车尾气排放监测等领域，特别适用于需要高精度和实时监测气体浓度的场合。

张春晶等构建了一种共轴集成的碳纳米管—聚乙烯醇（PVA）—石墨烯/AgNW/TiO$_2$（GAT）纤维用于自供电光电化学甲烷传感器，PVA 凝胶、碳纳米管纤维和 GAT 杂化物分别作为电解质夹层、内电极和外电极。高表面粗糙度和高透光率的外电极有利于甲烷的有效吸附和方便的光吸收，有利于甲烷的高灵敏度光电响应。GAT 层中的桥接 AgNW 产生了互连的导电网络，从而保证了快速电子转移的足够路径。中间层中连续而薄的凝胶电解质与内电极和外电极紧密接触以形成一个整体，从而能够实现快速的离子传输和结构稳定性。位于内层的 CNT 纤维支架促进了传感平台的结构灵活性和鲁棒性。由于这些独特的特性，所制备的自供电光电化学甲烷传感器在线性范围和检测限方面表现出优异的传感行为，同时在弯曲过程中表现出良好的工作性能。在光照射下，嵌入 GAT 电极外层的 TiO_2 被光激发产生电子—空穴对。光激发电子从 TiO_2 导带向 AgNW 和内部 CNT 电极的迅速转移将有效避免电子和空穴的复合。大量光生空穴聚集在 GAT 电极上，导致吸附的甲烷快速氧化，大大提高了光电流的响应，为高灵敏度的甲烷光电化学传感提供了巨大的潜力。

6.2.3　离子传感器

离子传感器研究较早的是 pH 传感器，它用于测量溶液的酸碱度，通过感知氢离子在溶液中的浓度来确定溶液的酸碱性。pH 传感器的原理是基于玻尔定律和液体中的离子性质。pH 传感器在水质检测、生物医学、食品加工等领域有广泛的应用。随着技术的发展，离子传感器已扩展到其他离子的测量，如钠、铜、镉等。纤维基离子传感器的发展历史可追溯到 20 世纪初，早期的纤维基离子传感器主要基于纤维吸附离子的性质进行测量。例如，研究人员使用纤维膜来吸附氨离子和亚油酸离子。随着离子选择性电极技术的出现，纤维基离子传感器得到了进一步的发展。研究人员开始将离子选择性电极材料集成到纤维基材料中，从而实现对特定离子的选择性测量，例如，将离子选择性电极材料埋入纤维膜中，可以实现对氯离子和钠离子等离子的检测。随着纳米技术和生物传感技术的不断发展，纤维基离子传感器在生物医学和环境监测等领域得到了广泛的应用。研究人员开始研究新的纤维材料，如多孔纳米纤维和功能性纤维结构，以实现更高的灵敏度和选择性。同时，纤维基离子传感器还与智能电子设备相结合，实现了实时监测和远程控制的功能。纤维基离子传感器是通过纤维材料作为传感元件来实现对离子的检测和测量的传感器。它可用于监测水质、土壤、空气等环境中的离子浓度，也可用于生物医学领域的离子检测和药物分析等应用，还可用于可穿戴传感器件，通过检测人体分泌物如汗液、唾液、泪液中的标志物来监测人体健康情况。

纤维基离子传感器的工作原理通常涉及纤维材料与离子的相互作用，例如，纤维可能具有对离子的选择性吸附能力或离子交换能力，通过测量纤维上的吸附量或交换量，可间接测量离子浓度。纤维基离子传感器具有许多优点，高选择性、高灵敏度、快速响应、低成本和便携性等。此外，它们还可与各种检测设备和仪器集成，实现实时监测和数据分析。用于制造纤维基离子传感器的常见的纤维材料包括有机纤维（如聚酰胺纤维、聚酯纤维）、无机纤维（如金属氧化物纤维、碳纤维）和聚合物纤维（如纳米纤维、复合纤维）。不同材料的纤维具有不同的特性和吸附性能，能够适应不同离子的检测需求。总结起来，纤维基离子传感器借助于纤维材料的离子交换、吸附或其他特性，实现对离子的选择性测量和分析，具有广泛的应用潜力。

①按照测量离子类型，纤维基离子传感器可分为 pH 传感器、金属离子传感器等。

②按照传感机制，纤维基离子传感器可分为离子交换型传感器、光学传感器、电化学传感器等。离子交换型传感器基于纤维材料的离子交换能力来实现离子的检测，光学传感器利用纤维上的荧光或吸收特性来实现离子的测量，电化学传感器则基于离子与电极之间的电化学反应来实现离子的转换和测量。

③按照纤维材料类型，纤维基离子传感器可分为有机纤维、无机纤维、聚合物纤维等。不同材料的纤维具有不同的离子吸附和传导性能，能够实现对不同离子的选择性检测。

④按照应用领域，纤维基离子传感器可分为环境监测、生物医学、食品安全等。不同领域对离子传感器的要求和应用场景不同，需要具备不同的离子检测能力和性能指标。

6.2.3.1　pH 离子传感器

纤维基 pH 离子传感器是一种使用纤维材料作为传感元件的 pH 传感器。与传统的玻璃电极或金属电极相比，纤维基 pH 传感器具有灵活、轻便、便携和易于集成等优点。纤维基 pH 传感器的感测原理通常基于光学或电化学方法。在光学方法中，纤维上涂覆有特定的 pH 指示剂或荧光染料，当溶液的 pH 发生变化时，染料会发生光学信号的变化，可通过光谱分析或荧光读数来测量 pH。电化学方法则通过在纤维上修饰特定的电化学材料和参比电极，来实现电势的变化测量。纤维基 pH 传感器的应用潜力广泛，可用于环境监测、健康管理、生物医学、食品安全等领域。例如，可将纤维基 pH 传感器嵌入穿戴式设备中，用于监测人体体液（如汗液或尿液）的 pH，从而提供健康状态的信息。在食品安全方面，纤维基 pH 传感器可直接接触食物表面，实时监测食物的酸碱度，以确保食品的质量和安全性。纤维基 pH 传感器的研究仍处于发展阶段，尚需进一步改进和优化，但其独特的优势和潜在的应用前景使其成为传感技术领域的一个热点研究方向。

布拉德利（Bradley）等采用干法纺丝制备了基于还原石墨烯纤维的 pH 离子电极和参比电极，并将其与商业合成纤维进行组装，编织在衣服上。纤维末端连接有蓝牙模块，可与手机配对，实时传输数据，有利于对人体运动情况进行实时监测。卢卡（Luca）等制备了一种全织物基 pH 和 Cl^- 传感器，首先将 PEDOT∶PSS 涂覆在棉纤维、蚕丝、聚酯纤维三种基材上使其导电化，然后在其表面分别修饰溴百里酚蓝染料（BTB）和 Ag/AgCl 纳米颗粒，用于 H^+ 和 Cl^- 的识别。三种纱线传感器均具有良好的灵敏度、选择性和稳定性，根据纱线的特性，可将其编织或缝合进织物中，用于柔性可穿戴传感器件。

6.2.3.2　金属离子传感器

金属离子检测广泛应用于环境检测、水质检测、食品安全、生物医学等领域，如土壤、水、食品中铅、汞、铬、镉等重金属离子。蒋敏等制备了谷胱甘肽功能化的金/多壁碳纳米管，用于检测水稻伤流液中的 Pb^{2+}，大量小尺寸的金纳米粒子均匀且致密地固定在谷胱甘肽功能化的碳纳米管上，阻止了金纳米粒子的团聚，使得该电极在 6 个月的稳定性测试中表现出非常优异的稳定性。

此外，人体中钠、钾、铁、钙等离子在生物体内扮演着重要的角色，例如，钠离子是细胞内外液体平衡的关键离子之一，在细胞外液（体液）中，钠离子浓度较高，而在细胞内则相对较低。钠离子通过细胞膜上的离子通道参与细胞内外负离子平衡的维持，调节细胞的兴奋性和神经传导。此外，钠离子还参与水分的调节和维持血压等生理过程。钾离子则主要存在于细胞内，细胞内外的钾离子浓度差异关系到细胞的兴奋性和细胞膜的稳定性。钾离子参与调节细胞的电位，影响细胞内的酶活性、细胞内信号传递等生理功能。钾离子在神经和肌肉细胞中起着至关重要的作用，维持正常的神经和肌肉功能。因此，钠离子和钾离子的浓度平衡对于生物体内正常的生理功能至关重要，实现对这些离子的检测有利于监测人体健康。

徐佳楠等报道了一种基于金纤维的可穿戴电位离子传感器，用于人体汗液的多通道实时分析。通过干法纺丝工艺，基于金纳米线浸渍的苯乙烯—乙烯/丁烯—苯乙烯纤维制造纤维电极。在可预拉伸的纤维上进一步生长均匀的金膜层，以形成高度可拉伸的金纤维电极，并在其表面涂覆离子选择性膜。所制备的金纤维电极可在电阻仅增加 2.1% 的情况下实现 200% 的应变，并在最大拉伸下经受 1000 次循环。钠、氯和 pH 传感器组装成一个发带，用于实时分析人体汗液。王列等报道了一种由传感纤维单元制作电化学织物的新方法，传感纤维是通过在碳纳米管纤维基底上沉积活性材料制成的。这种纤维可有效地检测各种生理信号，如葡萄糖、钠离子、钾离子、钙离子和 pH。然后将具有不同检测功能的纤维通过织造集合在一块织物上，实现多种物质的检测。

6.3　本章小结

纤维基生化传感器是一种利用纤维材料作为传感元件的生化传感器，它结合了纤维的柔软性和生化传感技术的功能性，具有灵活、便携、可穿戴和易于集成等优点。纤维基生化传感器的设计原理通常基于生物识别元素和信号转换方法。常见的生物识别元素包括酶、抗体、DNA 等，它们能与特定的生物分子发生特异性的识别和反应。信号转换方法通常是通过光学、电化学、电磁或声波等技术将生物反应转换成可测量的信号，从而实现对生物分子的检测和分析。纤维基生化传感器在生物医学、食品安全、环境监测等领域有广泛的应用。例如，在医疗领域，纤维基生化传感器可被用于监测生物标志物，如血糖、血氧、蛋白质等，以实现健康管理和疾病诊断。在食品安全方面，纤维基生化传感器可用于检测食品中的致病菌、农药残留等有害物质。在环境监测方面，纤维基生化传感器可用于监测水体、空气中的污染物，提供环境质量的信息。纤维基生化传感器的研究仍处于发展阶段，它的多样化设计和应用潜力使其成为生化传感技术领域的一个重要研究方向。随着技术的不断发展，纤维基生化传感器有望在生物医学、食品安全、环境监测等领域发挥更大的作用，并为人类的健康和生活质量提供更好的保障。

思考题

1. 简述生物识别元件。
2. 常用的纤维基电化学生物传感器检测方法有哪些？
3. 简述半导体式气体传感器的原理。

思考题答案

参考文献

［1］王宗花，郭新美，夏建飞，等. 基于纳米材料电化学生物传感器的研究进展［J］. 分析测试学报，2011，30（11）：1216-1223.

［2］陈桂芳，梁志强，李根喜. 纳米材料用于构建新型电化学生物传感器的研究进展［J］. 生物物理学报，2010，26（8）：711-725.

［3］刘锡光，康熙雄，刘忠. 现场医护（POC）现状和进展［M］. 北京：人民卫生出版社，2015.

［4］RICCIARDI A，CRESCITELLI A，VAIANO P，et al. Lab-on-fiber technology：A new vision for chemical and biological sensing［J］. Analyst，2015，140（24）：8068-8079.

［5］BARANWAL J，BARSE B，GATTO G，et al. Electrochemical sensors and their applications：A review［J］. Chemosensors，2022，10（9）：363.

［6］WANG S D，LIU Y D，ZIHU A W，et al. In vivo electrochemical biosensors：Recent advances in molecular design，electrode materials，and electrochemical devices［J］. Analytical Chemistry，2023，95（1）：388-406.

［7］SHU Y，SU T，LU Q，et al. Highly stretchable wearable electrochemical sensor based on Ni-co MOF nanosheet-decorated Ag/rGO/PU fiber for continuous sweat glucose detection［J］. Analytical Chemistry，2021，93（48）：16222-16230.

［8］LUO D，SUN H B，LI Q Q，et al. Flexible sweat sensors：From films to textiles［J］. ACS Sensors，2023，8（2）：465-481.

［9］CHEN C R，FENG J Y，LI J X，et al. Functional fiber materials to smart fiber devices［J］. Chemical Reviews，2023，123（2）：613-662.

［10］孙华悦，向宪昕，颜廷义，等. 基于智能纤维和纺织品的可穿戴生物传感器［J］. 化学进展，2022，34（12）：2604-2618.

［11］董永贵. 传感技术与系统［M］. 北京：清华大学出版社，2006.

［12］覃柳，刘仲明，邹小勇. 电化学生物传感器研究进展［J］. 中国医学物理学杂志，2007，24（1）：60-62，35.

［13］朱蔷云，李伦，陈雪岚. 生物传感器发展及其应用［J］. 卫生研究，2019，48（3）：512-516.

［14］DEDE S，ALTAY F. Biosensors from the First Generation to Nano-biosensors［J］. International Advanced Researches and Engineering Journal，2018，2（2）：200-207.

［15］MOHAMAD NOR N，RIDHUAN N S，ABDUL RAZAK K. Progress of enzymatic and non-enzymatic electrochemical glucose biosensor based on nanomaterial-modified electrode［J］. Biosensors，2022，12（12）：1136.

［16］KHAN A，HAQUE M N，KABIRAZ D C，et al. A review on advanced nanocomposites materials based smart textile biosensor for healthcare monitoring from human sweat［J］. Sensors and Actuators A：Physical，2023，350：114093.

［17］HATAMIE A，ANGIZI S，KUMAR S，et al. Review—Textile based chemical and physical sensors for healthcare monitoring [J]. Journal of the Electrochemical Society, 2020, 167(3): 037546.

[18] KAVETSKYY T, SMUTOK O, DEMKIV O, et al. Microporous carbon fibers as electroconductive immobilization matrixes: Effect of their structure on operational parameters of laccase-based amperometric biosensor [J]. Materials Science and Engineering: C, 2020, 109: 110570.

[19] 张泽, 张颖聪, 于洪伟, 等. 生物传感器识别元件的种类及其在临床检验中的研究进展 [J]. 临床检验杂志, 2020, 38(10): 767-771.

[20] SIMSEK M, WONGKAEW N. Carbon nanomaterial hybrids via laser writing for high-performance non-enzymatic electrochemical sensors: A critical review [J]. Analytical and Bioanalytical Chemistry, 2021, 413(24): 6079-6099.

[21] RAKESH KUMAR R K, SHAIKH M O, CHUANG C H. A review of recent advances in non-enzymatic electrochemical creatinine biosensing [J]. Analytica Chimica Acta, 2021, 1183: 338748.

[22] LI Z T, ZENG W, LI Y Q. Recent progress in MOF-based electrochemical sensors for non-enzymatic glucose detection [J]. Molecules, 2023, 28(13): 4891.

[23] CEN Y K, LIU Y X, XUE Y P, et al. Immobilization of enzymes in/on membranes and their applications [J]. Advanced Synthesis and Catalysis, 2019, 361(24): 5500-5515.

[24] RODRIGUEZ-ABETXUKO A, SÁNCHEZ-DEALCÁZAR D, MUÑUMER P, et al. Tunable polymeric scaffolds for enzyme immobilization [J]. Frontiers in Bioengineering and Biotechnology, 2020, 8: 830.

[25] WU H M, LI T, BAO Y H, et al. MOF-enzyme hybrid nanosystem decorated 3D hollow fiber membranes for in situ blood separation and biosensing array [J]. Biosensors and Bioelectronics, 2021, 190: 113413.

[26] EL-MOGHAZY A Y, HUO J Q, AMALY N, et al. An innovative nanobody-based electrochemical immunosensor using decorated nylon nanofibers for point-of-care monitoring of human exposure to pyrethroid insecticides [J]. ACS Applied Materials & Interfaces, 2020, 12(5): 6159-6168.

[27] HOU H F, JIN Y, WEI H, et al. A generalizable and noncovalent strategy for interfacing aptamers with a microelectrode for the selective sensing of neurotransmitters in vivo [J]. Angewandte Chemie (International Ed in English), 2020, 59(43): 18996-19000.

[28] 张敏, 曹纪英, 吴淑萍, 等. 基于过渡金属的葡萄糖无酶电化学传感器研究进展 [J]. 现代食品科技, 2022, 38(4): 298-306.

[29] LIU T J, GUO Y Q, ZHANG Z F, et al. Fabrication of hollow CuO/PANI hybrid nanofibers for non-enzymatic electrochemical detection of H_2O_2 and glucose [J]. Sensors and Actuators B: Chemical, 2019, 286: 370-376.

[30] ZHAO Y M, ZHAI Q F, DONG D S, et al. Highly stretchable and strain-insensitive fiber-based wearable electrochemical biosensor to monitor glucose in the sweat [J]. Analytical Chemistry, 2019, 91(10): 6569-6576.

[31] YAO Y, CHEN J Y, GUO Y H, et al. Integration of interstitial fluid extraction and glucose detection in one device for wearable non-invasive blood glucose sensors [J]. Biosensors and Bioelectronics, 2021, 179: 113078.

[32] WANG L Y, XIE S L, WANG Z Y, et al. Functionalized helical fibre bundles of carbon nanotubes as electrochemical sensors for long-term in vivo monitoring of multiple disease biomarkers [J]. Nature Biomedical Engineering, 2020, 4(2): 159-171.

[33] 郝旭峰, 王艳仙, 王佳, 等. 光电化学传感器的构建及研究进展 [J]. 化学研究与应用, 2019, 31(11): 1858-1868.

[34] LI L Y, CHEN J L, XIAO C B, et al. Recent advances in photoelectrochemical sensors for detection of ions in

water [J]. Chinese Chemical Letters, 2023, 34(6): 107904.

[35] 李孟洁, 袁若, 柴雅琴. 半导体纳米材料在光电化学生物传感器中的研究进展 [J]. 化学传感器, 2020, 40(1): 1-18.

[36] 张艳惠. 基于光电活性材料及光电流信号敏化放大的光致电化学传感器的研究 [D]. 重庆: 西南大学, 2020.

[37] LI H H, SHENG W, HARUNA S A, et al. Recent progress in photoelectrochemical sensors to quantify pesticides in foods: Theory, photoactive substrate selection, recognition elements and applications [J]. TrAC Trends in Analytical Chemistry, 2023, 164: 117108.

[38] MA Z Y, XU F, QIN Y, et al. Invoking direct exciton-plasmon interactions by catalytic Ag deposition on Au nanoparticles: Photoelectrochemical bioanalysis with high efficiency [J]. Analytical Chemistry, 2016, 88(8): 4183-4187.

[39] SANG L X, ZHAO Y B, NIU Y C, et al. TiO$_2$ with controlled nanoring/nanotube hierarchical structure: Multiabsorption oscillating peaks and photoelectrochemical properties [J]. Applied Surface Science, 2018, 430: 496-504.

[40] YAN K, LIU Y, YANG Y H, et al. A cathodic "signal-off" photoelectrochemical aptasensor for ultrasensitive and selective detection of oxytetracycline [J]. Analytical Chemistry, 2015, 87(24): 12215-12220.

[41] YU S Y, GAO Y, CHEN F Z, et al. Fast electrochemical deposition of CuO/Cu$_2$O heterojunction photoelectrode: Preparation and application for rapid cathodic photoelectrochemical detection of L-cysteine [J]. Sensors and Actuators B: Chemical, 2019, 290: 312-317.

[42] WANNAPOP S, SOMDEE A. Highly oriented one-dimensional Cu$_2$O/TiO$_2$ heterostructure thin film for photoelectrochemical photoanode and photocatalytic degradation applications [J]. Thin Solid Films, 2022, 747: 139144.

[43] LI M X, WANG H Y, WANG X X, et al. Ti$_3$C$_2$/Cu$_2$O heterostructure based signal-off photoelectrochemical sensor for high sensitivity detection of glucose [J]. Biosensors and Bioelectronics, 2019, 142: 111535.

[44] ZHANG B T, LU L L, HU Q C, et al. ZnO nanoflower-based photoelectrochemical DNAzyme sensor for the detection of Pb^{2+} [J]. Biosensors and Bioelectronics, 2014, 56: 243-249.

[45] YANG B W, HAN N, HU S Y, et al. Cu/ZnO nano-thorn with modifiable morphology for photoelectrochemical detection of glucose [J]. Journal of the Electrochemical Society, 2021, 168(2): 027516.

[46] WANG R Y, WANG L, ZHOU Y, et al. Al-ZnO/CdS photoanode modified with a triple functions conformal TiO$_2$ film for enhanced photoelectrochemical efficiency and stability [J]. Applied Catalysis B: Environmental, 2019, 255: 117738.

[47] LI M Q, LI L, LI B Y, et al. TiO$_2$ nanotube arrays decorated with BiOBr nanosheets by the SILAR method for photoelectrochemical sensing of H$_2$O$_2$ [J]. Analytical Methods: Advancing Methods and Applications, 2021, 13(15): 1803-1809.

[48] CUI H, YAO C F, CANG Y G, et al. Oxygen vacancy-regulated TiO$_2$ nanotube photoelectrochemical sensor for highly sensitive and selective detection of tetracycline hydrochloride [J]. Sensors and Actuators B: Chemical, 2022, 359: 131564.

[49] SHI Y T, LI T T, ZHAO L, et al. Ultrathin MXene nanosheet-based TiO$_2$/CdS heterostructure as a photoelectrochemical sensor for detection of CEA in human serum samples [J]. Biosensors and Bioelectronics, 2023,

230：115287.

［50］IBRAHIM I, LIM H N, HUANG N M, et al. Selective and sensitive visible-light-prompt photoelectrochemical sensor of Cu^{2+} based on CdS nanorods modified with Au and graphene quantum dots ［J］. Journal of Hazardous Materials, 2020, 391：122248.

［51］VELMURUGAN S, YANG T C K. Fabrication of high-performance molybdenum disulfide-graphitic carbon nitride p-n heterojunction stabilized rGO/ITO photoelectrode for photoelectrochemical determination of dopamine ［J］. ACS Applied Electronic Materials, 2020, 2（9）：2845-2856.

［52］WANG S, LI S P, WANG W W, et al. A non-enzymatic photoelectrochemical glucose sensor based on $BiVO_4$ electrode under visible light ［J］. Sensors and Actuators B：Chemical, 2019, 291：34-41.

［53］TAO B R, GAO B Z, LI J L, et al. Photoelectrochemical sensor based on Au/ZnS/ZnO nanomaterials for selective detection of copper ions ［J］. Vacuum, 2022, 204：111378.

［54］LIU Q, ZHANG H, JIANG H H, et al. Photoactivities regulating of inorganic semiconductors and their applications in photoelectrochemical sensors for antibiotics analysis：A systematic review ［J］. Biosensors and Bioelectronics, 2022, 216：114634.

［55］CHEN L, LI Z, XIAO Q Q, et al. Sensitive detection of p-nitrotoluene based on a copper cluster modified carbon nitride nanosheets photoelectrochemical sensor ［J］. Applied Catalysis A：General, 2023, 649：118964.

［56］ZHOU B, JIANG Y L, GUO Q, et al. Photoelectrochemical detection of calcium ions based on hematite nanorod sensors ［J］. ACS Applied Nano Materials, 2022, 5（11）：17087-17094.

［57］ZHANG Z X, ZHAO C Z. Progress of photoelectrochemical analysis and sensors ［J］. Chinese Journal of Analytical Chemistry, 2013, 41（3）：436-444.

［58］YANG Z P, QIN T T, NIU Y T, et al. Flexible visible-light-driven photoelectrochemical biosensor based on molecularly imprinted nanoparticle intercalation-modulated graphene fiber for ultrasensitive urea detection ［J］. Carbon, 2020, 157：457-465.

［59］MA X H, KANG J S, WU Y W, et al. Recent advances in metal/covalent organic framework-based materials for photoelectrochemical sensing applications ［J］. TrAC Trends in Analytical Chemistry, 2022, 157：116793.

［60］KAO E, LIANG Q H, BERTHOLET G R K, et al. Electropolymerized polythiophene photoelectrodes for photocatalytic water splitting and hydrogen production ［J］. Sensors and Actuators A：Physical, 2018, 277：18-25.

［61］GUAN K D, ZHANG Z W, ZHANG Q, et al. Rational design of semiconducting polymer poly ［（9, 9-dioctylfluorenyl-2, 7-diyl）-co-（6-｛4-ethyl-piperazin-1-yl｝-2-phenyl-benzo｛de｝isoquinoline-1, 3-dione）］ for highly selective photoelectrochemical assay of p-phenylenediamine ［J］. Journal of Electroanalytical Chemistry, 2023, 935：117364.

［62］VELMURUGAN S, YANG T C K, CHING JUAN J, et al. Preparation of novel nanostructured $WO_3/CuMnO_2$ p-n heterojunction nanocomposite for photoelectrochemical detection of nitrofurazone ［J］. Journal of Colloid and Interface Science, 2021, 596：108-118.

［63］RAO P M, CAI L L, LIU C, et al. Simultaneously efficient light absorption and charge separation in $WO_3/BiVO_4$ core/shell nanowire photoanode for photoelectrochemical water oxidation ［J］. Nano Letters, 2014, 14（2）：1099-1105.

［64］TIWARI S, KUMAR S, GANGULI A K. Role of MoS_2/rGO co-catalyst to enhance the activity and stability of Cu_2O as photocatalyst towards photoelectrochemical water splitting ［J］. Journal of Photochemistry and Photobiology A：Chemistry, 2022, 424：113622.

［65］XIN F F, XU J J, ZHANG J, et al. Nanozyme-assisted ratiometric photoelectrochemical aptasensor over Cu_2O nanocubes mediated photocurrent-polarity-switching based on S-scheme $FeCdS@ FeIn_2S_4$ heterostructure ［J］. Biosensors and Bioelectronics, 2023, 237：115442.

［66］LIAO X L, REN H T, YANG T, et al. A flexible, highly adaptive, self-standing photoelectrochemical aptasensor based on 3D pinecone-like structure $BiOBr/TiO_2$ hierarchical nanofiber membranes ［J］. Ceramics International, 2023, 49(17)：27912-27921.

［67］赵丽, 王欢, 赵阳. 有机场效应晶体管应用于化学及生物传感的研究进展 ［J］. 化学通报, 2015, 78(5)：408-413.

［68］BERNARDS D, MALLIARAS G. Steady-state and transient behavior of organic electrochemical transistors ［J］. Advanced Functional Materials, 2007, 17(17)：3538-3544.

［69］王垚, 王跃丹, 朱如枫, 等. 纤维基有机电化学晶体管研究进展 ［J］. 现代纺织技术, 2020, 28(5)：21-33.

［70］MARKS A, GRIGGS S, GASPARINI N, et al. Organic electrochemical transistors：An emerging technology for biosensing ［J］. Advanced Materials Interfaces, 2022, 9(6)：2102039.

［71］FANG Y, FENG J, SHI X, et al. Coaxial fiber organic electrochemical transistor with high transconductance ［J］. Nano Research, 2023, 16(9)：11885-11892.

［72］YANG A N, LI Y Z, YANG C X, et al. Fabric organic electrochemical transistors for biosensors ［J］. Advanced Materials, 2018, 30(23)：e1800051.

［73］QING X, WANG Y D, ZHANG Y, et al. Wearable fiber-based organic electrochemical transistors as a platform for highly sensitive dopamine monitoring ［J］. ACS Applied Materials & Interfaces, 2019, 11(14)：13105-13113.

［74］FENG J, CHEN C, SUN X, et al. Implantable Fiber Biosensors Based on Carbon Nanotubes ［J］. Accounts of Materials Research, 2021, 3：138-146.

［75］ALRAMMOUZ R, PODLECKI J, ABBOUD P, et al. A review on flexible gas sensors：From materials to devices ［J］. Sensors and Actuators A：Physical, 2018, 284：209-231.

［76］ANDO M, KAWASAKI H, TAMURA S, et al. Recent advances in gas sensing technology using non-oxide Ⅱ-Ⅵ semiconductors CdS, CdSe, and CdTe ［J］. Chemosensors, 2022, 10(11)：482.

［77］璩光明, 杨莹丽, 王国东, 等. 金属氧化物半导体气体传感器改性研究进展 ［J］. 传感器与微系统, 2022, 41(2)：1-4.

［78］TANG Y T, ZHAO Y N, LIU H. Room-temperature semiconductor gas sensors：Challenges and opportunities ［J］. ACS Sensors, 2022, 7(12)：3582-3597.

［79］DEVABHARATHI N, UMARJI A M, DASGUPTA S. Fully inkjet-printed mesoporous SnO_2-based ultrasensitive gas sensors for trace amount NO_2 detection ［J］. ACS Applied Materials & Interfaces, 2020, 12(51)：57207-57217.

［80］DENG Z M, ZHANG Y M, XU D, et al. Ultrasensitive formaldehyde sensor based on SnO_2 with rich adsorbed oxygen derived from a metal organic framework ［J］. ACS Sensors, 2022, 7(9)：2577-2588.

［81］HE H X, GUO J L, ZHAO J H, et al. Engineering CuMOF in TiO_2 nanochannels as flexible gas sensor for high-performance NO detection at room temperature ［J］. ACS Sensors, 2022, 7(9)：2750-2758.

［82］ SOPHA H, KASHIMBETOVA A, BAUDYS M, et al. Flow-through gas phase photocatalysis using TiO₂ nano-tubes on wirelessly anodized 3D-printed TiNb meshes ［J］. Nano Letters, 2023, 23(14): 6406-6413.

［83］ HSUEH T J, DING R Y. A room temperature ZnO-NPs/MEMS ammonia gas sensor ［J］. Nanomaterials, 2022, 12(19): 3287.

［84］ KIM J H, MIRZAEI A, KIM H W, et al. Low-voltage-driven sensors based on ZnO nanowires for room-temperature detection of NO₂ and CO gases ［J］. ACS Applied Materials & Interfaces, 2019, 11 (27): 24172-24183.

［85］ PRABHU N N, JAGADEESH CHANDRA R B, RAJENDRA B V, et al. Electrospun ZnO nanofiber based resistive gas/vapor sensors-a review ［J］. Engineered Science, 2022, 19: 59-82.

［86］ LEE J H, NGUYEN T B, NGUYEN D K, et al. Gas sensing properties of Mg-incorporated metal-organic frameworks ［J］. Sensors, 2019, 19(15): 3323.

［87］ LEE S H, EOM W, SHIN H, et al. Room-temperature, highly durable Ti₃C₂Tₓ MXene/graphene hybrid fibers for NH₃ gas sensing ［J］. ACS Applied Materials & Interfaces, 2020, 12(9): 10434-10442.

［88］ HUANG J Z, LI J Y, XU X X, et al. In situ loading of polypyrrole onto aramid nanofiber and carbon nanotube aerogel fibers as physiology and motion sensors ［J］. ACS Nano, 2022, 16(5): 8161-8171.

［89］ WAN K C, WANG D, WANG F, et al. Hierarchical In₂O₃@SnO₂ core-shell nanofiber for high efficiency formaldehyde detection ［J］. ACS Applied Materials & Interfaces, 2019, 11(48): 45214-45225.

［90］ ZHANG C J, GUO W H, QIN T T, et al. Ultrasensitive self-powered photoelectrochemical detection of methane based on a coaxial integrated carbonene fiber ［J］. Environmental Science: Nano, 2022, 9(6): 2086-2093.

［91］ 李曼曼, 吕旖雯, 居家奇, 等. 金属氧化物 pH 传感器的研究进展 ［J］. 微纳电子技术, 2023, 60(2): 184-194.

［92］ MANJAKKAL L, SZWAGIERCZAK D, DAHIYA R. Metal oxides based electrochemical pH sensors: Current progress and future perspectives ［J］. Progress in Materials Science, 2020, 109: 100635.

［93］ ZHAO K, KANG B B, ZHOU B B. Wearable electrochemical sensors for monitoring of inorganic ions and pH in sweat ［J］. International Journal of Electrochemical Science, 2022, 17(4): 220452.

［94］ KATIYAR R, USHA RANI K R, SINDHU T S, et al. Design and development of electrochemical potentiostat circuit for the sensing of toxic cadmium and lead ions in soil ［J］. Engineering Research Express, 2021, 3 (4): 045026.

［95］ HU T, LAI Q T, FAN W, et al. Advances in portable heavy metal ion sensors ［J］. Sensors, 2023, 23 (8): 4125.

［96］ XIE Y S, YANG M, ZHU L J, et al. Research progress of DNA aptamer-based silver ions detection ［J］. Advanced Agrochem, 2023, 2(3): 231-235.

［97］ THIRUPPATHI M, NATARAJAN T, ZEN J M. Electrochemical detection of fluoride ions using 4-aminophenyl boronic acid dimer modified electrode ［J］. Journal of Electroanalytical Chemistry, 2023, 944: 117685.

［98］ SHITANDA I, MURAMATSU N, KIMURA R, et al. Wearable ion sensors for the detection of sweat ions fabricated by heat-transfer printing ［J］. ACS Sensors, 2023, 8(7): 2889-2895.

［99］ LIU M Y, WANG S Q, XIONG Z P, et al. Perspiration permeable, textile embeddable microfluidic sweat sensor ［J］. Biosensors and Bioelectronics, 2023, 237: 115504.

［100］ QING X, WU J M, SHU Q, et al. High gain fiber-shaped transistor based on rGO-mediated hierarchical polypyrrole for ultrasensitive sweat sensor [J]. Sensors and Actuators A: Physical, 2023, 354: 114297.

[101] ZHANG Y W, LIAO J J, LI Z H, et al. All fabric and flexible wearable sensors for simultaneous sweat metabolite detection and high-efficiency collection [J]. Talanta, 2023, 260: 124610.

[102] NAPIER B S, MATZEU G, PRESTI M L, et al. Dry spun, bulk-functionalized rGO fibers for textile integrated potentiometric sensors [J]. Advanced Materials Technologies, 2022, 7(6): 1-10.

[103] POSSANZINI L, DECATALDO F, MARIANI F, et al. Textile sensors platform for the selective and simultaneous detection of chloride ion and pH in sweat [J]. Scientific Reports, 2020, 10: 17180.

[104] JIANG M, CHEN H R, LI S S, et al. The selective capture of Pb^{2+} in rice phloem sap using glutathione-functionalized gold nanoparticles/multi-walled carbon nanotubes: Enhancing anti-interference electrochemical detection [J]. Environmental Science: Nano, 2018, 5(11): 2761-2771.

[105] XU J N, ZHANG Z, GAN S Y, et al. Highly stretchable fiber-based potentiometric ion sensors for multichannel real-time analysis of human sweat [J]. ACS Sensors, 2020, 5(9): 2834-2842.

[106] WANG L, WANG L Y, ZHANG Y, et al. Weaving sensing fibers into electrochemical fabric for real-time health monitoring [J]. Advanced Functional Materials, 2018, 28(42): 1804456.

第7章 纤维基执行与显示器件

7.1 纤维基人工肌肉

传统的刚性驱动技术受限于笨重的结构无法实现灵巧的变形，然而天然肌肉具有优异的机械收缩稳定性和高效的可再生能源利用率，所以迫切需要发展模拟天然肌肉功能的软驱动技术。目前，人工肌肉在某些方面能够再现与天然肌肉相似的功能，甚至超越其性能。人工肌肉能将自身结构的变化转化为形变，使其在软体机器人、假肢、外骨骼及温度调节服等多种柔性驱动领域中具有非常重要的作用。人工肌肉根据其宏观表现形态一般可分为膜状和纤维状，其中纤维状人工肌肉的能量转换效率、功率密度以及做功都远高于现有的一些膜状驱动器。

纤维基人工肌肉涉及动力学、材料学、纺织学等多学科的高度交叉研究，是智能软机器人系统的核心部件，提供形状变形和驱动能力，在形式上更接近自然生物肌肉。纤维基人工肌肉可将外界刺激如电压、温度、光线、湿度等导致的体积膨胀通过其螺旋结构转换为纤维径向的转动和轴向的收缩，从而形成旋转驱动和伸缩驱动。同时，纤维基人工肌肉还可通过并股和编织等方式设计智能纺织品，更能符合人们的实际需求。本节根据近年来纤维基人工肌肉的研究进展，系统地总结了纤维基人工肌肉的材料类别、响应机理、驱动性能，并对未来可能的应用领域和面临的挑战进行了分析与讨论。

7.1.1 人工肌肉的发展与背景

机械驱动器被定义为将输入能量转化为运动的机械装置。自 20 世纪 90 年代以来，机器人和自动化技术的进步产生了对能够进行类似人类运动的轻质高效执行器的迫切需求。在过去的几十年里，材料科学和智能材料领域的广泛研究活动导致了一种新型驱动器的发展，即人工肌肉。

在过去的几十年里，自动化和机器人技术彻底改变了人们的世界。机器人是在 20 世纪 60~70 年代发展起来的。它们主要是手臂状的机械臂，用于完成特定的任务，由于体积庞大、成本高昂，在很大程度上局限于工业和实验室。在 20 世纪 90 年代末和 21 世纪初，机器人技术取得了重大进展，导致了更智能的机器人的发展，能执行更复杂的功能并使其性能适应周围环境。自动化机器和机器人的"大脑"进化也伴随着它们的"肌肉"，即驱动器的改进。为了开发轻质、便携、自适应的机器，柔性机器人这一热门领域开始飞速发展。近年来，材料科学和智能材料领域的前沿研究活动，加上全球科学界对仿生学的兴趣日益浓厚，促进了一种新型驱动器的发展。受骨骼肌的高功率、重量比和灵活性的启发，人工肌肉被定义为由于特定的外部输入可以在单个组件内可逆地收缩、膨胀或旋转的材料或装置。人工肌肉和传统驱动器的主要区别在于提供机械驱动所需的组件数量。在传统的驱动器中总是有多个元件参与驱动,而在人造肌肉中单个元件负责驱动。另外,传统驱动器和人造肌肉也有不同的输入源和输出运动。传统驱动器的特点是电动机、液压和气动执行器,代表了工业应用中的新水平。传统驱动器可以提供旋转或直线运动的电磁能,或从压力流体输入能量。而人工肌肉由于与材料结构直接相关的独特智能特性,其驱动可以由更多的输入源触发。人工肌肉由于其灵活性或定制的微观和宏观结构,除了旋转和线性收缩运动外,还能够组合驱动。在过去的十年中,已经提出了许多种类的人工肌肉,其特点是不同的智能材料、触发输入和提供的运动。

骨骼肌具有极其复杂的层次结构,从蛋白质的纳米级组装到细胞纤维结构再到宏观组织。骨骼肌由肌腱和肌束组成,肌腱主要提供肌肉与硬骨的连接,肌肉束可以收缩并产生收缩力。而肌束由肌纤维组成,肌纤维是人们身体中最大的细胞,直径从 $10\mu m$ 到 $100\mu m$ 不等,长度从几毫米到几厘米不等。从宏观的角度来看,肌肉纤维几乎占据了肌肉面积的 90%,而其余的则由脂肪和结缔组织占据。肌肉纤维是由称为肌原纤维的更小细丝组成的,肌原纤维含有肌动蛋白和肌凝蛋白的细丝。这些细丝彼此滑过,形成肌肉收缩和扩张。肌肉产生的力的大小则与肌动蛋白和肌凝蛋白之间在肌节单位和肌纤维方向上形成的实际连接的数量紧密相关。

肌肉是较有用的自然驱动器,为各种运动提供动力,如跳蚤跳跃、躯干扭曲和翅膀拍打,以及心脏跳动和蠕动等基本身体功能。"人工肌肉"这个名字的灵感来自生物肌肉,人工肌肉模仿了骨骼肌。人工肌肉和骨骼肌的区别在于人工肌肉不模仿骨骼肌的材料。人工肌肉由合成工程材料制成,不涉及任何含有活结构的生物材料。基于细胞的生物材料通常用于骨骼肌和人体组织的体内再生,实际上不能用作驱动器领域,属于组织工程领域。此外,人工肌肉也不能模仿骨骼肌的工作机制。对于工程合成材料来说,使用滑动机构提供高收缩工作是极具挑战性的。人工肌肉模仿的是骨骼肌在单个轻量级部件内产生大量机械功的能力。传统驱动器的特点是在功率和便携性之间进行权衡,如液压执行机构具有大重量的特点,但是降低了便携性,而更轻的直流电动机驱动器却只能提供低的功率。人工肌肉的灵感来自天然肌肉的单组分性质和低重量,同时能够覆盖更大范围的功率。这些特性克服了传统驱动器的局限性,提供了一种功能强大、重量轻、便携的解决方案,非常适合柔性机器人和自动化等新兴领域。

7.1.2 纤维基人工肌肉的分类

目前研究的纤维基人工肌肉按照纤维的种类,可分为尼龙、氨纶等人工高分子纤维,形状记忆合金线、石墨烯纤维、碳纳米管纤维等人工无机纤维,以及蜘蛛丝、蚕丝、棉线等天然纤维。按照纤维的截面形状可分为圆形纤维和异形纤维。

7.1.2.1 人工高分子纤维基人工肌肉

人工高分子纤维沿其长度、高度取向时具有各向异性的热膨胀行为,纤维高度扭曲并卷曲后得到螺旋纱线,其在受热后体积膨胀,实现人工高分子纤维线性拉伸驱动。

（1）尼龙

对于热驱动的纤维基人工肌肉，径向热膨胀大于纵向膨胀，导致热收缩和扭转驱动行为。这种各向异性效应在尼龙 6（PA6）中更为明显，使得 PA6 可作为许多人工肌肉的前驱体。PA6 特殊的各向异性来源于纤维内部的分子结构，熵力使纤维在受热后长度收缩，总体积增大。当使 PA6 各向异性纤维具有一定数量的捻度时，就会产生具有特定纤维排列的捻度结构，从而产生热致驱动效应。2014 年，雷伊·H. 鲍曼（Ray H. Baughman）首次将聚乙烯和尼龙制成的高强度聚合物扭曲盘绕成束，通过电热枪对搓捻的聚合物纤维进行加热，纤维像扭动的肌肉一样，可以实现数百万次可逆收缩和超过 20% 的拉伸行程，同时快速提升重物。这种强韧且成本低廉的人工肌肉纤维，其力量强过人类肌肉百倍，可应用于制作机器人、义肢，或能随温度调节孔隙率的智能纺织品。陈佳慧等对比了线密度相近的 PA6 单纤维和 PA6 纱线两种人工肌肉的驱动性能。结果表明，在线密度相同的情况下，纱线基人工肌肉比纤维基人工肌肉能产生更快的扭转驱动，旋转速度可达 16000r/min，具有更高的热驱动灵敏度。但是纤维基人工肌肉的收缩载荷可达 0.065N，是相同直径的纱线基人工肌肉的两倍。南开大学化学学院刘遵峰合作团队通过将尼龙 6 热退火，引起螺旋分子链的部分热力学松弛，抑制纤维捻度的释放，从而产生在加热下驱动的人工肌肉。这种热力学—扭转耦合策略产生的人工肌肉具有强大的驱动性能（收缩功容量和功率密度分别为 2.1J/g 和 2.5kW/kg），适用于不同的驱动模式，可以为软机器人、变形飞机和环境适应性智能设备的发展提供新的机会。

（2）聚乙烯醇纤维

法国波尔多大学等将聚乙烯醇（PVA）纤维通过加入 2D 氧化石墨烯而获得扭转刚度，从而产生具有高质量功容量的无系绳微型发动机。把温度为 100℃ 热定型处理的样品，再次加热到 200℃ 时，可产生 21N·m/kg 的扭矩。而将两端固定的 PVA-GO 纤维基人工肌肉加热到 210℃，可产生 0.27μN·m 的扭矩，这要高于 PVA-SWNT 纤维（0.12μN·m）和纯 PVA 纤维（0.11μN·m）的扭矩。

（3）聚乙烯纤维

美国麻省理工学院通过在 50%~1300% 的应变下进行冷拉伸，制备含有聚乙烯（PE）和环烷烃弹性共聚物的双层不规则纤维。在"冷拉"的过程中，弹性共聚物被拉长，该复合纤维在释放预拉伸之后，弹性共聚物试图收缩到其原始尺寸，双晶结构中产生的应力形成卷须状"黄瓜须结构"。横截面尺寸为 300mm×470mm 的"黄瓜须"人工肌肉纤维在 3s 照射、10s 休息的频率下，可获得 3.45℃ 的温差，并产生 36.23 mN 的力。在升温速率为 1.113.45℃/s 下，可产生 13.25N/s 的制动速率，功率密度达 75W/kg，超过了人类肌肉。

（4）液晶弹性体纤维

液晶弹性体指非交联的液晶高分子经过一定程度的交联后，将相邻的高分子链连接起来形成的网络结构，能够在各向同性相或液晶相中表现出弹性的一类聚合物。作为一种具有代表性的智能材料，液晶弹性体同时具有液晶各向异性和橡胶弹性，在外界刺激下，其相态或分子结构会发生变化，进而改变了液晶基元的排列顺序，从而导致材料本身发生宏观形变，当撤去外界刺激后，液晶弹性体可恢复到原来的形状。液晶弹性体通常具有低交联密度和柔性聚合物骨架，相对快速的刺激响应，各向异性大，显著的局部变形和软弹性。它们将不同类型的能量转换为机械运动的能力，就像肌肉一样，由于材料化学和定向技术的最新进展，还可以通过调控液晶单体的分子结构、液晶相的种类、大分子交联网络结构、外界刺激方式和条件等，液晶弹性体的物理和化学性质、响应速度及运动模式等能够得到极大的优化，从而在人工肌肉领域有广泛的应用前景。清华大学杨忠强团队等设计了一种液晶弹性体扭转纤维，当液晶的取向性被热触发破坏时，可产生显著的扭矩和旋转变形，从而具有出色的旋转目标物体的能力。可通过调整纤维中引入的初始捻度密度来调节纤维的驱动性能，使其产生的扭矩和旋转变形分别达 10.1 N·m/kg 和 243.6°/mm，可用于旋转微型发动机。利用两步交联策略，通过干法纺丝制备了超长液晶弹性体纤维，并将其仿照心肌纤维结构在空间进行排列，所获得的人工心肌不仅具有良好的取向性，并且可在热源刺激下实现特定的收缩和扭转形变，收缩形变率可达 60%。

（5）液态金属纤维

液态金属是一种具有室温流动性的金属，如金属镓及其合金等。高分子与液态金属的结合既可具有液体金属的流动性及导热、导电的特点，也能获得高分子独特的力学与加工性。利用液态金属作为流动性填料加入通用高分子中，可获得具有特殊力学响应下的电子功能高分子，可拓展液态金属—高分子的研究范围，建立独特的力—电之间的关系，能够进一步推动高分子—液态金属复合材料的市场应用前景。例如，东南大学张久洋课题组采用简易方法制备了分散在聚合物基体中的液态金属梯度导电纤维。通过控制纤维内液态金属粒子吸收的热量，它们可以被编成弯曲的结构。此外，液态金属纤维可通过加热实现从绝缘体到导体的可逆转变，并具有可控的导电性。具有螺旋结构的液态金属纤维具有显著的延伸性，其电阻与拉伸应变完全相关。这些特性使液态金属纤维在智能电子纺织品、月球车、软机器人等领域具有广阔的应用前景。中国科学技术大学张世武等提出一种通过电化学调节液态金属界面张力的手段来模拟肌肉收缩和伸展的新型液态金属传动装置。这种液态金属人工肌肉可在不同酸碱程度的溶液中工作，以 15mm/s 的最大延展速度实现高达 87% 的驱动应变。值得注意的是，这种液态金属人工肌肉只需非常低的驱动电压（0.5V）便可实现电能向机械能转化的传动效果。将这种液态金属人工肌肉装在一条仿生机器鱼的尾部，可驱动其在 1min 内向前游动约 15cm。液态金属人工肌肉的这种简单性、多功能性和有效性，对于扩展软体传动器性能空间极具潜力，可实现从工程领域到生物医学领域的广泛应用。

7.1.2.2 人工无机纤维基人工肌肉

（1）形状记忆合金线

形状记忆合金是指具有一定初始形状，经低温塑形后能够在热、光、电的刺激下恢复初始形状的一种新型金属功能材料。镍钛形状记忆合金是被研究最深入的一种形状记忆合金，在机械和热机械性能方面其性能优于大多数其他形状记忆合金，且还具备超弹性、较好的耐腐蚀性和生物相容性。镍钛形状记忆合金是由镍和钛组成的二元合金，镍原子和钛原子的个数比近似相等。利用温差改变镍钛记忆合金的形状，促使其对外做功产生不竭动力。金姆（Kim）等设计了一种基于形状记忆合金的轻质高功率人工肌肉驱动器。其质量仅 0.22g，具有 1.7kW/kg 的高功率密度（生物肌肉的功率密度>0.2kW/kg），在 80g 的外部有效载荷下，驱动应变达 300%，有效载荷是其质量的 800 倍。哈佛大学大卫·穆尼团队开发了一种由形状记忆合金弹簧组成的凝胶—弹性体—镍钛诺组织黏合剂，可产生高达 40% 的应变驱动，向目标组织提供模拟肌肉收缩刺激。麻省理工学院将镍钛形状记忆合金捻纱的一半长度镀金并对其进行焦耳加热，实现了高达 16°/mm 的完全可逆扭转驱动，峰值扭转速度为 10500r/min，重力扭矩为 8N·m/kg。

（2）石墨烯纤维

石墨烯纤维是由石墨烯片沿一维方向宏观组装而成的新型碳纤维，构筑基元是具有良好的导电、导热、机械强度等性能的二维石墨烯。由于氧化石墨烯具有大的比表面积并含有丰富的羟基等官能团，氧化石墨烯纤维对湿度极其敏感。北京理工大学曲良体课题组通过对氧化石墨烯水凝胶纤维进行旋转加捻，重构纤维体内石墨烯的固有构型，实现了一种新型的水驱动旋转驱动器。基于石墨烯片沿氧化石墨烯纤维的螺旋排列及其对水分的敏感性，扭转氧化石墨烯纤维表现出卓越的可逆旋转驱动性能。在湿度变化下，其转速高达 5190r/min，拉伸膨胀率为 4.7%。

（3）碳纳米管纤维

碳纳米管纤维是一种特殊的碳纤维材料，由多个碳纳米管组成，具有较高的比强度。与传统碳纤维相比，碳纳米管纤维具有更好的柔韧性、更高的导电性和导热性。目前制备碳纳米管纤维的方法包括湿法纺丝、阵列旋转和浮动催化剂化学气相沉积。扭曲结构的形成是使碳纳米管纤维产生巨大拉伸和扭转驱动的关键。螺旋结构纱线由于各种外部刺激引起的尺寸变化，能可逆地产生旋转和收缩。2012 年，雷伊·鲍曼团队首次提出了使用捻曲技术制备可以旋转、伸缩的碳纳米管人工肌肉。研究成员将石蜡嵌入编织成的一种特殊结构的碳纳米管纤维中，模仿肌肉收缩产生力量。这种人工肌肉仅需 0.025s 就可以产生快速收缩，功率密度可达 4.2 kW/kg，是普通内燃机的 4 倍，能提起正常肌肉 200 倍的重量。

复旦大学彭慧胜课题组将排列整齐的多壁碳纳米管螺旋组装成原纤维缠绕在一起，产生了对溶剂和蒸汽有反应的分层排列的螺旋纤维。碳纳米管之间的大量纳米级间隙和原纤维之间的微米级间隙是由螺旋排列产生的。溶剂和蒸汽首先通过微米级的间隙扩散，然后通过纳米级的间隙传输，产生快速的响应（2050r/min）。中国科学技术大学邱江涛、李清文研究团队通过扭曲形成具有层状内部结构碳纳米管纱线，制备了具有超大快速收缩驱动的电化学纱线肌肉。在 3.0V 的电化学驱动下，纱线肌肉在 5s 内产生 62.4% 的收缩，同时举起比肌肉本身重 10000 倍的重量。此外，纱线肌肉在运行 4500 次后仍具有较高的循环稳定性，收缩保持率高于 95%。

7.1.2.3　天然纤维基人工肌肉

如前所述，聚乙烯、尼龙、石墨烯和碳纳米管的定向纤维已被用于基于扭转技术的纤维人造肌肉。然而，目前这些材料很难作为可穿戴智能纺织品商业化，因为它们要么价格昂贵，涉及复杂的制造化学过程，要么不能提供舒适的穿着体验，并且大部分需要外部能源的供给。相比之下，天然材料由于来源丰富，不需要大量的加工成本和体感舒适等优点被广泛用于智能纺织品。由螺旋结构的天然纤维制成的人工肌肉显示出良好的机械强度和可染性。

（1）蚕丝纤维

自古以来，丝绸以其色泽亮丽、质地柔软的特性，深受人们的喜爱。桑蚕丝是商业化程度最高的天然纤维之一，凭借其出色的力学性能、吸湿性、轻柔性、低成本以及与人体的生物相容性，引起了纺织工业和科学界的广泛关注。在智能纺织品飞速发展的今天，赋予桑蚕丝新的功能，会为丝绸业的发展注入新的活力。蚕丝的吸湿性使其在吸水后体积膨胀极大，表明蚕丝在水驱动人工肌肉领域的优势大。如图 7-1 所示，南开大学刘遵峰课题组利用天然纯蚕丝，不使用化学修饰和添加剂，仅通过脱胶、加捻、合股、热定型等常规工业流程制备了一种新型的"人工肌肉"纤维。当暴露在水雾中时，扭转丝纤维提供 547°/mm 的完全可逆扭转。当相对湿度从 20% 变为 80% 时，卷曲蚕丝纱线的收缩率为 70%。

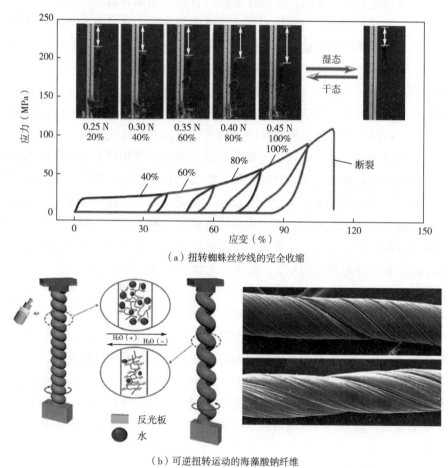

（a）扭转蜘蛛丝纱线的完全收缩

（b）可逆扭转运动的海藻酸钠纤维

图 7-1　天然纤维基人工肌肉

（2）蜘蛛丝纤维

蜘蛛丝是一种天然蛋白质纤维，因其高强度、高韧性、高杨氏模量而著名，其韧性高于很多人造纤维。蜘蛛丝是一种核壳结构的纤维，内部由纳米原纤维组成，纳米原纤维的内部有像渔网结构一样的结构形态，对其力学性能有很大的贡献。有趣的是，在相对湿度较高的环境中或被水浸湿时，蜘蛛丝的长度可收缩 50% 以上，直径可膨胀约 2 倍。这种超收缩现象使蜘蛛丝成为理想的可收缩人造肌肉的候选材料。如图 7-1（a）所示，中国科学技术大学邱江涛、李清文研究团队报道了适度扭转蜘蛛丝纱线可在被水浸湿时产生 60% 的纵向收缩或11MPa 的等效应力。除去吸收的水分后，干燥的蜘蛛丝纱线可在超收缩之前的收缩状态和完全收缩状态之间进行塑料拉伸到任意指定的长度，并在受潮时恢复到完全收缩状态。可逆收缩纱线在水分的刺激下，经过 100 次可逆循环后，其性能没有衰减，证明其具有优异的收缩稳定性。

（3）海藻酸钠纤维

武汉纺织大学王栋教授课题组首次创新地扭曲了湿纺丝制备的凝胶态天然海藻酸盐纤维，如图 7-1（b）所示，获得了在水和湿气刺激下表现优异性能的纤维基制动器。由于具有优异的遇水膨胀和收缩性能，基于海藻酸盐纤维的制动器进行了快速的可逆旋转运动，旋转速度为 13000r/min，经过 400 次循环，扭曲纤维的形状和性能仍然保持稳定。

（4）荷花纤维

雷伊·鲍曼团队直接从荷花茎的切割表面提取天然丰富的荷花纤维。荷花纤维的主要成分是纤维素和半纤维素，它们含有高浓度的羟基，可与水分子形成氢键。高度扭曲的荷花纤维肌肉在水分刺激下可提供 38% 的可逆拉伸、450J/kg 的收缩能量和 200r/min 的峰值旋转速度。这些荷花纤维纱线肌肉可应用于举重人工腿和智能纺织品。

7.1.2.4　异形纤维基人工肌肉

前面讨论的人工肌肉大多数由一股或多股圆形截面纤维构成，事实上，为了改善合成纤维的性能，除对纤维表面进行改性或与其他客体材料相复合外，将纤维异形化也能提升人工肌肉的响应驱动性能。异形纤维是指纤维截面形状非实心圆形，而是具有某种特殊形状的纤维。异形纤维的表观特征随截面形状的不同而转变，其力学性能、表面吸附性能也都会随纤维截面的异形而改变。即使是圆形纤维，也会随内部的中空及复合产生结构形态和线密度的变化，使纤维的空间造型和表观占有空间变大。中空使纤维的力学弯曲、扭转刚度增大，纤维变粗；纤维内含有的静止空气或其他物质使纤维的隔热性能增强，透气性能仍可保持。复合的纤维，结构的不均匀性和非对称性会增大，使纤维产生内外层性质不一或空间卷曲。

邱江涛和李清文研究团队构筑了一种离子液体填充纳米纤维鞘层的电化学人工肌肉。他们利用原位静电纺丝技术，在碳纳米管纤维表面均匀沉积一层纳米纤维。接着将复合纤维加捻成螺旋结构，通过自绞合、剪切等构成正负电极，浸泡离子液体后即形成电化学人工肌肉。纳米纤维层具有大量的孔隙结构，可充当避免纱线短路的分离器和离子液体的储存库。纳米纤维中离子液体包裹的纱线肌肉非常强壮，可提供 10.8MPa 的等长应力（约为骨骼肌的 31倍）。纱线肌肉强度高，在打结、大范围湿度（30%～90%RH）和温度（25～70℃）、长期循环和空气储存等条件下都能可逆稳定收缩。刘遵峰团队开发出了一种螺旋非线性应力的中空聚乙烯纤维驱动器，可实现快速传感、驱动，同时能够监测流体实时数据。在对流体流量的响应方面，所设计的驱动器具有高驱动行程（87.5%）、快速响应速度（0.88s）和高温度灵敏度。当液体在不同温度下流动时，扭转型中空纤维驱动器可进行不同角度的旋转。同手性拉伸中空纤维驱动器在输送不同温度的液体时，可收缩不同长度。中空纤维驱动器还可作为夹子捕捉对象，能够实现提升 2g 负载和释放负载，为中空纤维驱动器在软机器人和工业制造中作为响应速度快、行程大的人造肌肉的应用提供了可能性。

刘慧等通过同轴湿法纺丝制备了一种中空石墨烯水凝胶纤维，再经过加捻、折叠、卷绕得到一种智能型双螺旋纤维驱动器。基于中空结构的优异吸水性能和石墨烯材料的高效光热转换性能，该驱动器可在水、光响应下快速实现动态自动伸长/收缩过程，最大驱动收缩率分别达 83%、78%，响应速率分别可达 3.8%/s、3.55%/s。基于此，这种动态可逆响应运动使其可实现脱盐工艺及防盐沉积，纤维驱动器首先吸收海水，在水响应下实现收缩，然后在光照下海水蒸发，驱动器伸长，继续吸收水分，以此实现脱盐循环工艺，在这一往复过程中，纤维驱动器表面积累的盐分会溶解在海水中，解决了盐沉积的问题，为实现可持续海水淡化提供了可靠的应用前景。

7.1.3　纤维基人工肌肉的驱动原理

像天然骨骼肌一样，人造肌肉的特点是重复运动或振荡运动，宏观表现为收缩、弯曲、扭转或这些过程的组合。一般分为三类：体积变化引起的伸缩线性运动、体积可变材料与柔性支撑结构结合产生弯曲运动、螺旋纤维产生扭转运动同时引起收缩运动。

线性伸缩驱动主要是通过各种驱动方式使纤维体积产生膨胀。例如，西湖大学赖跃坤通过多级液晶纤维细化成型和取向技术实现了高性能液晶弹性体微纤维人工肌肉的规模化生产。液晶弹性体（LCE）微纤维受到红外光照射时，沿轴向收缩，在 0.25s 内长度变化为 37%，向上拉动了比自身重 2000 倍的超重载荷。

发生弯曲驱动的纤维基人工肌肉研究并不多，主要集中在纤维两侧的不对称结构导致纤维两侧的浓度不一样，形成了浓度差，在驱动下会产生弯曲驱动。例如，王立秋团队通过将仿生学设计和微流控技术相结合，实现了由海藻酸盐和硅藻土复合材料构成的微纤维，同时在内部嵌入有序排列的不对称微颗粒条带，其中海藻酸盐对湿度变化进行响应，硅藻土用于增强海藻酸盐水凝胶网络，不对称微颗粒材料（乙氧基化三羟甲基丙烷三丙烯酸酯）对湿度不响应，当环境湿度变化时，不对称微颗粒两侧的微纤维产生不同程度的体积变化，从而发生弯曲变形。

只有纤维基人工肌肉才会发生扭转驱动。不同驱动方式的驱动导致螺旋纤维体积膨胀，发生解捻的趋势产生扭转驱动，同时伴随着伸缩运动。这是因为纤维在加捻时，纤维发生倾斜，纤维沿转轴上的投影长度变短，引起纤维收缩。当加捻定型后的纤维受到外界刺激发生解捻时，纤维伸长，当纤维完全解捻时，纤维甚至能恢复原长。目前，多数纤维基人工肌肉都是通过这种螺旋结构获得的。

7.1.4　纤维基人工肌肉的螺旋结构

螺旋结构在生物学中是一个显著且普遍存在的特征，双链 DNA 分子可能是螺旋结构，但类似的结构在从分子到宏观的所有长度尺度的生物学中都存在。螺旋在细胞水平上也很明显，例如，在木质素基质中纤维素纤维的螺旋排列构成了许多植物的细胞壁。在最大规模的情况下，植物和动物可扭曲成螺旋状，如缠绕的藤蔓、触手、树干和舌头。这些自然界中的螺旋结构拥有一个共同特征，即螺旋取向的纤维都排列在一个柔性环境中。这种方案可进一步分为两种复合材料，一种是将机械刚性纤维嵌入到可改变体积的主体材料中，另一种是在被动基体中使用可改变长度的螺旋纤维。螺旋复合结构在实现复杂驱动方面的多功能性突出了它的实用性，并暗示了它在自然界的普遍性。

柔性纤维是一种长度远大于半径的细长杆，作为一种基本的结构单元，在自然界的应用（如 DNA、蛋白质等）与工业应用（如电缆、绳索等）中十分常见。对于扭转伸缩组合作用下的柔性纤维，张力的减小或捻度的增加都会导致结构失稳，这一力学现象可用于制备人工肌肉，并能显著提高其驱动性能。在人工肌肉的结构制作方面，目前已经发展了多种方法，例如，受黄瓜卷须启发的卷绕结构、单螺旋结构、超螺旋结构、壳层结构等。

通过在纤维中加入捻度，直到纤维自我缠绕，可制备出一种可拉伸的人工肌肉。在人工肌肉中加入扭曲预张力的典型方法过程：聚合物单纤维一端悬挂重物，另一端连接旋转电动机；纤维加捻时，长度不断减小；当捻度增大至某一临界值，纤维发生扭转失稳，最终卷绕成螺旋线圈结构。此外，也可将加捻纤维缠绕在芯轴上，若缠绕方向与纤维加捻方向一致，则形成同手性结构；反之，则形成异手性结构。对于由聚合物制备的人工肌肉，由于加捻会使纤维内产生残余应力，还须对其进行退火处理。对于镀有导电涂层的人工肌肉，在真空中退火可避免涂层的氧化。涂层可实现焦耳热传导，也可通过施加电压实现电热退火。退火结束的人工肌肉须进行热—冷循环训练，以获得稳定的驱动特性。

通过加捻获得的纤维，表面与纤维长度方向形成偏置角，用 α 表示。这个角度表明纤维取向偏离中心轴，可用以下公式计算：

$$\alpha = \tan^{-1}(2\pi r T) \tag{7-1}$$

式中：r 为纤维半径；T 为捻度（插入捻度除以纤维长度，通常以 r/m 单位）。

体积膨胀引起的扭转驱动行程可用下式表示：

$$\frac{n}{n_0} = \left(\frac{V_0}{V} \cdot \frac{\lambda L_0 L_s^2 - \lambda^3 L_0^3}{L_0 L_s^2 - L_0^3} \right)^{\frac{1}{2}}$$

式中：V_0、L_0、n_0 分别为初始状态下的纤维体积、纤维长度和加入的捻数；V、L_s、n 分别为驱动状态下纤维体积、纤维长度和加入的扭转数，且 $\lambda = L_s / L_0$。

7.1.5　纤维基人工肌肉的动力学模型

如前所述，制备纤维基人工肌肉有许多种材料选择，每种材料都有特定的属性和特征。聚合物纤维被扭曲，使其具有手性，这使得它们具有扭转和拉伸肌肉的功能。通过加入大量捻度，一些捻度转化为纤维卷曲，拉伸行程被大大放大。通过完全盘绕，可获得超过人体骨骼肌在体内最大行程的拉伸收缩。卷绕后，相邻的线圈立即接触，在驱动过程中限制收缩，并且必须通过增加负载或减小捻度来分离。当相邻线圈接触时，由于施加的载荷不足或过度扭转，肌肉方向的热膨胀变为正。当相邻线圈由于外加载荷而不接触时，肌肉方向的热膨胀为负，肌肉做机械功。

将进化算法应用到人工肌肉的控制中，可获得有趣而高效的行为，特别是一维纤维基人工肌肉。真实的肌肉运动通常包含一些限制运动的机制，这为不同的解决方案提供了不同的成功条件。通过在人工肌肉的进化设计中引入软件物理仿真并调整运动控制的参数，对其进行适应过程的模拟。许多论文都对人工肌肉的热弹性行为进行了实验和分析，并对其在实践中的应用进行了研究。

李国强等提出了用尼龙6扭曲制成的人工肌肉，建立了一种计算效率高的现象热力学本构模型，该模型结合人造肌肉的几种物理特性，以尽量减少反复试验的数值曲线拟合过程。

不列颠哥伦比亚大学研究人员通过测试弹性模量和拉伸行程作为温度的函数来研究尼龙线圈执行器的力学行为。

李国庆研究团队等采用自顶向下策略建立了热—机械驱动响应的多尺度建模框架，模型计算结果与实验结果吻合良好。

帕维尔·波德斯瓦（Murin）等通过实验测量，确定了所选未加捻和加捻鱼线的弹性模量以及盘绕弹簧的弹簧常数，将测量的参数输入螺旋弹簧的解析和有限元计算模型中，计算出由施加的机械载荷引起的伸长，进行了线性和非线性数值弹性静力分析，建立了肌肉热弹性行程的解析计算表达式，实测结果与计算结果吻合较好。

安东尼奥·德西蒙（Quaglierini）等通过最小几何模型或复杂的有限元方法仿真，研究了比尔·麦克基（McKibben）人造肌肉（由许多螺旋纤维交织而成的编织管状结构）的丰富行为。

尼古拉斯·查尔斯（Charles）等结合软弹性细丝的数值模拟，考虑几何非线性和自接触，绘制出人工肌肉纤维的基本结构。然后，使用计算拓扑的思想来跟踪这些几何复杂的物理结构中的链接，扭曲和扭曲的相互转换，以解释人工肌肉纤维的物理原理，并为其设计提供指导方针。

人工肌肉的制备过程本质上是柔性纤维在固定轴力下的扭转失稳过程。失稳过程中纤维几何构型的转化一直是研究的热点问题。对纤维扭转失稳过程的研究揭示了人工肌肉制备的力学原理，但预拉力、材料参数、扭转角等因素对纤维基人工肌肉结构的影响尚不明晰，缺乏力学引导的先进结构设计准则。单纤维的拉扭力学性能决定了纤维基人工肌肉的致动特性，目前仍缺乏完备的面向人工肌肉纤维的力学表征方法和制动特性测试手段，纤维基人工肌肉的精确驱动控制难以实现。人工肌肉纤维具有较强的时变非线性，缺乏精确描述其机械输出特性的迟滞模型。总的来说，对于纤维基人工肌肉的研究虽然取得了一定进展，但仍存在诸多挑战，缺乏力学引导的人工肌肉制备技术和结构设计准则。采用不同材料和不同卷绕方式制作的人工肌肉，驱动性能各异，难以确定驱动性能最佳的拓扑结构。

7.1.6 纤维基人工肌肉的驱动方式

从能量转化角度来看，生物肌肉的运动是在生物酶的高效催化条件下发生的快速生化反应，蛋白质等生物大分子自组织形成的有序纳米微结构及结构变形使肌肉具有高的能量密度和能量转换效率。这种生化反应的主要能量来自肌肉组织内的三磷酸腺苷分解，其能量密度、能量转换效率、响应速度、自修复、自学习、实时变刚度等性能是现有人工材料望尘莫及的。此外，人工肌肉驱动器的激励源同时也是驱动源，这与生物肌肉也有本质的区别：生物肌肉利用组织液提供能量，利用生物电信号来控制运动，这些组织液也为生物肌肉提供了散热、自修复等能力。人工材料或能够达到生物肌肉的响应速度，或能够达到生物肌肉的负载能力，但是在整体（包括驱动源）功率密度方面都没有达到生物肌肉的水平。

人工肌肉能将外部的环境刺激转化为纤维的收缩动能和扭转动能。按照不同的刺激源分类，常见的人工肌肉可分为热驱动、溶剂驱动、电驱动、磁驱动及多重刺激驱动。不同的刺激源会导致不同的驱动方式。

7.1.6.1　热驱动人工肌肉

热驱动人工肌肉能通过直接加热、电加热或光加热获得热量。复合纱线是制备热驱动纤维肌肉的主要原料之一，其中的客体材料增强了纱线的体积膨胀，提高了驱动性能。石蜡和硅胶作为典型的客体材料，具有热稳定性高、温度可调性好、体积膨胀系数大、能湿化碳纳米管纱线等优点。对于客体填充碳纳米管纱线作为扭转和拉伸人工肌肉，热驱动导致这些客体材料的体积变化增加单个碳纳米管之间的距离，使纤维能够实现扭转和拉伸驱动。热驱动纤维肌肉的热诱导膨胀可用于智能服装，通过打开材料孔隙来增加穿着者的舒适度，而缠绕纤维肌肉的热诱导收缩可用于通过减少其防护服的孔隙度来保护应急人员免受高温的伤害。

7.1.6.2　溶剂驱动人工肌肉

有些纤维材料会吸收湿气或水分导致体积膨胀。例如，棉、蚕丝纤维或纤维素纳米纤维会吸水，碳纳米管纱线在吸收有机溶剂后会膨胀。与石蜡的体积热膨胀相比，某些交联纤维通过溶剂吸附或渗透的体积膨胀大于30%，有的甚至可接近400%。许多溶剂型纤维人工肌肉已经实现了拉伸和扭转驱动。除蚕丝纤维外，棉花和亚麻也是纺织工业的重要原料。它们具有良好的生物相容性和良好的吸湿性能，是开发湿度响应人工肌肉纤维的良好候选者。这种天然纺织纤维的湿度响应扭转人工肌肉为天然纤维在智能窗户和其他智能纺织品领域提供了一种新的应用。

7.1.6.3　电驱动人工肌肉

电驱动的扭曲纤维人工肌肉可以直接将电能转化为机械能，这对于发展低电压驱动的人工肌肉具有重要意义。能量效率是电驱动纤维基人工纤维的重要参考因素，碳纳米管纱线是电驱动纤维基人工肌肉中最常用的电极材料之一。在扭曲的纱线中加入电解质是为了给人工肌肉提供良好的导电性能，当电压施加到导电电极时，来自电解质的溶剂离子渗透进纱线的孔隙中，使得纱线体积膨胀，纱线产生解捻和收缩。而且螺旋纤维径向的转动会转化为轴向的伸缩，进一步转化为扭转和拉伸驱动。

为了对不同刺激源产生的响应机制进行进一步说明，以碳纳米管为例，通过选取与不同智能材料相结合设计出不同刺激响应的人工肌肉，更直观地了解其驱动原理。邱江涛和李清文研究团队通过在弹性碳纳米管纤维表面包覆极薄的液晶弹性体层，制备了一种可自修复的卷曲纤维基人工肌肉。通过连续的浸渍涂覆固化技术实现了复合纤维的连续制备，随后进行并股加捻得到螺旋纤维。其中，碳纳米管纤维表面的沟道初步诱导了液晶分子的排列，加捻进一步诱导液晶分子重排变为相对有序的状态，复合纤维在温度刺激下产生形变。肌肉纤维具有优异的驱动性能，包括 56.9% 的收缩范围，1522%/s 的收缩速率，7.03kW/kg 功率密度和 32000 个稳定循环。

雷伊·鲍曼团队在约 2000℃ 的温度下对扭曲的碳纳米管纱线进行热退火，来稳定扭曲和盘绕结构。当原始纱线受到自由旋转的砝码拉伸时，会立即发生不可逆的解捻；而纱线在通过循环丙酮蒸气吸收/解吸下可逆地驱动重 6100 倍的转子，使每毫米肌肉长度旋转 52°，从而达到 160r/min 的峰值转速。在 2021 年，他们同样通过离子交换聚合物改变碳纳米管纤维的零电荷电位，突破了人工肌肉单向驱动的技术瓶颈，实现了双向驱动。通过调整电压，人工肌肉不仅能收缩，还能延长，做到了"伸缩自如"，而且驱动应变能力提高了 4 倍，且可以轻松举起自身重 10 万倍的重物。

7.1.6.4 磁驱动人工肌肉

磁驱动纤维是一种特殊的人工肌肉，又可称作驱动弹簧，通常可在磁场下发生明显的线性收缩。弹簧是一种具有控制机械运动、减轻冲击/振动、节约能源和测量力的弹性装置，在机械和电子工业中具有重要意义。它可在与机械能或动能转换为变形能有关的加载过程下进行一致变形。一旦卸载，弹簧恢复到初始状态，相应地，变形能转化为机械能或动能。大多数商用弹簧是由金属制成的。

北京理工大学曲良体课题组展示了一种伸长率高达 480% 的新型石墨烯弹簧，其伸长率高达 480%，在应变为 300% 的情况下，石墨烯弹簧在 10 万次时仍具有稳定的弹性系数。在低刚度和高应变性能的基础上，石墨烯弹簧在静电作用下具有 210% 的可逆伸缩驱动器性能。除此之外，功能化石墨烯弹簧可响应于施加的磁场，从而允许开发新型磁致伸缩开关。

7.1.6.5 多重刺激驱动人工肌肉

近年来，发展的材料科学技术对纤维基人工肌肉的形变能力提供了高度控制，然而，目前研究比较广泛的是单一刺激源响应，难以适应复杂多变的应用实景。如何制备具有快速可逆的多重刺激响应人工肌肉仍具有挑战性。

周维亚和解思深等通过将具有吸湿性的聚（3,4-乙烯二氧噻吩）：聚（苯乙烯磺酸盐）渗透到碳纳米管纱线中构建混合肌肉。由于碳纳米管螺旋排列所产生的体积膨胀，混合纱线吸水后表现出快速的旋转和收缩。水驱动的混合纱线肌肉在浆与纱质量比为 3300 时，总扭转行程可达 4240r/m，当施加应力为 1MPa 时，收缩应变达到 68%。特别地，通过限制纤维的扭转运动，可极大地提高轴向的提拉输出，其能量密度和提拉应力可达 96.9J/kg 和 39MPa，分别约是动物肌肉的 12 倍和 110 倍。在湿度较高的条件下，由于碳纳米管和采用的聚合物都是导电材料，器件还可实现快速、大幅度的电制动。近似线性响应湿度变化和电驱动性证明这种智能纱线是人造肌肉、水力发电机、湿度开关的理想候选材料。

王栋教授课题组基于之前对湿气响应的纯海藻酸钠扭曲纤维的研究外，还通过对含有氧化石墨烯和天然海藻酸钠的凝胶纤维进行扭曲，制备了一种新型的纤维扭转驱动器，实现了对光热和水分刺激的多重响应。结果表明，在远红外辐照和受潮条件下，扭曲后的纤维可发生快速可逆的旋转运动，并伴随有纤维长度和应力的变化。此外，在水分的刺激下，扭曲的纤维在 100 次可逆旋转后，仍然保持优良的旋转稳定性。

7.1.7　纤维基人工肌肉的性能

为了更好地描述人工肌肉的微观形态和表征驱动性能，研究人员将一些重要参数进行如下定义。

扭转纤维的螺距：每一转曲的高度。

扭转纤维的捻回数：加捻使纤维的两个截面产生相对回转。两截面的相对回转数称为捻回数。

扭转纤维的捻度：纤维单位长度内的捻回数称为捻度。

输出应变（ε）：发生伸缩驱动时定义为纤维长度的变化与初始长度之比，发生扭转驱动时定义为纤维扭转的角度与纤维直径之比。

输出应力（σ）：受外界刺激后产生的力与纤维在静止状态或在激发态时的初始横截面积之比。

能量（功）密度：肌肉在激发态时产生的输出功与肌肉的质量或体积之比。

功率密度（P）：驱动周期内的能量（功）密度。

锁定状态：纤维保持其驱动状态而不消耗任何能量。

循环寿命：人工肌肉在失效前能达到的最大周期数。

效率（η）：输出功与输入能之比。

频率：驱动器可以连续激励的最大频率范围。

应力—应变能力：应力输出能力是在一定的应变下机器人单位截面积能够输出的力，相当于生物肌肉的拉力；而应变能力是人工肌肉在激活变形后，尺寸在预期运动方向上相对原始尺寸的比例，如电致应变等性能。

响应速度：指人工肌肉在激励下变形的快慢，通常用人工肌肉连续运动时可实现的动作频率来衡量，以 Hz 为单位。

此外，人工肌肉的工艺复杂性、锁止负载、重复性精度、变刚度能力等也是在具体应用时需要考虑的性能指标。

7.1.8　纤维基人工肌肉的应用

生物系统利用其感知外部刺激并与响应输出相互作用的能力积极适应或与自然环境相互作用。人工肌肉的明显变形行为为集成传感和响应电子元件提供了平台，使智能和交互式软机器人系统成为可能，弥合了它们在现实世界中与人类和环境交互应用的差距。将功能性电子元件与柔软可变形的人工肌肉结合起来模仿生物功能，包括感知外部刺激的能力，并提供响应性反馈。刘遵峰等将含有扭转的尼龙纤维肌肉结合不同类型的变形，实现了各种可能的应用。例如，由缠绕的同手性尼龙 6 制成的双线肌肉在加热时产生沿径向的不可逆收缩。

图7-2 (a) 所示的包裹防火膜的同手性双线圈肌肉可通过去除或限制的氧气供应来灭火。而具有可逆驱动的纤维人工肌肉可用于电动雨伞，电动抓取器（由两个独立控制的扭曲的异手性肌肉平行排列而成）和软体机器人［图7-2 (b) ~ (d)］。

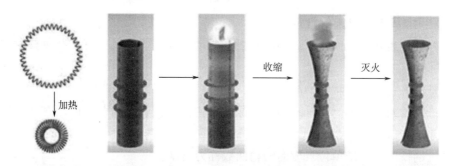

（a）不可逆收缩的尼龙6纤维肌肉用来灭火

（b）可逆收缩的尼龙6纤维肌肉用于电动雨伞

（c）可逆收缩的尼龙6纤维肌肉用于电动抓取器

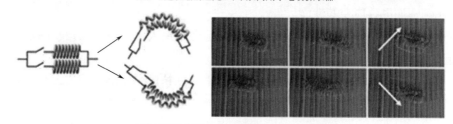

（d）可逆收缩的尼龙6纤维肌肉用于软体机器人

图7-2　纤维基人工肌肉的应用

　　王栋教授等基于扭曲的海藻纤维设计了可将水转化为电能的水力发电机。如图7-3 (a) 所示，扭曲的海藻纤维一端连接到块状磁铁上，并垂直悬挂在几个铜线环中。除此以外，还在电路中连接了信号放大器和信号转换器，用于更好地检测传出的电信号。当扭曲的海藻纤维受到水的刺激时，会带动磁铁发生快速的旋转运动，切割铜线圈内部的磁感线从而产生交替的电信号。除此以外，利用扭曲的海藻纤维设计了一款智能窗帘，可实现在晴雨条件下自动切换的功能，如图 7-3（b）所示，将 20cm 长的驱动纱线一端固定在栏杆上，另一端固定在窗帘上，当雨水刺激时（雨天），驱动纱线旋转卷起窗帘，提高室内亮度，当水分蒸发时（晴天），驱动纱线放下窗帘，起到遮阳效果。

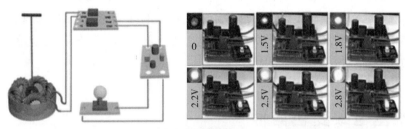

（a）水力发电机

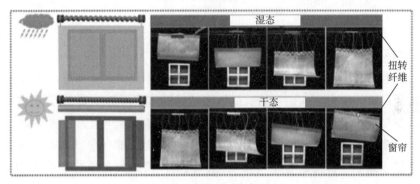

（b）智能窗帘

图 7-3　扭曲的海藻纤维制作的水力发电机和智能窗帘

同时，纤维基人工肌肉所具有的可加工性、可纺性、可染性为智能纺织品提供了极好的舒适性和悬垂性。人工肌肉纤维柔韧性好且强度高，可利用传统的纺织工艺将其编织成变形、助力等多功能织物。

2014 年，雷伊·鲍曼等利用传统的纺织工艺制备了基于人工肌肉的织物，将变形与孔隙调节一体化，开创了基于人工肌肉纤维织物的先河。其经纬线采用不同的纤维编织，经线采用具有均匀螺旋结构的尼龙，纬线采用 260μm 的常规涤纶纱线、660μm 的棉线及 430μm 的镀银尼龙纱线。其中常规涤纶纱线及棉线作为纬线的可视化结构，镀银尼龙纱线作为加热元件。利用镀银尼龙的焦耳热效应，可将热量传递到整体织物上，织物实现拉伸及孔隙变化驱动。整个织物的质量仅为 0.6g，但在 2kg 的负载下可进行超过 12% 的可逆收缩。

2015 年，复旦大学彭慧胜课题组将碳纳米管螺旋纤维编织成纺织品，当喷洒乙醇时，可将质量为 240mg、超过智能纺织品自身质量 100 倍的铜球在毫秒内提升 4.5mm。纺织工艺是组成纤维的优异方法之一，数百年来高速发展的工业已将纺织工艺完善化。

2019 年，南开大学刘遵峰课题组展示了一种由蚕丝纤维肌肉编织而成（经线采用螺旋结构的蚕丝纤维，纬线采用普通的蚕丝纤维）、能对环境中的湿度变化做出反应的智能袖子。当暴露于潮湿环境或人体出汗时，智能袖子可在经纱（垂直）方向上产生 45% 的收缩；在环境变干时，恢复到初始长度。这种对湿度和水分敏感，可改变宏观形状或微观结构的纺织品，有望有效地实现湿度和热管理功能，以增加皮肤和织物之间的舒适度。

同年，美国马里兰大学的王育煌等报道了一套可根据湿度变化进行红外辐射调节的织物，红外辐射调控率高达 35%。该织物由外涂碳纳米管的三醋酸—纤维素双股纤维编织而成，其中三醋酸纤维疏水，纤维素纤维亲水，这种亲水—疏水的并排结构导致不同相对湿度的不同膨胀。当人体排汗时，智能纺织品可将孔隙变大，促进汗液蒸发，一旦皮肤湿度恢复到正常状态，智能纺织品就会恢复到原来的状态。

7.2　纤维基电致变色器件

7.2.1　概述

近年来，随着社会经济和科技的快速发展，可穿戴电子产品在改善人们的生活方式和健康方面显示出了巨大的潜力。人们对纺织品的多功能要求在不断提高，智能纺织品的市场需求不断增加。智能纺织品是指具有对外界刺激的感知能力和反应能力的纺织品，为传统的纺织产品提供了更多的附加功能，受到人们的广泛关注。而智能变色纺织品由于其特殊功能，未来也将在军事、医学、传感、显示等领域深入发展。因此制备更多功能性智能变色服装，研究变色纺织品意义重大。变色纺织品会随着外界环境的条件变化，如温度变化、光照变化、湿度变化、电场变化等产生颜色的动态改变，可满足从传感到艺术的各种应用。

变色材料随着外在条件的变化，颜色也相应发生变化。按照颜色改变的条件，可分为光致变色材料（由阳光或紫外线引起）、热致变色（由温度变化引起）、湿敏变色材料、电致变色材料等。光致变色材料的变色机理为材料在光照作用下分子结构发生变化，诱导材料对光的吸收峰即颜色发生相应可逆的改变，光致变色材料具有触发方便的优点，但是存在可控性差的不足。热致变色材料的变色机理认为材料受热后，晶型或分子结构变化导致材料的颜色变化，目前热致变色材料存在颜色变化种类少，变色温度较高和亮度可调控范围窄等缺陷。湿敏变色材料在受到纯水的刺激时，材料本身的结构会发生改变，使其对日光中的可见光吸收光谱发生改变，从而颜色发生改变，但变色的效果和变色的敏锐度还需改善。电致变色是指材料的光学属性（反射率、透过率、吸收率等）在外加电场的作用下发生稳定、可逆的颜色变化现象，在外观上表现为颜色和透明度的可逆变化。电致变色这个术语是由普拉特在1961 年提出，随后制造了第一个电致变色器件，当时发现三氧化钨薄膜能可逆地改变颜色，于 20 世纪 70 年代提出了氧空位色心机理，是电致变色发展史上的一个里程碑。在 50 多年的发展过程中，电致变色技术在基础研究与实际应用两方面都取得了巨大的进步。电致变色是一种新型的主动变色技术，在电流通过后，材料依靠电场作用可逆地改变自身颜色，电致变色因响应时间短、条件可控、施加电压低、适用性广等优点成为近年来的研究热点。

电致变色可以不同的方式与纺织品集成，在传感、仿生、可穿戴显示和服装领域有巨大的潜力。电致变色采用不同的器件结构与织物结合，其工作原理相应不同，本节阐述了优缺点以及与纺织集成相关的挑战。另外针对电致变色原理、电致变色性能参数、电致变色材料及器件、电致变色应用进行了讨论，并对未来纤维基电致变色器件指出了需要解决的问题和展望。

7.2.2　电致变色原理

自从发现电致变色现象以来，材料的化学结构和氧化还原特性决定了电致变色材料的变色原理，但各种变色材料的机理目前还未完全清楚。研究者对变色机理的探索做了大量工作，提出了一系列变色机理。

7.2.2.1　无机电致变色材料原理

（1）氧空位模型

是德布（Deb）最早提出的变色机理。1973年，德布研究利用真空蒸发法制备无定形的三氧化钨，而后提出了电致变色原理模型。三氧化钨因其独特的晶体结构，导致氧空位缺陷的形成，将电子捕获形成氧空位色心而得名。材料在吸收可见光光子后，捕获的电子被激发到导带，使三氧化钨薄膜呈现出颜色。

（2）福南（Faughnan）模型

又称双注入/双脱出模型。这是大家普遍接受和应用的模型。其变色机理可由以下方程式来解释：

$$xe^- + xM^+ + WO_3 = M_xWO_3$$

其中，M可代表 H^+、Li^+、Na^+ 等。

在电场作用下，WO_3 膜原子晶格间的缺陷位置同时注入电子 e^- 和阳离子 M^+，它既可保持电性平衡，同时又能形成 M_xWO_3（钨青铜），呈现蓝色。但是，当外电场出现反方向时，电致变色层中电子 e^- 和阳离子 M^+ 同时脱出，此时蓝色就会消失。

（3）斯基默（Schiemer）模型

又称极化模型。当在外电场刺激下，电子 e^- 注入晶体后，与附近的晶格相互作用，进而被域化在晶格的某一位置，形成小极化子，其在跃迁时会吸收光子，导致极化子弗兰克-康登（Franck-Condon）跃变，电子跃变时的能量又全部转化为光子发射的能量。福南（Faughnan）模型和斯基默模型所基于的物理原理是基本相同的，这两种模型在近年来均得到广泛认可，但相对于福南模型来说，大家更认可斯基默模型。

7.2.2.2　有机电致变色材料原理

器件的变色原理主要是在外加电场作用下，电解质中阴阳离子分别向两极移动，离子嵌入电致变色层中发生氧化还原反应引起颜色变化，施加反向电压后，离子从电致变色层中脱出，从而实现褪色。

7.2.3　电致变色性能参数

为了帮助快速准确地评估性能相关的电致变色材料和器件，一些常用和重要的性能指标需要了解，主要包括光学调制和光学对比度、响应时间、着色效率、耐久性和寿命、循环稳定性、光学记忆等。

7.2.3.1 光学调制和光学对比度

光学调制是描述电致变色材料/器件的颜色切换能力的主要参数。它被定义为颜色切换前后吸收波长特性上的吸光度或透光率的差异：

$$\Delta T = T_{bleached} - T_{colored}$$

$$\Delta A = A_{colored} - A_{bleached} \tag{7-2}$$

式中：$T_{colored}$、$T_{bleached}$、$A_{colored}$、$A_{bleached}$ 分别代表在有色状态、漂白状态的透光率，有色状态和漂白状态的吸光度；ΔT 和 ΔA 代表光学（透光率和吸光度）调制。

对于反射类型器件，反射率的差别也可用来定义它的光调制。

光学对比度（CR）是另一个被广泛接受的指标，评价颜色切换能力，反映材料或器件在着色或褪色下颜色改变的程度，是评判材料或器件变色效果的基本指标。

$$CR = \frac{T_{bleached}}{T_{colored}} \text{ 或 } CR = \frac{A_{colored}}{A_{bleached}} \tag{7-3}$$

对于电致变色显示器，光学调制和对比度需要足够大，以确保愉快的阅读体验。更高的光学调制可增加颜色分级容量，进一步增强了灰度显示的潜力。

7.2.3.2 响应时间

响应时间是电致变色材料/器件从漂白状态（彩色状态）变为彩色状态（漂白状态）达到90%的全光调制所需的时间，反映了电致变色材料显/褪色的时间间隔。一般来说，响应速率与电解质离子的电导率、离子在薄膜层的扩散速率、薄膜层的厚度和形貌、施加电压的大小、材料或器件的尺寸有关。电致变色材料/器件具有较短的响应时代更令人向往。但是不同的应用要求不同，电致变色材料/设备视窗或能量储存装置可接受的开关时间以分钟为数量级，电致变色显示器通常需要在几秒（甚至几毫秒）内完成颜色切换，从而满足信息刷新频率的要求。

7.2.3.3 着色效率

着色效率（CE）在式（7-4）中的定义，表示光学以每一特征吸收波长调制单位面积的注入电荷，也表示插入或从电致变色膜中提取的每单位电荷（Q）的光密度（OD）的变化。其中 R_b 和 R_c 是电致变色装置在漂白和有色状态，Q 是在有色状态的注入的总电荷（mC），A 为有效面积（cm^2）。CE 是一个经典效率指数，具有更高 CE 的 ECD 需要更少的电荷来实现相同的光调制。高的 CE 值可提供大的光调制与小电荷插入或提取。显然，CE 越高的电致变色材料/器件由于能效更高而广受欢迎。

$$CE = \Delta OD \frac{Q}{A}$$

$$\Delta OD = \lg \frac{T_c}{T_b} \tag{7-4}$$

7.2.3.4 耐久性和寿命

耐久性指的是一种材料或器件承受不利外部环境的能力。在实际应用中，要衡量器件对外界环境（温度、湿度、辐射等）的适应性，材料本身的耐久性和器件的密封性决定器件的耐久性。合格的电致变色显示器应能够在某些极端工作条件下，如温度在 $-40 \sim 80℃$，湿度能达到 80%，甚至一定程度的外部力仍能继续运行。同时，有机材料一般光稳定性较差，像光降解、紫外线、氧气等对其性能都有影响，因此耐久性是必须考虑的因素。此外，寿命对于电致变色器件也是关键参数，以满足未来实际中高强度信息交换的需求应用，理想的 EC 显示器可逆性（循环寿命）应该达到至少 $10^4 \sim 10^6$ 个周期，没有明显的光学退化。

7.2.3.5　循环稳定性

电致变色器件在经历相当次数的疲劳测试后，其光学调节率的保持情况，包括电化学循环稳定性及机械循环稳定性。

7.2.3.6　光学记忆

当外场撤掉后，电致变色材料恢复初始光学态所需的时间，一般以褪色时间长、着色时间短为优。

7.2.4　电致变色材料

电致变色层是器件中的核心层，按材料可分为三类：第一类是有机电致变色材料，包括有机小分子、有机金属螯合物材料和聚合物材料，能够实现多颜色变化；第二类是无机电致变色材料，包括过渡金属氧化物，结构稳定，变色速度慢，受空气中水和氧影响较小，且几乎不受太阳光紫外线影响，具有较好的耐候性；第三类是复合电致变色材料。这些材料按照性能不同，可应用于不同领域。

7.2.4.1　有机电致变色材料

有机电致材料受到越来越多的关注，与无机物相比，其具有独特的优势。带隙的可调性、高稳定性、良好的着色效率、快速的切换时间、高灵活性、容易加工性和相对较低的成本。有机电致变色材料主要包括紫罗精类材料、有机金属螯合材料和有机电致变色聚合物。

紫罗精是一类含有 4,4-联吡啶的化合物，可在阳离子（V^{2+}）和自由基阳离子（$V^+ \cdot$）之间表现出可逆的氧化还原化学反应，从而产生不同的显色物质。镜泰（Gentex）公司已经将紫罗精电致变色设备商业化，用于波音 787 飞机的智能窗户。

一些有机金属螯合材料也被用作电致变色材料，由位于中心的金属原子和有机配位物组成，变色过程中有多个氧化还原过程，包含金属原子和配体配位物自身的氧化还原，例如，多吡啶和钌的复合体，中心原子 Ru 的氧化还原对 $Ru^{3+/2+}$ 位于 +1.32V，配位物也有两个氧化还原对，所以这类材料颜色丰富，能够实现多颜色变化。一个化学反应例子是由金属多吡啶配合物提供的 $[M(bipy)_3]^{2+}$（M 为 Fe^{2+}，Ru^{2+}，Os^{2+}；Bipy = 2，2-联吡啶），其中从金属到配体电荷转移导致很强的可见吸收带。这种吸收在 +3 价中很容易淬灭氧化态，即在络合物氧化时可触发强烈的电致变色反应。

研究最为广泛成熟的是有机电致变色聚合物，它是一种长链共轭体系，其带隙通常为 $0.5 \sim 3.0eV$，由于其刚性芳香结构，聚合物通常不可溶或不可加工，因此必须直接在底物上聚合以制备电致变色器件。电致变色聚合物材料自 20 世纪 70 年代发展起来，价格便宜，易进行分子设计，质量轻，柔性大，颜色多样，同时可逆氧化或还原反应，变色速度快。但其耐水、耐氧及抗紫外性能较差。20 世纪 80 年代，共轭聚合物电致变色材料飞速发展。主要是一些结构稳定的杂环芳香族材料，如聚噻吩、聚吡咯、聚苯胺、聚呋喃、聚咔唑、聚吲哚等，这些单体及其衍生物通过化学或电化学氧化形成相应的聚合物薄膜。例如，聚苯胺是一种比较典型的阳极导电聚合物，在氧化还原过程中可稳定呈现多种颜色。在完全还原状态下显示淡黄色，施加一定电压后，在部分氧化状态下显示绿色或蓝色，再继续施加电压，在全氧化状态下显示蓝紫色，电致变色功能主要通过改变电压，从而改变掺杂状态，引起带隙变化来实现不同颜色的转变。因为电化学掺杂可改变其 π 共轭体系的结构，引起其带隙和光学对比度的变化。由于这种机制，这些系统的电致变色性能对所使用单体的类型及其共轭长度、取代基团/侧链及其在聚合物中的立体规则性和位阻效应的变化非常敏感。电致变色聚合物材料在新型显示、伪装、智能材料等方面具有潜在的应用价值。然而，有机电致变色材料仍然面临着挑战，其较差的化学和循环稳定性以及黏接性在很大程度上阻碍了其商业化应用。

7.2.4.2 无机电致变色材料

无机电致变色材料发展比较早，技术相对成熟，化学稳定性好，应用较广泛。无机电致变色材料主要包括过渡金属氧化物，结构稳定，变色速度慢，受空气中水和氧影响较小，几乎不受太阳光紫外线影响。无机电致变色材料通常具有良好的稳定性和可靠性，但存在颜色单调、响应时间慢和制造成本高等问题。相比之下，虽然有机电致变色材料具有容易加工、高颜色对比度和快速响应时间，但它们在耐热性、化学稳定性和器件耐用性方面通常较差。进一步提高现有无机变色材料的性能也成为人们的研究热点。

过渡金属氧化物和普鲁士蓝（六氰化铁）基体系形成了两大类无机电致变色材料。这两种系统由于其优异的光化学稳定性和易在与其制造相关的大面积电极上沉积而成为最受欢迎的材料。过渡金属氧化物着色是由于在阴极或阳极偏置下同时注入电子和离子而产生的，见无机氧化物电致变色机理部分。WO_3、Nb_2O_5、TiO_2、MoO_3 和 Ta_2O_5 是阴极变色材料，其中 WO_3 是阴极变色材料的代表，被广大研究者研究最多。阳极电致变色材料主要是第Ⅷ族过渡族金属氧化物，NiO、Co_3O_4、IrO_2、Rh_2O_3、MnO_2 等，其中 NiO 和 IrO_2 基体系被广泛研究，它们都可以在 H^+ 脱嵌后从透明状态变为中性色。但 IrO_2 由于使用 Ir 成本高、储量有限而具有局限性。此外，NiO 还可以作为离子存储层，发挥其颜色重叠的互补效应。V_2O_5 在过渡金属氧化物中是特殊的存在，因为它既可阳极变色，也可表现出阴极着色，这取决于它的氧化状态。另一类重要的无机电致变色材料是基于普鲁士蓝及其衍生物，它是混合价态的复合物，由电子活性金属亚晶格和由八面体单元氰化物桥接网络构建的开放式 3D 框架结构组成。这些材料表现出的强烈蓝色是由于混合氧化态之间的价电子转移铁原子导致的。与 V_2O_5 性能类似，普鲁士蓝也可以同时表现出阴极和阳极着色：氧化生成绿色，还原形成白色。普鲁士蓝型材料与金属氧化物材料相比，最主要的优势是快速地变换颜色，原因主要来自普鲁士蓝型材料的开放式框架结构。但是在电致变色过程中，单调的颜色变化限制了普鲁士蓝型材料的进一步应用。

7.2.4.3　复合电致变色材料

由于单一的电致变色材料都存在各自的缺陷，难以实现优异的综合电致变色性能，因此研究者制备了大量的复合电致变色材料。复合电致变色材料是电致变色技术发展的新趋势，也是实现商业化的有效途径之一。很多研究结果表明，复合电致变色材料可克服单一材料存在的缺陷，复合材料相对于单一材料具有更加优异的切换时间、循环可逆性、光调制和着色效率。复合电致变色材料合理利用各种材料的优点，实现电致变色性能的最优化。目前复合电致变色材料主要有无机/无机复合电致变色材料和无机/有机复合电致变色材料。

无机/无机复合电致变色材料采用两种无机材料复合的方法，可改善单一的无机电致变色材料颜色种类变化少、光学调制范围小、变色速度慢、循环性能差等缺陷。如帕蒂尔（Patil）制备了 TiO_2 掺杂 WO_3 的薄膜，通过调节 TiO_2 的掺杂量，可控制 WO_3 的结晶性能，从而提高 WO_3 的电致变色性能。

无机/有机电致变色材料可整合无机框架材料的硬度和热稳定性，有机材料的柔韧性、多变色性、良好的导电性等特点，实现电致变色材料的变色种类多、变色速度快和循环稳定性好等特点。如索娜范恩（Sonavane）等采用两步法，先在 FTO 上沉积一层 NiO 薄膜，然后用化学浴沉积方法在 NiO 薄膜上沉积一层 PANI 薄膜，制备了 NiO/PANI 复合薄膜，这种复合材料呈现了较快的转变速度和较大的光学调制范围以及较高的变色效率。

7.2.5　电致变色器件

柔性电致变色器件的结构通常有三种：分层设计、横向结构设计和纤维结构设计。

（1）分层设计

在分层设计中，主要包括三明治 5 层结构：最外两层导电层；次外层电致变色层，电致变色层是电致变色器件的核心部分；离子存储层；中间电解质层（电致变色层着色和褪色时提供或输送离子）。电致变色层和电解质被夹在工作电极和对电极之间，主要用于电致变色器件，允许最大的活性颜色面积和最佳的离子扩散。引用柔性的最简单方法是用柔性塑料基板（如 PET）代替刚性玻璃基板。同时沉积透明导电氧化物氧化铟锡（ITO）薄膜作为导电层，但它有许多缺点，如制备工艺复杂、电导率低、成本高。此外，ITO 不是完全柔性的，当弯曲半径在 1cm 以上时，薄膜的电阻显著增加了几个数量级。为了克服这些缺点，几种候选材料如金属网格和金属纳米线、石墨烯和碳纳米管、有机聚合物和混合电极已被广泛研究用于替代 ITO 基透明电极。王（J. L. Wang）等采用 Ag 纳米线作为透明电极，制备了透明电极层状固体电致变色器件，其中银纳米线和 $W_{18}O_{49}$ 纳米线作为大面积共组装工作电极，ITO-PET 薄膜作为对电极，凝胶电解质主要采用高氯酸锂和聚甲基丙烯酸甲酯。使用碳酸丙烯酯进一步提高了安全性和机械稳定性。利用层层自组装技术制备不同层的 $W_{18}O_{49}$ 纳米线电致变色层，进一步优化电致变色性能。即使在弯曲状态下，器件仍表现出优异的电致变色性能且响应时间快，为大面积柔性电致变色器件铺平了道路。崔（D. Soo Choi）等利用射频溅射系统沉积无机 WO_x 和 NiO 层在石墨烯/PET 上，采用 WO_x 电致变色电极和 NiO 对电极的分层设计，组装了柔性电致变色器件。虽然长期电致变色应用的耐久性和循环稳定性尚未得到解决，但石墨烯透明电极在可穿戴电致变色器件应用中已显示出巨大潜力。

反射电致变色装置是另一种分层设计。其中，电致变色材料暴露在最外层，因此衬底不再受透明度的影响。具有足够柔韧性的导电织物可用于制备超柔性电致变色器件。

2011年，索利纳（J. Molina）等对涤纶织物用聚苯胺进行化学氧化，得到聚苯胺涂层导电织物。研究了不同的酸性介质，以盐酸和硫酸的电导率最佳。导电织物还显示出明显的电致变色特性，在-1V时，颜色从绿色变黄，在+2V时，颜色变为深绿色。通过洗涤牢度试验和摩擦牢度试验对涂层的耐久性也进行了评价。

2011年，默尼耶（Meunier）等研制成功了第一代柔性纺织品电致变色器件。柔性电致变色纺织品显示器由一种新型的4层夹层结构组成，该结构包含具有电致变色化合物（普鲁士蓝）的薄间隔织物、导电层和两个电极。如果用低压电池供电，这种结构能够产生可逆的颜色变化，开关时间已经在类似的5s和4.5V下测量，通过色度监测颜色变化。

2012年，凯利（kelly）等以涂有聚氨酯的聚酯纤维作为电致变色织物的基底材料，将炭黑或银沉积在涤纶织物上作为下层导电电极，通过化学氧化法将聚合得到的聚苯胺包覆到非织造布的表面作为电致变色层，ITO/聚酯作为透明上层电极，组合成4层电致变色织物。当织物两端的电压从-3~3V变化时，织物颜色从绿色到蓝色变化，而且此电致变色织物为全固态柔性织物，避免了液态电解质封装泄漏等问题。

2018年，汉森（Reinack Varghese Hansen）等利用聚二乙炔功能化碳纳米管复合材料相互作用，制备具有吸引力的电致变色转变，保留了聚合物固有的从蓝色到红色多刺激色响应，同时潜在的导电碳纳米管也会引起电致变色。另外，干纺碳纳米管纱线的纤维形状有助于大规模电致变色织物的直接织造，其中电流和颜色变化可以精确控制。聚二乙炔功能化碳纳米管纱线灵活、可拉伸、可编织，甚至可以直接与智能纺织品等先进技术相结合。

2020年，迪贝（Amarish Dubey）研制的基于纺织品的电致变色显示器具有结构紧凑、坚固、柔韧、稳定等特点，开发了具有创新性且简化的器件结构，只有3层，包括显示电极、电解质容器和对电极。导电聚合物PEDOT：PSS作为导电和电致变色材料，涂覆在纺织基材上，作为电致变色器件不对称排列的电极的一侧，并通过实验找到了最适合作为电致变色容器的氨纶织物，采用半透膜浸透的生物相容性磷酸凝胶作为电致变色显示的离子传递介质。这种生物相容性离子传输介质夹在电致变色显示电极和铝片之间，用于这种手工制作的原始电致变色显示器。这种器件仅提供2.0V直流电源就能实现变色，同时经受多次循环运行和弯曲。研究还提出，另一种可能性是将PEDOT：PSS化合物沉积在纺织基材上，就是直接涂覆在纱线上，然后将它们通过编织生产显示电极，通过这种技术，也有可能开发混合显示器。但织物电致变色器件在某种程度上要承受必不可少的拉伸和扭曲，而且还没有克服它们与人体皮肤长期接触所引起的不适。

到目前为止，大多数可穿戴电子设备都是基于纱线或织物的。具有电子功能的单纤维是非常理想的，但仍然很难制造。周等制备了一种具有电致变色和超级电容两种电子功能的单纤维，其器件结构新颖，制备简便。该装置采用模板法在纤维表面生成两个线圈电极，然后在电极表面电化学沉积聚（3,4-乙烯二氧噻吩），再在整个纤维上涂上一层固体电解质。该纤维器件在 0.6V 电位下具有可逆的电致变色效应，响应时间短（＜5s），其比电容为 20.3F/g。另外两种功能可同时发生，互不干扰，这种电子纤维能用于可穿戴显示器、个人电源和防护服。李等利用不锈钢纤维做基底，聚（3,4-乙烯二氧噻吩）、聚（3-甲基噻吩）和聚（2,5-二甲氧基苯胺）三种电致变色材料通过电化学聚合快速沉积在不锈钢纤维表面，然后在电致变色层上涂覆聚合物凝胶电解质，并连续缠绕另一根更细的不锈钢丝。除了氧化态到还原态的颜色变化外，肉眼还观察到明显的红绿蓝（RGB）色和从灰色到深蓝色的渐变色现象。此外，这些电致变色纤维具有非常短的响应时间（毫秒级）和优异的柔韧性，即使发生弯曲和折叠也具有良好的结构稳定性。它们也可以植入织物中，通过调节电压和不同电路的并联，实现更多的颜色组合。

（2）横向结构设计

在横向结构设计中，电致变色电极和对电极并排放置，电解液放置在顶部的两个电极之上。与分层设计相比，横向设计可能承受高阻力扩展离子的扩散路径和小活性区域。更重要的是，横向设计具有较低的短路风险。在弯曲或进一步加工时，横向和分层形成很大的对比。通过分层设计，两个堆叠的电极很容易在机械过程中短路或与电解液层分离变形。因此，横向设计在可穿戴性上具有较高的实用性，可通过简单设计将横向配置的全固态电致变色织物装置组装在合成织物上。余等利用 ITO 液体前驱体通过模板在织物基材上喷射成间隔条状。然后，将电致变色聚合物喷涂到间隔 ITO 薄膜上形成绿色聚合物薄膜。最后，凝胶电解质滴涂在 ITO 薄膜和聚合物薄膜上，获得横向构型的电致变色器件。当施加一个正相电压时，电致变色器件发生从蔬菜绿色到土壤棕色的变化。当施加一个负相电压时，器件颜色恢复之前的变化。与层状反射织物相比，这些横向电致变色器件更薄、更灵活且更容易制作。此外，多色横向电致变色织物器件也可通过不同的电致变色材料涂层来构造电致变色层。这种方法也可用来制备大面积可穿戴电致变色织物，使得电致变色器件更适合用作伪装及其他更广泛的应用。

（3）纤维结构设计

纤维形式的电致变色器件正获得研究者越来越多的兴趣。由于它们具有高度的全方位灵活性，与分层和横向设计相比，纤维形状的电子器件可以很容易地编织或集成到服装、箱包等纺织品中，前景十分广阔。周等在纤维器件中设计了并排放置的平行电极，并进行了缠绕设计，氧化钨和聚（3-甲基噻吩）选择性地沉积到螺旋电极上，然后聚合物凝胶电解质覆盖整个纤维，完成独立式电致变色纤维器件。在不同的外加电压下，单个器件可在内部生成深绿色、金色和暗红色三种不同的颜色。另外，王等研究了红、绿、蓝三原色电致变色纤维器件，实现了全色彩显示，显示出巨大的应用前景。聚（3,4-乙烯二氧噻吩）、聚（3-甲基噻吩）和聚（2,5-二甲氧基苯胺）三种电致变色材料在不锈钢上进行电化学聚合，用于制造 RGB 纤维电致变色电极的钢丝，然后在电致变色层上覆盖聚合物固体电解质，用另一根不锈钢丝缠绕作为对电极。这些制备的电致变色纤维具有优异的性能，如开关时间快、柔韧性好、保色时间长、稳定性好，使其应用于下一代可穿戴电致变色器件装置中更有潜力。

7.2.6　电致变色的应用

灵活的电致变色器件组件的制作方便了其他电致变色应用。选择合适的灵活度，导电电极和固体或聚合物电解质，电致变色器件可加工成适合可穿戴应用的织物或纤维。通过选择能够独立控制可见光和近红外光透射率的电致变色材料，可组装具有热控制功能的电致变色器件。电致变色装置也可与能量收集装置集成，以实现自供电功能，电致变色智能窗被认为是一种极具发展前景的节能技术。

除在节能方面的应用外，电致变色在存储器、显示器、军事伪装设备、传感器、柔性可穿戴织物等诸多领域也受到了广泛关注。柔性、轻便的超级电容器具有优异的机械柔性和较好的容量，是可穿戴电子设备的理想电源。由于类似的夹层结构和电化学原理，电致变色器件可作为储能器件，进一步促进智能超级电容器的发展。然而，常用的平面结构集流器的刚度差、厚度大、负载表面积有限等固有特性严重限制了其应用。纤维电池/超级电容器有三种基本类型阳极电极和阴极电极的相对位置：平行、核—壳和缠绕设计。张等研究开发了一种新颖的可扩展缠绕纤维设计制造技术，在一个典型的制造过程中，碳纳米管（CNT）紧紧缠绕在拉伸的橡胶纤维上作为电流收集器，然后电沉积聚苯胺排列成 CNT/聚苯胺线状电致变色材料的 CNT 片复合电极。所期望的纤维形电致变色超级电容器涂覆两层碳纳米管/聚苯胺复合材料后，组装电极采用聚乙烯醇/磷酸凝胶电解质。所制备的混合超级电容器器件集成了电致变色功能，可在充放电过程中直观地显示能量水平。基于聚苯胺在不同电位下的氧化还原反应，复合电极在三种典型颜色（蓝色、绿色和浅色）之间改变颜色，这些电致变色纤维超级电容器可用作显示器件并具有能量存储功能，而且柔性好、可拉伸且稳定性好。这种基于纤维电致变色超级电容器为智能可穿戴电子设备的多功能储能系统提供了新的思路。

在医疗保健设施中，环境微生物是导致患者健康并发症甚至死亡的众多感染原因。检测污染表面上存在的病原体是至关重要的，尽管目前的微生物检测技术并不容易做到这一点，因为需要收集样本并将其转移到实验室。基于一种简单的声化学涂层工艺，智能医用织物能够通过简单的颜色变化来检测活细菌。普鲁士蓝纳米粒子（PB-NPs）化学涂覆在聚酯棉纺织品上，只需 15min，PB-NPs 的存在使纺织品具有强烈的蓝色和细菌感应能力。纺织品中的活细菌代谢 PB-NPs 并将其还原为无色的普鲁士白，可在不到 6h 的时间内用肉眼原位检测细菌的存在。智能纺织品对革兰氏阳性和革兰氏阴性细菌都很敏感，而革兰氏阴性细菌是大多数医院感染的原因。氧化还原反应是完全可逆的，纺织品通过与环境中的氧的再氧化恢复其最初的蓝色，使其能够重复使用。由于其简单性和多功能性，目前的技术可用于不同类型的材料，以控制和预防医院、工业、学校和家庭的微生物感染。目前的可穿戴技术通常体积庞大，限制了自由运动方式。2022 年，辛哈（Sneh Sinha）等制备了一种单层、疏水、印刷电致变色纺织品，以丝网印刷聚（3,4-乙烯二氧噻吩）：聚（苯乙烯磺酸盐）到聚（邻苯二甲酸乙酯）合成革上制造了一个全有机电致变色平面纺织装置。然后将有机变色共聚物喷涂到印刷的电极上，得到的器件以无线方式分别在-1V 和 2V 下在红色和蓝色之间切换。切换速度约 30s。同时柔性装置采用穿洞制造方法，通过隐藏所有电子连接在其背面，保持其"织物"的感觉，为显示器提供观的外观。另外用市售的织物保护器喷涂涂层，使装置具有疏水性。这种电致变色装置有望在任何基于纺织品的市场上实现灵活的显示应用，如自适应伪装。

7.2.7 展望

尽管纤维基电致变色器件的相关研究取得了令人兴奋的进展，但许多方面仍然面临着巨大挑战，离大规模商业化应用还有一定的距离。

电致变色材料还需要提升的方面有：新的电致变色材料的开发和运用；颜色多样性和丰富度；材料与织物的结合能力；材料的多功能附加应用；材料本身的稳定性和耐久性。

在电致变色器件方面，电致变色器件的响应速度和耐久性等问题仍有待解决。离子的嵌入程度和浓度直接影响电致变色的对比度、耐久性和显色效率。离子/电子在电致变色介质中的传输速率决定了整个电致变色器件的响应速率。因此，纤维基电致变色机理仍然需要深入研究。该研究为解决使用寿命、变色时间等实用型和多功能型纤维器件铺平道路，同时提高其循环稳定性和光学特性也是提高器件性能、实现应用的关键技术之一。纤维基电致变色器件目前在实验室中制备较多，实现大面积纤维器件的制备仍然面临巨大挑战，如响应慢、稳定性差、成本高。大面积纤维基电致变色器件的组装工艺仍然需发展和提高。如何优化电致变色织物结构，在器件尺寸扩大化的同时，保持着色的均匀性也需要深入研究。另外，许多柔性透明导电电极，如金属纳米线、金属栅格、石墨烯、碳纳米管、复合电极等已成功地应用于柔性电致变色器件，并具有良好的灵活性。然而，大多数报道的柔性电致变色器件只能在小角度范围内弯曲，这对智能纺织品来说是巨大的挑战，需要进一步改善。同时要防止电致变色层在长时间弯曲、拉伸、扭曲和折叠过程中与纤维脱节。最后，纤维器件的舒适性和透气性也是研究的重点，因为它们长期附着在人体皮肤上，可穿戴性至关重要。纤维基电致变色材料与器件优化整合的研究道路仍然险阻且漫长，电致变色发展需要全体研究人员和工程师共同努力。但我们相信，随着新的电致变色材料和先进技术的不断涌现，随着以上问题的解决，未来电致变色的研究将被推向崭新的高度。

7.3 纤维基电致发光器件

电致发光（electroluminescence）是一种将电能直接转化为光能的现象，它是指在某些特定材料中，当施加电场或电压时，材料会发出可见光或其他波长的光辐射。通过将发光器件与纤维或纺织品相结合，可创造出一种具有可调控光强、颜色等的电致发光纺织品。这种纺织品可通过外接控制器或利用外界环境刺激来实现对光的调控，广泛应用于人机交互、健康医疗以及室内设计等领域。根据制备工艺的不同，纤维基电致发光可分为两种：一种是将发光纤维编织到纺织品中，另一种是在普通纺织品表面上附载发光器件。其中，较为广泛研究的是将发光纤维编织到纺织品中的制备方法，这种方法具有可操作性强、使用方便、易实现智能化等特点，因此是目前研究最多的电致发光纺织品。然而，将电致发光技术与纺织品相结合仍然面临着许多挑战。其中之一是如何实现稳定的发光效果和优良的柔软性，以确保纤维器件在使用过程中不会受到损坏。另外，如何提高发光材料的耐久性、防水性和洗涤性也是亟待解决的问题。本节将详细介绍纤维基电致发光器件的发展历史以及当前所面临的机遇和挑战。

早在 1936 年，德斯里亚（George Destriau）在巴黎居里夫人的实验室研究某些金属合金的导电性时，发现其中的 ZnS 粉末层在交流电的刺激下会发光。此时，他便意识到这种现象有潜力成为一种方便的光源，并将其应用于交流电致发光箔的制作中。然而，最初的系统存在着光输出较低和耐用性有限的问题，这些因素限制了该概念的广泛应用。直到 20 世纪 50 年代，人们才对这种新效应有了基本的了解，派珀（Piper）和威廉姆斯（Williams）等开始建立最初的理论概念。

随着时间的推移，研究人员不断探索和研究其他类型的电致发光技术。其中包括直流粉末电致发光（DC-powder EL）、交流蒸发或溅射薄膜电致发光（AC-EL）以及直流注射发光（DC-EL）方法。在查德哈（Chadha）的研究中，对这些不同方法进行了全面的概述，详细介绍了各自的优点和缺点。其中 AC-EL 被认为是商业上最为成功的一种，尤其是在像素化字母数字显示方面。然而，对于追求高效能和令人满意的色彩表现的照明需求而言，这些方法都没有取得成功。因此，基于氢化镓（GaN）合金的半导体 P—N 结直流电致发光技术已经成为当前照明应用中的主流。

到目前为止，电致发光器件类型根据注入电流源的不同可分为直流电致发光和交流电致发光，根据器件结构不同，又可分为发光二极管（LED）、有机发光二极管（OLED）等，它们各自具有不同的器件结构、特点和适用范围。通过选择合适的发光器件，并采用相应的制备方法，可实现高效、可靠的纤维基电致发光器件的制备，纤维基电子器件的发展为发光器件带来了新的方向。发光器件在满足发光、显示要求的同时，还需要兼顾器件的柔性、稳定性与可穿戴性。纤维基器件相比传统的平面形态，具有更好的柔性，是一个具有巨大发展潜力的新方向。同时，随着技术的进一步发展，纤维基电致发光器件也逐渐应用于智能服装、可穿戴设备以及室内装饰等领域，为人们的生活带来了更多的便利和创新。

7.3.1　器件性能参数

电致发光材料及器件的性能可从发光性能和电学能量转换性能两方面来评价。发光性能主要包括发射光谱、发光亮度、发光效率、发光色度和发光寿命；而电学转换性能则包括电流密度、电压以及发光亮度三者之间的关系等，这些都是衡量电致发光材料和器件性能的主要参数。

7.3.1.1　发射光谱

发射光谱是指在某一特定刺激源的激发下，发光材料所发射的不同波长的光强和能量分布，发射光谱的形状和峰值位置可粗略提供关于电致发光材料的性能和品质的信息。例如，发射光谱的半高宽可反映材料的发光效率和色纯度，而峰值位置和形状则与材料的能带结构和电荷输送性能有关。

7.3.1.2　发光亮度

发光亮度是指垂直于光束传播方向上单位面积的发光强度，通常使用坎德拉/平方厘米（cd/cm²）作为单位。光源辐射功率在特定方向上的密度。它与光源的辐射功率以及辐射光线的发射方向有关。一般来说，发光亮度越高，表示光源在特定方向上的光强度越大。

7.3.1.3　发光效率

发光效率是指在电场或电流激励下，通过电致发光机制以光的形式释放能量的效率。一般情况，用量子效率、功率效率及电流效率来衡量其优劣。量子效率是指器件向外发射光子数与注入的电子空穴对数量之比，又分为内量子效率（internal quantum efficiency，IQE）和外量子效率（EQE），内量子效率是指在器件内部产生的光子数与注入电子空穴对数量之比。内量子效率反映了载流子在器件内部复合发光的效率，是器件内部物理机制的体现。外量子效率是指器件外部的观测方向上射出器件的光子数与注入的电子空穴对数量之比。

功率效率（η_p）定义为输出光功率与输入电功率的比，即：

$$\eta_p = \frac{\phi}{P_E} = \frac{\pi SL}{IV}$$

式中：ϕ 为器件发射光通量；P_E 为输入电功率；S 为发光面积；L 为发光亮度；I 与 V 分别为输入电流及电压的大小。

功率效率单位为 m/W，一般提到发光器件的能量转换效率时，选择功率效率来描述。

电流效率（η_L）是指发射亮度（L）与注入电流密度（J）的比，即：

$$\eta_L = \frac{L}{J}$$

电流效率的单位为 cd/A，与器件的量子效率成正比。

7.3.1.4　发光色度

发光色度是指物体发出的光的颜色性质。光的颜色是由光的频率或波长决定的，不同频率或波长的光对应不同的颜色。在物体发光时，其发出的光可包含多个频率或多种波长的光，因此，可通过测量光谱来确定发光物体的色度。常用于表示发光色度的参数是光谱色温和色坐标，光谱色温以开尔文（K）为单位，用来描述光源发出的光的颜色温度，较高的色温（5000~6500K）对应较蓝的白色光，较低的色温（小于 3000K）对应较暖的黄色光。色坐标则使用国际照明委员会（CIE）*XYZ* 色彩空间、CIE RGB 色彩空间等来表示。这些色彩空间使用三个坐标值来描述颜色，其中 *X* 表示红色值，*Y* 表示绿色值，*Z* 表示蓝色值。通常用 *XY* 两个色品就可以表示颜色。显示器是由红、绿、蓝三种基本颜色组成，一般希望这三种发光的颜色越饱和越好，其光谱宽度越窄越好，一个显示器的好坏也可用色彩饱和度来判定。需要注意的是，发光色度是一个相对的概念，不同人的感知能力和不同光源的影响都会对颜色的感知产生影响。

7.3.1.5　发光寿命

电致发光器件的寿命是指在恒定电流或电压驱动下，器件亮度降低到初始亮度的 50% 所需的时间。作为产业化的指标之一，当前要求商用电致发光器件的连续使用寿命达到 10000h

以上。通常情况下，电致发光器件会因工作时间的延长而逐渐衰退，即老化现象。影响器件寿命的主要原因包括水和氧分子的渗入，导致电极腐蚀和有机材料功能损坏。此外，较大的载流子注入势垒也会缩短器件的寿命。为延长电致发光器件的寿命，可采取一些方法，例如，控制水和氧分子的入侵，通过改进封装材料和技术来减少对器件的影响或合理降低驱动电流，提高电流效率，可在一定范围内延长器件的寿命。不过需要注意的是，过低的电流可导致亮度降低或性能下降，所以需要在保证正常工作的前提下进行合理调整。

7.3.1.6 电流密度及亮度与电压特性曲线

通过测量电压、电流和亮度等参数可深入了解电致发光器件的发光机理。常用的有电流密度—电压（J—V）特性曲线和亮度—电压（B—V）特性曲线。

电流密度—电压特性曲线是通过在不同电压下测量器件的电流密度来研究其工作特性。该曲线可以帮助人们了解器件内部的电学性能，进而推导出器件的导电性质和能耗情况。这对于设计优化电路和驱动方案具有重要意义。

亮度—电压特性曲线则是通过在不同电压下测量器件的亮度来研究其发光性能。通过分析这条曲线，可判断器件的开启电压及亮度随电压变化的趋势和特点，一般将器件的发光亮度达到 $1cd/m^2$ 时对应的电压称为开启电压。

除电流密度—电压特性曲线和亮度—电压特性曲线外，还有其他一些参数可用于分析电致发光器件的发光机理，如时域发光特性、频域发光特性等。这些基于实验数据的分析方法可提供客观而直观的视角，帮助人们更好地理解和改进电致发光器件的性能和可靠性。

7.3.2 发光器件

直流电致发光是指通过直流电激发材料发光的现象。在直流电致发光器件中，常用的是发光二极管（LED）和有机发光二极管（OLED）。LED 是一种半导体器件，它能够将电能转换为可见光。当正向电压施加到 LED 器件上时，电子与空穴在半导体结合区复合并释放能量，导致发光现象。LED 具有高效率、长寿命、省电等优点，因此被广泛应用于照明、显示、指示等领域。OLED 则是利用有机化合物或聚合物作为发光材料的器件，当施加电压时，电子和空穴在有机薄膜中相遇并发生复合，从而发光，OLED 具有自发光、柔性、广视角等特点，因此适用于显示屏及电子产品等领域。

7.3.2.1 直流发光二极管

发光二极管（LED）结构与普通二极管相似，都由 P—N 结组成，具有单向导电性。在正向电压作用下，从 P 区注入 N 区的空穴和从 N 区注入 P 区的电子在 P—N 结附近复合，产生自发辐射的荧光。不同的半导体材料中，电子和空穴的能量状态不同，复合释放的能量不同，导致发出的光的波长不同。发光二极管常用于发红光、绿光或黄光。值得注意的是，发光二极管的反向击穿电压大于 5V，而其正向伏安特性曲线陡峭，因此需要串联限流电阻以控制通过二极管的电流。发光二极管的关键部分是由 P 型半导体和 N 型半导体构成的晶片，这两者之间存在一个过渡层，即 P—N 结。在某些半导体材料的 P—N 结中，当少数载流子与多数载流子复合时，会释放出多余的能量，转化为光能。在反向电压下，少数载流子难以注入，因此 LED 不发光。而在正向工作状态下，即两端加上正向电压时，电流从阳极流向阴极，半导体晶体会发出从紫外到红外等不同颜色的光线，光的强弱与电流大小相关。近年来，由于发光器件微型化和纤维生产工艺的进展，研究人员已经成功开发出多种基于 LED 结构材料的智能发光纤维制备技术，例如，使用热拉伸技术可在单根纤维中嵌入数百个 LED 或光探测器，实现信息通信。将 LED、铜或钨金属线嵌入聚碳酸酯预制棒中，然后通过热拉伸过程，在一定温度下对预制棒进行处理。通过拉伸，LED 被均匀分散在纤维中，并与金属线接触形成导电通路，最终制备的器件具有优异的防水性能。纤维基材料尤其是机织物独特的经纬交错结构给予纤维基 LED 器件很好的构筑思路，例如，将纺织照明/显示器安装在铜纤维上，并由棉纤维逐行不对称编织［纤维基发光二极管（F-LED）与棉纤维的比为 1 : 3］，可制备出 120 × 65 × RGB（2.34 × 10^4 子像素）的 LED 织物。基于传统 LED 结构的纤维基发光器件具有很多优势，但其制备环境要求较高，过程较为复杂（图 7-4）。

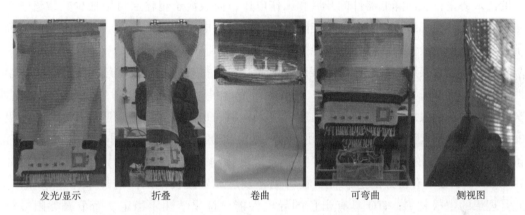

| 发光/显示 | 折叠 | 卷曲 | 可弯曲 | 侧视图 |

图 7-4　LED 智能显示纺织品展示系统在折叠、弯曲、滚动和壁挂式系统侧视图中的机械稳定性

7.3.2.2　直流聚合物发光二极管

20 世纪 80 年代末开始，有机电致发光二极管（OLED）逐渐演变成为一种卓越的新型平板显示器。它在广泛的应用前景和多年来的科研技术的推动下，成为平板显示领域的领导者。早在 1936 年，科研人员就发现了有机电致发光器件的发光原理。然而，在当时，该项技术的发展受到了许多技术问题的限制。直到美国柯达公司成功开发出 OLED 器件后，它才引起了人们的充分关注。随着信息化时代的迅猛发展，人们对高速动态信息、新型固态照明光源以及大面积平板显示的需求不断增长。作为一个充满活力的新兴产业，有机电致发光器件正在加快其开发、研制和生产的步伐。OLED 按照分子大小又可分为小分子 OLED 与聚合物 OLED（又称 PLED），其工作机理概述如下。

在外加电场的作用下，载流子从阳极和阴极注入有机层。随着外加电场的驱动，载流子向发光层迁移。然而，由于有机半导体薄膜结构的无序性，有机半导体层中会出现许多陷阱，这些陷阱很容易俘获载流子，导致大量的空间电荷在其内部堆积，积累的电荷限制了电流的通过，形成了空间电荷限制效应。在有机半导体层中，空穴和电子在迁移过程中受库仑引力的作用相互靠近并被束缚在一起，形成激子。单线态激子的寿命较短，激子迁移长度通常不超过20nm。相比之下，三线态激子具有较长的寿命，其迁移长度可达约100nm。然而，在迁移过程中，激子容易被捕获并失去能量。激子将能量传递给发光材料，从而激发有机发光分子，激发的电子会从基态跃迁到激发态。此时，激子处于不稳定状态，寿命很短，容易返回基态。能量的释放可通过辐射跃迁产生荧光发射或磷光发射，也可通过振动弛豫、内部转换、系间窜越等方式消耗能量。

OLED器件根据器件层数可分为单层结构与多层结构器件，ITO阳极和金属阴极之间只有有机发光薄膜，构成了单层结构的PLED器件。在这种结构下，聚合物发光功能层同时具备传输空穴和电子传输层的多重功能。单层结构的PLED制备工艺简单，但大多数材料只适用于一种载流子的传输，因此会造成载流子注入不平衡，从而导致器件效率较低。多层结构器件上加入载流子注入层、载流子传输层及载流子阻挡层，器件中引入载流子注入层能降低载流子的注入势垒，从而降低器件的开启和工作电压，而载流子传输层可增加少数载流子在发光层中的注入密度，载流子阻挡层则能阻挡流往阳极的电子和流往阴极的空穴，从而提高载流子复合的概率，最终提高器件的发光效率。

材料的性能直接影响制造器件的表现。因此，对于材料的成膜性、热稳定性、光化学稳定性和结晶性等都需要满足一定要求。在选择阳极材料时，首先需要考虑其良好的导电性；其次，电极的功函数应尽可能高，以与空穴注入材料的最高占据分子轨道（HOMO）能级相匹配，从而促进空穴注入。主要有透明导电氧化物和金属两类材料可用作阳极材料。当前，制备电致发光器件较常使用的阳极材料是金属氧化物氧化铟锡（ITO），其功函数通常为$4.5\sim4.8eV$。ITO具有良好的透明性，在可见光及近红外波长范围内透过率可达80%以上，因此是理想的电极材料。ITO具有出色的导电性能，且化学性质稳定。而金属类阳极材料（如Au、Pt等）具有优良的导电性且功函数较高，但其透光率不高，为其局限之处。

对于阴极材料而言，其功函数较低，以促进电子的注入。常用的阴极材料包括Ba、Ca、Mg、Al等金属，在有机薄膜上通过真空蒸镀进行沉积。其中，Ba、Ca等金属具有较高的活性，容易被氧化或与水反应，因此Al成为较常用的阴极材料。

对于空穴传输材料而言，需要满足以下条件：①能够形成均匀的无定型薄膜；②具有合适的HOMO能级，保证空穴在界面的有效注入与传输；③具有很好的热稳定性和机械加工性。聚合物空穴传输材料稳定性要好，且容易加工成型，很多情况下，聚合物空穴传输材料还兼有发光性能。目前常见的空穴传输材料为聚对亚苯基乙烯（PPV）、三芳胺多聚体和聚合三芳胺衍生物。

电子传输材料除了需匹配上下层能级，还需具有以下性质：①具有较高的电子亲和能，有利于电子从阴极注入；②具有较高的电子迁移率，促使载流子保持平衡；③良好的成膜性、化学稳定性，有利于加工成膜以及具有较长的使用寿命。目前常用的电子传输材料多为8-羟基喹啉铝、噁二唑类、吡啶、喹噁啉及其他含氮杂环化合物。

发光材料种类众多，根据器件制备工艺和器件应用性能的要求，对材料的选择不同。一般电致发光材料需要满足以下条件：①材料具有较好的半导体性质，载流子迁移率高；②材料的成膜性好，适合采用真空蒸镀或旋转涂布技术加工成膜；③材料制备成固体薄膜后，应具有高的荧光量子产率，荧光激发光谱主要分布可见光范围内；④热稳定性好，如较高的玻璃化温度等。电致发光材料按其分子量的大小可分为小分子电子发光材料与聚合物发光材料，常见的小分子发光材料有金属聚合物 4,4′-N, N′-二咔唑联苯（CBP）、3-（联苯-4-基）-5-（4-叔丁基苯基）-4-苯基-4H-1,2,4-三唑（TAZ），以及有机染料 DCM ［4-二氰基甲基-2-甲基-6-（P-二甲基胺苯乙烯）H-吡喃］ 等，聚合物发光材料有聚对亚苯基乙烯（PPV）及其衍生物、聚烷基芴（PF）及其衍生物、聚噻吩（TPH）及其衍生物、聚乙烯咔唑（PVK）、聚苯（PPP）及其衍生物和聚苯乙炔（PPE）及其衍生物等。

　　OLED 器件的功能层通常较薄（小于 100nm）且无缺陷，但纤维基材料具有可弯曲性且表面粗糙多孔，在其表面构筑纳米尺度且高度平整的薄膜具有很大挑战。早期的纤维基 OLED 器件使用 10^{-6} 托的真空热蒸发将功能层共形沉积在 480μm 厚的聚酰亚胺涂层二氧化硅纤维上制备，但由于纤维基材表面粗糙度太大，器件在低偏置时泄漏电流略大。为了解决这个问题，可采用多次浸涂法构筑功能层，例如，可浸涂导电聚合物聚（3,4-乙烯二氧噻吩）：聚苯乙烯磺酸盐（PEDOT：PSS）作为纤维 OLED 器件的透明阴极层，浸涂氧化锌纳米粒子（ZnO NPs）、聚乙烯亚胺（PEI）、超黄（super yellow，LUMO 能级约 -3.0 eV，HOMO 能级约 -5.4 eV）、氧化钼（MoO$_3$）及 Al 分别作为电子注入层（EIL）、电致发光层（EML）、空穴注入层（HIL）和阳极，最终构筑的纤维 OLED 器件可以 3.5mm 半径弯曲承受高达 4.3% 的拉伸应变。这种多次浸涂制备的 PEDOT：PSS 层可有效降低纤维表面粗糙度，在聚酰亚胺中掺杂 ZnO 可降低电极功函数（图 7-5）。

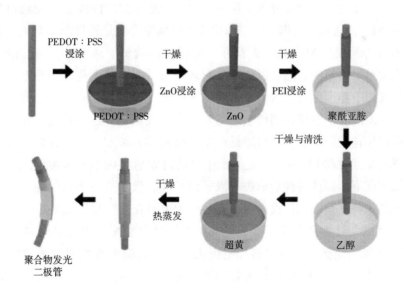

图 7-5　浸涂结合真空沉积法制备纤维 OLED

7.3.3 交流电致发光器件

20 世纪 80 年代初以来，基于掺锰硫化锌（即在 ZnS 中掺杂 Mn）的黄色单色器件开始商业化，并成功进入市场。随后，多种多色设备也于 1993 年开始推向市场。然而，由于长时间以来缺乏有效的蓝色荧光材料，全色设备的商业化一直被推迟。然而，有一种被认为是最有潜力的方法可实现全色显示，那就是利用两种具有宽发射带的磷光材料，通过发出白色光，然后通过滤色器来获得不同的颜色。这样就可实现全色显示器件的商业化，并为用户提供更丰富多彩的显示体验。

交流驱动的电致发光器件主要由电极、发射层和单层或多层绝缘介质组成，没有对能带匹配的关键要求，这有利于它们在大规模显示和柔性器件中的应用，其一直是直流驱动的有机发光二极管的潜在替代品，这些设备在 110V/220V/50Hz/60Hz 交流电源系统中集成的优点明显，且无须复杂的后端电子设备。其与直流驱动 OLED 相比，由于外加电场的频繁翻转，可有效避免电荷积累，从而提高功率效率和使用寿命。绝缘介质可有效消除直流注入，防止发射层与电极之间的电化学反应，防止发射层受到外界大气中水分和氧气的变质。然而，交流驱动发光器件固有的高驱动电压和低功率效率限制了其广泛应用。尽管研究人员已在这方面取得了一些显著进展，但仍需探索其中的主要问题。本节总结了提高交流驱动电致发光器件性能的不同策略，包括传统的夹层结构和基于多层结构的发光器件。如增强交流驱动电致发光器件周围的有效电场对于其性能非常重要，而电荷载流子的不平衡产生和注入是限制交流驱动发光器件性能的主要因素。

交流驱动发光器件按结构可分为交流驱动薄层发光（AC-TFEL）与交流电场驱动的发光二极管（AC-LED），这其中根据介电层数量又可分为多介电层器件与单介电层器件。具有多层介电层（通常为两层）的交流发光器件不会有电荷载流子从电极注入，在交流电场作用下，界面处或发射层内部的缺陷会以电荷的形式被激活，这些电荷作为热电子隧道进入发射层，冲击激发发射中心产生光，或形成带反电荷的激子，在复合后再发出光。由于器件的容性特性，绝缘介质层对于电场在器件上的均匀分布至关重要。这意味着高介电常数的绝缘体不仅能将电场聚焦在发射层上，还可降低产生光所需的外部驱动电压并提高击穿电压。对于单层介电材料的交流驱动 EL 器件，光的产生是通过发射层内激子的重组来实现的，这意味着在交流电场作用下，器件的性能取决于激子的形成。激子是由来自同一电极的双极电荷或来自外部电极的一种电荷和来自设备内部的另一种电荷在交流电压循环中形成的。因此，这种交流发光器件的发光性能取决于交流电场下不同极性电荷（电子和空穴）的有效产生或注入以及注入平衡。当然，发射材料和电极无疑也会影响电致发光性能。因此，实现高效的交流驱动发光器件需要考虑两个主要问题：选择高介电常数的介电材料；激子的有效产生。

传统交流驱动薄层发光器件结构包括两个电极层、两个介电层和磷光体发射层，这其中至少有一个电极层是透明的，以保证从荧光粉层发射的光的透射率，绝缘介质层起到阻止电荷穿透并保护器件不被击穿的作用。在交变电场的驱动下，器件结构可类比为三个电容器串联的电路，这意味着介电层的厚度和介电常数决定了发射层内部荧光粉颗粒周围的电场分布。在夹层交流驱动发光器件中，发光基于热电子冲击激发原理，包括四个连续的过程，即在交流电场作用下，界面处的电子向荧光粉层注入，注入的电子加速，高能电子冲击激发发光中心，从而引起发光中心能级的光学跃迁。在夹层交流驱动电致发光器件中，对电极的功函数没有苛刻的要求。借助磷光粒子在聚合物黏结剂中的均匀分散，光在整个发射层中发射，这与在 P—N 结界面上发射不同。最早的交流电致发光纤维便是基于该结构制备，基电极层使用导电纱线，其上涂覆一层绝缘浆料与 ZnS 电致发光浆料后，使用透明的不导电柔性封装层防止涂层受潮和磨损，外部缠绕细铜丝或镀银尼龙作为第二电极。采用该结构制备的器件需要高于 300Vrms 的电压驱动，且驱动电压为 370Vrms 时的亮度仅能达到 0.065lx，远远低于实际应用需求，其主要缺陷在于铜线电极部分阻挡了发射光，导致纤维中出现不连续的黑点。此外，外部缠绕的铜丝电极与功能导线之间的螺旋机械接触会导致器件性能的潜在不稳定性。为了解决上述问题，一种同轴全包覆结构发光纤维被提出，纤维采用高纵横比的银纳米线（AgNWs）作为内外电极，ZnS 作为活性荧光体，硅弹性体作为内部电介质隔离层和最外层封装层，这些材料均同心地沉积在聚对苯二甲酸乙二醇酯（PET）柔性纤维基底，最终纤维在 195V、2kHz 交流输入下可达 202cd/cm^2 的亮度。

在传统交流电致发光器件的基础上，人们进一步发展了另一种交流电场驱动的发光二极管（AC-LED），其发光机制在一定程度上类似于直流驱动的有机发光二极管（OLED），都是通过发射层中激子的辐射复合产生光发射，而不是热电子通过碰撞激发发射物。然而，在直流驱动的 OLED 中，层间能带的对齐要求可在 AC-LED 中得到缓解，因为其在电场频繁反向下运行。从结构上看，AC-LED 根据电介质层的不同可分为两种类型，一种是具有双层电介质的对称 AC-LED，另一种是具有单个电介质的非对称 AC-LED，该电介质位于发射层的下方或上方。在对称 AC-LED 中，可在发射层和电介质层之间插入载流子发生层，即空穴发生层（HGL）和电子发生层（EGL），以增强发射层中的载流子发生。而在结构更简单的非对称 AC-LED 中，空穴和电子可从同一电极交替注入，其注入方向取决于电场的不同。然而，这种 AC-LED 的工作方式，其中一种类型的电荷在设备内部产生，另一种电荷从外部电极注入，可能导致两种电荷浓度不匹配，因此增强电荷浓度平衡对于实现驱动电压低、亮度高和功率效率高的 AC-LED 至关重要。该结构中，使用柔性液态金属作为电极可增加电流和亮度。液态金属阴极与使用蒸镀金属阴极相比，金属—有机界面上可产生更清晰的界面，因为液态阴极中的金属原子紧密结合在一起，提供了一个能量屏障，以最小化金属原子向聚合物的扩散。例如，采用共静电纺技术将液态金属封装到钌金属配合物聚合物（iTMC）外壳中，而后在最外部涂层高导电和透明的氧化铟锡作为阳极，可制备高柔性的交流电致发光纱线，这其中离子输送材料（iTMC）支持三种离子的空间电荷效应，包括电荷注入、电荷传输和发射复合作用，在两个耐空气电极之间的单层 iTMC 中表现出发光特性（图 7-6）。

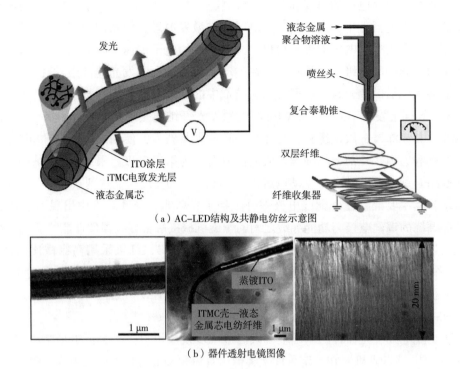

（a）AC-LED结构及共静电纺丝示意图

（b）器件透射电镜图像

图 7-6　AC-LED 器件示意图

7.4　本章小结

执行与显示器件是智能和交互式软机器人系统的核心部件，提供了形状变形、操作和可视化的能力。聚合物纤维可通过进一步功能化和结构设计取代传统的刚性驱动器和显示器。纤维基执行与显示器件具有更高的集成性和可纺性，是未来柔性机器人和智能纺织品的理想材料。目前，有关纤维基的人工肌肉和电致发光变色器件研究范围比较广泛，也取得了不错的进展。总的来说，在最佳的输出性能上已经可媲美天然肌肉和一般的刚性显示器，但是在重复稳定性方面还有所欠缺，距离取代现有的执行器和驱动器应用在实际生活中还有一定距离。

思考题

1. 目前研究的纤维基人工肌肉按照纤维的类型可分为几类？
2. 简述纤维基人工肌肉的驱动原理。
3. 纤维基人工肌肉的驱动方式有哪些？
4. 在建立纤维基人工肌肉的动力学模型时遇到了哪些困难？

思考题答案

5. 适用于人工肌肉的常见应用有哪些？

6. 什么是电致变色？

7. 电致变色材料有哪些？

8. 电致变色的性能参数有哪些？

9. 简述有机材料电致变色的机理。

10. 表征发光器件的性能参数有哪些？

11. 目前商用的 OLED 器件多使用真空蒸镀的方法加工制备，为何纤维基 OLED 器件不使用相同的方式生产？

12. OLED 器件中电子与空穴传输层的作用是什么？

13. 为何常用锂、镁、钙、铝等金属制备 OLED 器件阴极材料？

参考文献

[1] HAINES C S, LIMA M D, LI N, et al. Artificial muscles from fishing line and sewing thread [J]. Science, 2014, 343(6173): 868-872.

[2] CHEN J H, XU M Y, PAKDEL E, et al. Performance comparison of coiled actuators made of PA6 single fiber and yarn [J]. Sensors and Actuators A: Physical, 2022, 346: 113822.

[3] YUAN J K, NERI W, ZAKRI C, et al. Shape memory nanocomposite fibers for untethered high-energy micro-engines [J]. Science, 2019, 365(6449): 155-158.

[4] KANIK M, ORGUC S, VARNAVIDES G, et al. Strain-programmable fiber-based artificial muscle [J]. Science, 2019, 365(6449): 145-150.

[5] WANG Y P, LIAO W, SUN J H, et al. Bioinspired construction of artificial cardiac muscles based on liquid crystal elastomer fibers [J]. Advanced Materials Technologies, 2022, 7(1): 2100934.

[6] LIU H Z, XIN Y M, LOU Y, et al. Liquid metal gradient fibers with reversible thermal programmability [J]. Materials Horizons, 2020, 7(8): 2141-2149.

[7] SHU J, GE D, WANG E L, et al. A liquid metal artificial muscle [J]. Advanced Materials, 2021, 33 (43): e2103062.

[8] KIM D, KIM B, SHIN B, et al. Actuating compact wearable augmented reality devices by multifunctional artificial muscle [J]. Nature Communications, 2022, 13: 4155.

[9] NAM S, SEO B R, NAJIBI A J, et al. Active tissue adhesive activates mechanosensors and prevents muscle atrophy [J]. Nature Materials, 2023, 22(2): 249-259.

[10] CHENG H H, HU Y, ZHAO F, et al. Moisture-activated torsional graphene-fiber motor [J]. Advanced Materials, 2014, 26(18): 2909-2913.

[11] LIMA M D, LI N, JUNG DE ANDRADE M, et al. Electrically, chemically, and photonically powered torsional and tensile actuation of hybrid carbon nanotube yarn muscles [J]. Science, 2012, 338(6109): 928-932.

[12] CHEN P N, XU Y F, HE S S, et al. Hierarchically arranged helical fibre actuators driven by solvents and vapours [J]. Nature Nanotechnology, 2015, 10(12): 1077-1083.

[13] WANG Y L, QIAO J, WU K J, et al. High-twist-pervaded electrochemical yarn muscles with ultralarge and fast contractile actuations [J]. Materials Horizons, 2020, 7(11): 3043-3050.

［14］ JIA T J, WANG Y, DOU Y Y, et al. Moisture sensitive smart yarns and textiles from self-balanced silk fiber muscles ［J］. Advanced Functional Materials, 2019, 29(18): 1808241.

［15］ DONG L Z, QIAO J, WU Y L, et al. Programmable contractile actuations of twisted spider dragline silk yarns ［J］. ACS Biomaterials Science & Engineering, 2021, 7(2): 482-490.

［16］ WANG W, XIANG C X, LIU Q Z, et al. Natural alginate fiber-based actuator driven by water or moisture for energy harvesting and smart controller applications ［J］. Journal of Materials Chemistry A, 2018, 6(45): 22599-22608.

［17］ WANG Y, WANG Z, LU Z, et al. Humidity- and water-responsive torsional and contractile lotus fiber yarn artificial muscles ［J］. ACS Applied Materials & Interfaces, 2021, 13(5): 6642-6649.

［18］ REN M, QIAO J, WANG Y L, et al. Strong and robust electrochemical artificial muscles by ionic-liquid-in-nanofiber-sheathed carbon nanotube yarns ［J］. Small, 2021, 17(5): e2006181.

［19］ LI S T, ZHANG R, ZHANG G H, et al. Microfluidic manipulation by spiral hollow-fibre actuators ［J］. Nature Communications, 2022, 13: 1331.

［20］ LIU H, LUO H, HUANG J Y, et al. Programmable water/light dual-responsive hollow hydrogel fiber actuator for efficient desalination with anti - salt accumulation ［J］. Advanced Functional Materials, 2023, 33(33): 2302038.

［21］ HOU W H, WANG J, LV J A. Bioinspired liquid crystalline spinning enables scalable fabrication of high-performing fibrous artificial muscles ［J］. Advanced Materials, 2023, 35(16): e2211800.

［22］ ZHU P G, CHEN R F, ZHOU C M, et al. Bioinspired soft microactuators ［J］. Advanced Materials, 2021, 33(21): e2008558.

［23］ SHARAFI S, LI G Q. A multiscale approach for modeling actuation response of polymeric artificial muscles ［J］. Soft Matter, 2015, 11(19): 3833-3843.

［24］ KIANZAD S, PANDIT M, BAHI A, et al. Nylon coil actuator operating temperature range and stiffness ［C］// SPIE Proceedings", "Electroactive Polymer Actuators and Devices (EAPAD) 2015. San Diego, California, USA. SPIE, 2015: 459-464.

［25］ YANG Q X, LI G Q. A top-down multi-scale modeling for actuation response of polymeric artificial muscles ［J］. Journal of the Mechanics and Physics of Solids, 2016, 92: 237-259.

［26］ MURIN J, GOGA V, HRABOVSKY J, et al. Measurement and numerical analysis of the artificial muscles made of fishing line ［J］. Advanced Materials Letters, 2017, 8(5): 635-640.

［27］ QUAGLIERINI J, ARROYO M, DESIMONE A. Mechanics of tubular meshes made of helical fibers and application to modeling McKibben artificial muscles ［C］//2023 IEEE International Conference on Soft Robotics (RoboSoft). Singapore, Singapore. IEEE, 2023: 1-6.

［28］ CHARLES N, GAZZOLA M, MAHADEVAN L. Topology, geometry, and mechanics of strongly stretched and twisted filaments: Solenoids, plectonemes, and artificial muscle fibers ［J］. Physical Review Letters, 2019, 123(20): 208003.

［29］ CUI B, REN M, DONG L Z, et al. Pretension-free and self-recoverable coiled artificial muscle fibers with powerful cyclic work capability ［J］. ACS Nano, 2023, 17(13): 12809-12819.

［30］ DI J T, FANG S L, MOURA F A, et al. Strong, twist-stable carbon nanotube yarns and muscles by tension annealing at extreme temperatures ［J］. Advanced Materials, 2016, 28(31): 6598-6605.

［31］ CHU H T, HU X H, WANG Z, et al. Unipolar stroke, electroosmotic pump carbon nanotube yarn muscles ［J］. Science, 2021, 371(6528): 494−498.

［32］ CHENG H H, LIANG Y, ZHAO F, et al. Functional graphene springs for responsive actuation ［J］. Nanoscale, 2014, 6(19): 11052−11056.

［33］ GU X G, FAN Q X, YANG F, et al. Hydro−actuation of hybrid carbon nanotube yarn muscles ［J］. Nanoscale, 2016, 8(41): 17881−17886.

［34］ WANG W, XIANG C X, SUN D M, et al. Photothermal and moisture actuator made with graphene oxide and sodium alginate for remotely controllable and programmable intelligent devices ［J］. ACS Applied Materials & Interfaces, 2019, 11(24): 21926−21934.

［35］ HU X, LI J, LI S, et al. Morphology modulation of artificial muscles by thermodynamic−twist coupling ［J］. National Science Review, 2023, 10(1): 196.

［36］ ZHANG X A, YU S J, XU B B, et al. Dynamic gating of infrared radiation in a textile ［J］. Science, 2019, 363(6427): 619−623.

［37］ PLATT J R. Electrochromism, a possible change of color producible in dyes by an electric field ［J］. The Journal of Chemical Physics, 1961, 34(3): 862−863.

［38］ DEB S K. A novel electrophotographic system ［J］. Applied Optics, 1969, 8(101): 192−195.

［39］ PETERS A, BRANDA N R. Electrochromism in photochromic dithienylcyclopentenes ［J］. Journal of the American Chemical Society, 2003, 125(12): 3404−3405.

［40］ PARDO R, ZAYAT M, LEVY D. Photochromic organic−inorganic hybrid materials ［J］. Chemical Society Reviews, 2011, 40(2): 672−687.

［41］ 张淑芬, 刘俊龙, 杨锦宗. 对苯磺酰烷基胺偶氮−2−萘酚系聚丙烯纤维用橙色染料的合成及应用 ［J］. 染料工业, 2002, 39(3): 17, 18−19.

［42］ 张凤, 管萍, 胡小玲. 有机可逆热致变色材料的变色机理及应用进展 ［J］. 材料导报, 2012, 26(9): 76−80.

［43］ ZHANG J, TU J P, XIA X H, et al. Hydrothermally synthesized WO_3 nanowire arrays with highly improved electrochromic performance ［J］. Journal of Materials Chemistry, 2011, 21(14): 5492.

［44］ ASSIS L M N, PONEZ L, JANUSZKO A, et al. A green−yellow reflective electrochromic device ［J］. Electrochimica Acta, 2013, 111: 299−304.

［45］ YUN T Y, LI X L, BAE J, et al. Non−volatile, Li−doped ion gel electrolytes for flexible WO_3−based electrochromic devices ［J］. Materials & Design, 2019, 162: 45−51.

［46］ WANG H F, BARRETT M, DUANE B, et al. Materials and processing of polymer−based electrochromic devices ［J］. Materials Science and Engineering: B, 2018, 228: 167−174.

［47］ KIM J W, MYOUNG J M. Flexible and transparent electrochromic displays with simultaneously implementable subpixelated ion gel−based viologens by multiple patterning ［J］. Advanced Functional Materials, 2019, 29(13): 1808911.

［48］ SHI Y C, LIU J, LI M, et al. Novel electrochromic−fluorescent bi−functional devices based on aromatic viologen derivates ［J］. Electrochimica Acta, 2018, 285: 415−423.

［49］ PALENZUELA J, VIÑUALES A, ODRIOZOLA I, et al. Flexible viologen electrochromic devices with low operational voltages using reduced graphene oxide electrodes ［J］. ACS Applied Materials & Interfaces, 2014, 6

(16): 14562-14567.

[50] BALZANI V, JURIS A, VENTURI M, et al. Luminescent and redox-active polynuclear transition metal complexes [J]. Chemical Reviews, 1996, 96(2): 759-834.

[51] KAIM W. Concepts for metal complex chromophores absorbing in the near infrared [J]. Coordination Chemistry Reviews, 2011, 255(21/22): 2503-2513.

[52] SHANKAR S, LAHAV M, VAN DER BOOM M E. Coordination-based molecular assemblies as electrochromic materials: Ultra-high switching stability and coloration efficiencies [J]. Journal of the American Chemical Society, 2015, 137(12): 4050-4053.

[53] YAO C J, ZHONG Y W, NIE H J, et al. Near-IR electrochromism in electropolymerized films of a biscyclometalated ruthenium complex bridged by 1, 2, 4, 5-tetra(2-pyridyl)benzene [J]. Journal of the American Chemical Society, 2011, 133(51): 20720-20723.

[54] MOTIEI L, LAHAV M, FREEMAN D, et al. Electrochromic behavior of a self-propagating molecular-based assembly [J]. Journal of the American Chemical Society, 2009, 131(10): 3468-3469.

[55] PERNITES R B, PONNAPATI R R, ADVINCULA R C. Superhydrophobic-superoleophilic polythiophene films with tunable wetting and electrochromism [J]. Advanced Materials, 2011, 23(28): 3207-3213.

[56] BROOKE R, EVANS D, HOJATI-TALEMI P, et al. Enhancing the morphology and electrochromic stability of polypyrrole via PEG-PPG-PEG templating in vapour phase polymerisation [J]. European Polymer Journal, 2014, 51: 28-36.

[57] HU F, YAN B, REN E H, et al. Constructing spraying-processed complementary smart windows *via* electrochromic materials with hierarchical nanostructures [J]. Journal of Materials Chemistry C, 2019, 7(47): 14855-14860.

[58] ZHEN S J, XU J K, LU B Y, et al. Tuning the optoelectronic properties of polyfuran by design of furan-EDOT monomers and free-standing films with enhanced redox stability and electrochromic performances [J]. Electrochimica Acta, 2014, 146: 666-678.

[59] VERGHESE M M, RAM M K, VARDHAN H, et al. Electrochromic properties of polycarbazole films [J]. Polymer, 1997, 38(7): 1625-1629.

[60] NIE G M, WANG L, LIU C L. High performance electrochromic devices based on a polyindole derivative, poly(1H-benzo[g]indole) [J]. Journal of Materials Chemistry C, 2015, 3(43): 11318-11325.

[61] MORTIMER R J. Organic electrochromic materials [J]. Electrochimica Acta, 1999, 44(18): 2971-2981.

[62] MORTIMER R J, DYER A L, REYNOLDS J R. Electrochromic organic and polymeric materials for display applications [J]. Displays, 2006, 27(1): 2-18.

[63] BEAUJUGE P M, REYNOLDS J R. Color control in pi-conjugated organic polymers for use in electrochromic devices [J]. Chemical Reviews, 2010, 110(1): 268-320.

[64] ZHANG K, LI N, WANG Y, et al. Bifunctional urchin-like WO_3@PANI electrodes for superior electrochromic behavior and lithium-ion battery [J]. Journal of Materials Science: Materials in Electronics, 2018, 29(17): 14803-14812.

[65] BEAUJUGE P M, AMB C M, REYNOLDS J R. Spectral engineering in π-conjugated polymers with intramolecular donor-acceptor interactions [J]. Accounts of Chemical Research, 2010, 43(11): 1396-1407.

[66] SONMEZ G, SHEN C K F, RUBIN Y, et al. A red, green, and blue (RGB) polymeric electrochromic device

（PECD）：The dawning of the PECD era [J]. Angewandte Chemie (International Ed in English), 2004, 43 (12): 1498-1502.

[67] SONMEZ G, SHEN C K F, RUBIN Y, et al. The unusual effect of bandgap lowering by C60 on a conjugated polymer [J]. Advanced Materials, 2005, 17(7): 897-900.

[68] GRANQVIST C G. Oxide electrochromics: An introduction to devices and materials [J]. Solar Energy Materials and Solar Cells, 2012, 99: 1-13.

[69] GILLASPIE D T, TENENT R C, DILLON A C. Metal-oxide films for electrochromic applications: Present technology and future directions [J]. Journal of Materials Chemistry, 2010, 20(43): 9585-9592.

[70] GIANNUZZI R, SCARFIELLO R, SIBILLANO T, et al. From capacitance-controlled to diffusion-controlled electrochromism in one-dimensional shape-tailored tungsten oxide nanocrystals [J]. Nano Energy, 2017, 41: 634-645.

[71] COŞKUN Ö D, DEMIREL S, ATAK G. The effects of heat treatment on optical, structural, electrochromic and bonding properties of Nb_2O_5 thin films [J]. Journal of Alloys and Compounds, 2015, 648: 994-1004.

[72] CHEN J Z, KO W Y, YEN Y C, et al. Hydrothermally processed TiO_2 nanowire electrodes with antireflective and electrochromic properties [J]. ACS Nano, 2012, 6(8): 6633-6639.

[73] ZHANG W, LI H Z, FIRBY C J, et al. Oxygen-vacancy-tunable electrochemical properties of electrodeposited molybdenum oxide films [J]. ACS Applied Materials & Interfaces, 2019, 11(22): 20378-20385.

[74] CORBELLA C, VIVES M, PINYOL A, et al. Influence of the porosity of RF sputtered Ta_2O_5 thin films on their optical properties for electrochromic applications [J]. Solid State Ionics, 2003, 165(1/2/3/4): 15-22.

[75] YANG H, YU J H, SEO H J, et al. Improved electrochromic properties of nanoporous NiO film by NiO flake with thickness controlled by aluminum [J]. Applied Surface Science, 2018, 461: 88-92.

[76] XIA X H, TU J P, ZHANG J, et al. Fast electrochromic properties of self-supported Co_3O_4 nanowire array film [J]. Solar Energy Materials and Solar Cells, 2010, 94(2): 386-389.

[77] KO T F, CHEN P W, LI K M, et al. High-performance complementary electrochromic device based on iridium oxide as a counter electrode [J]. Materials, 2021, 14: 1591.

[78] BAI J, HAN S H, PENG R L, et al. Ultrathin rhodium oxide nanosheet nanoassemblies: Synthesis, morphological stability, and electrocatalytic application [J]. ACS Applied Materials & Interfaces, 2017, 9(20): 17195-17200.

[79] CHIGANE M, ISHIKAWA M. Manganese oxide thin film preparation by potentiostatic electrolyses and electrochromism [J]. Journal of the Electrochemical Society, 2000, 147(6): 2246.

[80] YAN T, CHEN S, SUN W, et al. IrO_2 Nanoparticle-decorated Ir-doped $W_{18}O_{49}$ nanowires with high mass specific OER activity for proton exchange membrane electrolysis [J]. ACS Applied Materials & Interfaces, 2023, 15(5): 6912-6922.

[81] TONG Z Q, LI N, LV H M, et al. Annealing synthesis of coralline V_2O_5 nanorod architecture for multicolor energy-efficient electrochromic device [J]. Solar Energy Materials and Solar Cells, 2016, 146: 135-143.

[82] MJEJRI I, ROUGIER A, GAUDON M. Low-cost and facile synthesis of the vanadium oxides V_2O_3, VO_2, and V_2O_5 and their magnetic, thermochromic and electrochromic properties [J]. Inorganic Chemistry, 2017, 56 (3): 1734-1741.

[83] QIU D, WU J, LIANG L Y, et al. Structural and electrochromic properties of undoped and Mo-doped V_2O_5 thin

films by a two-electrode electrodeposition [J]. Journal of Nanoscience and Nanotechnology, 2018, 18(11): 7502-7507.

[84] ZHANG C L, XU Y, ZHOU M, et al. Batteries: Potassium Prussian blue nanoparticles: A low-cost cathode material for potassium-ion batteries (adv. funct. mater. 4/2017) [J]. Advanced Functional Materials, 2017, 27(4): 1604307.

[85] ZHANG L Y, CHEN L, ZHOU X F, et al. Towards high-voltage aqueous metal-ion batteries beyond 1.5 V: The zinc/zinc hexacyanoferrate system [J]. Advanced Energy Materials, 2015, 5(2): 1400930.

[86] BUSER H J, SCHWARZENBACH D, PETTER W, et al. The crystal structure of Prussian Blue: $Fe_4[Fe(CN)_6]_3 \cdot xH_2O$ [J]. Inorganic Chemistry, 1977, 16(11): 2704-2710.

[87] LIAO H Y, LIAO T C, CHEN W H, et al. Molybdate hexacyanoferrate (MoOHCF) thin film: A brownish red Prussian blue analog for electrochromic window application [J]. Solar Energy Materials and Solar Cells, 2016, 145: 8-15.

[88] MORTIMER R J. Electrochromic materials [J]. Chemical Society Reviews, 1997, 26(3): 147-156.

[89] KO J H, YEO S, PARK J H, et al. Graphene-based electrochromic systems: The case of Prussian Blue nanoparticles on transparent graphene film [J]. Chemical Communications, 2012, 48(32): 3884-3886.

[90] SEELANDT B, WARK M. Electrodeposited Prussian Blue in mesoporous TiO_2 as electrochromic hybrid material [J]. Microporous and Mesoporous Materials, 2012, 164: 67-70.

[91] PATIL P S, MUJAWAR S H, INAMDAR A I, et al. Electrochromic properties of spray deposited TiO_2-doped WO_3 thin films [J]. Applied Surface Science, 2005, 250(1/2/3/4): 117-123.

[92] SONAVANE A C, INAMDAR A I, DALAVI D S, et al. Simple and rapid synthesis of NiO/PP_y thin films with improved electrochromic performance [J]. Electrochimica Acta, 2010, 55(7): 2344-2351.

[93] STEC G J, LAUCHNER A, CUI Y, et al. Multicolor electrochromic devices based on molecular plasmonics [J]. ACS Nano, 2017, 11(3): 3254-3261.

[94] QI G B, GAO Y J, WANG L, et al. Self-assembled peptide-based nanomaterials for biomedical imaging and therapy [J]. Advanced Materials, 2018, 30(22): e1703444.

[95] WU H, KONG D S, RUAN Z C, et al. A transparent electrode based on a metal nanotrough network [J]. Nature Nanotechnology, 2013, 8(6): 421-425.

[96] LI Y W, XU G Y, CUI C H, et al. Flexible and semitransparent organic solar cells [J]. Advanced Energy Materials, 2018, 8(7): 1701791.

[97] LEE J, LEE Y, AHN J, et al. Improved electrochromic device performance from silver grid on flexible transparent conducting electrode prepared by electrohydrodynamic jet printing [J]. Journal of Materials Chemistry C, 2017, 5(48): 12800-12806.

[98] YAN C Y, KANG W B, WANG J X, et al. Stretchable and wearable electrochromic devices [J]. ACS Nano, 2014, 8(1): 316-322.

[99] BRAUN O, OVERBECK J, El ABBASSI M, et al. Optimized graphene electrodes for contacting graphene nanoribbons. [J]. Carbon, 2021, 184: 331-339.

[100] YAO Z J, DI J T, YONG Z Z, et al. Aligned coaxial tungsten oxide-carbon nanotube sheet: A flexible and gradient electrochromic film [J]. Chemical Communications, 2012, 48(66): 8252-8254.

[101] SINGH R, THARION J, MURUGAN S, et al. ITO-free solution-processed flexible electrochromic devices

based on PEDOT：PSS as transparent conducting electrode ［J］. ACS Applied Materials & Interfaces, 2017, 9 (23)：19427-19435.

［102］ QIU T F, LUO B, LIANG M H, et al. Hydrogen reduced graphene oxide/metal grid hybrid film：Towards high performance transparent conductive electrode for flexible electrochromic devices ［J］. Carbon, 2015, 81：232-238.

［103］ WANG J L, LU Y R, LI H H, et al. Large area co-assembly of nanowires for flexible transparent smart windows ［J］. Journal of the American Chemical Society, 2017, 139(29)：9921-9926.

［104］ MOLINA J, ESTEVES M F, FERNÁNDEZ J, et al. Polyaniline coated conducting fabrics. Chemical and electrochemical characterization ［J］. European Polymer Journal, 2011, 47(10)：2003-2015.

［105］ MEUNIER L, KELLY F M, COCHRANE C, et al. Flexible displays for smart clothing：Part II- electrochromic displays ［J］. Indian Journal of Fibre and Textile Research, 2011, 36(4)：429-435.

［106］ KELLY F M, MEUNIER L, COCHRANE C, et al. Polyaniline：Application as solid state electrochromic in a flexible textile display ［J］. Displays, 2013, 34(1)：1-7.

［107］ VARGHESE HANSEN R, YANG J L, ZHENG L X. Flexible electrochromic materials based on CNT/PDA hybrids ［J］. Advances in Colloid and Interface Science, 2018, 258：21-35.

［108］ DUBEY A, TAO X Y, COCHRANE C, et al. Textile based three-layer robust flexible and stable electrochromic display ［J］. IEEE Access, 2918, 8：182918-182929.

［109］ ZHANG H J, ZHANG C, WANG X C, et al. Microporous organic polymers based on tetraethynyl building blocks with N-functionalized pore surfaces：Synthesis, porosity and carbon dioxide sorption ［J］. RSC Advances, 2016, 6(115)：113826-113833.

［110］ HUI L W, PIAO J G, AULETTA J, et al. Availability of the basal planes of graphene oxide determines whether it is antibacterial ［J］. ACS Applied Materials & Interfaces, 2014, 6(15)：13183-13190.

［111］ YU H T, QI M W, WANG J N, et al. A feasible strategy for the fabrication of camouflage electrochromic fabric and unconventional devices ［J］. Electrochemistry Communications, 2019, 102：31-36.

［112］ ZHOU Y, FANG J, WANG H X, et al. Multicolor electrochromic fibers with helix-patterned electrodes ［J］. Advanced Electronic Materials, 2018, 4(5)：1800104.

［113］ LI K R, ZHANG Q H, WANG H Z, et al. Red, green, blue (RGB) electrochromic fibers for the new smart color change fabrics ［J］. ACS Applied Materials & Interfaces, 2014, 6(15)：13043-13050.

［114］ SUMBOJA A, LIU J W, ZHENG W G, et al. Electrochemical energy storage devices for wearable technology：A rationale for materials selection and cell design ［J］. Chemical Society Reviews, 2018, 47(15)：5919-5945.

［115］ CHEN X L, LIN H J, DENG J, et al. Electrochromic fiber-shaped supercapacitors ［J］. Advanced Materials, 2014, 26(48)：8126-8132.

［116］ FERRER-VILANOVA A, ALONSO Y, DIETVORST J, et al. Sonochemical coating of Prussian Blue for the production of smart bacterial-sensing hospital textiles ［J］. Ultrasonics Sonochemistry, 2021, 70：105317.

［117］ SINHA S, DANIELS R, YASSIN O, et al. Electrochromic fabric displays from a robust, open-air fabrication technique ［J］. Advanced Materials Technologies, 2022, 7(3)：2100548.

［118］ ALSHAWA A K, LOZYKOWSKI H J. AC electroluminescence of ZnS：Tm ［J］. Journal of the Electrochemical Society, 1994, 141(4)：1070.

[119] HOWARD B T, IVEY H F, LEHMANN W. Voltage dependence of electroluminescent brightness [J]. Physical Review, 1954, 96(3): 799-800.

[120] LEHMANN W. Frequency dependence of electroluminescent brightness of impurity-quenched phosphors [J]. Physical Review, 1956, 101(1): 489-490.

[121] PIPER W W, WILLIAMS F E. Theory of electroluminescence [J]. Physical Review, 1955, 98(6): 1809-1813.

[122] KITAI, ADRIAN H, et al. Solid state luminescence: Theory, materials and devices[M]. Springer Science & Business Media, 2012.

[123] FERRI J, PEREZ FUSTER C, LLINARES LLOPIS R, et al. Integration of a 2D touch sensor with an electroluminescent display by using a screen-printing technology on textile substrate [J]. Sensors, 2018, 18(10): 3313.

[124] YEH N G, WU C H, CHENG T C. Light-emitting diodes—Their potential in biomedical applications [J]. Renewable and Sustainable Energy Reviews, 2010, 14(8): 2161-2166.

[125] REIN M, FAVROD V D, HOU C, et al. Diode fibres for fabric-based optical communications [J]. Nature, 2018, 560(7717): 214-218.

[126] CHOI H W, SHIN D W, YANG J J, et al. Smart textile lighting/display system with multifunctional fibre devices for large scale smart home and IoT applications [J]. Nature Communications, 2022, 13: 814.

[127] 蒋晓晨. 聚合物电致发光二极管(PLED)的电极调控及修饰 [D]. 苏州: 苏州大学, 2014.

[128] SOKOLIK I, PRIESTLEY R, WALSER A D, et al. Bimolecular reactions of singlet excitons in *tris*(8-hydroxyquinoline) aluminum [J]. Applied Physics Letters, 1996, 69(27): 4168-4170.

[129] MARKOV D E, AMSTERDAM E, BLOM P W M, et al. Accurate measurement of the exciton diffusion length in a conjugated polymer using a heterostructure with a side-chain cross-linked fullerene layer [J]. The Journal of Physical Chemistry A, 2005, 109(24): 5266-5274.

[130] ISHIDA T, KOBAYASHI H, NAKATO Y. Structures and properties of electron-beam-evaporated indium tin oxide films as studied by X-ray photoelectron spectroscopy and work-function measurements [J]. Journal of Applied Physics, 1993, 73(9): 4344-4350.

[131] O'CONNOR B, AN K, ZHAO Y, et al. Fiber shaped light emitting device [J]. Advanced Materials, 2007, 19(22): 3897-3900.

[132] KWON S, KIM H, CHOI S, et al. Weavable and highly efficient organic light-emitting fibers for wearable electronics: a scalable, low-temperature process[J]. Nano letters, 2018, 18(1): 347-356.

[133] WANG L, XIAO L, GU H S, et al. Advances in alternating current electroluminescent devices [J]. Advanced Optical Materials, 2019, 7(7): 1801154.

[134] DIAS T, MONARAGALA R. Development and analysis of novel electroluminescent yarns and fabrics for localized automotive interior illumination [J]. Textile Research Journal, 2012, 82(11): 1164-1176.

[135] LIANG G J, YI M, HU H B, et al. Wearable electronics: Coaxial-structured weavable and wearable electroluminescent fibers (adv. electron. mater. 12/2017) [J]. Advanced Electronic Materials, 2017, 3(12): 1700401.

[136] PAN Y F, XIA Y D, ZHANG H J, et al. Recent advances in alternating current-driven organic light-emitting devices [J]. Advanced Materials, 2017, 29(44): 1701441.

第8章 纤维基电子器件的可穿戴集成

8.1 器件集成原理

随着柔性可穿戴电子系统的不断发展，电子纤维器件已不仅局限于单一功能，而是融合了多种功能，如传感、通信、能源储存等的集成系统。通过多个器件之间的整合和协同工作，不同器件可进行能源共享、数据交换、器件间交互，从而实现更为强大、实用的功能。

电子功能纤维的集成主要分为硬件系统集成、硬件控制电路、软件设计等部分。本节将结合实例简要介绍主要柔性电子功能纤维的集成原理和应用。

8.1.1 硬件系统集成

8.1.1.1 纤维基电子器件

电子功能纤维集成系统（图8-1）应实现包括能源管理、信号传输、命令执行等主要功能。首先，电子功能纤维集成系统应包含发电器件、能量存储器件、用电器（传感器与执行器）等重要组成部分。

（1）发电器件

发电器件主要将能量转化为电能。纤维基发电器件构成如下。

①电荷摩擦发电纤维。这种发电纤维利用电荷摩擦原理，通过摩擦纤维与其他材料（如聚合物、金属）或与环境中的空气、水等接触来产生静电，进而产生电能。

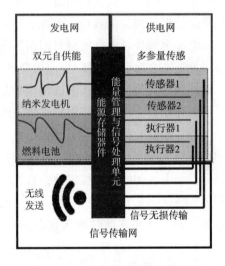

图8-1 电子功能纤维集成系统图

②压电纤维。压电纤维借助压电效应，当施加压力或弯曲时，会产生电荷分离和电势差，在纤维上形成电场，从而产生电能。

③热电纤维。热电纤维利用热电效应，当纤维的两端存在温度差异时，会产生电势差，通过纤维内的热电材料转化为电能。

④光电纤维。光电纤维依靠光电效应，利用光线照射纤维材料时，光子的能量被转化为电能。

（2）能量存储器件

纤维基能量存储器件是利用纤维结构作为电极或电解质材料的一类能源器件，包括纤维基超级电容器和电池。相比传统的薄膜或块状电池，纤维基电池具有更高的柔性和可塑性，能够适应各种形状和应用场景。

（3）用电器

纤维基用电器主要由纤维基传感器和执行器组成，利用纤维材料作为基底来实现传感和执行功能。纤维基传感器是通过在纤维材料中集成传感元件，能够对环境参数（如温度、湿度、压力等）进行感知和测量。而纤维基执行器则是使用纤维材料作为驱动元素，能够根据外部信号进行运动或产生力。常见的纤维基传感器包括压力传感器、应变传感器、光纤传感器等，而纤维基执行器则可以通过非对称地收缩、膨胀或振动来实现运动、产生力、触发声音等。

为了形成发电器件、能量存储器件、用电器等之间的联系，建立发电网、供电网和信号传输网，需要使用电能输送线缆和信号传输线连接各个电子元器件，涉及具有高电导率的导电纤维构筑。

8.1.1.2　电能输送线缆和信号传输线

在电子功能纤维集成系统中，柔性导线是非常重要的组成部分之一。柔性导线需要具备良好的电导性能，能够传输电流和信号，确保电子系统的正常运行。导线的电阻要尽可能低，避免产生过多的能量损耗和热量。还需要具有优异的柔性，能够弯曲、扭转和拉伸，以适应各种复杂的形状和应用场景。柔性的好坏直接影响系统的可靠性和稳定性。

高电导率弹性导电纤维材料根据导电组分的性质主要分为本征型和屈曲结构型。本征型主要涉及液态金属和弹性体/导电聚合物共聚体系；屈曲结构型则是使用具有高电导率的金属丝、碳纳米材料等形成局部屈曲结构的复合导电纤维，使其获得特定的形变能力。

下面介绍具有动态拉伸稳定性的三维互穿导电网络结构和多级包覆型皮芯结构纱线。

此外，研究人员还制备了镀银尼龙/涤纶/氨纶包芯纱电极。由于镀银尼龙有明显的动态拉伸敏感性，随着长丝的拉伸，电阻呈指数增加，这对其电化学性能产生了重要的影响。为了确保纱线电极的电性能稳定性，首先用包芯工艺将镀银尼龙和涤纶进行加捻，其次用二次包芯工艺将镀银尼龙/涤纶包覆在氨纶外，制备出电性能稳定的皮芯结构导电纱线电极，制备工艺如图8-2所示。通过两次包芯后可得到性能稳定的镀银尼龙/涤纶/氨纶皮芯结构纱线电极。

8.1.1.3　接口

器件与线缆之间的接线纤维及纱线传感器的信号输出、断面压合与三维触点阵列、刚柔连接等是关键技术。采用编织技术、物理压合及化学胶黏等手段对纤维或纱线进行断面封层，研究编织结构，黏合剂种类、用量及压合工艺对连接后导电线路连接稳定性的影响规律；对于多通道刚柔接口，先采用微电子印刷技术或热蒸发技术构筑三维导电阵列触点，使其符合物理压合及化学胶黏等断面封层技术需求，考察柔性三维导电阵列触点的墨水材料、阵列制备条件，阵列基板及超薄刚性导电输出基板种类、形貌，辅助热压、拉封等工艺对所构建的"三明治"结构微夹具中连接电路短路及断路概率的影响规律；研究夹具材质、夹持损伤、变形等对接口连接有效性的影响规律，优化"三明治"结构，实现接口连接在复杂动态环境

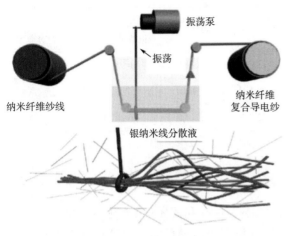

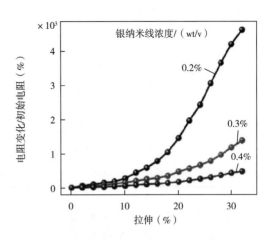

（a）三维互穿导电网络结构电极材料制备示意图　　　（b）三维互穿导电网络结构电极拉伸电阻变化

图 8-2　三维互穿导电网络结构电极材料制备示意图及电极拉伸电阻变化

下的有效性。

8.1.2　硬件控制电路

硬件是整个可穿戴系统能够运行的基础，系统硬件主要包括信号采集模块、微控制单元与无线数据传输模块。信号采集模块通过模数转换器（ADC）对传感器信号进行高速采集，在高速采集完成传感器信号数据后，将数据传递给微控制单元进行数据的运算与处理，再将处理后的信号数据通过无线数据传输模块以无线数据传输的方式传输给执行器执行。本节将以 ESP32 系统采集和传输压力传感器信号，通过判定后驱动执行器发声为例，介绍硬件控制电路及软件的实现方式。

使用 ESP32-WROOM-32 模组作为主控制芯片，还需要完成与模组相关的外围器件的电路设计。包括微控制单元、电源电路设计、晶振电路设计、FLASH 电路设计、UART 与 USB 电路设计、信号采集电路设计、无线数据传输。

8.1.2.1　微控制单元

微控制单元（MCU）在控制系统运行中扮演着重要角色。目前，市场上有许多 MCU 的生产厂商，如意法半导体（ST microelectronics）、恩智浦（NXP）等，它们大都采用 ARM 架构设计芯片，如意法半导体公司的 STM32 系列芯片。然而，这些芯片的基础频率不高，并且没有内置无线通信模块，因此需要外接无线通信芯片来实现无线数据传输。对于可穿戴手指鼓而言，芯片需要具备高速处理能力，并与外设紧密集成，最好能将外设与芯片封装在一起。不同型号的 MCU 之间存在差异，见表 8-1。鉴于上述原因，本节选择将 ESP32 系列芯片作为整个系统的主控芯片。

表 8-1 不同型号 MCU 的差异

厂商	型号	核心数量	运行频率	闪存大小	ADC 通道数量	ADC 分辨率	是否有蓝牙
意法（ST microelectronics）	STM32F103	单核	72MHz	128KB	16	12 位	无
	STM32F44	单核	180MHz	256KB	24	12 位	无
恩智浦（NXP）	KL8x	单核	72MHz	128KB	16	16 位	无
	LPC540xx	单核	220MHz	512KB	12	12 位	无
乐鑫（ESPRESSIF）	ESP32-WROOM-32	双核	240MHz	448KB	18	12 位	有

ESP32 系列芯片是由乐鑫公司推出的集成 2.4GHz Wi-Fi 和蓝牙双模的芯片方案，制作工艺为台积电（TSMC）超低功耗的 40nm 工艺，具有超高的射频性能，并且具有很强的稳定性、可靠性、易用性以及超低的功耗，除此之外，ESP32 系列芯片还可利用 Wi-Fi 功能连接物联网，非常适合使用在可穿戴智能设备上（图 8-3）。

图 8-3 ESP32 系列芯片实物图

8.1.2.2 电源电路设计

使用 AMS1117 电源转换芯片，用来把基准电压调整到 1.5% 的误差以内，尽量减少因稳压器和电源电路超载而造成的压力，使用的是正向低压降线性稳压器。电源模块电路原理图如图 8-4 所示。EXT_5V 为外部输入电压，连接到 AMS1117 电源芯片的 VIN 引脚，并且并联了一个 LED 灯用于表示电源是否已经在供电，以及一个 22μF 的电容用于滤波。在经过 AMS1117 电源芯片进行电压转换后得到 3.3V 电压输出给 VDD33，这个引脚接入 ESP32-WROOM-32 模组的 VDDA 引脚，模组内部电源电路原理图如图 8-5 所示。

图 8-6 为 ESP32 系列芯片上电、复位时序图。在实际应用中，如果需要快速反复开关 VDD33，且 VDD33 外围电路上有大电容，且 CHIP_PU 与 VDD33 相连，在先关后开的动作

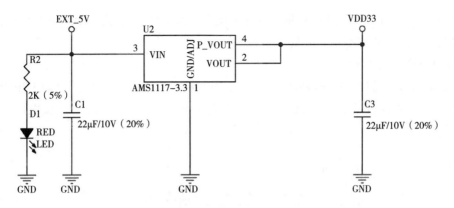

图 8-4 电源模块电路原理图

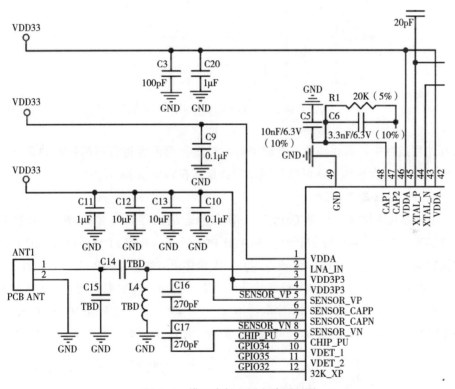

图 8-5 模组内部电源电路原理图

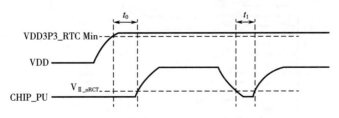

图 8-6 ESP32 系列芯片上电、复位时序图

中，CHIP_PU 电平降到 0 的过程会非常缓慢，在下一次重新上电时，CHIP_PU 还来不及降到足够低的电平，从而导致不能充分复位芯片。

8.1.2.3 晶振电路设计

ESP32 系列芯片通过 RTC 时钟源及外部晶振时钟源提供 CPU 时钟。目前 ESP32 系列芯片固件仅支持 40MHz 晶振，经过测试后确定匹配的电容大小为 22pF。晶振电路原理图如图 8-7 所示。

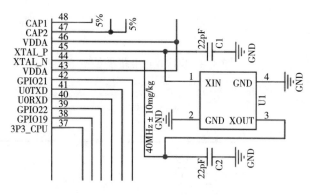

图 8-7　晶振电路原理图

在实际使用过程中还需要注意，若使用有源晶振，则需要将有源晶振时钟输出连接至芯片端的 XTAL_P 端，保证该有源晶振的输出时钟稳定在 ±10mg/kg 以内。

8.1.2.4 FLASH 电路设计

ESP32 系列芯片支持多个外部 QSPI FLASH 和静态随机存储器（SRAM），并且支持基于 AES 的硬件加解密功能，从而保护开发者 FLASH 中的数据。外部 FLASH 可以同时映射到 CPU 指令和只读数据空间。当映射到 CPU 指令时，一次最多可以映射 11MB+248KB，如果一次映射超过 3MB+248KB，则会导致 CACHE 性能的降低。当映射到只读数据空间时，一次最多可映射 4MB，支持 8-bit、16-bit 和 32-bit 读取。本文使用 4MB 的 SPI FLASH，连接到 ESP32 的 GPIO6，GPIO7，GPIO8，GPIO9，GPIO10 和 GPIO11。如图 8-8 所示为 ESP FLASH 电路原理图。

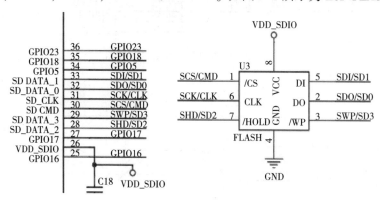

图 8-8　ESP FLASH 电路原理图

8.1.2.5　UART 与 USB 电路设计

使用异步收发器 UART 转 USB 转换芯片（CP2102N）实现嵌入式程序的下载和使用。电路原理图如图 8-9 所示。

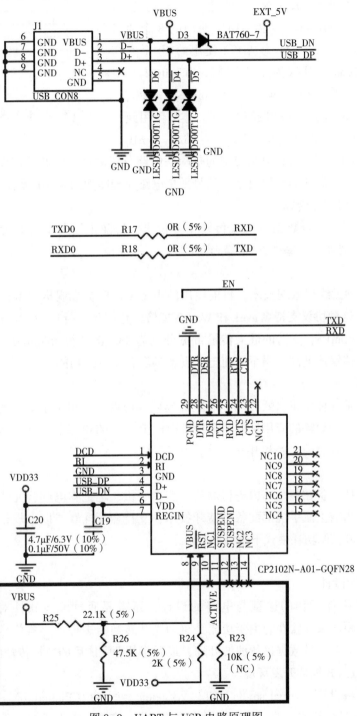

图 8-9　UART 与 USB 电路原理图

8.1.2.6 信号采集电路设计

使用高速模数转换器进行电压信号的采集。ESP32
系列芯片集成了 12 - bit SAR ADC，最高可提供 200
Ksps 的采样率，共支持 18 个模拟通道输入，分别是：
引脚 pin5～pin8、pin10～pin13 为 ADC1 使用的 8 个通
道，pin14～pin18、pin20～24 为 ADC2 使用的 10 个通
道。但由于其中部分引脚为复用引脚，如 pin12 与
pin13 为晶振输入与输出引脚，pin17、pin18、pin20、
pin21 为外部 FLASH 使用的 SPI 接口引脚。本节使用到
5 个柔性应变传感器，因此选择使用 pin5～pin8、pin10

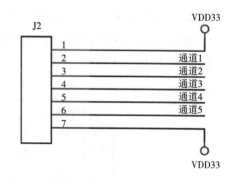

图 8-10   信号采集电路原理图

作为信号采集引脚。信号采集电路使用的是串联电路分压原理，因此还需要在信号采集引脚
前添加一个高精度低温漂的定值电阻。信号采集电路原理图如图 8-10 所示。

8.1.2.7 无线数据传输

处理后的传感器信号数据可无线传输至上位机。目前市场上主流的无线通信协议包括
Wi-Fi、ZigBee、蓝牙等。每种方式的特点如下。

（1）Wi-Fi

Wi-Fi 是一种无线局域网技术，目前使用的主流 Wi-Fi 标准规格为 Wi-Fi5，它采用的是
802.11ac 协议，这种协议支持 Wave1 和 Wave2 规格，它们都运行在 5GHz 频段，最大频宽分
别为 80MHz 和 160MHz，支持的最大传输带宽分别为 433Mbps 和 867Mbps。这种无线传输协
议应用广泛并且传输速度高，当下主流电子设备都配有 Wi-Fi 功能。

（2）ZigBee

ZigBee 技术是一种低速、低功耗、短距离局域网协议。适用于小范围的近距离、低复杂
度、低数据传输、低功耗的应用场景。但由于市面上支持 ZigBee 的终端设备比较少，因此此
种方式不适合项目以后的拓展和开发。

（3）蓝牙

蓝牙技术支持设备在短距离内进行通信，能在手机、笔记本电脑、无线耳机等设备之间
进行数据传输，当前主流手机都配备有蓝牙技术，支持蓝牙 4.0 或以上规格，最大传输速率
为 1Mbps，并且可在低功耗模式下运行。

8.1.3 软件设计

前面介绍了硬件芯片的选型与电路的设计，还需要通过编写软件对硬件进行驱动。
ESP32 系列芯片硬件系统软件的主要功能是驱动模数转换器进行传感器信号的采集，并且在
接收到信号数据后对信号数据进行滤波处理，最后将处理完成后的数据传输给手机 App。

8.1.3.1 嵌入式软件开发环境

使用源代码编辑器（visual studio code，VSCode）与平台（PlatformIO）进行嵌入式软件
的开发。VSCode 是微软推出的一款轻量级代码编辑器，免费、开源而且功能强大。它支持几

乎所有主流程序语言的语法高亮、智能代码补全、自定义热键、括号匹配、代码片段、代码对比 Diff、GIT 等特性，支持插件扩展，并且能够在 macOS、windows、Linux 系统上运行，非常适合代码的编辑。PlatformIO 是一个用于物联网开发的开源生态系统，它提供跨平台的开发环境和统一的调试器，还支持远程单元测试和固件更新，PlatformIO 是独立于平台运行的，实际上它只依赖于 Python，也就是说，PlatformIO 的工程从一个电脑很容易迁移到另一个电脑，只需要拷贝再使用 PlatformIO 就能完美打开，并且 PlatformIO 可以插件的形式安装在 VSCode 上。

PlatformIO 支持超过 40 种硬件平台的不同芯片，针对不同的芯片平台还提供了 24 种开发框架。同时，PlatformIO 提供大量的开发库，目前已经超过 6000 个，并且提供了代码例程。嵌入式软件开发的复杂之处在于不同的硬件平台（单片机、开发板）需要使用不同的交叉编译工具链和开发环境，这些开发环境中有些只支持 windows 系统，并且对于外设驱动还需要花时间查找相应的库和例程。PlatformIO 为开发人员提供的方便易用的开发方式，为了提高软件开发效率与稳定性，本节使用 VSCode+PlatformIO 的方式进行嵌入式软件的开发。

8.1.3.2　手机 App 软件开发环境

本节使用的手机搭载的是 Android 操作系统，这是一种基于 Linux 内核（不包含 GNU 组件）的自由及开放源代码的操作系统。大量应用在移动设备领域，如智能手机和平板电脑，系统由美国谷歌（Google）公司和开放手机联盟领导及开发。使用的开发工具为 Android Studio（AS），AS 是谷歌公司推出的专门用于 Android 操作系统开发的开发集成环境（IDE）。使用 AS 进行软件开发是非常方便的。它可通过 gradle 进行项目的构建，这使得在处理项目构建依赖时更得心应手，并且可通过配置变量的方式生成多个版本的 APK 文件，并且带有可进行拖拽的 UI 编辑器，这使得界面开发更加灵活快速，除此之外，还内置 link tools 代码优化工具，可进行性能调优、可用性测试以及版本兼容性等。

8.1.3.3　软件设计与实现

（1）软件设计架构

为了实现预定的手指敲击识别并触发相应功能，设计了运行在不同运行平台的程序。这些程序运行在 ESP32 系列芯片与手机上。按照功能模块划分，在 ESP32 系列芯片上主要运行的是模数转换器的信号采集模块、蓝牙数据发送模块、滤波去噪模块，在采集并处理完成压力信号后，将数据通过蓝牙无线传输给手机，随后根据判定算法对信号的强度进行判定，并通过判定结果控制发声，并设置声音的大小。软件功能结构如图 8-11 所示。

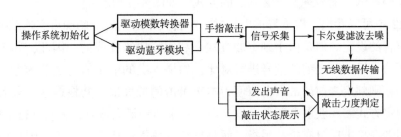

图 8-11　软件功能结构

（2）操作系统

使用 ESP32 系列微控制单元，为了实现预期功能，需要若干个任务同时工作，并且这些工作任务需要实时快速的响应。本节使用 FreeRTOS（free real time OS）作为 ESP32 系列微控制单元的操作系统，即实时操作系统。这是一种快速实时并且开源的操作系统，主要运行在嵌入式硬件上。实时操作系统有硬实时与软实时两种系统。其中，硬实时系统对任务工作时长有严苛的要求，需要在一定时长内完成，但没有对软实时系统处理过程的时长规定。在实时操作系统中，将需要实现的功能划分为若干个任务，每个任务只需要完成全部功能的一部分，并且保证每个任务仅执行简单的任务。RTOS 操作系统包括 FreeRTOS、UCOS、RTX、RT-Thread、VxWorks 等。

FreeRTOS 作为一个可分割、可选取类型的多任务内核，对任务数量没有限制。为了尽可能地精简占用空间，FreeRTOS 通过 C 语言及汇编来编写，其中使用 C 语言编写的代码占据较大比例，仅有极个别和处理器联系紧密的部分代码涉及汇编，这使 FreeRTOS 的代码结构简洁、可读性强。

使用 FreeRTOS 有以下优点。

①用户无须关心时间信息。内核负责计时，并由相关的 API 完成，从而使用户的应用程序代码结构更简单。

②模块化、可拓展性强。也正是由于第一点的原因，程序性能不易受底层硬件更改的影响。并且，各个任务是独立的模块，每个模块都有明确的目的，降低了代码的耦合性。

③效率高。内核可以让软件完全由事件驱动，因此，轮询未发生的事件不浪费时间。相当于用中断来进行任务切换。

④中断进程更短。通过把中断的处理推迟到用户创建的任务中，可使中断处理程序非常短。

FreeRTOS 可非常便捷地移植到不同的硬件上，ESP32 系列微控制单元也是众多 FreeRTOS 支持的硬件之一。

（3）判定方法

对于声音的判定通常来说并不复杂。由于声音的大小是由敲击的力度大小决定的，柔性应变传感器在受到敲击时会将力学信号转换为电学信号，因此最后的声音判定可根据电压曲线来完成。但是如果只将电压信号的大小与声音的强弱进行直接关联，会出现一系列问题。一次典型的仅根据电压信号进行声音判定的方式，如图 8-12 所示。

从图 8-12 中可以看出，根据峰值电压进行声音大小的判定，的确可实现敲击柔性应变传感器后发出声音的设定。但是由于判定的方式是利用峰值来完成的，因此，判定程序需要获取实时的电压信号后，与之前的信号进行对比，如果本次的电压值与之前的电压值相较而言处于下降态势，则判定之前的最大电压值为本次敲击的最大值，并根据这个最大值做出发声动作。这种判定方式需要获取电压最大值，因此在未达到最大值时，无法进行本次声音判定，并且如果使用者在敲击后没有抬起手指，而是持续按压柔性应变传感器，则程序无法得知电压信号是否已经到达峰值。最后的结果会造成从手指敲击动作的完成到声音的发出之间的延

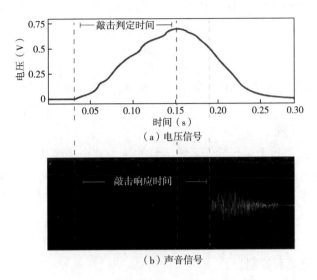

（a）电压信号

（b）声音信号

图 8-12　根据电压大小进行声音的判定

迟非常高，并且与真实世界中敲鼓的原理完全不同。

　　为了让可穿戴手指鼓能够迅速地判定敲击力度的大小，并且不会因为手指没有抬起就无法判定，本节设计了一种敲击力度大小的判定方式。判定方式的灵感来源于真实敲鼓的原理。鼓声的大小取决于鼓槌敲击的力度大小，敲击的动作是在一瞬间完成的，当鼓槌挥舞的速度快时，最后敲击到鼓面的力度也会大，反之则力度小。对柔性应变传感器的敲击力度大小会反映在电压的变化曲线上，最初提出一种利用单位时间内电压增长幅度来进行声音判定的思路，并对这一思路进行验证。

　　图 8-13 为手指用不同力度对柔性应变传感器进行敲击时，采集到的电压数据。结果表明，在电压信号未达到峰值前，重敲在电压信号上的表现形式是电压值增长的幅度更大，并且电压改变的持续时间更多。造成这种结果的原因在于重敲时手指在接触到柔性应变传感器之前的挥动速度更快，在敲击到柔性应变传感器表面时施加的冲击力更大，最后在手指抬起来时，需要更多时间改变手指运动的方向，因此重敲的持续时间更长。

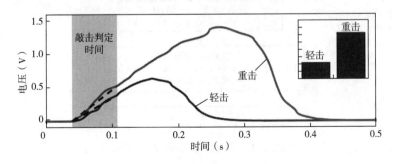

图 8-13　思路验证

上述结论表明，可利用单位时间内电压增长的幅度大小作为声音大小的判定标准。敲击力度表述公式为：

$$\Delta S = \frac{\Delta V}{\Delta T} \tag{8-1}$$

式中：ΔS 为应力的改变量；ΔV 为电压的改变量；ΔT 为单位时间。

8.1.4 外设驱动开发

在 ESP32 系列微控单元上运行操作系统的目的是为整个系统提供一个稳定、良好的软件运行环境，驱动程序则在操作系统内核与底层硬件之间建立一个桥梁，使得软件可在操作系统层面方便地操作硬件。驱动程序在系统运行期间对硬件部分进行初始化，并对硬件与操作系统内核之间的数据传输进行控制。由于 FreeRTOS 操作系统没有统一的驱动接口，并且 ESP32 系列微控单元的底层驱动不是开源状态，因此需要通过调用乐鑫公司官方提供的驱动函数对相关硬件进行驱动和控制。

8.1.4.1 模数转换器驱动开发

模数转换器在整个系统中起着至关重要的作用，它负责采集柔性应变传感器的压力信号。本节使用官方提供的驱动程序对模数转换器进行驱动，以完成预定的压力信号采集工作。官方提供的 ESP32 系列驱动程序为模数转换器提供两种工作模式，即 ADC-RTC 或 ADC-DMA 模式。ADC-RTC 由 RTC 控制器控制，适用于低频采样操作。ADC-DMA 由数字控制器控制，这种工作方式的特点是模数转换器在进行模拟信号到数字信号转换过程中，直接将数据存放在内存中，不需要经过 CPU 进行处理，在需要读取数据时直接通过读取相应内存地址中已经存放好的数据，适用于高频连续采样动作。为了能够实时采集压力信号，因此本节在此使用模数转换器的 ADC-DMA 模式。驱动 ESP32 系列启动模数转换器流程如图 8-14 所示。

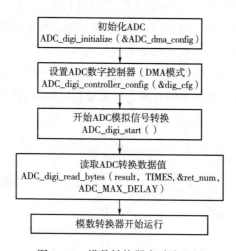

图 8-14　模数转换器启动流程图

上述流程图的详细运行过程包括以下内容。

（1）初始化 ADC

为了使用 ESP32 系列提供的 ADC 运行的 DMA 模式，需要调用 ADC_digi_initialize 函数，这个函数需要提供 ADC 的 DMA 模式参数，这个参数通过结构体 ADC_digi_init_config_s 定义。结构体中定义的参数有：

①max_store_buf_size，最大存储缓存大小，如果超出则覆盖之前的数据。

②conv_num_each_intr，可以在 1 个中断中转换的数据字节。

③dma_chan，DMA 通道，可选参数为 SOC_GDMA_ADC_DMA_CHANNEL。

④ADC1_chan_mask，要初始化的 ADC1 的通道列表。

⑤ADC2_chan_mask，要初始化的 ADC2 的通道列表。

（2）设置 ADC 数字控制器（DMA 模式）

调用 ADC_digi_controller_config 函数可用于设置 ADC 工作时的运行参数，通过结构体 ADC_digi_config_t 来定义。结构体的内容有：

①boolconv_limit_en，启用限制 ADC 转换时间的功能，如果 ADC 转换触发计数的数量等于 limit_num，则转换将停止。

②uint32_t conv_limit_num，设置 ADC 转换触发次数的上限，范围为 1~255。

③uint32_t adc_pattern_len，数字控制器的样式表长度，范围为 0~7（0 为不更改模式表设置）。模式表，定义每个 SAR ADC 的转换规则。每个表有 7 个项目，其中存储了通道选择，分辨率和衰减。开始转换后，控制器会从模式表中一一读取转换规则。对于每个控制器，扫描序列在重复自身之前最多具有 16 个不同的规则。

④ADC_digi_pattern_table_t * ADC_pattern，这是一个结构体变量，指向数字控制器的模式表的指针。由 ADC_pattern_len 定义的表大小。它的详细参数如下。

a. uint8_t atten。ADC 采样电压衰减配置。衰减的修改会影响测量范围。0：测量范围 0~800mV；1：测量范围 0~1100mV；2：测量范围 0~1350mV；3：测量范围 0~2600mV。

b. uint8_t channel，ADC 采样通道索引。

c. uint8_t unit，ADC 单位索引。

d. uint8_t val，原始数据值。

（3）开始 ADC 模拟信号转换

ADC_digi_start 函数在执行后会返回 esp_err_t 类型的参数，参数值为 ESP_ERR_INVALID_STATE 时，表明驱动状态无效，此时 ADC 没有正常开启，参数值为 ESP_OK 时，代表 ADC 已经正常开启。

（4）读取 ADC 转换数据值

ADC_digi_read_bytes 函数可用于读取已经转换完成的数据，需要提供的参数有：

①uint8_t * buf，用于存放数据值的内存地址。

②uint32_t length_max，从 ADC 读取的数据的预期长度。

③uint32_t * out_length，通过此函数从 ADC 读取的数据的实际长度，用于校验读取数据是否与预期值一致。

④uint32_t timeout_ms，通过此函数等待数据的时间（以 ms 为单位）。

在 ADC 正常运行后，通过轮询的方式调用 ADC_digi_read_bytes 即可得到相应的电压数据值。

8.1.4.2　蓝牙驱动开发

为了将数据通过蓝牙传输给手机，需要对 ESP32 系列的蓝牙模块进行驱动。本文使用 ESP32 系列官方提供的函数对蓝牙进行初始化。ESP32 系列为蓝牙模块提供了多种协议，分别如下。

（1）HFP

HFP（hands-free profile）是一种可让蓝牙控制电话、语音的描述文件，可应用在蓝牙耳机或汽车音频控制，可控制电话的接听、挂断、拒接、语音拨号等功能。目前 HFP 的使用场景中，定义了 AG 和 HF 两种设备角色。AG（audio gate）即音频网关，作为音频设备的输入输出网关。HF（hands free）定义为免提设备，该设备作为音频网关的远程音频输入输出机制，可提供无线远程遥控功能。

（2）A2DP

A2DP（advanced audio distribution profile）是蓝牙的音频传输协议，典型应用场景是蓝牙耳机。A2DP 是高级音频传输规格，允许输出立体声音频信号，但 A2DP 协议需要互相连接的两个设备都支持 A2DP 技术。A2DP 协议不支持远程控制，如果需要进行远程控制，则需要使用 AVDTP，AVDTP 则定义了蓝牙设备之间数据流句柄的参数协商，建立和传输过程以及相互交换的信令实体形式，该协议是 A2DP 框架的基础协议。但 ESP32 系列并不支持 AVDTP 协议。

（3）SPP

SPP（serial port profile）意为蓝牙串口协议。SPP 定义了使用蓝牙进行 RS232（或类似）串行电缆仿真的设备应使用的协议和过程。简单来说就是在蓝牙设备之间建立虚拟的串口进行数据通信。为了通过蓝牙传输数据，本节使用 SPP 协议进行无线数据传输。一个典型的 SPP 工作模式如图 8-15 所示。

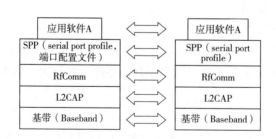

图 8-15　SPP 协议工作模式

在确定使用 SPP 协议之后，还需要利用官方提供函数对蓝牙模块进行驱动以及对数据传输功能进行实现。驱动 ESP32 使用 SPP 进行数据传输的流程如图 8-16 所示。

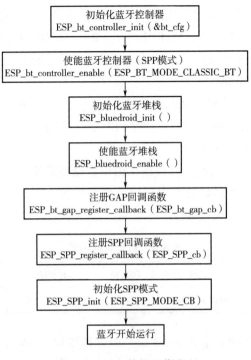

图 8-16　SPP 协议工作流程

上述流程图 8-16 中的主要执行内容为：

①初始化蓝牙控制器。用于初始化蓝牙控制器，以分配任务和其他资源。在调用任何其他蓝牙函数之前，仅应调用一次此函数。调用此函数需要传入一个 ESP_bt_controller_config_t 结构体类型的参数，这个参数可以通过已经定义好的宏来进行声明，宏的名称为 BT_CON-TROLLER_INIT_CONFIG_DEFAULT。

②使能蓝牙控制器。在使能蓝牙控制器时，需要传入参数用于定制蓝牙运行的模式，参数为 ESP_BT_MODE_CLASSIC_BT。

③初始化蓝牙堆栈。

④使能蓝牙堆栈。

⑤注册 GAP 回调函数。GAP 协议是 SPP 的底层协议，用于定义访问应用规范，声明了蓝牙设备如何发现和建立与其他设备之间的连接，并且处理相关链路问题，如链路建立、信道和连接建立。

⑥注册 SPP 回调函数。SPP 回调函数会在 SPP 初始化完成后进行调用，在这个函数中，需要对 SPP 模式的运行进行设置。设置流程为：

a. 设置蓝牙设备名称。通过 ESP_bt_dev_set_device_name 可以对蓝牙设备的名称进行设置，参数类型为 char *。

b. 设置蓝牙扫描模式。利用 ESP_bt_gap_set_scan_mode 函数对蓝牙扫描模式进行设置，传入参数 ESP_BT_CONNECTABLE 可将蓝牙设置为可被扫描的状态。

c. 开启 SPP 服务器。此函数将会创建一个 SPP 服务器，并开始侦听来自远程蓝牙设备的 SPP 连接请求。成功启动服务器后，将使用 ESP_SPP_START_EVT 调用回调。建立连接后，将使用 ESP_SPP_SRV_OPEN_EVT 调用回调。必须在 ESP_SPP_init（）成功之后和 ESP_SPP_deinit（）之前调用此函数。

⑦初始化 SPP 模式。在对 SPP 回调函数设置完成后，需要对 SPP 模式进行初始化。在上述流程执行完毕后，ESP32 即可按照预定的 SPP 模式与手机进行数据的传输，可以通过 ESP_SPP_write 函数进行数据写入操作。

蓝牙数据在 ESP32 与手机之间进行传输，由于数据传输速度非常快，并且使用无线的方式进行传输，为了防止数据在传输过程中出现丢失的情况，因此在应用层上对传输数据帧的格式进行定义，数据帧的格式见表 8-2。

表 8-2　数据帧的格式

数据帧头	数据帧	数据帧	数据帧	数据帧	数据帧	数据帧尾
0x5e	通道 1 高 8 位	通道 1 低 8 位	……	通道 5 高 8 位	通道 5 低 8 位	0x24

模数转换器每次采集的数值长度为 12 位，因此需要通过 16 位整型变量进行传输，数值的范围为 0~4095，如果在传输过程中分别传输每一位，则需要 4 个字节才能传输完成，为了提升传输速度并优化传输效率，本节将每个通道的采样数值分割成高 8 位与低 8 位进行传输，在数据帧的第一位定义为 0x5e，最后一位为 0x24，中间为 5 个通道的高 8 位与低 8 位数值。手机端接收到数据时，通过校验数据帧总长度是否为 12 位，且第一位与最后一位是否与定义的 0x5e 与 0x24 相符。如果不相符，则说明这一帧的数据有部分丢失。这样一来，可大大优化蓝牙无线传输，并且传输数据的完整性也得到了保障。

8.1.5　滤波算法设计与实现

在实际使用过程中，由于柔性应变传感器的作用机理是在按压过程中对纤维的应力导致纤维的结构发生变化，从而使柔性应变传感器的整体电阻产生变化。在这一作用过程中，由于纤维的结构变化分布不是均匀的，并且手指在作用过程中力的大小也不是稳定连续的，因此在电路上导致的影响是电阻的改变不平稳。这就导致手指对柔性应变传感器的应力程度不能很好地判定。为了解决这一问题，本节使用卡尔曼滤波算法对模数转换器采集的数据值进行处理，以消除这些外部影响带来的误差。

8.1.5.1　常见滤波算法概述

数字滤波是信号滤波中的重要分支，这种方式是利用噪声信号的统计特征，将有效信号从包含噪声信号的原始信号中提取出来。数字滤波可利用软件进行数学运算或利用数字设备进行硬件滤波。

（1）限幅平均滤波算法

限幅平均滤波算法能够有效克服由于偶然因素引起的脉冲干扰，它的使用方法是通过经验确定两次采样的最大允许偏差（设为 A），每次采样到新的数据值时进行判定，如果本次采样的数据值与上次值之差小于 A，则本次采样有效，如果差大于 A，则本次无效，用上次采样值代替本次采样，在对限幅处理后进行递推平均滤波处理。这种方法的缺点是无法抑制周期性的干扰，在本节设计中，手指对柔性应变传感器的作用力导致模数转换器采样值的变化非常突然，并且这种算法的平滑度较差。

（2）递推平均滤波算法

递推平均滤波算法的主要思想是将连续取得的 N 个采样值看成一个队列，队列的长度固定为 N，将新采样得到的数据放入队尾，并扔掉原来队首的一次数据（先进先出原则），把队列中的 N 个数据进行算术平均运算，获得新的滤波结果。这种算法的优点在于对周期性的干扰有很好的抑制作用，平滑度高，适用于高频振荡的系统，但是递推平均滤波法的灵敏度低，对偶然出现的脉冲性干扰的抑制作用较差，不易消除由于脉冲干扰所引起的采样值偏差。并且需要使用的 RAM 较大。

（3）一阶滞后滤波算法

一阶滞后滤波算法的主要思想是取 $a = 0 \sim 1$，本次滤波结果 = $(1-a) \times$ 本次采样值 $+a \times$ 上次滤波结果。这种算法的优点在于对周期性干扰具有良好的抑制作用，适用于波动频率较高的场合。但是一阶滞后滤波算法相位滞后，灵敏度低，滞后程度取决于 a 值大小，不能消除滤波频率高于采样频率 1/2 的干扰信号。

（4）卡尔曼滤波算法

卡尔曼滤波算法是一种线性滤波算法，通过线性系统状态方程，利用输入输出观测数据，对系统状态进行最优估计的算法。由于观测数据中包含各种噪声与干扰，因此这种算法也可看作是一种滤波的过程。卡尔曼滤波算法并不要求信号与噪声都是稳定的，对于每个时刻的系统干扰与噪声，只要对它们的统计性质作某些适当的假定，通过对含有噪声的观测信号进行处理，就能在平均的意义上求得误差最小的真实信号的估计值。

8.1.5.2　滤波效果对比

为了探究不同滤波算法之间的差异性，本节对上述几种滤波方式进行效果对比。滤波对比所使用的测试数据为 EPS32 的采样数据，采样过程中对手指进行敲击。数据集有 800 条采样数据，中间包含多次敲击动作，为了详细比较四种算法的滤波效果，将其中 150 个采样数据作为实验数据，这 150 条数据的时间跨度为 1s。测试结果如图 8-17 所示。

图 8-17（a）为递推平均滤波算法，这种算法可将电压信号的抖动消除，并且相较于原始数据的延迟并不算高，但是波形的拐角锯齿比较严重，这是由于数据在经过递推平均滤波算法后数据量减少导致的。图 8-17（b）为限幅平均滤波算法，这种算法相较于递推平均滤波算法而言，延迟较大，并且波形平滑度较低。图 8-17（c）为一阶滞后滤波算法处理后的数据与源数据的对比，从图中可以看到，这种算法的延迟最低，跟原始波形比较贴合，尽管波形还是存在着一定的锯齿，但是效果还不错。图 8-17（d）为使用卡尔曼滤波算法进行数

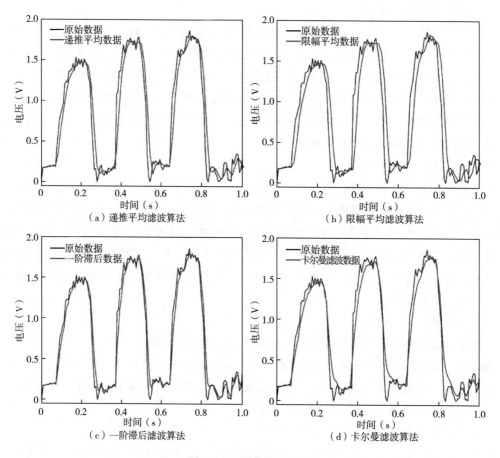

图 8-17　滤波效果对比

据处理的对比图，从图中可以看到，经过卡尔曼滤波算法处理后，数据波形的平滑度最高，尽管数据增长到达顶峰时数据相较而言有一定的延迟，但可以保证很好的平滑性。

　　为了更好地比较四种算法的优劣性，选出最适合本节设计的滤波算法，还需要比较四种不同算法的优缺点，除了滤波效果外，还要计算不同算法使用的时间开销，时间开销的测试使用台式机对 800 组数据分别使用四种算法进行处理，测试进行了 20 轮。并且由于本节设计在时间延迟上有很高的要求，因此还需要比较四种算法所需要的采样数据的数量，衡量标准为采样数据的输入与滤波数据的输出比，四种算法的比较结果见表 8-3。

表 8-3　滤波算法横向对比

滤波算法类型	波形延迟	平滑度	时间开销（ms）			输入输出比
			最大时间	最小时间	平均时间	
递推平均滤波算法	较好	较好	4.0147	2.9912	3.6095	0.5
限幅平均滤波算法	高	差	10.9699	8.9507	9.8137	1

滤波算法类型	波形延迟	平滑度	时间开销（ms）			输入输出比
			最大时间	最小时间	平均时间	
一阶滞后滤波算法	低	较好	2.0223	1.9939	1.9989	1
卡尔曼滤波算法	较好	好	0.9985	0.9959	0.9972	1

从表 8-3 中可看出，限幅平均滤波算法在本节设计中对于电压采样的滤波效果表现出的性能最差，不仅延迟高，平滑度也是最差的，时间开销用时最长。递推平均滤波算法在延迟、平滑度、时间开销上均优于限幅平均滤波算法，但落后于另外两种算法，并且数据输入输出比为 0.5，这就意味着需要两次采样数据才能得到一次滤波数据，造成的整体延迟会大大增加。一阶滞后滤波算法在波形延迟上的表现最好，并且时间开销上也仅次于卡尔曼滤波算法，但卡尔曼滤波算法在波形平滑度方面具有最好的表现，并且时间开销最低。综上所述，基于本节使用 ESP32 作为核心处理，数据在经过卡尔曼滤波算法处理后有着很高的平滑度，并且所需的时间开销最小，波形延迟的表现也不错。因此，为了提高数据滤波的灵敏度和准确度，提升运算速度与效率，本节将使用卡尔曼滤波算法作为对传感器进行滤波处理的算法。

8.1.5.3 卡尔曼滤波算法实现

卡尔曼滤波算法由卡尔曼（Rudolf Emil Kalman）提出，原本用于解决阿波罗计划的轨道预测。目前卡尔曼滤波算法已经在数据融合、图像检测、轨道预测等众多领域得到应用。这种算法的主要思想是在数据处理和变换的过程中削弱外界带来的误差。这种算法是在线性最小方差估计方法的基础上发展而来，卡尔曼滤波算法可在采集数据的同时进行计算，可对过去、现在、将来的状态进行估计。算法通过建立系统方程跟观测方程，让目标数据符合最小均方误差（minimum mean squared error，MMSE）原则。通过模数转换器采样数值与噪声的动态时域模型，用模数转换器之前的估计数据跟节点，即刻测得的模数转换器采样数值来共同作用于状态变量，得出当下的估计模数转换器采样数值，即使观测系统状态参数有噪声存在，观测的值与实际值差别较大，卡尔曼滤波算法依然可对状态实际数据做出最佳的估计。

卡尔曼滤波算法系统状态方程与系统估计方程描述需要测量的系统，公式为：

$$X(k) = \boldsymbol{A} \cdot X(k-1) + \boldsymbol{B} \cdot U(k) + W(k) \tag{8-2}$$

$$Z(k) = \boldsymbol{H} \cdot X(k) + Y(k) \tag{8-3}$$

式（8-2）为系统状态方程，式（8-3）为系统估计方程。$X(k)$、$X(k-1)$ 分别为 k 与 $k-1$ 时刻系统的状态；$\boldsymbol{A}$ 为系统状态转移矩阵；$\boldsymbol{B}$ 为控制矩阵，$U(k)$ 为系统状态控制量；$W(k)$ 是符合高斯分布的系统噪声，噪声协方差为 Q；$Z(k)$ 为 k 时刻系统观测值；$\boldsymbol{H}$ 为观测状态转移矩阵；$Y(k)$ 为符合高斯分布的观测系统噪声，协方差为 R。

卡尔曼滤波是通过不断迭代进行滤波，每得到一个新的观测值就进行一次迭代，对系统状态 x 和误差协方差 P 进行更新，迭代包括两个部分，分别是预测与修正。预测方程如下：

$$X(k \mid k-1) = AX(k-1 \mid k-1) + \boldsymbol{B}U(k) \tag{8-4}$$

$$P(k \mid k-1) = AP(k-1 \mid k-1)A^{\mathrm{T}} + Q \tag{8-5}$$

式（8-4）中：$X(k \mid k-1)$ 表示 $k-1$ 时刻对 k 时刻系统状态的预测；式（8-5）中：$P(k \mid k-1)$ 表示 $k-1$ 时刻对 k 时刻误差协方差的预测，$\boldsymbol{A}^{\mathrm{T}}$ 表示 $\boldsymbol{A}$ 的转置。

在得到了预测值后，即可对状态方程进行修正，修正方程为：

$$Kg(k) = P(k \mid k-1) \, \boldsymbol{H}^{\mathrm{T}} \mid \; [\boldsymbol{H}P(k \mid k-1) \, \boldsymbol{H}^{\mathrm{T}}+R] \tag{8-6}$$

$$X(k \mid k) = X(k \mid k-1)+Kg(k)[Z(k)-\boldsymbol{H}X(k \mid k-1)] \tag{8-7}$$

$$P(k \mid k) = [I-Kg(k) \, \boldsymbol{H}] P(k \mid k-1) \tag{8-8}$$

式中：$Kg(k)$ 表示在 k 时刻卡尔曼增益，用来权衡预测状态协方差 P 和观测量协方差 R 的大小，用于决定最后结果是相信预测模型多一些还是实际观测值多一些。如果增益权重小一点，则相信预测模型多一点，如果增益权重大一点，则相信观测值多一点。通过 k 时刻卡尔曼增益 $Kg(k)$、k 时刻测量值 $Z(k)$、系统预测值 $X(k \mid k-1)$ 与误差协方程 $P(k \mid k-1)$ 就可以得到新的时刻的系统值 $X(k \mid k)$ 与误差协方差 $P(k \mid k)$，$X(k \mid k)$ 就是滤波后的值。

在本节中需要对 5 个模数转换器采样值进行处理，为了避免不同通道的采样值经过卡尔曼滤波后互相影响，因此对参数以数组的方式进行定义，每一个通道定义一个滤波参数，在函数调用时通过索引 i 来标明通道。对卡尔曼滤波算法的实现代码如下：

```
static float ADC_OLD_Value [5];
static float P_k1_k1 [5];
static float Q [5] = {0.01, 0.01, 0.01, 0.01, 0.01};
static float R [5] = {0.8, 0.8, 0.8, 0.8, 0.8};
static float Kg [5] = {0, 0, 0, 0, 0};
static float P_k_k1 [5] = {1, 1, 1, 1, 1};
static float kalman_adc_old [5] = {0, 0, 0, 0, 0};


unsigned long kalman_filter (unsigned long ADC_Value, uint8_t i)
{
    float x_k1_k1, x_k_k1;
    float Z_k;
    float kalman_adc;
    Z_k = ADC_Value;
    x_k1_k1 = kalman_adc_old [i];
    x_k_k1 = x_k1_k1;
    P_k_k1 [i] = P_k1_k1 [i] + Q [i];
    Kg [i] = P_k_k1 [i] / (P_k_k1 [i] + R [i]);
    kalman_adc = x_k_k1 + Kg [i] * (Z_k -kalman_adc_old [i]);
    P_k1_k1 [i] = (1 -Kg [i]) * P_k_k1 [i];
    P_k_k1 [i] = P_k1_k1 [i];
    ADC_OLD_Value [i] = ADC_Value;
```

kalman_ adc_ old ［*i*］ = kalman_ adc；

return int （kalman_ adc）；

｝

8.1.6　手机 App 开发

通过模数转换器对柔性应变传感器进行信号采样后，通过卡尔曼滤波对数据进行数据处理，去除噪声后，通过蓝牙进行无线数据的传输，最后将数据传输给手机进行鼓声的判定和播放。在手机端，需要完成的功能主要包括蓝牙无线数据的接收、鼓声的判定和相应界面的展示。

8.1.6.1　声音的播放

由于手机本身无法对鼓声进行仿真，因此需要通过播放预定声音文件来达到敲击产生鼓声的效果。本节为 5 个通道设置了不同的鼓声，分别对应架子鼓中的低音大鼓、嗵嗵鼓、吊镲、节奏镲和踩镲。在不同通道的柔性应变传感器被手指敲击时，播放相应的声音，并且根据敲击力度的大小设置鼓声播放的大小。

在安卓操作系统中，播放声音的方式有很多种，但由于本节需要对连续的敲击进行响应，并且下一次的敲击不能影响这一次的敲击，这就要求鼓声的播放非常迅速，以达到拟真的效果。为了实现这一功能，使用 SoundPool 接口对声音进行播放，这是安卓系统提供的 API 类，可用于播放密集、急促而短暂的音效。它利用 MediaPlayer 服务将音频解码为一个原始 16 位 PCM 流。这个特性使得应用程序可进行流压缩，而无须忍受在播放音频时解压所带来的 CPU 负载和延时。SoundPool 使用音效池的概念来管理多个播放流，如果超过流的最大数目，SoundPool 会基于优先级自动停止先前播放的流。另外，SoundPool 还支持自行设置声音的品质、音量、播放比率等参数。播放功能的执行流程如图 8-18 所示。

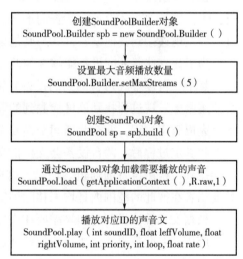

图 8-18　播放功能的执行流程图

8.1.6.2　图形界面

在硬件设计层面，设计了 5 个通道用于采集柔性应变传感器。但在使用过程中，为了验证每个通道都能够独立工作，因此在手机 App 中设计了图形界面，用于显示不同通道的工作状态。根据预定的功能设定，在图形界面中设计 5 个鼓形状图案，并且设置了 5 个状态颜色，分别对应手指未敲击、手指轻敲击与手指重敲击（图 8-19）。

图 8-19　敲击状态

状态切换的基本原理是在手机 App 接收到 EPS32 通过蓝牙传输过来的数据后，进行判定。由于轻重判定、发声效果与界面状态切换需要同时工作，因此在此处通过多线程的方法，在手指敲击后，根据轻重判定，切换相应的界面状态。程序具体的工作流程如图 8-20 所示。

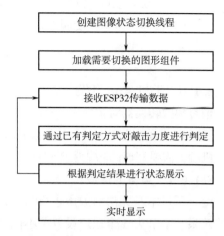

图 8-20　状态切换程序具体的工作流程

8.1.6.3　蓝牙数据接收

为了接收到 ESP32 通过 SPP 协议发送的数据，需要在手机 App 中对蓝牙相关函数进行调用，以驱动手机对蓝牙设备进行搜索、配对、连接以及数据的收发操作。本节使用谷歌公司提供的关于安卓操作系统 API 进行蓝牙功能的开发。

在安卓系统中，应用可通过 Bluetooth API 进行：①扫描其他蓝牙设备；②查询本地蓝牙适配器的配对蓝牙设备；③建立通信通道；④通过服务发现连接到其他设备；⑤与其他设备进行双向数据连接；⑥管理多个蓝牙连接。

为了让支持蓝牙的设备能够在彼此之间传输数据，它们必须先通过配对过程形成通信通道。其中一台设备（可检测到的设备）需将自身设置为可接收传入的连接请求。另一台设备会使用服务发现过程找到该可检测到的设备。在可检测到的设备接受配对请求后，这两台设备会完成绑定过程，并在此期间交换安全密钥。二者会缓存这些密钥，以供日后使用。完成配对和绑定过程后，两台设备会交换信息。当对话完成时，发起配对请求的设备会发布已将其连接到可检测设备的通道。但是，这两台设备仍保持绑定状态，因此在未来的对话期间，只要二者在彼此的范围内且均未移除绑定，便可自动重新连接。

根据安卓系统机制，如果需要在应用中使用蓝牙功能，需要声明两个权限。第一个是蓝牙，应用需要此权限才能执行任何蓝牙通信，如请求连接、接受连接和传输数据等。第二个必须声明的权限是 ACCESS_ FINE_ LOCATION，因为蓝牙扫描可用于收集用户的位置信息，因此需要应用声明此权限，此类信息可能来自用户自己的设备，以及在商店和交通设施等位置使用的蓝牙信标。申请蓝牙权限代码如下所示：

<uses-permission android：name=" android. permission. BLUETOOTH" />

<uses-permission android：name=" android. permission. BLUETOOTH_ ADMIN" />

从安卓 3.0 开始，蓝牙 API 便支持使用蓝牙配置文件。蓝牙配置文件是适用于设备间蓝牙通信的无线接口规范，如免提配置文件。如果手机要与无线耳机进行连接，则两台设备都必须支持免提配置文件。配置蓝牙的基本设置流程如下。

（1）获取蓝牙适配器

蓝牙适配器用于蓝牙设置的适配器，调用静态的 getDefaultAdapter（）方法。此方法会返回一个蓝牙适配器对象，表示设备自身的蓝牙适配器（蓝牙无线装置）。整个系统只有一个蓝牙适配器，应用可使用此对象与之进行交互。如果 getDefaultAdapter（）返回 null，则表示设备不支持蓝牙。

（2）启用蓝牙

需要确保已启用蓝牙。调用 isEnabled 函数，以检查当前是否已启用蓝牙。如果此方法返回 false，则表示蓝牙处于停用状态。如要请求启用蓝牙，需要调用 startActivityForResult 函数，从而传入一个 ACTION_ REQUEST_ ENABLE Intent 操作。此调用会发出通过系统设置启用蓝牙的请求（无须停止应用）。

在蓝牙配置结束后，还需要与 ESP32 建立蓝牙连接。在应用执行前需要将 ESP32 提前与手机进行蓝牙配对。在配对之后，通过蓝牙适配器获取已经配对成功的 ESP32 设备对象蓝牙装置，最后通过蓝牙装置创建与 ESP32 设备的套接字连接。

在连接完成后，需要对 ESP32 发出的数据进行接收，ESP32 发送的数据帧格式见表 8-2。为了提高数据传输的效率与速度，通过多线程的形式创建一个线程对象，对数据的读取进行处理。

8.2 二元器件集成

8.2.1 供能与储能集成

随着人工智能产业与物联网技术的快速发展，智能可穿戴技术日趋成熟。智能可穿戴设备的发展趋势是在不影响穿着舒适性的前提下兼具信息传递健康监测、医疗保健等多种功能，因此可穿戴电子设备的能量供给端的稳定性、持续性、柔韧性、可编织性等成为影响其应用的关键因素。但当前大部分可穿戴电子设备须依靠外部电源和连接线供能，并且需要不断地通过外部补充电能，导致能量供给面临诸多问题。目前已报道了一系列纤维基能量采集/转换装置，如纤维基太阳能电池、摩擦/压电纳米发电机、热电装置、水诱导发电装置以及其他新型发电装置，它们可将太阳能、机械能、热能、流动势能等各种能量转化为电能。但这些能量具有不连续、不可控、易变化等特点，基于这些能源的发电机往往会产生较小、不稳定和不连续的功率输出，因此利用超级电容器或充电电池等能量存储装置将这些能量存储起来，实现设备的可持续供电，极大程度上弥补了外部电源供能不足的问题，不仅解决了可穿戴电子设备的供电问题，还提高了设备电力系统的稳定性。同时，纤维基能量采集/转换装置与纤维基储能器件的集成最大限度保留了集成器件的柔韧性、易变形和可编织等优点，将其编织后串联或并联即可提高输出电压或电流，以满足应用需求，势必推动可穿戴电子设备能源系统向高度集成化方向发展。

由于能量的采集/转换与存储是基于不同的物理或化学机理，因此将二者集成为一体化能源系统并非一蹴而就。事实上，将两个单元结合最简单的方式是利用外部电路将二者进行连接。暨南大学麦文杰团队采用飞梭织布法成功地将纤维基染料敏化太阳能电池（收集太阳光的能量并转换为电能）与纤维基超级电容器（将电能储存起来为电子设备供能和充电）共同编织，设计了一种单层可裁剪的新型全固态智能可穿戴织物。基于氮化钛（TiN）纳米线的对称纤维超级电容器（FSC）具有可定制、超快充电能力和超高抗弯折性，被用作储能模块。将 4cm 和 20cm 长的 FSC 进行循环伏安曲线对比发现，电容随长度的增加近似线性增强，将三个 FSC 串联可实现为 LED 供电，验证了批量生产的可行性和可靠性。为了研究 TiN FSC 的可裁剪性，将 4cm 长的 FSC 分为长度相等的两部分，即 2cm，每一部分都呈现出几乎是原始 4cm 长 FSC 一半的电容，这表明，裁剪过程不会影响其性能［图 8-21（a）］。此外，这两部分可以串联或并联重新连接，通过循环伏安曲线可发现，并联的 FSC 仅有微小的容量衰减，这意味着即使这些 FSC 被切断或破损，可通过简单的并联将其恢复。全固态纤维基染料敏化太阳能电池（FDSSC）被用作太阳能收集模块，光阳极是将氧化锌（ZnO）纳米线生长在锰包覆的聚合物线上，经染料敏化再涂覆碘化铜（CuI）空穴转移层得到，对电极则是镀铜聚合物线或棉纱。为研究 FDSSC 模块的输出性能，光阳极被串联或并联连接。从光电流—电压曲线发现，在串联结构中，开路电压随光阳极的数量线性增加，而短路电流不变，长度为 2cm 的六个光阳极，其短路电流为 0.28mA，开路电压为 2.6V［图 8-21（b）］；在并联结构中，短路电路也随光阳极的数量线性增加，而开路电压不变，长度为 2cm 的六个光阳极，其短路电流为 2mA，开路电压为 0.4V［图 8-21（c）］。采用 CuI 固态电解质的 FDSSC 在没有封装的干燥环境下储存 2 个月，没有明显的容量衰减，表明其化学稳定性较好。将短路电流 0.41mA 和开路电压 0.41V 的 FDSSC 剪成两半，每个部分几乎保持原来一半的短路电流（约 0.21 mA），而开路电压（0.41V）不变，同样呈现出可裁剪性。此外，将两个分离的部分并联连接，光电性能可完全恢复，而将其串联连接，开路电压可达到 0.94V。通过引入更多的棉纱，FSC 和 FDSSC 并排编织在一起，形成光充电能量织物，其中 FDSSC 由 9 个光阳极分成 3 组串联连接，每组中的 3 个光阳极并联连接，开路电压可达约 1.2V，为两个并联的 FSC 充电，该织物可通过收集太阳能在 17s 完全充电到 1.2V，并在 0.1mA 的电流密度下 78s 完全放电［图 8-21（d）（e）］。这种由染料敏化太阳能电池光阳极纤维、超级电容器纤维、铜丝和棉线组成的智能织物器件样本，在太阳光照下，可迅速充满电，并能持续放电供能［图 8-21（a）～（c）］。值得注意的是，该 FDSSC-FSC 装置的性能参数是可调的，如充电速率可通过增加 FDSSC 模块中光阳极的长度来改变。虽然该织物全部使用固态电解质，裁剪后器件仍然照常工作，不会损失纤维本身的光电性能，但仍存在缺乏舒适度、透气性、轻便性、不可清洗及难以大规模制备等问题。复旦大学彭慧胜课题组展示了一种全固态、同轴且自供电的能源纤维，通常纤维基超级电容器的工作电压只有数百毫伏，而将定向排列的多壁碳纳米管复合材料的纤维基超级电容器串联，其电压高达 1000V，该能源纤维可同时将太阳能转换为电能，并进一步存储，同时具有较好的柔韧性，可通过先进的纺织技术将其放大用于实际应用（图 8-22）。

　　纤维基能量转换设备易将人体能量有效地转换为电能，为可穿戴电子设备供电，典型的纤维基能量转换设备主要基于压电效应、摩擦起电、静电效应和热电效应。压电纳米发电机（PENG）基于压电效应进行工作，即当电介质在某一方向受力变形时，内部偶极偏移产生极化，在介质表面产生相反感应电荷的现象。2006 年，王中林院士发明了纳米发电机并开创了

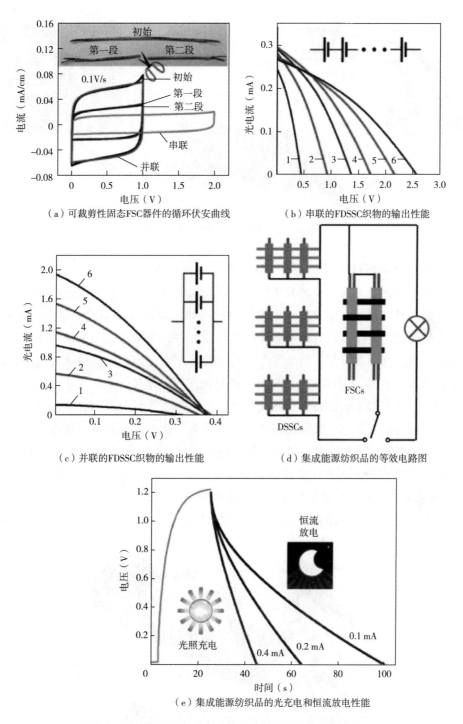

（a）可裁剪性固态FSC器件的循环伏安曲线

（b）串联的FDSSC织物的输出性能

（c）并联的FDSSC织物的输出性能

（d）集成能源纺织品的等效电路图

（e）集成能源纺织品的光充电和恒流放电性能

图 8-21　纤维基太阳能电池与纤维基超级电容器的集成

纳米能源这一新的研究领域，次年，首次成功研发出由超音波驱动的直流纳米发电机，并于

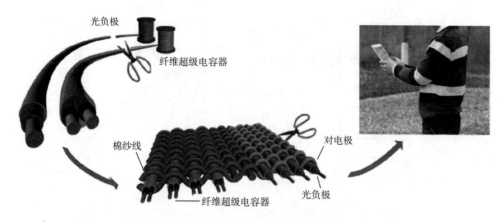

光负极
纤维超级电容器
棉纱线
对电极
纤维超级电容器
光负极

图 8-22 能量的采集/转换与存储

2008 年研发出可利用面料实现发电的"发电衣"的原型发电机,直至 2012 年成功研发出摩擦纳米发电机(TENG)。摩擦纳米发电机的原理是利用摩擦起电和静电感应效应的耦合,同时配合薄层式电极的设计,实现电流的有效输出。热电发电机(TEG)是一种纯固态装备,可将热量直接转化为电能,具有高可靠性、无移动部件、无噪声、无污染等优点。由于人体皮肤和外部环境之间存在温差,热电发电机通过赛贝克效应直接将其转化为电能,因此将可穿戴电子设备与 TEG 集成是实现自供能可穿戴功能的有效途径。相较于传统风力和水力发电机难以小型化,太阳能采集设备可小型化但其工作时间受限且能量来源单一的问题,上述纳米发电机不仅具有制造简单、重量轻和灵活性等优势,还可采集风能、雨水动能、运动的机械能及潮汐能等多种形式的能量。经过发展,将其与储能模块(如离子电池、微型超级电容器等)集成,未来它势必成为可穿戴电子设备独立运行的有力候选者,图 8-23 用可穿戴摩擦起电/压电纳米发电机、生物燃料电池和热电发电机分别从人体运动、生物流体和热量中收集的能量来对可穿戴能源存储器件(超级电容器/电池)充电的概述图。

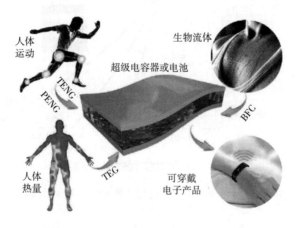

人体运动
生物流体
超级电容器或电池
TENG
PENG
BFC
人体热量
TEG
可穿戴电子产品

图 8-23 可穿戴能源存储器件应用概述图

　　王中林院士团队首次报道的 FSC 与 TENG 组成的柔性自充电电源系统是第一个能够通过人体运动收集机械能的可穿戴电子产品的原型（图 8-23）。采用气相水热法制备的表面负载无定形 $RuO_2 \cdot xH_2O$ 的碳纤维（$RuO_2 \cdot xH_2O@CF$），具有部分金红石晶体结构，可作为直径 70μm 的超级电容器电极，具有高的电子导电率和离子导电率，其电子传导由金红石纳米晶体完成，而结构水有利于质子传导，该 FSC 经优化具有 83.5 F/cm^3 的比容量。而纤维基 TENG 则是通过聚二甲基硅氧烷（PDMS）涂覆在碳纤维上用作摩擦电层，碳纤维作为收集电极，PDMS 包覆的 9 根碳纤维平行黏附到支撑的丙烯酸基板上，另一个摩擦电层为聚四氟乙烯（PTFE），其涂覆铜作为导电膜，并被裁剪成矩形，黏附到相同尺寸的丙烯酸基板上。三个 FSC 和一个 TENG 通过整流器集成，形成了纤维基的电力系统。为了提高柔性 FSC 的输出电压，三个 FSC 通过银浆串联在丙烯酸基材上，即使在 0.5μA 的低电流下，它也能充电到 2.5V，库仑效率 94%。在整个纤维基器件中，FSC 的电压直线上升，表明纤维基 TENG 输出稳定且 FSC 漏电流极低。此外，该集成系统将 FSC 从 0.5V 充电到 2.5V 只需要 873s，然后在 1.4μA 的电流下 258s 放电完毕。一个最小工作电压 2V 的绿色 LED 灯可在放电过程中被点亮。为了证明集成器件在可穿戴电子产品中的应用，该课题组还将纤维基 TENG 和 FSC 编织到外套上，来收集慢跑时产生的能量。纤维基 FSC 的电压在 10s 间增加了 8mV，表明所设计的柔性自充电电力系统可有效地将运动能转化为电能。

　　从独立器件外电路连接和单一器件同步能源转化及存储两个极端方案中找到了折中的方式：通过共用电极的方式实现二者集成。通过共用电极的方式实现不同器件结合是目前被广泛认可并行之有效的一种策略，已经被广泛应用于太阳能电池、燃料电池、热电器件等与储能器件的集成中。南京大学金钟和刘杰课题组以新型二维材料（MoS_2）为设计思路，以碳纤维材料为基底，超薄的 MoS_2 纳米膜生长在涂覆有二氧化钛（TiO_2）纳米颗粒的碳纤维上，制备出多功能的 $CF@TiO_2@MoS_2$ 同轴纳米复合纤维，该纤维在太阳能电池、超级电容器、锂离子电池以及电催化等方面均具有优异的性能。其中，FDSSC 柔韧、可弯曲、可缠绕，具有 9.5% 的高转换效率。原则上，FDSSC 的总输出功率仅受长度限制，可通过增加线状电极的长度来提高。基于 $CF@TiO_2@MoS_2$ 电极和聚乙烯醇/磷酸（PVA/H_3PO_4）凝胶电解质的固态对称 FSC，在电流 0.02mA 下，其线电容和面电容分别为 1740μF/cm 和 18.51 mF/cm^2。当电流从 0.02mA 增加到 0.1mA，其电容保持率为 73%，显示出良好的倍率性能。此外，在纤维状太阳能电池和超级电容器的研究基础上，研究人员采用该复合纤维电极构筑了纤维状光电转换与能源存储一体化集成器件，在他们设计的自供电纤维状能源器件中，能源采集和存储单元共享同一根纤维电极，通过简单且低成本的方法，在单个纤维器件上同时实现"光—电—电化学"能源采集和存储，并且具有高效率、耐弯折、可编织等优点，在太阳光照条件下，该器件的超级电容器部分能够实现仅需 7s 的快速充电。此外，这种线状电极还可用于纤维基锂离子电池和析氢反应（HER）。这表明，基于 MoS_2 的多功能纤维基电极在构建高性能柔性可穿戴能源设备方面具有巨大潜力。

　　尽管纤维基能量收集/存储系统已取得了一定的进展，但其实际应用仍然面临很多挑战。最明显的挑战是，电化学储能装置通过外界收集的能量仍远低于用传统的电线充电方式获得的能量，并且只能为低能耗的可穿戴电子产品供电。随着材料科学和器件结构设计的进步，未来能量收集装置和电化学能量存储设备的性能必然显著提高，以最小化两个组件之间的阻抗/电压，增加能量输出。当然，包括不同组件的兼容性和制造成本，匹配的能量容量取决于特定的能量消耗以及多功能性能（如整个集成系统的高拉伸性和自愈行为），一定程度上阻碍了纤维基能量收集装置的广泛应用。因此，其发展方向可从材料选择、机理探索、器件结构设计、电子线路优化四个方面来解决，从而实现自主可持续能源系统的开发。

8.2.2 供能与传感集成

8.2.2.1 太阳能供能传感集成

随着能源需求的迅速增长和全球对环境可持续发展的关注，太阳能作为一种清洁、可再生的能源得到了广泛关注。然而，传统的太阳能电池板通常是刚性的，限制了其在一些特殊场合中的应用。为了实现太阳能技术在更大范围中的应用，纤维基太阳能供电集成研究逐渐崭露头角。

纤维基太阳能供电集成是指将太阳能电池技术与纤维材料相结合，实现光电转换功能与纤维材料的融合。通过这种集成，可将太阳能电池直接集成到各种纺织品、建筑物和其他纤维制品中，从而实现可穿戴设备、智能家居、户外遮阳、交通工具等的自供电。此外，纤维基太阳能供电集成还具有柔性、轻便和易加工的优势，可根据不同应用的需要来设计和制造。

张等报道了一种可扩展制造技术的光充电织物。由能量收集组件、储能组件和身体区域传感器网络组成。光充电织物中的能量收集组件，通过在镀锰聚对苯二甲酸丁二醇酯（PBT）导线上生长一层 ZnO 纳米阵列的线型光阳极上覆盖一层 CuI 来构建太阳能转换光伏织物。在太阳光辐射下，ZnO/CuI 界面处的光生电子—空穴对可分离，然后分别输送到对电极，在外部电路中发电。光阳极的直径约 0.2mm，比电池线细得多，不影响能量纺织品的整体外观。对于具有 18 个光电阳极串的光伏纺织品，每个光电阳极串长 2cm 且可获得 0.32mA 的输出电流和 7.65V 的电压，对应于 0.91mW 的输出功率。

该光充电织物中的储能组件，在每根电池线中，将 MnO_2 纳米纤维层电极和电沉积 Zn 电极作为一对平行排列组装在导电多壁碳纳米管/聚对苯二甲酸乙二醇酯（MWCNT/PET）导线上，嵌入 MWCNT 网（长约 $20\mu m$，直径约 11nm），最后封装在聚甲基丙烯酸甲酯（PMMA）层中，形成储能器件。整个柔性电池线的直径可减小到 1 mm 以下，这是迄今为止报道的最细的线型电池之一。

身体区域传感器网络是可穿戴/植入式生物传感器的集合，可用于连续监测人类生理信号以进行个性化医疗保健。身体上的光充电织物可用于驱动由温度传感器、身体运动传感器和湿度传感器组成的身体区域传感器网络。身体区域传感器网络可同时执行生理和环境监测，包括体温、心率和身体生物力学运动。即使在机械扭曲和强降雨下，光充电织物也能够正常工作，而不会观察到性能下降，表现出良好的稳定性，可用于连续的人体生理、生物力学和环境监测，并有可能在物联网时代成功作为未来的医疗应用。但其输出的功率较低，且传感器监测的信号需要另外的无线分析仪分析，不能直观地了解生命体征。

为了能够将传感器监测的信号分析和输出，需要更高的电池输出功率和输出设备，包括显示模块。康等通过模拟松针等植物管组织的有效质量传输和交换，采用可伸缩工艺制备了分层组装的碳纳米管（HCNT）纤维对电极。在 HCNT 纤维中设计的分层排列通道为离子快速扩散提供了高通量通道，并且为电荷传输提供了丰富的活性区域，从而使纤维染料敏化太阳能电池具有 11.94% 的功率转换效率。通过可伸缩的方式编织这种纤维能太阳电池，制成透气光伏纺织品（17cm×22cm），输出功率为 22.7mW。这种高能量转换的光伏纺织品与纺织品集成的智能服装中，光伏纺织品供电，智能服装上的柔性压力传感器接收信号，并输出至简易的基于柔性材料的可显示模块，可直观展示心率状态。

8.2.2.2　摩擦电自供能传感集成

纤维基摩擦电自供能传感器（TENG）的原理比较简单，它利用纤维材料之间通过摩擦产生的机械能，并将其转化为电能供给传感器使用。这种传感器在环境监测方面具有广泛的应用。通过对纤维基摩擦电自供能传感器进行合适的设计和制造，可以实现温度、湿度、光照等参数的检测。例如，当传感器暴露在特定的环境中，如温度、湿度或光照强度发生变化时，纤维之间的摩擦运动会产生相应的电能变化，进而可通过测量电能的变化得知环境参数的变化情况。此外，纤维基摩擦电自供能传感器还可用于健康监测领域。通过将传感器与人体接触或穿戴在身上，可实时监测一些基本的生理指标，如心率、体温和活动追踪等。传感器与人体之间的摩擦运动能产生电能，从而无须外部电源便可持续供能，实现长时间的监测和记录。在结构健康监测中，纤维基摩擦电自供能传感器也具有潜在的应用。通过将传感器部署在结构体上，可检测材料和结构的变形、破损等情况。

纤维型摩擦电纳米发电机（FS-TENG）是一种备受关注的新型纳米发电机，因其舒适性和高自由度备受瞩目。然而，单电极的 FS-TENG 无法响应自身的拉伸应变，同时同轴双电极的 FS-TENG 由于结构限制，对应变的灵敏度较低，也不能满足需求，因此，改变传统结构来提高灵敏度是一个重要方法。王等研发了一种称为螺旋纤维自供电应变传感器（HFSS）的新型设备，可响应微小的拉伸应变。通过对电信号的计算和处理，该传感器能够获取人体呼吸频率、用力肺活量（FVC）、一秒用力呼气量（FEV1）、呼气峰流量（PEF）等指标。这种基于螺旋纤维自供电应变传感器的智能穿戴式实时呼吸监测系统对个人呼吸健康监测和可穿戴医疗电子产品领域具有巨大的潜力。该呼吸监测系统中的智能肺活量计能量化每次呼气的气流量，并通过这一数据初步诊断呼吸道疾病。另外，该系统还包含一个自供电智能报警器。当受试者停止呼吸超过 6s 时，智能报警器可自动呼叫预设的手机求助。这个功能可及时提醒可能出现呼吸问题的用户，并采取必要的救援措施。通过结合这两个组件，该系统不仅可帮助用户监测和管理自身的呼吸健康，还能迅速响应紧急情况，挽救生命。

在制备离子电子纤维时，干法纺丝相对于其他纺丝技术更具优势。首先，因为没有液体介质存在，可避免离子在纤维固化过程中扩散到凝固浴中的问题。其次，因为聚合物溶液中的离子可以很均匀地分散在纤维中，因此干法纺丝能更好地控制离子的分布。最后，由于干纺纱过程中没有水或其他溶剂的存在，纤维更容易固化，并且可获得较高质量的纤维。但是，如何在干纺纱过程中实现良好的纤维形成和纤维性能仍然是一个重要的问题。此外，如何控制离子的分布和浓度以实现所需的导电性，也需要进一步的研究。上海科技大学的凌盛杰团队利用干法纺丝技术制备出了高度可拉伸、韧性、弹性和抗疲劳的丝源离子电子纤维（SSIF）。该纤维具有能够快速且可恢复地响应运动变形的机械优势。此外，将 SSIF 与核壳摩擦电纳米发电机纤维结合，可产生稳定且敏感的摩擦电响应，精确而灵敏地感知微小压力。在将 SSIF 应用于核壳型 TENG 纤维中时，它们能够准确而敏感地检测微小变形。最后，通过结合机器学习和物联网（IoT）技术，SSIF-TENG 能精确地感知人体运动，并对不同材料制成的球进行准确分类。经过 400 次测试，球的分拣成功率高达 93.75%，证明了 SSIF 在分拣机器人、康复医学和增强现实应用方面具有广阔的应用前景。

弹性体和其他软材料在高温下具有不同的物理特性，导致它们与热拉伸工艺不兼容。在高温下，弹性体的模量较低，黏度较低，但同时也具有较高的黏性。这导致在使用弹性体等软材料进行热拉伸时，很难保持纤维的几何形状。魏等提出了一种创新的两步可溶芯制造方法，用于制造超可拉伸的导电纤维。该方法首先使用苯乙烯—乙烯—丁烯—苯乙烯（SEBS）外壳和聚乙烯醇（PVA）芯进行共同拉伸，形成具有确定初始结构的薄纤维。接下来，通过溶解 PVA 芯，得到中空的 SEBS 管状纤维，为了将这些纤维转化为导电材料，还通过液态金属的渗透，制造了一种 TENG 纤维。该方法不仅具有创新性，而且与简单的后拉伸处理相结合，探索了低黏度聚合物纤维和软纤维电子的潜力。经过测试，这种超可拉伸的导电纤维在 1900% 的应变或 1.5 kg 的负载/冲击从 0.8m 高度自由下落的情况下，仍然表现出优异的导电性能。此外，结合摩擦电纳米发电机技术，该纤维可作为自供电自适应的多维传感器附着在运动装备上，在承受突发冲击的情况下监测运动表现和训练。同时，由于该纤维易于封装且具有出色的防水性能，可在各种溶液中感知不同的离子运动，可用于大规模的水下应用。

王等报道了一种全纳米纤维摩擦电纳米发电机，其可用于机械能的收集和自供电。这种发电机由银纳米线（NW）/TPU 纳米纤维和 TiO₂@ PAN 网络构成，通过简单的静电纺丝方法制备而成。全纳米纤维基础的 TENG 具有三层结构，具有重量轻和高保形接触的特点。底层采用 AgNW/TPU 纳米纤维作为电极，中间层选择 PTFE 以防止电极受到水腐蚀。在微纳米层级多孔 PAN 纳米纤维中添加 TiO_2 纳米粒子（NP），使得 TENG 具有较宽的紫外吸收带宽，并提高光催化降解和抑菌作用的效率。其中紫外线防护系数（UPF）约为 204，UVA（TUVA）透过率约为 0.0574%，UVB（TUVB）透过率约为 0.107%。由于 TiO_2 NP 和 AgNW 的耦合作用，TENG 对金黄色葡萄球菌表现出良好的抗菌活性。由于采用了微纳米层次多孔结构，基于全纳米纤维的 TENG 可作为自供电计步器，用于检测和跟踪人体运动行为。

徐等展示了一种简便的方法来制备无金属耐火/耐酸/耐碱聚间苯二胺纤维（PMIA NF）和碳纳米纤维（CNF）复合摩擦电纳米发电机，使用静电纺丝法制备出具有超高比表面积、良好的耐火耐化学性能的聚（间苯基苯二甲酰胺）纤维和碳纳米纤维非织造布，这种纺织品不含重金属如银、铜等。然后，通过层间黏合工艺将纳米芳纶和碳纤维复合在一起制备成 PMIA/CNF-TENG，该发电机不仅具备纺织结构的优点，如柔韧性、防水性和透湿性，还具有许多独特的功能，例如，超高防火/耐高温能力、强酸碱防护、实时监控人体信号、手写输入危险信号以及突发风险感知等。PMIA/CNF-TENG 是一种高性能热稳定材料，即使在高温下（250℃），仍有 96.8% 的开路电压（VOC）保留率，相对于传统阻燃 TENG 而言，它表现出更高的热稳定性。在模拟火灾环境中，PMIA/CNF-TENG 显示出良好的火灾感应能力。弯曲肘部产生的生物运动导致 VOC 增加了 136.7%，手输入则导致 VOC 增加了超过 900%。这意味着该技术能够有效地检测并响应火灾的存在。此外，PMIA/CNF-TENG 的固液接触输出信号强度受溶液类型的影响，符合 $NaOH > HNO_3 > H_2SO_4 > H_2O$ 的规律。因此，在化学飞溅检测和活性酸碱液体识别方面具有潜在的应用前景。最后，PMIA/CNF-TENG 可集成到无线智能传感系统中，以实现远程生物运动和风险感知。这意味着它可广泛应用于各种需要远程监测生物运动和感知风险的领域。

葛等报道了一种可生物降解的超强导电巨纤维，并成功被设计成可穿戴织物基，用于能量收集和生物力学运动监测（图 8-24）。它是通过湿牵伸和湿扭转的条形细菌纤维素水凝胶（BC）结合导电碳纳米管和聚吡咯制成的。碳纳米管以物理掺杂的形式加入 BC 网络中，聚吡咯则是在铁离子下原位氧化合成的。由于导电碳纳米管和聚吡咯均匀分布在纳米纤维周围，其电导率高达 5.32S/cm。降解实验表明，BC/CNT/PPy 导电超细纤维可在 108h 内完全降解，碳纳米管和聚吡咯的剩余导电材料可被收集再利用。此外，纤维在水中浸泡 1 天后仍能保持致密的纤维结构，拉伸强度和电导率分别仅下降 6.7% 和 8.1%。采用 BC/CNT/PPy 导电纤维为电极的织物型 TENG，最大开路电压为 170V，短路电流为 0.8μA，输出功率为 352μW，可为商用电子产品供电。此外，附着在人体上的基于织物的 TENG 可作为自供电传感器，有效地监测各种运动（如行走、跑步、跳跃、抬臂、弯臂和抬腿）。该研究表明，可

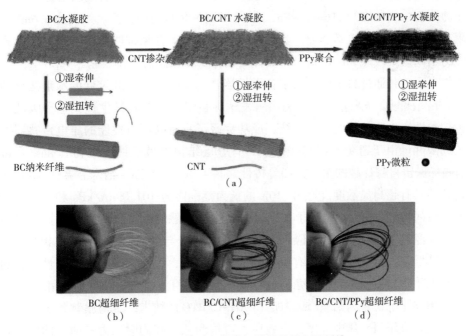

图 8-24　一种可生物降解的超强导电巨纤维

生物降解、超强、可水洗的导电纤维素巨纤维在设计基于织物的能量收集和生物力学监测的 TENG 方面具有潜力。

8.2.2.3 压电自供能传感集成

纤维基压电自供能传感器（PENG）是一种利用纤维基材料的压电效应产生电能，并将其转化为传感信号的设备。它可用于检测和测量各种参数，如压力、温度、湿度等，并将这些变化转换成电信号输出。

纤维基压电自供能传感器通过利用材料的压电效应来产生电能，因此在无须外部电源的情况下能够实现自供能工作。它具有体积小、重量轻、灵敏度高、功耗低等特点，因此在无线传感网络、健康监测等领域得到广泛应用。使用纤维基压电自供能传感器的一个显著优势是它的自供能功能，这降低了对电池或其他能量来源的依赖。由于其尺寸小、重量轻，能够方便地集成到各种设备中，从而实现更高程度的便携性和可移动性。传感器还以其高精度和低功耗操作而闻名，在无须常规电源的情况下，可长时间稳定运行。

新加坡国立大学拉马克瑞其纳、丙拉姆教授团队进行了研究，开发了一种基于聚偏氟乙烯（PVDF）纳米纤维的纳米膜，具有自供电、多孔、柔性、疏水和透气等特性。这种纳米膜被用作低成本和简单制造的触觉传感器，用于人体运动检测和识别。研究中主要考察了多壁碳纳米管（CNT）和钛酸钡（BTO）对纤维形态的影响，以及压电纳米纤维膜的物理和介电性能。经过制备后的 BTO@ PVDF 压电纳米发电机展现出较高的相含量，并且具备优异的整体电性能，因此被选为柔性传感装置的组件。同时，纳米纤维膜表现出强大的触觉感应性能。该装置经过 12000 次加载测试周期后仍能保持快速响应时间为 82.7ms，在宽泛的 0~5Pa 压力范围内作出反应，并且呈现出高的相对灵敏度。尤其是在垂直于表面施加压力时，在 0~10N 的精确压力检测中灵敏度为 116mV/kPa，在 10~100N 负载范围内的灵敏度为 6.6mV/kPa。此外，当附着于人体时，该传感器通过其独特的纤维状和柔性结构能够以自供电的方式将各种运动转化为不同模式或序列的电信号，因此可用作一种保健监测器。

郭等提出了一种通过自组装方法制备柔性器件的策略。首先通过低温水热法得到了单分散的 10nm 单晶钛酸钡纳米立方体，利用蒸发诱导自组装工艺将其生长到电子级玻纤布上制备了一种超柔性和连续的压电材料系统，成功克服了具有高压电性能的压电传感器通常较硬或较脆的局限性。由于避免了高温烧结，具有分层结构的玻璃纤维织物（glass fiber fabric, GFF）基底仍保留自身优越的柔韧性和鲁棒性。基于 10nm $BaTiO_3$ 纳米立方体/GFF 薄膜制造的压电传感器具有超高灵敏度（在 0~10N 的低力范围内为 101.09nA/kPa 和 3.31V/kPa）和快速的响应时间特性（19ms）。基于其优异的自供电传感性能，该传感器可智能识别笔迹或键盘用户，而经过 3000 次弯曲循环后，所采集的电信号与最初的电信号基本相同。这证明了所制备的传感器在人机交互领域具有巨大的潜力。此外，这项工作为制造高性能、超柔性和低成本的压电传感器提供了新的视角，并有望在柔性可穿戴设备领域得到应用。

赵等采用碳化电纺聚丙烯腈/钛酸钡（PAN-C/BTO）纳米纤维薄膜制备了一种多功能传感器。它通过集成压阻、压电和摩擦电效应，可检测独立和同时压力和曲率两个物理量。对于 PAN-C/BTO 纳米纤维薄膜在弯曲过程中阻抗变化的挠曲传感，在 58.9°~120.2° 范围内的灵敏度为 1.12（°）$^{-1}$，工作范围为 28°~150°。对于自供电力传感，它在 0.15~25N 的范围内具有 1.44V/N 的测量因子。在两种传感模式下，传感器具有超过 60000 个周期的长稳定性。由于压电和摩擦电效应的协同作用，钛酸钡纳米颗粒（BTO NP）包含在纳米纤维薄膜中，其压力传感灵敏度提高了 2.4 倍以上。在多功能和模块化的基础上，可用于弯曲感和触觉感，并根据其模块性组装成手势感测系统。此外，这种传感器还可应用于医学监测，在监测人体吞咽运动或进行基本的弯曲测量方面发挥作用。同时，它们还可以嵌入鞋底中，用于捕捉人类的步态。总之，PAN-C/BTO 传感器以其多功能和模块化特性，在未来可穿戴电子领域具有广泛的应用潜力。

刘等提出了采用 UFES 技术制备螺旋结构的聚偏氟乙烯（PVDF）纳米纤维，制备纳米纤维条（NFS），其正交组装成纳米纤维网格（NFG）作为自供电触觉传感器。将 5 条纳米纤维条（NFS）写入聚氨酯薄膜上，并将两层聚氨酯薄膜正交组装成 5×5 的 25 像素纳米纤维带。利用光纤的机械柔韧性和螺旋结构，在不同位置或不同压力下检测到稳定的压电输出，并从电压—压力曲线斜率检测到 7.1mV/kPa 的灵敏度。在正交组装的 NFG 中，一个 NFS 的一个像素上的压力会引起相邻 NFG 的相应变形，压电输出随压点距离的变化而变化，故能够实时定位压点并跟踪压点轨迹。通过判断所有 NFS 的压电输出，通过发光二极管（LED）生动地显示任意被压像素的精确位置，分辨率为 1mm，并通过在多个像素上按下金属字母（S、W、J、T 和 U）显示映射轮廓。此外，NFS 上或 NFS 之间的压力坐标以分辨率为 0.5mm 的数字形式显示在液晶显示器（LCD）上。这种正交 NFG 的新型自供电触觉传感器可实现实时运动跟踪、精确空间感知和高分辨率的位置识别，在电子皮肤、机器人和人工智能接口方面具有潜在的应用前景。

填料掺杂和结构设计是两种获得良好压电性能的方法。静电纺丝在纺丝过程中，可对溶液性能和静电纺丝参数进行调整，通过施加高压电场使 PVDF 射流发生极化和拉伸，使 PVDF 分子链中的偶极子定向，使 α 相转变为 β 相，制备高 β 相含量的 PVDF 压电膜。为了改善静电纺丝 PVDF 膜的压电性能，可添加一些掺杂填料，如压电陶瓷纳米粒子、碳基材料、有机聚合物、无机盐等。这些填料可增强 PVDF 膜的压电响应，并提高其压电性能。此外，还可通过改变静电纺 PVDF 压电纤维膜的结构来提高其压电性能。为了获得更好的压电性能，张等在填料掺杂和结构设计两方面进行了考虑，通过静电纺丝制备了掺杂不同质量分数 MXene和氧化锌（ZnO）的结构聚偏氟乙烯（PVDF）基复合纳米纤维膜，并将其组装成柔性自供电摩擦压电传感器。MXene 和 ZnO 的加入使 PVDF 纳米纤维膜具有更好的压电性能。PVDF/MXene-PVDF/ZnO（PM/PZ）纳米纤维膜具有双层结构、互穿结构或核—壳结构，通过填料掺杂和结构设计的协同作用，可进一步提高 PVDF 基纳米纤维膜的压电性能。其中，芯壳型PM/PZ 纳米纤维薄膜自供电摩擦式压电传感器的输出电压与施加压力呈良好的线性关系，CS-PZ/PM 摩擦压电传感器对手腕和肘部运动引起的弯曲变形具有良好的压电响应，在频率约 2Hz、力值约 0.2N 的手指压力下可产生 42.4V 输出电压和 3.24μW 输出功率。2.2μF 的电容可在 48s 内充电至 2.57V。

由于传统的谐振式声传感器频率响应范围狭窄、易受干扰、体积大。王等采用动态近场静电纺丝（dNFES）技术制备了原位极化聚偏氟乙烯—共三氟乙烯［P（VDF-TrFE）］纳米纤维网。这种独立的低堆积密度（约18%），允许空气定向的纳米纤维横跨一对平行电极，充当非共振声学传感器。这种高宽高比、轻量化和柔韧的纳米纤维没有明显的内部谐振频率。平均纤维直径约307nm，可见光透明度大于97%，对200~5000Hz的声波敏感，覆盖了人们日常生活中遇到的大部分常见声音频率。在声刺激下，这种悬浮P（VDF-TrFE）纳米纤维网可自由地以集体方式模拟气流的声驱动波动，其中压电在两端电极上收集，用于直接信号收集，结合了独立纳米纤维在声音检测方面的物理优点和压电聚合物方便的电转导机制，可在下一代声传感器中实现新的应用和突破。

8.2.2.4　热电自供能传感集成

由于摩擦电和压电自供能传感器的工作原理，在导电路中需要机械活动来产生高内阻，这一要求对它们的应用造成了限制。而可穿戴热电自供能传感器没有上述缺点，且具有持续工作、便携、实时监控等特点。一般情况下，成年人每天散发的热量为1500kcal~2500kcal。通过直接从人体表面收集这些热量，并利用人体与环境的温差（ΔT）将热能转化为直流电以供自身设备使用。纤维基热电材料相较于传统的块状或条状热电材料而言，能够与人体表面更加贴合，从而更好地应对可穿戴热量收集过程的复杂性。因此，在收集自身产生的热量用来发电的同时，这种纤维基热电自供能传感器还能持续追踪和监测人体运动状态及各项指标，使其在可穿戴纺织品领域中具有更大的发展潜力。

基于织物结构技术的限制，由水平和垂直交错的纱线组成的机织物的拉伸性有限，相反，针织物是由连接的线圈组成的，其具备易变形的潜力。全尚勋（Sanghun Jeon）等报道了一种基于针织物的可拉伸自供电温度传感器的开发，该热电传感器系统由银纳米粒子（AgNP）、石墨烯和聚(3,4-乙烯二氧噻吩)-聚(苯乙烯磺酸盐)（PEDOT：PSS）等可印刷导电油墨在针织物上组成，具有线性温度传感能力。该热电传感器根据热电效应，利用针织物上的温度梯度来驱动电流，可在没有电池或其他电源的情况下自动检测设备上的温差。在100K的温差下，基于热电的温度传感器可产生1.0mV的输出热电电压。经过800次循环试验后，它显示出出色的耐久性，在20%应变条件下仅降低了7%的初始电压。

李泰允（Taeyoon Lee）等通过原位还原法制备了一种多功能、可拉伸的Bi_2Te_3热电（TE）织物传感器，优化了Bi_2Te_3纳米颗粒（NP）在棉织物内外的形成。基于塞贝克效应，Bi_2Te_3 TE织物在不同的温度梯度下可产生不同的输出电压，因此可用于检测正常压力和温差。在传感器系统中使用3×3 Bi_2Te_3 TE织物组件，通过同时检测温度和压力来区分天平重量和手指。这种便捷的基于Bi_2Te_3 TE织物的电子设备将为在可穿戴电子产品中以可拉伸形式应用无机TE材料铺平道路。由于Bi_2Te_3 NP之间的电通路稳定，在30%侧应变和16kPa法向压力等10000次机械变形下，Bi_2Te_3 TE织物表现出显著的电可靠性。有趣的是，发现了Bi_2Te_3 NP在侧向应变下的本征负压阻，这是由带隙变化引起的。此外，TE单元在室温下的功率因数为25.77μW/（m·K^2），电导率为36.7μS/cm，塞贝克系数为-83.79μV/K。

王等将高柔性、可压缩的三维间隔织物（SF）与热电聚（3,4乙烯二氧噻吩）：聚苯乙烯磺酸盐（PEDOT：PSS）组装在一起，制备了基于全织物的自供电压力—温度传感电子皮肤（图 8-25）。它由两个独立的多丝表面层组成，由间隔单丝阵列连接，形成特殊的 3D 结构。该全织物皮肤可从人体与环境在片厚方向而不是面内方向的热差中获取能量，能高效准确地感知温度，检测分辨率为 0.1K，响应时间为 1s，压力范围为 0.2~200kPa，快速响应时间为 80ms，驱动传感器所需的电力可由人体和环境之间的温差提供。值得注意的是，在温度—压力同时刺激下，可产生和读出独立的电压和电流信号。首次采用简单易行的规模化生产方法，设计并制备了具有全面积发电和压力—温度传感功能的真正的电子背心（图 8-25）。这些特点使全织物自供电传感器具有很好的应用前景。

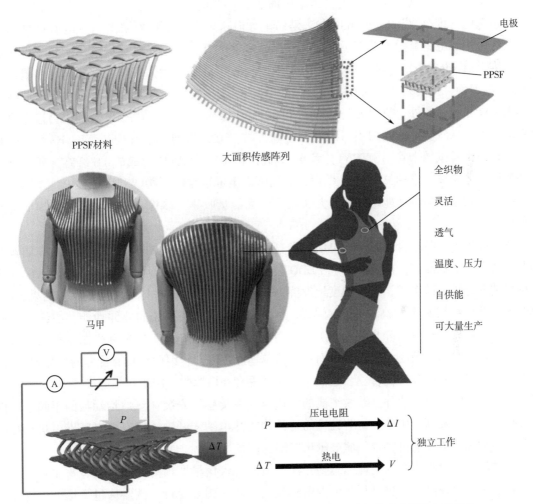

图 8-25　采用三维间隔织物制备的全面积发电和压力—温度传感功能的电子背心

可穿戴的基于无机半导体的 TE 器件，特别是基于纤维的热电纺织品（TET），与基于 ISC 的大块热电发电机（TEG）相比，在发电和固态冷却方面显示出前景。然而，利用具有脆性和机械不稳定性的无机半导体来生产用于编织 TET 的热电纤维是具有挑战性的。在这里，郑等结合简易冷压及超高温快速退火技术，制备了 P 型和 N 型热电臂交替排列的串珠状碲化铋基热电纱线，用于半自动制造高度机械稳定，可拉伸、透气和可洗涤的机织 TET。TET 具有良好的拉伸性（100%伸长率）、柔韧性（弯曲半径为 2mm）、耐水洗性（420 次洗涤循环），在温差为 25K 时热电织物的输出功率密度高达 0.58 W/m² （在 $\Delta T = 80K$ 时，预测输出功率密度为 6.06 W/m²），优于当前的织物基热电器件，可与传统无机热电材料的柔性 TEG 相媲美。在实际应用中，它可通过佩戴在手臂上，自建温度梯度为 B16K，持续为监测环境及人体生命信号和活动的身体电子设备供电。此外，TET 可在静态空气（相对温度 26℃、相对湿度 60%）中稳定地产生 3.1K 的固态冷却。这项工作为设计耐用、可拉伸和可洗涤的基于无机半导体的 TET 走向真正的身体应用铺平了新的道路。

制造热电纤维/纱线的一种常用方法是纺丝，但这种方法对纺丝浆料的黏度有严格的要求，当纤维中热电材料的加载率过高时，纤维断裂应变低，难以满足耐磨要求。另一种获得热电纤维/纱线的方法是直接将热电材料沉积在纤维/纱线上，然而，热电材料只能涂覆在纤维/纱线的表面，而不能涂覆在纤维/纱线的内部，因此热电材料的载荷受到限制，纤维/纱线的热电性能较差。此外，热电材料与纤维/纱线之间的结合力较弱，在使用过程中会造成热电材料的脱屑，导致热电性能的不可逆下降。新加坡国立大学何锦韦（Ghim Wei Ho）团队开发了一种由单壁碳纳米管（SWCNT）和聚乙烯醇（PVA）水胶体组成的 TE 纤维，通过连续交替挤压工艺制造纤维的 P 型和 N 型段，它们依次集成连续的纤维。利用这种 P/N 型 TE 交替纤维，成功编织出多功能纺织品，并实现了曲面能量收集、多像素手写和通信触摸面板等多种功能。

覃等提出了一种结合凝固浴静电纺丝和自组装策略的先进制造方法，通过 DMF 在纺丝液和混凝浴水中的反渗透，以及 PEI 和 PEDOT：PSS 的自组装效应，可实现 CNT/PEDOT：PSS 在每根纳米纤维上的沉积，最大限度地发挥 PU 纳米纤维与热电材料的相互作用。结果表明，热电纳米纤维纱线具有较高的塞贝克系数（44μV/K）和约 350%的拉伸性能。在纺丝过程中，非溶剂诱导的相分离和自组装效应导致大量的 CNT/PEDOT：PSS 负载在每根纳米纤维上。由于热电材料装载在纱线内部，而不是简单地涂在表面，因此它具有优异的机械稳定性；基于纱线的热电效应和可缝合性，它们可集成到手套和口罩中，用于自供电模式下的冷/热源识别和人体呼吸监测；此外，纱线组成的自供电应变传感器安装在篮球运动员的手腕上，以改善投篮姿势，提高命中率。这些独特的特性使得热电纳米纤维纱线在可穿戴发电机、呼吸监测、运动优化等智能可穿戴领域显示出广阔的前景。

人体汗液中含有丰富的生理标志物，汗液监测对疾病早期预防和治疗具有重要意义。王等开发了一种全纤维集成热电驱动生理信号监测器件（图 8-26）。该器件包含热电织物和纤维基有机电化学晶体管，均由同一种质轻、耐磨、抗汗和高电导率的复合纱线组成。当人体与环境温差为 2.2K 时，热电织物仅通过改变栅极—热电织物热电单元的串联个数及接入方向就能成功驱动纤维基有机电化学晶体管工作。该器件透气率高达 300.29mm/s，为构筑柔软舒适的可穿戴自供能传感器提供了新思路。当不同浓度的葡萄糖溶液依次逐滴滴落在 FOECT 栅电极表面时，器件归一化电流（NCR）值随浓度增大逐渐增大。实验结果表明，FPMD 葡萄糖传感器件线性检测区间为 10nM～50μM（灵敏度 30.4 NCR/dec），器件拥有优异的抗干扰

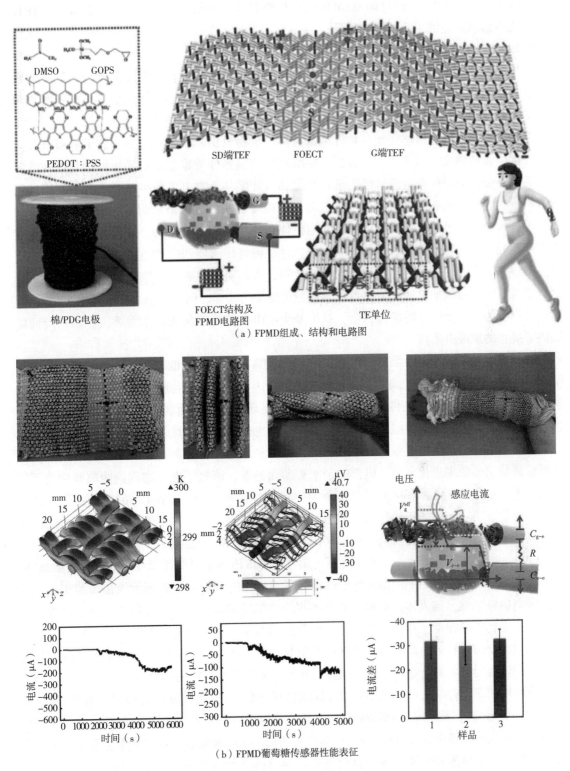

（a）FPMD组成、结构和电路图

（b）FPMD葡萄糖传感器性能表征

图 8-26　FPMD 组成、结构、电路图和 FPMD 葡萄糖传感器的性能表征

性能和重复性。实现宽传感区间、优异的抗干扰性和可靠的重复性，为大面积集成均质化自供电生化传感织物提供了新的研究思路。

8.2.2.5 生物电供能传感集成

生物电供能是指生物体利用内部的电信号产生和维持生命活动所需的能量，其基本原理是通过细胞膜上的离子流动产生电位差和电流，这些离子流动通常由离子泵、离子通道和离子交换器等调控。典型的离子包括钠离子（Na^+）、钾离子（K^+）和氯离子（Cl^-）。

纤维基生物电供能传感集成是将纤维基材料、生物电供能技术和传感器技术相结合，实现能源供应和传感功能的集成。一方面，能源短缺是世界性的难题，对环境保护和可持续发展的关注导致人们对可再生能源的需求日益迫切，纤维基生物电供能传感集成技术利用生物代谢产生的电能，能够提供一种可再生能源，有望缓解能源短缺带来的不利影响；其次，柔性和可植入电子技术的发展为纤维基生物电供能传感集成提供了支持，这些纤维基材料可适应人体曲线，轻巧舒适，与普通纺织品类似，这使得将传感器和生物电能源集成到纤维中变得可行。另一方面，随着可穿戴设备的快速发展，人们对于集成在衣物或纺织品中的多功能化传感器需求日益增加。这些传感器可监测身体的生理指标、运动状态等，并提供实时数据。但这些设备往往需要稳定的能源供应，纤维基生物电供能传感集成技术为解决能源供应问题提供了潜在的解决方案。

君等制备了一种汗液激活的纱线型电池（SAYB），由锌线阳极，棉纱分离器和碳纱阴极构成，能够大量制备且通过编织技术融入平纹织物中，与应变感测纱线和无线分析仪集成，能够形成大面积生物电供能传感集成面料。人体运动出汗后，面料中的 SAYB 模块被激活，为柔性拉伸运动监测系统供能，实现对运动过程中生命体征的检测。

该生物电供能传感集成中，纤维基优异的柔性、生物相容性和与常规纺织技术的兼容性是可穿戴纺织品的理想化电池，内部的亲水棉薄而透湿，缩短了电极之间的距离并加速了液体的渗透，使得该 SAYB 电池灵敏度高、响应快速，在 100mM/μL NaCl 溶液中仅需 3s 即可激活。实验证明，超低体积的汗液（120μL）即可快速激活该生物电池。液体电解质的离子浓度和体积可影响电池的性能，加入 60μL 200mmol/L NaCl 溶液后，SAYB 电池可显示出 1.72mW/cm^2 的高功率密度，纤维基优越的柔性使得该传感集成能够承受 10000 次弯曲循环、2800 次扭曲循环和 20 次洗涤循环而不会显著降低其性能。与应变感测纱线组合编织的可穿戴自供电感应 T 恤，当人体运动时，T 恤内的传感集成被触发，以无线的方式真实地检测手臂摆动频率和呼吸频率，有效监测生命体征和运动效率。该生物电供能传感集成将有助于生产可穿戴医疗保健和运动监测的自供电智能服装。但是该生物电供能传感集成系统没有储能器件，汗液激发产生的能量不能即时储存，在使用方面存在一定的局限性。

为解决储能器件缺失而导致应用受到局限的问题，肖等用棉纱包裹经过聚吡咯/聚（3，4-乙撑二氧噻吩）：聚（苯乙烯磺酸盐）改性的不锈钢丝和对称的两个电极组成的基于汗液激活的纱线生物超级电容器（SYBSC），与汗液激活的 SAYB 集成，以构建混合自充电能量系统，再与基于碳纳米管纤维的汗液 pH 传感器一起组成纤维基生物电自供能传感集成。

该集成中，改性的不锈钢丝扩大了电容的负载量，具有高面电容（0.5mA/cm^2 时为

343.1mF/cm^2）、平衡能量密度 ［30.5 ~ 22.7μW/（h · cm^2）］ 和功率密度（200 ~ 2000μW/cm^2）。另外，纤维基的轻柔性和可编织性使得该生物电自供能传感集成能够大面积地编织成平纹织物，进而织造成可穿戴式智能纺织品。在人体运动过程中分泌的汗液可激活附着在人体上的一体化传感织物，由自充电单元为分析仪供电，启动实时数据采集和无线传输，实现运动过程中汗液 pH 的监测，以达到监测人体健康和运动强度的目的。在经过 10000 次弯曲和 25 次洗涤循环后，纺织品中的器件性能仍保持在满意水平。与之前的基于汗液的混合自充电系统相比，所制备的基于纱线的系统由于其优异的可织造性、可洗性和可重复使用性而更适合实际应用。

　　虽然该生物电供能传感集成在供能器件和储能器件方面都有良好的性能，但传感器部分只有单一的基于碳纳米管纤维的汗液 pH 传感器，不能有效地监测汗液中其他（如葡萄糖、乳酸和尿素）成分，单一地监测汗液中某种物质的含量并不能有效地说明人体的生命体征和运动状态。

　　王等开发了一种基于芯鞘传感纱线的电化学织物传感器（CSSY-EFS），用于强大的汗液捕获和稳定的传感。传感纱线由多层棉护套和基于碳纳米管的传感纤维芯组成，将 Mg 线阳极和 Ag/AgCl/Cu 线阴极与 NaCl/纤维素隔膜缠绕并包装棉纱层组成纤维基生物电供能集成系统。

　　该传感集成系统中，通过将功能材料沉积到 CNT 纤维电极上来制备基于 CNT 的传感纤维芯，包括通过电沉积聚苯胺和 Pt 纳米颗粒作为介体来制造葡萄糖传感光纤；通过电沉积聚（3,4-亚乙基二氧噻吩）制备离子传感纤维，PEDOT：PSS 作为离子—电子转换器，选择性离子载体作为离子特异性吸附层。由于聚苯胺在不同 pH 下的表面质子化变化显示出更大的电位变化，因此使用聚苯胺作为换能器获得 pH 传感光纤。根据应用需要，可将不同的传感纱线绣入超疏水棉织物基底中，以制造监测不同物质的 CSSY-EFS。利用芯鞘型传感纱线与织物基底之间的疏水性差异，使汗液在芯鞘型传感纱线之间富集，减少无效扩散，显著提高汗液捕获效率。因此，只需 0.5μL 汗液即可启动设备运行，同时，外部包裹的多层棉纱是亲水性的，并且显示出对汗液的高芯吸速率，有利于从皮肤捕获和收集汗液。

　　纤维基的轻柔性使得传感集成系统能够快速简单地编织成纺织品，进一步与集成芯片集成，制成可穿戴实时监测系统。可为用户在剧烈运动状态和相对温和的状态下进行汗液多种化学信息的实时监测。这项工作可能为开发可穿戴应用的高性能生物电供能传感器开辟了新的方向。

8.3　多元器件集成

　　传统电路板（PCB）存在刻蚀、焊接、钻孔、组装以及能源供给安装等烦琐步骤，随着柔性可穿戴器件的兴起，开发一种新策略将集成电路与织物结合，从而满足应用需求迫在眉睫。目前，纤维电子系统和电子织物常见的集成方式包括印刷、转移、刺绣、织造等。

8.3.1　印刷集成电子织物

印刷集成电子织物是指通过丝网印刷、喷墨打印、微滴喷射等技术在织物表面形成的柔性导电线路。纺织品因其优异的柔韧性、良好的透气性和皮肤贴合性，已成为柔性可穿戴电子产品的理想基材。印刷集成电子纺织品可通过预设路径或定制丝网网板在织物表面印刷高精确度图案与线路，实现多元器件集成和数据处理。印刷集成电子织物有望取代目前大多数智能服装中数据处理中心的刚性印制电路板。

田等以银分形树枝晶和高弹性透明胶浆组成的水性混合溶剂为导电油墨，通过丝网印刷方式将水性导电油墨沉积在织物表面得到定制图案的电子织物。由该印刷电子织物组装的多功能智能服装，其肩关节部位设置有折线导电图案焦耳加热器，在 0.7V 加载电压下织物可保持在 40~60℃，可用于缓解肩部疼痛；位于胸前、手部和膝盖处的鹿头、火焰导电图案可分别监测人体的抬手动作、哑铃健身运动以及不同的行走状态。

8.3.2　转印集成电子织物

印刷法因其加工效率高、加工温度低、易于制版等优点，适用于织物电路板制备。然而，多孔和蓬松织物表面粗糙度高，对印刷均匀致密的导电图案，特别是在高分辨率和长距离的情况下，具有巨大的挑战。研究人员发现织物平面化可提高印刷层的均匀性，但附加的预涂过程不仅增加了生产成本，还会严重影响织物的透气性和舒适性。此外，印刷油墨中的大量有机溶剂也会腐蚀织物，降低其力学强度，造成残留效应，使其无法满足服装应用的标准。

丁等提出了一种热转印方法来解决上述问题，通过涂层和激光雕刻在离型膜上预制银片/热塑聚氨酯复合材料的电极或电路，然后通过热压将其贴合到各种织物和纺织品上。调节激光雕刻工艺，图案分辨率可达约 40μm，实现不同图案织物电极或线路集成。然而，常规转印技术对衬底的形貌和粗糙度要求严格，将精细纳米尺度的结构图案化转移至衬底十分困难。高等采用具有生物相容性的水性透明质酸作为基底，透明质酸可高精度复制硅片表面精微纳米线，纳米点或纳米孔结构。随后，将金属或 SiO_2 沉积在图案化透明质酸薄膜表面，将薄膜复合在湿润的纺织基材上，透明质酸溶解后，纳米结构的功能材料被成功转移到织物表面。该方法可将金属或非金属微/纳米尺度图案转移到任意织物的表面，图案分辨率可达 50nm，可实现氢气传感器、汗液传感器、催化过滤器、超级电容器的多元集成，同时也不影响纺织品原有的耐磨性、耐洗性和可拉伸性（图 8-27）。

8.3.3　刺绣集成电子织物

刺绣集成主要是将导电纤维通过刺绣方法植入织物中形成导电线路，同时保证织物的舒适性、透气性及耐用性。刺绣集成用纱线可选取纺织材料复合导电线或金属纤维线。纺织材料复合导电线（如镀银缝纫线）属于电活性化纤维材料，其性质与普通纺织纤维相似，保证了织物的舒适性与透气性。相较金属纤维线，其电阻要大很多。表面处理法类的导电线表面

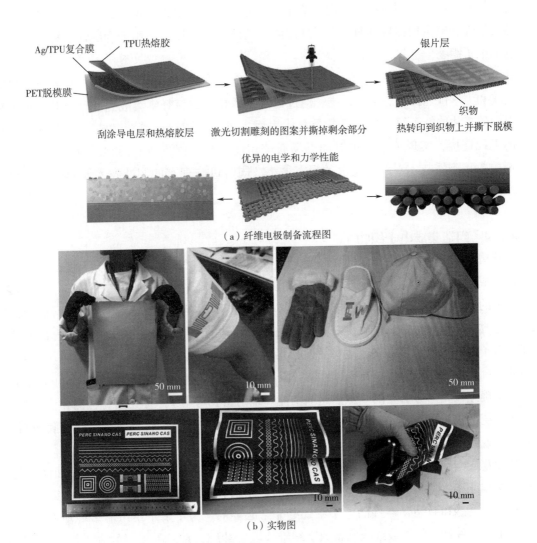

（a）纤维电极制备流程图

（b）实物图

图 8-27　热转印织物电极制备流程图与实物图

的导电层在植入及后续穿着过程中易受扭转、拉伸等外力影响而发生断层、脱落现象，进而影响电阻的稳定性；若表面处理过程中使用了银等易氧化导电材料，其电阻值随着后续氧化会逐渐变大。金属纤维线（如不锈钢金属纤维线）属于金属材料纤维化的导电线，具有稳定的导电性。由于在集成过程中导电纤维会发生弯曲，因此导电纱线需要具有较高的强度和弹性。

常等采用可编程的双流道喷雾器将功能性纳米粒子以亚毫米级的分辨率写入任意织物中，由此生成的电子织物在机械灵活性、透气性和舒适性方面保留了固有的织物特性，并可多次使用和洗涤。这些电子织物能紧密贴合各种身体尺寸和形状，支持在运动条件下高保真地记录皮肤上的生理和电生理信号。在大型动物（如马）的远程健康监测中进行的现场测试表明，该电子织物的可扩展性和实用性超出了传统设备。由此产生的电子织物可以各种尺寸和形状与身体紧密贴合，同时在自然运动条件下将记录电极固定在原位。这些优点使该电子织物在捕捉生理和电生理信号方面具有卓越的测量精度和保真度，适用于为满足各种临床需求而定制的电子织物。

林等将镓铟锡合金（$Ga_{68.5}/In_{21.5}/Sn_{10}$）渗透到全氟烷烷烃（PFA）管中，制备出一种具有高电气和力学性能的液态金属纤维，通过数字刺绣技术将该纤维集成到衣服上并实现图案化，得到的多功能电子纺织品不仅贴合身体表面，还可与附近的可穿戴或可植入设备建立强大的无线连接，实现传感、供电和近场通信功能。与印刷集成和图案转移技术等相比，无溶剂的数字刺绣技术对纺织基材的损害最小，同时可与现有的制造技术兼容，用于规模化生产。

8.3.4 织造集成电子织物

一维功能纤维，通过捻线、织造、缝纫、针织、打结、交织等传统纺织工程技术，可进一步加工成二维（2D）纺织形态和三维（3D）纱线形态。由于这些内在的优点，近年来，基于纤维的器件已经被直接集成到织物中，以实现多种功能，如健康/环境监测、显示、传感、能量收集、能量存储、电磁屏蔽和信息处理。现有的电子纤维平台，一般只由具有单一功能的电子器件组成，该器件通过将活性材料包裹在纤维表面再织造集成。此外，为将电子电路或系统集成到 2D 纺织品中，同时最大限度地降低器件性能的退化，在每个电子纤维之间实现精确连接是十分必要的。虽然这些功能纤维的组装可用于顺序记录、检测和读取数据，类似于传统的集成电路和 2D 晶圆上的多功能器件，但器件的微型化和电子电路配置的困难，仍然是实现纤维基电子系统的主要障碍。

规模集成电路具有复杂的功能连接线路，是限制其发展的主要因素。此外，如何优化集成电路结构或工艺，增加功能器件单位集成密度也亟待解决。综上所述，开发能够在单一光纤上集成多功能和微型化器件的电子系统是非常必要的。为了赋予纺织品多种功能，其中，将小型电子元件插入纤维或纱线制备数字纤维或电子纱线，是一种新兴的方法，然而该方法器件集成密度有限（图 8-28）。

黄等提出了一种通过高分辨率无掩模光刻与毛细管辅助涂层方法将场效应晶体管、逆变器环形振荡器、光电探测器、信号换能器、分布式温度传感器等多个小型化电子器件直接集成在纤维表面，再将其组装成电子织物的新技术。范等设计了一种非印刷式集成电路织物，所有器件的制备均基于纤维或交错的节点，并通过织造集成得到可变形、可编织的织物电路。该电子织物能将可编织的晶体管、传感器、光电转换—能源储能系统集成于一体（图 8-29）。基于电化学门控原理，纤维编织型晶体管表现出卓越的弯曲和拉伸坚固性，并被编织成纺织逻辑计算模块，以区分不同的紧急情况。纤维型汗液传感器由应变和光传感器纤维编织而成，可同时监测人体健康和环境。型集光伏发电和储存为一体的纤维电池系统（Zn/MnO_2）被编织到智能织物中进行供电，实现了集成电路智能织物的自我供电。该电子织物可被用作 24/7 全天候私人 AI 护理来监测医疗健康、糖尿病以及一些突发情况等。

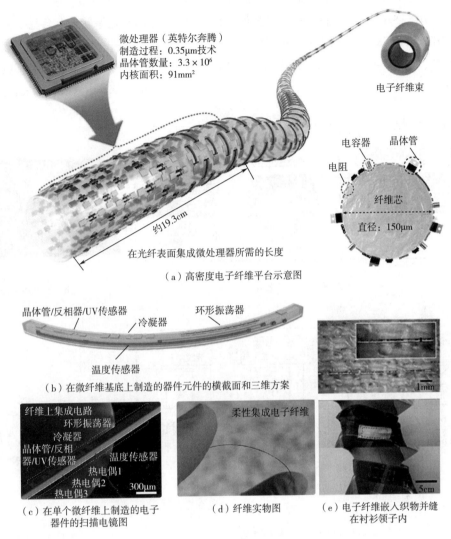

微处理器（英特尔奔腾）
制造过程：0.35μm技术
晶体管数量：3.3×10^6
内核面积：91mm²

电子纤维束

电容器　　晶体管

电阻

纤维芯

直径：150μm

约19.3cm

在光纤表面集成微处理器所需的长度

（a）高密度电子纤维平台示意图

晶体管/反相器/UV传感器　　　环形振荡器

冷凝器

温度传感器

1min

（b）在微纤维基底上制造的器件元件的横截面和三维方案

纤维上集成电路
环形振荡器
冷凝器
晶体管/反相
器/UV传感器　　温度传感器
热电偶1
热电偶2
热电偶3　300μm

柔性集成电子纤维

5cm

（c）在单个微纤维上制造的电子
器件的扫描电镜图

（d）纤维实物图

（e）电子纤维嵌入织物并缝
在衬衫领子内

图 8-28　高密度电子纤维

8.4　本章小结

　　纤维基可穿戴电子产品在多领域多学科交叉融合的发展中，不断更新换代，带动传统纺织服装行业的转型升级。目前纤维基可穿戴电子器件制备可分为以下三个步骤：一是将不同类型的导电材料（如金属材料、碳材料和导电聚合物等）直接制成纤维电极/器件，或通过将其混入纤维或纱线中制得纤维电极/器件；二是通过织造集成技术将上述纤维电极/器件组装成具有多重传感功能的柔性可穿戴织物系统；三是利用软件控制系统实现人体压力、温度、湿度、生理标志物等信息感知。纤维基可穿戴电子器件从早期仅具有能量供给单元、储能单元或传感单元，逐步发展为通过单一器件同步能源转化与存储、能源转化与传感，再到通过共用电极的方式实现二元集成或多元集成。未来，通过化学、材料、纺织等多学科交叉融合，印刷、转移、刺绣与织造集成方式的进一步发展，电子织物系统必将迎来巨大变革。（图 8-29）。

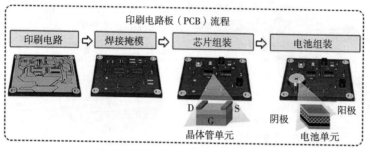

（a）传统电路板（PCB）工艺流程图

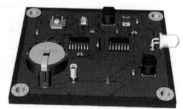

（b）PCB型集成电路

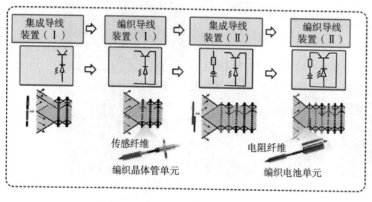

（c）非印刷集成电路纺织（NIT）工艺

（d）NIT型集成电路

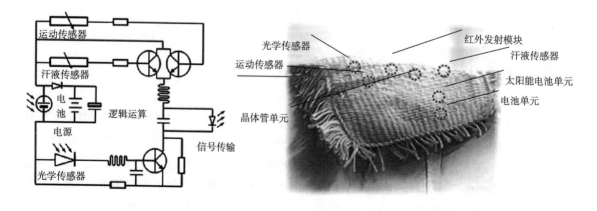

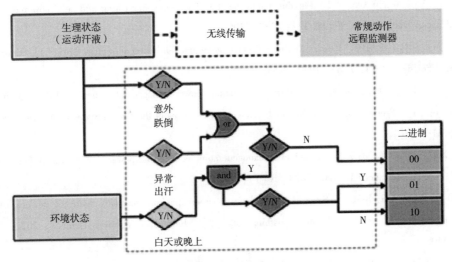

（e）可编织的织物集成电路示意图

图 8-29　可编织的织物集成电路

思考题

1. 纤维基能量采集/转换装置与纤维基储能器件的可穿戴集成具备哪些特点？

2. 纤维基二元器件集成常见的能量供给方式有哪些？

3. 多元器件常见的集成方式有哪几种？各自优缺点是什么？

思考题答案

参考文献

［1］FAKHARUDDIN A, LI H Z, DI GIACOMO F, et al. Fiber-shaped electronic devices［J］. Advanced Energy Materials, 2021, 11(34)：2101443.

［2］SUN F Q, JIANG H, WANG H Y, et al. Soft fiber electronics based on semiconducting polymer［J］. Chemical Reviews, 2023, 123(8)：4693-4763.

［3］SHI J D, LIU S, ZHANG L S, et al. Smart textile-integrated microelectronic systems for wearable applications ［J］. Advanced Materials, 2020, 32(5)：1901958.

［4］PARRILLA M, DE WAEL K. Wearable self-powered electrochemical devices for continuous health management ［J］. Advanced Functional Materials, 2021, 31(50)：2107042.

［5］JIA Y H, JIANG Q L, SUN H D, et al. Wearable thermoelectric materials and devices for self-powered electronic systems［J］. Advanced Materials, 2021, 33(42)：e2102990.

［6］ROUDNESHIN M, SAYRAFIAN K, AGHDAM A G. A machine learning approach to the estimation of near-optimal electrostatic force in micro energy-harvesters［C］//2019 IEEE International Conference on Wireless for Space and Extreme Environments（WiSEE）. Ottawa, ON, Canada, IEEE, 2019：71-75.

[7] FAN F R, TANG W, WANG Z L. Flexible nanogenerators for energy harvesting and self-powered electronics [J]. Advanced Materials, 2016, 28(22): 4283-4305.

[8] KIM S J, WE J H, CHO B J. A wearable thermoelectric generator fabricated on a glass fabric [J]. Energy & Environmental Science, 2014, 7(6): 1959-1965.

[9] LEE J W, XU R X, LEE S, et al. Soft, thin skin-mounted power management systems and their use in wireless thermography [J]. Proceedings of the National Academy of Sciences of the United States of America, 2016, 113 (22): 6131-6136.

[10] PU X, ZHANG C, WANG Z L. Triboelectric nanogenerators as wearable power sources and self-powered sensors [J]. National Science Review, 2023, 10(1):170.

[11] SAHOO S, RATHA S, ROUT C S, et al. Self-charging supercapacitors for smart electronic devices: A concise review on the recent trends and future sustainability [J]. Journal of Materials Science, 2022, 57(7): 4399-4440.

[12] WANG L, ZHANG Y, BRUCE P G. Batteries for wearables [J]. National Science Review, 2023, 10(1): 62.

[13] RAFIQUE A, FERREIRA I, ABBAS G, et al. Recent advances and challenges toward application of fibers and textiles in integrated photovoltaic energy storage devices [J]. Nano-Micro Letters, 2023, 15(1): 40.

[14] PAN S W, REN J, FANG X, et al. Integration: An effective strategy to develop multifunctional energy storage devices [J]. Advanced Energy Materials, 2016, 6(4): 1501867.

[15] PENG M, YAN K, HU H, et al. Efficient fiber shaped zinc bromide batteries and dye sensitized solar cells for flexible power sources [J]. Journal of Materials Chemistry C, 2015, 3(10): 2157-2165.

[16] SUN H, JIANG Y S, XIE S L, et al. Integrating photovoltaic conversion and lithium ion storage into a flexible fiber [J]. Journal of Materials Chemistry A, 2016, 4(20): 7601-7605.

[17] KIM J H, CHUN J, KIM J W, et al. Self-powered, room-temperature electronic nose based on triboelectrification and heterogeneous catalytic reaction [J]. Advanced Functional Materials, 2015, 25(45): 7049-7055.

[18] SEUNG W, GUPTA M K, LEE K Y, et al. Nanopatterned textile-based wearable triboelectric nanogenerator [J]. ACS Nano, 2015, 9(4): 3501-3509.

[19] ZHENG Q, ZHANG H, SHI B J, et al. *In vivo* self-powered wireless cardiac monitoring via implantable triboelectric nanogenerator [J]. ACS Nano, 2016, 10(7): 6510-6518.

[20] ZHU G, YANG R S, WANG S H, et al. Flexible high-output nanogenerator based on lateral ZnO nanowire array [J]. Nano Letters, 2010, 10(8): 3151-3155.

[21] HINCHET R, KIM S W. Wearable and implantable mechanical energy harvesters for self-powered biomedical systems [J]. ACS Nano, 2015, 9(8): 7742-7745.

[22] ZHANG Q C, LI L H, LI H, et al. Ultra-endurance coaxial-fiber stretchable sensing systems fully powered by sunlight [J]. Nano Energy, 2019, 60: 267-274.

[23] CHAI Z S, ZHANG N N, SUN P, et al. Tailorable and wearable textile devices for solar energy harvesting and simultaneous storage [J]. ACS Nano, 2016, 10(10): 9201-9207.

[24] ZHANG Z T, CHEN X L, CHEN P N, et al. Integrated polymer solar cell and electrochemical supercapacitor in a flexible and stable fiber format [J]. Advanced Materials, 2014, 26(3): 466-470.

［25］ HUANG L, LIN S Z, XU Z S, et al. Fiber-based energy conversion devices for human-body energy harvesting
［J］. Advanced Materials, 2020, 32(5): e1902034.

［26］ LV J, CHEN J, LEE P S. Sustainable wearable energy storage devices self-charged by human-body bioenergy
［J］. SusMat, 2021, 1(2): 285-302.

［27］ WANG J, LI X H, ZI Y L, et al. A flexible fiber-based supercapacitor-triboelectric-nanogenerator power system for wearable electronics ［J］. Advanced Materials, 2015, 27(33): 4830-4836.

［28］ LIANG J, ZHU G Y, WANG C X, et al. MoS$_2$-based all-purpose fibrous electrode and self-powering energy fiber for efficient energy harvesting and storage ［J］. Advanced Energy Materials, 2017, 7(3): 1601208.

［29］ YIN L, WANG J. Wearable energy systems: What are the limits and limitations? ［J］. National Science Review, 2023, 10(1): 60.

［30］ ZHANG N N, HUANG F, ZHAO S L, et al. Photo-rechargeable fabrics as sustainable and robust power sources for wearable bioelectronics ［J］. Matter, 2020, 2(5): 1260-1269.

［31］ KANG X Y, ZHU Z F, ZHAO T C, et al. Hierarchically assembled counter electrode for fiber solar cell showing record power conversion efficiency ［J］. Advanced Functional Materials, 2022, 32(51): 2207763.

［32］ NING C, CHENG R W, JIANG Y, et al. Helical fiber strain sensors based on triboelectric nanogenerators for self-powered human respiratory monitoring ［J］. ACS Nano, 2022, 16(2): 2811-2821.

［33］ CAO X Y, YE C, CAO L T, et al. Biomimetic spun silk ionotronic fibers for intelligent discrimination of motions and tactile stimuli ［J］. Advanced Materials, 2023, 35(36): e2300447.

［34］ CHEN M X, WANG Z, ZHANG Q C, et al. Self-powered multifunctional sensing based on super-elastic fibers by soluble-core thermal drawing ［J］. Nature Communications, 2021, 12: 1416.

［35］ JIANG Y, DONG K, AN J, et al. UV-protective, self-cleaning, and antibacterial nanofiber-based triboelectric nanogenerators for self-powered human motion monitoring ［J］. ACS Applied Materials & Interfaces, 2021, 13(9): 11205-11214.

［36］ FENG L L, XU S J, SUN T, et al. Fire/acid/alkali-resistant aramid/carbon nanofiber triboelectric nanogenerator for self-powered biomotion and risk perception in fire and chemical environments ［J］. Advanced Fiber Materials, 2023, 5(4): 1478-1492.

［37］ HU S M, HAN J, SHI Z J, et al. Biodegradable, super-strong, and conductive cellulose macrofibers for fabric-based triboelectric nanogenerator ［J］. Nano-Micro Letters, 2022, 14(1): 115.

［38］ LI J C, YIN J, WEE M G V, et al. A self-powered piezoelectric nanofibrous membrane as wearable tactile sensor for human body motion monitoring and recognition ［J］. Advanced Fiber Materials, 2023, 5(4): 1417-1430.

［39］ ZHOU P R, ZHENG Z P, WANG B Q, et al. Self-powered flexible piezoelectric sensors based on self-assembled 10 nm BaTiO$_3$ nanocubes on glass fiber fabric ［J］. Nano Energy, 2022, 99: 107400.

［40］ ZHAO G R, ZHANG X D, CUI X, et al. Piezoelectric polyacrylonitrile nanofiber film-based dual-function self-powered flexible sensor ［J］. ACS Applied Materials & Interfaces, 2018, 10(18): 15855-15863.

［41］ LIU Q J, JIN L, ZHANG P, et al. Nanofibrous grids assembled orthogonally from direct-written piezoelectric fibers as self-powered tactile sensors ［J］. ACS Applied Materials & Interfaces, 2021, 13(8): 10623-10631.

［42］ ZHANG M D, TAN Z F, ZHANG Q L, et al. Flexible self-powered friction piezoelectric sensor based on structured PVDF-based composite nanofiber membranes [J]. ACS Applied Materials & Interfaces, 2023, 15(25): 30849-30858.

[43] WANG W Y, STIPP P N, OUARAS K, et al. Acoustic sensors: Broad bandwidth, self-powered acoustic sensor created by dynamic near-field electrospinning of suspended, transparent piezoelectric nanofiber mesh (small 28/2020) [J]. Small, 2020, 16(28): 2000581.

[44] JIANG W K, LI T T, HUSSAIN B, et al. Facile fabrication of cotton-based thermoelectric yarns for the construction of textile generator with high performance in human heat harvesting [J]. Advanced Fiber Materials, 2023, 5(5): 1725-1736.

[45] JUNG M, JEON S, BAE J. Scalable and facile synthesis of stretchable thermoelectric fabric for wearable self-powered temperature sensors [J]. RSC Advances, 2018, 8(70): 39992-39999.

[46] KWON C, LEE S, WON C, et al. Multi-functional and stretchable thermoelectric Bi_2Te_3 fabric for strain, pressure, and temperature-sensing [J]. Advanced Functional Materials, 2023, 33(26): 2300092.

[47] LI M F, CHEN J X, ZHONG W B, et al. Large-area, wearable, self-powered pressure-temperature sensor based on 3D thermoelectric spacer fabric [J]. ACS Sensors, 2020, 5(8): 2545-2554.

[48] ZHENG Y Y, HAN X, YANG J W, et al. Durable, stretchable and washable inorganic-based woven thermoelectric textiles for power generation and solid-state cooling [J]. Energy & Environmental Science, 2022, 15(6): 2374-2385.

[49] DING T, CHAN K H, ZHOU Y, et al. Scalable thermoelectric fibers for multifunctional textile-electronics[J]. Nature communications, 2020, 11(1): 6006.

[50] HE X Y, GU J T, HAO Y N, et al. Continuous manufacture of stretchable and integratable thermoelectric nanofiber yarn for human body energy harvesting and self-powered motion detection [J]. Chemical Engineering Journal, 2022, 450: 137937.

[51] QING X, CHEN H J, ZENG F J, et al. All-fiber integrated thermoelectrically powered physiological monitoring biosensor [J]. Advanced Fiber Materials, 2023, 5(3): 1025-1036.

[52] JU J, XIAO G, JIAN Y H, et al. Scalable, high-performance, yarn-shaped batteries activated by an ultralow volume of sweat for self-powered sensing textiles [J]. Nano Energy, 2023, 109: 108304.

[53] XIAO G, JU J, LI M, et al. Weavable yarn-shaped supercapacitor in sweat-activated self-charging power textile for wireless sweat biosensing [J]. Biosensors and Bioelectronics, 2023, 235: 115389.

[54] WANG L, LU J, LI Q M, et al. A core-sheath sensing yarn-BasedElectrochemical fabric system for powerful sweat capture and stable sensing [J]. Advanced Functional Materials, 2022, 32(23): 2200922.

[55] ZENG K, SHI X, TANG C, et al. Design, fabrication and assembly considerations for electronic systems made of fibre devices [J]. Nature Reviews Materials, 2023: 1-10.

[56] TIAN B, FANG Y H, LIANG J, et al. Fully printed stretchable and multifunctional E-textiles for aesthetic wearable electronic systems [J]. Small, 2022, 18(13): e2107298.

[57] DING C, WANG J Y, YUAN W, et al. Durability study of thermal transfer printed textile electrodes for wearable electronic applications [J]. ACS Applied Materials & Interfaces, 2022, 14(25): 29144-29155.

[58] KO J, ZHAO Z J, HWANG S H, et al. Nanotransfer printing on textile substrate with water-soluble polymer

nanotemplate［J］. ACS Nano, 2020, 14(2)：2191–2201.

［59］ CHANG T, AKIN S, KIM M K, et al. A programmable dual–regime spray for large–scale and custom–designed electronic textiles［J］. Advanced Materials, 2022, 34(9)：2108021.

［60］ LIN R Z, KIM H J, ACHAVANANTHADITH S, et al. Digitally–embroidered liquid metal electronic textiles for wearable wireless systems［J］. Nature Communications, 2022, 13：2190.

［61］ HWANG S, KANG M J, LEE A, et al. Integration of multiple electronic components on a microfibre towards an emerging electronic textile platform［J］. Nature Communications, 2022, 13：3173.

［62］ YANG Y X, WEI X F, ZHANG N N, et al. A non–printed integrated–circuit textile for wireless theranostics ［J］. Nature Communications, 2021, 12(1)：4876.